ullstein

Philip Banse und Ulf Buermeyer, die Autoren des Podcasts »Lage der Nation«, analysieren die großen Herausforderungen, denen Deutschland gegenübersteht, und liefern konkrete Lösungsvorschläge.

Aus erhellenden Recherchen und spannenden Hintergrundinformationen wird ein Werk, das die Lust am Nachdenken fördert, Aha-Erlebnisse liefert, Antworten auf drängende Fragen unserer Zeit gibt und zu gesellschaftlichem Engagement ermutigt. Eine geführte Tour zu den wichtigsten Baustellen der Nation: kompetent, meinungsstark und im lässigen Sound der »Lage«. Ein Buch, das Mut macht, dass es in Deutschland wieder aufwärts gehen kann.

PHILIP BANSE arbeitete 25 Jahre als Moderator und Reporter für DLF und DLF Kultur, die längste Zeit davon als fester Freier für das Hauptstadtstudio in Berlin mit den inhaltlichen Schwerpunkten deutsche Innenpolitik sowie Klima- und Umweltpolitik, Digitales und Bildung. Er ist immer wieder in Talkrunden bei Phoenix zu Gast.

ULF BUERMEYER ist promovierter Jurist und war wissenschaftlicher Mitarbeiter u. a. am Bundesverfassungsgericht und am Berliner Verfassungsgerichtshof. Neben seiner Tätigkeit als Podcaster ist er Mitgründer der gemeinnützigen »Gesellschaft für Freiheitsrechte e. V.«. Die Schwerpunkte seiner wissenschaftlichen Arbeit liegen im Verfassungsrecht sowie im Strafrecht. Außerdem schreibt er regelmäßig u. a. für die *Süddeutsche Zeitung* und den *Freitag*.

Philip Banse · Ulf Buermeyer
mit Susann Sitzler

BAUSTELLEN DER NATION

Was wir jetzt in Deutschland ändern müssen

Aktualisierte Ausgabe

ULLSTEIN

Besuchen Sie uns im Internet
www.ullstein.de

Aktualisierte Ausgabe im Ullstein Taschenbuch
1. Auflage Juli 2024

Umschlaggestaltung: zero-media.net, München,
nach einer Vorlage von semper smile, München
Satz: LVD GmbH, Berlin
Gesetzt aus der Minion Pro
Druck und Bindearbeiten: ScandBook, Litauen
ISBN 978-3-548-06982-1

Für Franka, Nora und Tim

Inhalt

VORWORT

Herzlich willkommen zu den Baustellen der Nation!

Einige werden uns schon kennen, viele sicher noch nicht. Seit 2016 veröffentlichen wir den wöchentlichen Politik-Podcast »Lage der Nation«, in dem wir die politischen Ereignisse hierzulande und in der Welt zusammentragen, erklären und einordnen. Wir versuchen dabei, nicht nur Probleme auszubreiten, sondern auch Lösungen zu skizzieren. Kritisch und unabhängig, aber stets konstruktiv. In den gut acht Jahren, die wir inzwischen gemeinsam podcasten, sind wir auf einige Themen gestoßen, denen wir gern mehr Raum geben würden. Problemfelder, auf denen beispielhaft Missstände zu besichtigen sind, die die Republik in fast allen gesellschaftlichen Bereichen bremsen und die daher weit über die Themen in diesem Buch hinausweisen. Auf diese Weise haben wir acht Baustellen unseres Landes zusammengetragen, die wir euch in diesem Buch ausführlich und verständlich darstellen möchten – verbunden mit konstruktiven Vorschlägen, die uns als Gesellschaft weiterbringen können.

Die Baustellen in diesem Buch sind nicht die einzigen in Deutschland, für viele vielleicht nicht mal die wichtigsten. Jedem und jeder von euch werden andere Probleme einfallen, die mehr öffentliche Aufmerksamkeit gebrauchen könnten, etwa der Wohnungsmangel, die immer noch nicht erreichte Gleichstellung von Männern und Frauen, die marode Bundeswehr, der Pflegenotstand, Kinderarmut, der Weg zu einer klimaneutralen Wirtschaft, um nur einige zu nennen.

Unsere Liste möglicher Baustellen war lang. Wir haben uns gefragt: Welche dieser Probleme betreffen unmittelbar besonders viele Menschen? Zu welchen haben wir einen persönlichen Bezug? Welche Fragen wollten wir uns immer schon mal genauer ansehen? Wo könnten wir etwas analysieren und erklären, was vielleicht noch nicht so bekannt ist? Und vor allem: Wo kann die Politik, wo können also die Menschen, die wir demokratisch wählen, die Weichen richtig stellen, damit es endlich vorangeht? So haben wir unsere acht Baustellen der Nation herausdestilliert.

Uns ist bewusst, dass wir die Welt aus einer sehr privilegierten Position beobachten. Wir sind weiße, heterosexuelle Cis-Männer jenseits der 40. Wir sind in westdeutsche Mittelschichtsfamilien geboren worden, alle Bildungswege standen uns offen. Heute können wir uns ein weitgehend unbeschwertes Leben in Berlin leisten. Wir werden nicht diskriminiert, angespuckt, beleidigt, als Fremde behandelt, ausgebeutet oder ausgeblendet. Wir müssen nicht darüber nachdenken, ob unsere Hautfarben oder Namen verhindern, dass wir Jobs und Wohnungen finden. Diese Privilegien von Angehörigen einer gesellschaftlichen Mehrheit definieren unseren Blick auf die Gesellschaft und beeinflussen maßgeblich, wo wir Baustellen sehen und welche das sind. Ein paar Gedanken dazu, was wir gegen solche Ungleichheiten tun können, findet ihr im Nachwort.

Für uns ist Deutschland im Kern ein attraktives und funktionierendes Land. Das Wetter ist die meiste Zeit des Jahres sehr angenehm – zumindest noch. Die Demokratie ist im Grundsatz gefestigt, demokratische Parteien bekommen zumindest bundesweit stabil 80 Prozent der Stimmen. Die Medien sind frei, und der Rechtsstaat funktioniert meistens gut. Kostenlose Schulen und Universitäten sind für uns so selbstverständlich wie ein bezahlbares Gesundheitswesen und demokratische Freiheiten, die sich in wenigen Ländern der Welt finden.

Doch dieser Zustand ist nicht naturgegeben. Das dämmert der großen Mehrheit in Deutschland, seit die AfD von einem Umfragehoch zum nächsten klettert und aus den anstehenden Landtagswahlen in Brandenburg, Sachsen und Thüringen als stärkste Fraktion hervorgehen könnte. Enthüllungen über menschenverachtende Vertreibungspläne, an denen auch AfD-Politiker mitwirkten, trieben Millionen Menschen auf die Straßen. Sie ahnen: Demokratie ist kein Selbstläufer. Gesellschaft, Staat und Demokratie allgemein sind dauernd in Bewegung, weil sie von Menschen gemacht und getragen werden. Diese Dynamik erlaubt erstaunliche Freiheiten, Fortschritte und Flexibilität. Sie verlangt aber auch Wachsamkeit und Engagement, wenn es in bestimmten Bereichen wieder bergab geht. Und das geschieht auch in Deutschland – langsam meist, doch leider stetig. Die Bundespolitik der letzten zwanzig Jahre hat an vielen Stellen ihren Job nicht gut gemacht, und zwar parteiübergreifend. So hat sich in unserem Land eine Vielzahl von Baustellen angesammelt, auf denen es nicht schnell und zielstrebig genug vorangeht oder Dinge von Anfang an völlig falsch zusammengeschraubt wurden. Denken wir an den Ausbau der erneuerbaren Energien, die Digitalisierung der Verwaltung oder die wohl größte Infrastruktur-Baustelle, die Deutsche Bahn: Deren Gebäude und Gleise müssen nach aktuellen Schätzungen für mindestens 85 Milliarden Euro saniert werden. Für die Altersvorsorge und das Schulsystem brauchen wir womöglich gleich einen ganz neuen Bauplan.

Auf den meisten Baustellen, die wir in diesem Buch beschreiben, hat sich die aktuelle Ampel-Regierung einiges vorgenommen. Zum Erscheinen dieses Buches sind drei Viertel der Legislaturperiode rum, und das ungleiche Dreierbündnis biegt auf die Zielgerade ein. Bei einigen Projekten ist die rot-gelb-grüne Regierung deutlich vorangekommen, bei anderen passiert dagegen wenig. Teils sind die Probleme hausgemacht, aber in der zweiten Halbzeit der Legislatur wurde die Arbeit der Koalition außerdem massiv verkompliziert durch das KTF-Urteil des Bundesverfassungsgerichts: Im November 2023 stellte das höchste Gericht die Schuldenbremse extra scharf und erklärte zentrale Teile des Haushalts für verfassungswidrig. Von heute auf morgen fehlten der Regierung damit 60 Milliarden – auch für Baustellen, die wir hier beschreiben. Mehr zum KTF-Urteil findet ihr im Kapitel zur Infrastruktur. Wir möchten mit diesem Buch auf Wunden hinweisen, die dringend versorgt werden müssen. Wir wollen aber auch zeigen: Ein besseres Land ist möglich. Und oft wären die notwendigen Schritte gar nicht so groß.

Viele unserer Baustellen sind entstanden, weil Regierungen sie ignoriert haben oder Probleme erst angingen, als der Karren schon tief im Dreck steckte. Bräsigkeit, Phlegma und Selbstzufriedenheit haben dazu beigetragen, dass Deutschland in vielen Bereichen international zurückgefallen ist. Digitalisierung, Energiewende, Infrastrukturinvestitionen, das Rentensystem und die Modernisierung des Föderalismus – diese historischen Aufgaben verlangen nach Politiker:innen, die nicht nur auf kurzfristige Vorteile schielen, sondern Menschen erklären, warum sich Ausgaben, vorübergehende Härten oder Verzicht auf lange Sicht lohnen – selbst wenn sie damit das Risiko eingehen, die nächsten Wahlen zu verlieren. Wir brauchen Menschen an den entscheidenden Stellen dieses Landes, die es schaffen, Mehrheiten vom Wert langfristiger Politik zu überzeugen.

Dafür braucht es ein neues Verständnis staatlichen Handelns. Es gehört zum Grundkonsens der sozialen Marktwirtschaft, dass der Staat einen Rahmen setzt, in dem Bürger:innen und

Unternehmen ihre Kräfte zum Wohlstand aller entfalten können. Doch dieser Rahmen muss neu justiert werden. Um dem Handeln von Menschen und Unternehmen eine neue Richtung zu geben, muss der Staat eine aktivere Rolle übernehmen als bisher.

Nach dem Zweiten Weltkrieg hat es die westdeutsche Demokratie geschafft, die Marktwirtschaft durch eine soziale Dimension zu erweitern. Unternehmerische Freiheit wurde beschränkt, um Mitbestimmung und sozialen Ausgleich zu organisieren. Das war das zentrale Erfolgsgeheimnis Westdeutschlands nach dem Zweiten Weltkrieg: Ohne sozialen Ausgleich wäre das Wirtschaftswunder undenkbar gewesen. Dieses soziale Staatsverständnis ist zwar nie offiziell aufgegeben worden, wird in der Praxis seit den 1990er-Jahren jedoch immer weniger gelebt. In der Folge ist die soziale Ungleichheit in Deutschland dramatisch gewachsen – mit weitreichenden Folgen, wie wir im Kapitel zur Vermögensverteilung zeigen. Hier braucht es klare Regeln, damit wieder möglichst *alle* Menschen am Reichtum unseres Landes teilhaben können. Gefordert ist dabei kein dirigistischer Zentralstaat, aber doch ein Mindestmaß an Führung durch den Bund. Denn wenn der Bund die Zügel schleifen lässt, fahren gesellschaftlich unverzichtbare Einrichtungen vor die Wand. Die Deutsche Bahn etwa gehört dem Bund und soll Rückgrat der Verkehrswende sein, verfolgt jedoch alle möglichen Ziele – nur viel zu selten jene, die der Bund vorgibt. Und die Verwaltung fußt immer noch auf Fax und DIN A4, weil der Bund seit Jahren zu wenig fundierte Vorgaben macht, nach welchen Regeln die Digitalisierung abzulaufen hat.

Beim Ausbau der Windkraft ist diese neue Rolle des Staates zu erahnen. Dort wird aber auch deutlich: Lange verschlafener und nun forcierter Wandel ist mit Härten verbunden und bringt in kurzer Zeit mehr Veränderung, als viele bisher erlebt haben. Daher muss staatliches Handeln stets demokratisch legitimiert sein. Das wiederum klappt nur, wenn klar ist, wer wofür Verantwortung trägt. Nur so können Menschen entscheiden, ob sie den bisherigen Weg weitergehen wollen oder lieber eine andere Partei wählen. Deswegen muss das Zusammenspiel von Bund und Ländern neu geregelt werden. Der real existierende Föderalismus – das ist auch unter der Ampel zu beobachten – führt nicht nur zu ineffektiven Kompromissen und Einigungen auf den kleinsten gemeinsamen Nenner. Die heute gelebte Zusammenarbeit zwischen Bund und Ländern bewirkt auch, dass oft nicht mehr zu erkennen ist, wer für was verantwortlich ist. Denn wenn Bundestag, Bundesrat, Bundestagsmehrheit und -opposition de facto gemeinsam entscheiden, sind alle verantwortlich. Das verwischt jedoch die politische Verantwortung und ist Gift für eine Demokratie, weil Wähler:innen das Gefühl haben, es spiele eh keine Rolle, wem sie ihre Stimme geben.

Ihr haltet nun eine aktualisierte Taschenbuchausgabe in der Hand, die wir auf den Stand von April 2024 gebracht haben. Wir haben dieses Buch nicht allein geschrieben. Ohne die Hilfe von Maria Barankow, Maren Fußwinkel, Elisabeth Ruge, Christoph Steskal und Susann Sitzler, die auf der Grundlage unserer Recherchen erste Textentwürfe verfasst hat, würdet ihr die *Baustellen* nicht in der Hand halten. Vielen Dank an das Team! Außerdem haben viele Menschen wichtige Hinweise zu einzelnen Aspekten des Buchs gegeben. Nicht alle wollen genannt werden. Stellvertretend möchten wir uns bedanken bei Florian von Alemann, Stefan Bach, Thomas Banning, Christian Füller, Felix Gaydoff, Armin Himmelrath, Andreas Hoffmann, Julia Jirmann, User »Martin314« aus unserem Forum auf talk.lagedernation.org, Adrian Meier, Niklas Prenzel, Anne Syré, Hermann-Josef Tenhagen, Veronika Völlinger, Horst Weishaupt, Jan-Martin Wiarda, Paulina Wiesel und Anne Will. Nicht zuletzt danken wir Stephan Anpalagan und Selmin Hava Çalışkan für ihre wertvollen Hinweise zu unseren Schlussgedanken.

Natürlich gehen alle Fehler, die sich im Buch verstecken, auf unsere Kappe. Sollte ihr welche finden, lasst es uns wissen: lage.link/buch-feedback.

Und wenn ihr mehr von uns hören möchtet: Unseren wöchentlichen Podcast findet ihr unter lagedernation.org – oder wo immer ihr Podcasts hört.

Viel Freude beim Lesen wünschen euch
Philip Banse und Ulf Buermeyer
Berlin, im April 2024

DAS LAND DER BRÖSELNDEN BRÜCKEN

Warum es der Politik so schwer fällt, für gute Infrastruktur zu sorgen, und wie es dennoch gelingen könnte

Seit 1968 spannte sich die Brücke der A45 über ein Tal bei Lüdenscheid in Nordrhein-Westfalen. Ein 453 Meter langes Asphaltband überbrückte auf zehn Stelzen das Flüsschen Rahmede. Die Rahmede-Talbrücke verband bis vor Kurzem die Wirtschaftsregionen Dortmund und Frankfurt am Main. Mit rund 64 000 Fahrzeugen täglich war die Brücke eine Hauptschlagader des Straßenverkehrs im Westen der Republik – bis im Dezember 2021 bei einer Kontrolle irreparable Verformungen am Tragwerk gefunden wurden. Die Brücke wurde sofort gesperrt, die Autobahn ist seither an dieser Stelle unterbrochen, der Verkehr wird über eine völlig überlastete Umleitung geführt. Die Folge: Stauchaos, stockender Lieferverkehr, Fachkräfteabwanderung, Umsatzeinbußen.[1] Am Mittag des 7. Mai 2023 musste die völlig marode Brücke gesprengt werden. An den Hängen versammelten sich Hunderte Zuschauer:innen, Fotograf:innen und Kameraleute; im Livestream sahen Tausende zu, wie die Autobahnbrücke in einer gigantischen Staubwolke verschwand.

So viel Aufmerksamkeit bekommt die Infrastruktur in Deutschland selten – und das hat fatale Folgen. Brücken, Straßen, Schienen und Datennetze wurden in den letzten Jahrzehnten vernachlässigt. Der wissenschaftliche Beirat des Wirtschaftsministeriums warnt in einer ernüchternden Analyse, dass in »Deutschland [...] schon seit vielen Jahrzehnten deutlich zu wenig in die öffentliche Infrastruktur investiert« werde.[2] Ob Schwimmbäder, Wasserstraßen, Stromtrassen oder öffentliche Gebäude wie Schulen und Universitäten – es dominiert der Verfall. »Wir leben von der Substanz«, warnt die Ökonomin Monika Schnitzer.[3] Die Volkswirtschaftler:innen Sebastian Dullien und Katja Rietzler kommen zu dem Schluss, dass etwa seit der Jahrtausendwende »in Deutschland massiv zu wenig in den öffentlichen Kapitalstock investiert« wurde.[4]

Der öffentliche Kapitalstock meint den Wert all dessen, was der Staat an für die Volkswirtschaft Nützlichem besitzt, also über Investitionen angesammelt hat – von der Schule über Brücken bis hin zu Schienen, Bahnhöfen und Wohnungen. Um zu beurteilen, ob ein Staat genug investiert, wäre es hilfreich, den Kapitalstock zu messen.

Diesen Wert zu ermitteln ist aber nicht leicht. Zum einen fehlen dazu in Deutschland wichtige Daten, zum anderen ist umstritten, wie die Messung vorgenommen werden soll. Die einen fordern, den Wert einer Bahnschiene mit dem Anschaffungspreis zu verbuchen,[5] was jedoch verschleiert, dass ein Gleis volkswirtschaftlich an Wert verliert, wenn es altert. Andere fordern daher, die Werte im Staatsbesitz netto zu verbuchen, also vom Neuwert einen Teil abzuziehen, um die Abnutzung und damit den Wertverlust für die Allgemeinheit widerzuspiegeln. Dieser Wertverlust ist aber seinerseits schwer zu beziffern. Auch wenn Expert:innen streiten, wie verrottet die Infrastruktur in unserem Land nun genau ist – alle sind sich einig, dass etwas getan werden muss. Dringend.

Während Regierungen bei Investitionen und Sanierungen sparten, um Schulden in Euro und Cent abzubauen und neue Euro-Schulden mithilfe der (noch zu erläuternden) Schuldenbremse auf ein Minimum zu begrenzen, häuften sie unbemerkt neue Schulden an, die durch Sparrunden nicht zu beheben sind, nämlich gigantische Infrastrukturschulden. Auch die lassen sich mit einem Preisschild versehen: mindestens 457 Milliarden Euro – rund ein kompletter Bundeshaushalt. So viel müssten wir in den nächsten zehn Jahren investieren, schätzten bereits 2020 das gewerkschaftsnahe Institut für Makroökonomie und Konjunkturforschung (IMK) und das eher wirtschaftsliberale Institut der Deutschen Wirtschaft (IW).[6]

Was ist Infrastruktur?

Das Wort Infrastruktur beschreibt laut Duden den notwendigen wirtschaftlichen und organisatorischen Unterbau für die Versorgung und Nutzung eines bestimmten Gebiets,[7] also Einrichtungen, die wir alle brauchen, damit unser Leben funktioniert: etwa Behörden, Schulen, Bahnhöfe, Stromnetze, Wasserleitungen, Glasfaserleitungen. Infrastruktur wird meist unterteilt in »technische Infrastruktur«, etwa Datennetze, Energie- und Wasserversorgung, sowie »soziale Infrastruktur« – dazu zählen Schulen, Krankenhäuser, Sport- und Freizeitanlagen oder kulturelle Einrichtungen.[8]

Infrastruktur bildet das Fundament einer freiheitlichen Industriegesellschaft. Die Gemeinschaft baut sie, damit alle Menschen sie nutzen können – jede:r auf seine Weise, nicht alle gleich, einige gar nicht. Aber die Gemeinschaft bezahlt, weil sie ohne Infrastruktur kollabieren würde.

Wer betreibt und bezahlt die Infrastruktur?

Wichtige Teile der Infrastruktur zahlt und betreibt der Staat selbst, etwa Straßen, Schulen oder Behörden. Andere Teile der Infrastruktur überlässt der Staat Privatunternehmen, macht ihnen aber gewisse Vorgaben, zum Beispiel für Strom- und Kommunikationsnetze. Für die staatliche Infrastruktur sind verschiedene föderale Ebenen verantwortlich: Kommunen betreiben und bezahlen beispielsweise Schwimmbäder und Parks; Länder sind zuständig für Polizei und Krankenhäuser; der Bund plant, baut und bezahlt unter anderem die Autobahnen sowie viele Wasserstraßen, Brücken und Bahngleise.

Infrastruktur kostet Geld, sowohl beim Bau als auch im laufenden Betrieb. Es fallen Kosten an für Strom und Löhne, aber auch für laufende Investitionen, die den Verfall verhindern und die Funktionsfähigkeit sichern sollen. Bahngleise müssen repariert, aber auch mit digitaler Technik aufgerüstet werden, damit mehr Züge mit weniger Abstand schneller hintereinanderfahren können, um mehr Menschen und Güter zu transportieren als heute. Wird nicht investiert, häufen sich Infrastrukturschulden an, für die – ähnlich wie bei Euro-Schulden – eine Art Zins fällig wird. Investiert der Staat mäßig, aber kontinuierlich in den Erhalt von Gebäuden, Netzen und Wasserstraßen, bleiben die Infrastrukturschulden im Rahmen und damit auch die Kosten, um die Infrastruktur zu erhalten. Doch je länger eine Brücke nicht gewartet wird, desto teurer wird es, sie auf den neuesten Stand zu bringen. Im schlimmsten Fall muss eine Brücke gar gesprengt oder eine Schule abgerissen und neu gebaut werden.

In den letzten Jahrzehnten hat Deutschland beachtliche Infrastrukturschulden angehäuft, Tendenz explodierend. Das Deutsche Institut für Urbanistik befragt für sein »Kommunalpanel« im Auftrag der staatlichen KfW-Bank regelmäßig Kämmereien, also die Haushaltsabteilungen in allen Landkreisen sowie in Städten und Gemeinden mit mehr als 2000 Einwohnern. Auf Basis dieser Umfrage erstellen die Forscher:innen eine repräsentative Hochrechnung. Die kommunalen Finanzverantwortlichen listen unter anderem auf, wie viel sie in ihre Infrastruktur investieren müssten, wenn sie denn könnten, also etwa in Schulen, Straßen, Verwaltungsgebäude und den Katastrophenschutz. Der so ermittelte Investitionsrückstand summierte sich schon 2009 auf 84 Milliarden Euro.[9] Bis 2022 verdoppelte sich das Minus auf mehr als 165 Milliarden Euro[10] – und das sind nur die nötigen, aber mangels Haushaltsmittel verschobenen Investitionen auf Ebene der Kommunen, also ohne die Länder und den Bund. Am meisten müsste nach dem Kommunalpanel 2023 in Schulen investiert werden, denn hier schlummern fast 29 Prozent der kommunalen Infrastrukturschulden. Straßen bräuchten knapp ein Viertel der Summe, in Verwaltungsgebäude müssten gut zwölf Prozent der mehr als 165 Milliarden Euro fließen. Und diese Defizite nehmen Jahr für Jahr zu, weil dauerhaft viel weniger Geld vorhanden ist, als notwendig wäre.

Und das ist nur der Sanierungsstau bei der kommunalen Infrastruktur. Bundesweit sind die Zahlen noch viel höher, wie das Institut für Makroökonomie und Konjunkturforschung der gewerkschaftsnahen Hans-Böckler-Stiftung und das arbeitgebernahe Institut der deutschen Wirtschaft errechneten: Jährlich sollten rund 45 Milliarden Euro gezielt investiert werden, zusätzlich zu dem, was schon geplant ist – und zwar über mindestens zehn Jahre. Mit insgesamt gut 450 Milliarden Euro könnte man bis 2030 nicht nur den Investitionsstau in den Kommunen auflösen, sondern auch dringend notwendige Fortschritte erzielen, etwa im Bildungssystem, bei Datennetzen sowie bei der Dekarbonisierung des Landes, also der Umstellung auf klimaschonende Technologien.[11]

Denn während viele sich noch überlegen, wie wir die Infrastrukturschulden der Vergangenheit tilgen, stehen schon die nächsten Investitionen an, um unsere Industriegesellschaft klimaneutral aufzustellen. Diese Investitionen haben besondere Priorität, denn ohne Investitionen in Elektrolyse-Anlagen, Wasserstoffnetze, Windräder und Wärmedämmung lässt sich der Klimawandel nicht stoppen – und dann sind nicht nur Brücken gefährdet, sondern unser gesamtes Gesellschaftssystem, wie der *Spiegel*-Journalist Jonas Schaible warnt.[12] Für eine klimaneutrale Gesellschaft, inklusive nachhaltiger Energieerzeugung, digitalisierter Verwaltung, Verkehrswende und einem Bildungssystem, das genügend Fachkräfte hervorbringt, werden wir also weitere Milliarden investieren müssen. Dieser epochale Kurswechsel der Industriegesellschaften verlangt ein extremes Maß an Koordination, Planung und politischer Führung. Investitionen in Infrastruktur verlangen Weitsicht, Mut und gute Kommunikation. Disziplinen, in denen unsere Regierungen der letzten zwei Jahrzehnte nicht zu den Besten zählten.

Infrastruktur-Apokalypse bei den Straßen

Die Rahmede-Talbrücke ist gesprengt, bleibt aber Symbol für die Misere der Infrastruktur im Verkehrsbereich. »In den alten Bundesländern wurde die überwiegende Zahl der heute vorhandenen Ingenieurbauwerke in den Jahren 1965 bis 1985 errichtet«, heißt es in einer Dokumentation des Verkehrsministeriums.[13] Ingenieurbauwerke sind Brücken, Tunnel und andere Strukturen, die groß genug sind, dass sie besonders genau auf statische Sicherheit geprüft werden müssen. Die Rahmede-Talbrücke etwa wurde 1968 eröffnet; in den 20 Jahren danach folgten Tausende weitere Brücken und Tunnel. Doch ihre Instandhaltung kam zu kurz – unter anderem aus diesem Grund sind viele von ihnen jetzt marode: Laut dem Verkehrsinvestitionsbericht der Bundesregierung für das Jahr 2020 waren rund 4500 Brücken in

Deutschland in »nicht ausreichendem« oder »ungenügendem« Zustand.[14]

Das Bröckeln begann nicht über Nacht. Jede der insgesamt knapp 40 000 Brücken in Deutschland wird alle sechs Jahre durch spezielle Fachleute in einer sogenannten Hauptprüfung an sämtlichen Bauteilen mit Spezialgeräten »visuell begutachtet«, also genau angeschaut. Drei Jahre später folgt eine erneute Prüfung.[15] Dazu kommen jährliche »Besichtigungen« der äußeren Beschaffenheit und halbjährliche »Beobachtungen« der bekannten und sichtbaren Schäden. Mit anderen Worten: Die Fachleute wissen stets sehr genau, in welchem Zustand welche Brücke ist. Damit wissen es auch die sogenannten Baulastträger, also jene öffentlichen Stellen, die für das Bauwerk verantwortlich sind.

Bundesstraßen und Autobahnen werden ähnlich aufwendig beobachtet, geprüft und begutachtet. Für Straßen gibt es seit den 1990er-Jahren ein von Bund und Ländern einheitlich angewendetes Verfahren. Für die »Zustandserfassung und -bewertung (ZEB)«[16] fahren speziell ausgerüstete Messfahrzeuge alle zwei Jahre entweder die Autobahnen oder die Bundesstraßen ab, sodass jede Straße des Bundes alle vier Jahre an der Reihe ist. Sie erfassen den Zustand der Fahrbahnoberfläche, finden Spurrinnen und Buckel, messen, wie gut Reifen an der Fahrbahn haften und wie der Asphalt insgesamt aussieht. Die Daten fließen in den Verkehrsinvestitionsbericht des Bundesministeriums für Digitales und Verkehr ein. Stand 2020 bedürfen fast fünf Prozent aller Bundesautobahnen »einer intensiven Beobachtung und einer vorrangigen Planung von Maßnahmen zur Verbesserung der Gebrauchstauglichkeit«, ein weiteres knappes Prozent hatte zusätzlich »einen Gebrauchswert erreicht, bei dem die Einleitung von verkehrsbeschränkenden oder baulichen Maßnahmen geprüft werden muss«.[17] Bei Bundesstraßen liegen die Anteile gar bei über 13 Prozent (beobachten) bzw. drei Prozent (Beschränkungen prüfen). Im Juni 2022 legte der Wissenschaftliche Beirat beim Bundesministerium für Wirtschaft und Klimaschutz ein Gutachten vor mit dem Titel »Öffentliche Infrastruktur in Deutschland: Probleme und Reformbedarf«. Darin heißt es, der »hohe Anteil der Bundesstraßen mit schlechtem oder sehr schlechtem Substanzwert« lege nahe, »dass in näherer Zukunft ein erheblicher Sanierungs- oder Neubauaufwand erforderlich sein wird, wenn man deutliche Verschlechterungen vermeiden will«.[18] Deutschlands Straßen sind also zu einem guten Teil hinüber – und von allein werden sie sich nicht erholen.

Gravierende Folgen für die Wirtschaft

Der Bau der neuen Brücke über die Rahmede hat inzwischen begonnen, bis Mitte 2026 soll eine Hälfte der neuen Brücken befahrbar sein. Bis dahin schleicht der umgeleitete Verkehr auf fast vierzig Kilometern über Landstraßen, die dafür nicht ausgelegt sind, daher überlastet werden und so ihrerseits viel schneller verschleißen.[19] Anwohner:innen leiden jahrelang unter Dreck, Lärm und Schwerlastverkehr.

Auch die Wirtschaft spürt, dass der Staat über Jahrzehnte zu wenig für Instandhaltung und Reparatur von Brücken und Straßen ausgegeben hat. Die marode Infrastruktur bremst die Energiewende, weil Schwerlasttransporter hunderte Kilometer Umweg fahren müssen, um bröselnde Brücken zu meiden. Im Sommer 2022 befragte das Institut der deutschen Wirtschaft (IW) im sogenannten IW-Trend Unternehmen in Deutschland, inwieweit sich Mängel in der Infrastruktur auf ihre Geschäfte auswirken. Danach sahen sich 2022 vier von fünf der befragten Firmen »regelmäßig durch Infrastrukturmängel in ihrer Geschäftstätigkeit beeinträchtigt«.[20] Die größten Probleme machten die »unzureichenden Straßennetze«.[21] Auf Autobahnen, schreibt der Wissenschaftliche Beirat des Wirtschaftsministeriums, zeige sich über die letzten 16 Jahre »eine erhebliche Zunahme der Staulänge«. 2002 hätten sich jährliche Staus noch auf 321 000 Kilometer summiert, 2018 waren es schon 1 528 000 Kilometer – das Fünffache.[22] Das liegt nicht allein am Zustand der Straßen, sondern auch am zunehmenden Verkehr. Ein Grund mehr, warum es klüger wäre, wenn Unternehmen ihre Transporte auf die Schiene verlagerten.

Auch die Bahn ist ein Sanierungsfall

Doch auch das ist einfacher gesagt als getan, denn unsere Schienenwege wurden seit Jahrzehnten noch mehr vernachlässigt als die Straßen (Details dazu finden sich im Kapitel zur Baustelle Bahn). »Die Eisenbahninfrastruktur ist in vielen Bereichen überaltert«, schreibt der Bundesrechnungshof im März 2023 in einem 33-seitigen Gutachten »zur Dauerkrise der Deutschen Bahn AG«, aus dessen Zeilen so viel Frust aufsteigt, wie er in behördlichen Texten selten zu finden ist.[23] Die Bahn sei nach Jahren der Untätigkeit ein »Sanierungsfall«. Eigentlich ist erklärtes Ziel der Ampel, die Verkehrsleistung im Schienenpersonenverkehr bis zum Jahr 2030 zu verdoppeln. Das wird nicht zu machen sein, schreiben die Rechnungsprüfer, auch wegen der maroden Bahn-Infrastruktur. Ein ebensolches Fiasko drohe auch beim Güterverkehr. Die Gütersparte DB Cargo erbringe »keinen messbaren Beitrag, Güterverkehre auf die Schiene zu verlagern«. Die Ampel strebt an, dass bis 2030 ein Viertel der gesamten Güter per Bahn transportiert wird. Auch das sei nicht zu schaffen, urteilen die Rechnungsprüfer. Schuld ist wiederum vor allem die vernachlässigte Infrastruktur.

Im Netzzustandsbericht an den Aufsichtsrat zeichnet auch der Chef der DB Netz AG ein düsteres Bild.[24] Für den Bericht wurden erstmals die mehr als 33 000 Kilometer Gleise inklusive aller Brücken, Tunnel, Bahnübergänge, Stellwerke und Oberleitungen mit Schulnoten bewertet. Die Bilanz: Über ein Viertel aller Weichen ist in schlechtem, mangelhaftem oder ungenügendem Zustand. Gleiches gelte für 22 Prozent der Oberleitungen, 23 Prozent der Gleise, 42 Prozent aller Bahnübergänge und 48 Prozent aller Stellwerke. Damit, so die *Tagesschau*, sei die Infrastruktur der Bahn in »deutlich schlechterem Zustand« als etwa die der Bahnen in Österreich oder der Schweiz, die ihre Infrastruktur seit Jahren mit Noten bewerten. Nötig sei eine »schnelle und umfassende Generalsanierung«, so der Chef der DB Netz AG – Kosten: rund 89 Milliarden Euro.

Wie konnte es so weit kommen? Und was ist zu tun? Mehr dazu im Bahn-Kapitel.

Wasserstraßen am Limit

Die nächste Großbaustelle sind Kanäle, Schleusen und schiffbare Flüsse. In seinem Gutachten kommt der Wissenschaftliche Beirat des Wirtschaftsministeriums zum Schluss: »Die Überalterung der Infrastruktur ist bei den Wasserstraßen noch ausgeprägter als bei den Bundesstraßen.«[25] Wehre und Schleusen sind im Durchschnitt 65 Jahre alt, »einige der wichtigsten Anlagen stammen noch aus der Kaiserzeit«.[26] Daher fallen sie oft aus, mit der Folge, dass Wasserstraßen gesperrt werden müssen.

Auch das hat erhebliche wirtschaftliche Folgen. Rund zehn Prozent der Güter auf Binnenschiffen gehen etwa an die Chemieindustrie, eine der wichtigsten Branchen in Deutschland.[27] Als im Sommer 2022 viele Flüsse kaum Wasser führten, war die Stromversorgung in Gefahr, weil Binnenschiffe keine Kohle liefern konnten. »Um die Binnenschifffahrt funktionsfähig zu erhalten, ist es notwendig, mehr Verlässlichkeit bei der Infrastruktur zu erreichen«, schreibt der Verband der deutschen Chemieindustrie.[28] Der Wissenschaftliche Beirat des Wirtschaftsministeriums betont daneben die Bedeutung der Binnenschiffe für den Klimaschutz: Um die klima- und energiepolitischen

Ziele der Bundesregierung zu erreichen, müsse viel mehr Verkehr von der Straße auch aufs Wasser verschoben werden. Allerdings sei eine solche Verlagerung »beim derzeitigen Ausbau der Wasserwege […] kaum möglich«.[29]

Die Probleme der deutschen Verkehrsnetze haben sich angehäuft, weil jahrelang zu wenig investiert wurde. Inzwischen stelle der Staat zwar mehr Geld zur Verfügung, das bringe aber nicht zwingend Besserung, analysiert das Institut der deutschen Wirtschaft.[30] Denn das Geld werde durch steigende Baupreise aufgezehrt und führe daher nicht zu mehr Investitionen. Über Jahrzehnte angehäufte Infrastrukturschulden verhalten sich auf unangenehme Weise ähnlich wie Euro-Schulden. Sie sind gefühlt immer dann akut und nicht mehr zu ignorieren, wenn auch andere Probleme eskalieren. Denn es geht heute nicht mehr nur darum, ein paar Altlasten zu beseitigen – ein klimaneutrales Verkehrssystem verlangt darüber hinaus Milliardeninvestitionen in neue Wasserwege, Gleise, Radwege und Ladesäulen.

Benötigte Investitionen in den Verkehr: Ladesäulen und E-Autos

Nur wenige Aktivist:innen wie die Initiative »Berlin autofrei« möchten Autos weitgehend abschaffen.[31] Ja, Autos nehmen zu viel Raum ein und sollten Platz machen für Menschen zu Fuß und auf dem Rad, aber das Auto wird trotzdem ein wichtiges Transportmittel bleiben, vor allem auf dem Land. Allerdings müssen die verbleibenden Autos elektrisch betrieben werden. Daher brauchen wir viel mehr Ladesäulen.

Wir sind für dieses Buch mit E-Autos quer durch Deutschland gefahren und haben das Netz einem Praxistest unterzogen: Am Rande der Autobahnen findet sich immer eine schnelle Ladesäule. Schon die Navigations-App kann berechnen, wann, wo und wie lange entlang der Route geladen werden sollte. Auf dem Land ist das Ladenetz hingegen deutlich löchriger und langsamer. Hier stehen immer noch überwiegend Normalladepunkte, also z. B. 22-kW-Stationen, an denen Vollladen mehrere Stunden dauern kann. Für Menschen auf der Durchreise ist das ein Problem, für Menschen, die auf dem Land wohnen, hingegen weniger, denn sie haben öfter die Möglichkeit, im Carport ihres Hauses eine Wallbox zu installieren, die das Auto nachts entspannt lädt – womöglich mit Sonnenstrom vom eigenen Dach. Am schwierigsten ist die Lage in den Städten. Es gibt zu wenig Ladesäulen, und die vorhandenen sind oft genug von Verbrennern zugeparkt. Ein ähnliches Problem droht aber auf den Fernstraßen und Autobahnen, wenn immer mehr E-Autos unterwegs sind, sofern das Netz nicht massiv ausgebaut wird.

Bis zu einer ausreichenden Lade-Infrastruktur ist es noch ein weiter Weg. Das Ladesäulenregister der Bundesnetzagentur nennt genau 93 261 Normalladepunkte und 22 047 Schnellladepunkte, die am 1. November 2023 in Betrieb waren,[32] zusammen also rund 115 000. Wenn man sich überlegt, dass zu Beginn des Jahres 2023 in Deutschland mehr als 60 Millionen Kraftfahrzeuge zugelassen waren, davon rund 49 Millionen Pkw,[33] die in den nächsten Jahren überwiegend auf E-Antrieb umgestellt werden müssen, wird schnell klar, dass die derzeit 0,115 Millionen öffentlichen E-Ladepunkte bei Weitem nicht ausreichen. Nun werden nicht alle Fahrzeuge gleichzeitig geladen, aber einige Millionen Lademöglichkeiten daheim und unterwegs werden wir sicher brauchen – sofern Deutsche nicht massenhaft aufs Auto verzichten. Und danach sieht es nicht aus: Zuletzt nahm die Autodichte sogar zu.[34]

Im Oktober 2022 stellte Bundesverkehrsminister Volker Wissing den »Masterplan Ladeinfrastruktur II« vor. Sein Ziel ist es, eine Million öffentlicher Ladepunkte bis 2030 zu bauen. Das ist angesichts des absehbaren Bedarfs ein eher bescheidenes Ziel.

Aber immerhin: Im Plan enthalten sind »68 konkrete Maßnahmen und Lösungsansätze, versehen mit Zuständigkeit und Fristen«.[35] Wissings Slogan lautet: »Laden wird so einfach wie Tanken!«[36] Selbst wenn das gelingt, billig wird der Ausbau einer Ladeinfrastruktur nicht. Martin Robinius vom Forschungszentrum Jülich und Kolleg:innen der RWTH Aachen schätzen, dass das über 50 Milliarden Euro kosten wird – für 20 Millionen Fahrzeuge.[37] Zugelassen sind heute jedoch insgesamt mehr als doppelt so viele Fahrzeuge. Die Ladeinfrastruktur dürfte also eher 100 Milliarden Euro kosten. Und natürlich muss der ganze Strom grün sein, was entsprechende Investitionen in Solaranlagen oder in Windkraftanlagen erfordert.

Benötigte Investitionen in die Energiewende: Redispatch und die Stromnetze

Für den schnelleren Ausbau von Wind- und Sonnenstromanlagen hat die Ampel wichtige Weichen gestellt, auch wenn es noch zu langsam vorangeht (siehe Kapitel zur Windkraft). Doch auch wenn südliche Bundesländer hier mehr ausbauen und Strom zunehmend dezentraler, sprich direkt am Ort des Verbrauchs produziert wird, bleibt eine große Baustelle bestehen: Sauberer Strom vom Meer und aus windigen Gebieten in Norddeutschland muss in die Industriegebiete im Westen und Süden transportiert werden. Dafür gibt es bisher zu wenige Höchstspannungsleitungen – und diese fehlende Infrastruktur bremst die Wende zur klimaneutralen Gesellschaft aus: Bei frischem Wind kann Ökostrom im Norden oft nicht ins Netz gespeist werden, weil es sonst überlastet würde. Die Windräder werden daher vom Netz genommen. Weil Fabriken im Süden aber trotzdem Strom benötigen, müssen dort Gaskraftwerke hochgefahren werden. Der Fachbegriff dafür heißt »Redispatch« – und das ist so teuer wie umweltschädlich.

Wie können wir das lösen? Wir müssen Strom sparen und viel effizienter nutzen. Doch selbst dann werden wir in den kommenden Jahren viel mehr elektrische Energie benötigen als heute, vor allem, wenn Verkehr und Industrie auf Strom umsteigen. Lokale Stromerzeugung vor Ort durch Windräder und Fotovoltaik-Anlagen kann einen wichtigen Beitrag leisten, um die Stromnetze zu entlasten. Dennoch führt an mehr Stromleitungen von Norden nach Süden kein Weg vorbei. In den kommenden Jahren müssen »mehr als 10 000 km im Übertragungsnetz optimiert, verstärkt oder neu gebaut werden«, heißt es im Netzentwicklungsplan der Bundesregierung.[38] Geschätzte Investitionskosten:[39] etwa 61 Milliarden auf dem Festland und bis zu 24 Milliarden offshore, zusammen also rund 85 Milliarden Euro.

Benötigte Investitionen in Energie: Wasserstoff und Digitalisierung

Grüner Strom wird der wichtigste Energieträger einer klimaneutralen Gesellschaft sein. Man kann Verbrennerautos durch E-Autos und fossile Gebäudeheizungen durch Wärmepumpen ersetzen, aber damit wirklich CO_2 eingespart wird, statt die Emissionen nur zu verlagern, muss der nötige Strom seinerseits CO_2-neutral hergestellt werden, also »grün« sein. In Bereichen, die nicht direkt zu elektrifizieren sind, etwa bestimmte Teile der Industrie, wird Wasserstoff als Brennstoff oder als Rohstoff eine zentrale Rolle spielen. Hier stellt sich dieselbe Frage: Wie wird dieser Wasserstoff hergestellt? Damit er CO_2-Emissionen einspart und diese nicht nur an einen anderen Ort verlagert, muss auch er mit grünem Strom hergestellt werden.

Wasserstoff lässt sich außerdem wie eine Batterie einsetzen. Ist zu viel grüner Strom vorhanden, kann man ihn verwenden, um Wasser in Wasserstoff und Sauerstoff zu spalten. Dieser grüne Wasserstoff kann dann gespeichert, transportiert, bei Bedarf verbrannt oder wieder in Strom umgewandelt werden. Idealerweise geschieht das direkt vor Ort, im Windpark – dann spart man nämlich gleich einen Teil der sonst nötigen Kapazität für Stromleitungen ein. Die Geräte, mit denen man Wasserstoff herstellen kann, nennt man Elektrolyseure. Die Ampel-Regierung will laut Koalitionsvertrag Elektrolyseure mit einer Kapazität von zehn GW ans Netz bringen.[40] Davon sind wir aktuell noch weit entfernt – und auch zehn GW werden den Wasserstoffbedarf der deutschen Industrie nicht decken.

Daher wird Deutschland auf Jahrzehnte sehr viel Wasserstoff importieren müssen. Zwar können die vorhandenen Gasnetze teilweise dafür genutzt werden,[41] aber sie müssen aus- und umgebaut werden, was erneut hohe Investitionen erfordern wird.

D-Offline

Wer mitten in der Hauptstadt einer der führenden Industrienationen immer mal wieder die E-Mails nicht checken kann, weil das Handynetz so schlecht ausgebaut ist, dass es dort nur die Uralt-Technik EDGE anbietet, fragt sich schon, ob unser Land für die Zukunft gerüstet ist. In der Unternehmensbefragung des Instituts der deutschen Wirtschaft gaben 2018 72 Prozent der Antwortenden an, »Infrastrukturmängel im Kommunikationsnetz beeinträchtigten ihre aktuellen Geschäftsabläufe«. Fünf Jahre zuvor waren es noch 64 Prozent gewesen.[42] Es wird also nicht besser, im Gegenteil, der Trend geht in die falsche Richtung. Mit jeder neuen Technologie, von 3G über LTE bis hin zu 5G, vergrößert sich der Rückstand, weil die Unternehmen jedes Mal aufs Neue nicht genug in den Ausbau der Sendemasten investieren.

Vermutlich liegt der Frust bei der Wirtschaft auch daran, dass inzwischen nicht nur nervtötende Funklöcher die Geschäfte behindern, sondern auch fehlende Glasfaseranschlüsse. Die Deutsche Telekom setzte viele Jahre lang auf die veraltete DSL-Technik und verbummelte den Ausbau von Glasfaserleitungen. Nun da die DSL-Anschlüsse angesichts stetig wachsender Datenmengen endgültig ans Limit kommen, rächt sich das: Firmen spüren den D-Offline-Effekt immer deutlicher – mobil und im Büro.

Infrastruktur in Deutschland: Tendenz zerbröselnd

Was wir als Bürger:innen und Unternehmer:innen an allen Ecken und Enden im Alltag erleben, spiegelt sich im »Global Competitiveness Report«:[43] Deutschlands Infrastruktur ist hiernach zwar aktuell noch ausreichend, aber auf dem absteigenden Ast. Diesen Report gibt das Weltwirtschaftsforum (WEF) regelmäßig heraus, um die Wettbewerbsfähigkeit einzelner Volkswirtschaften zu vergleichen. Darin wird unter anderem die Qualität der Infrastruktur in verschiedenen Ländern in einem Punktesystem bewertet, das unter anderem auf der subjektiven Einschätzung von Führungskräften beruht, die Noten von 1 (»sehr schlecht«) bis 7 (»sehr gut«) vergeben.

In seinem Gutachten analysiert der Beirat des Wirtschaftsministeriums diese Infrastruktur-Einschätzungen der Jahre 2006 bis 2018 und stellt fest, dass die Bewertungen »in allen Bereichen (Straße, Schiene, Flughäfen, Häfen, Stromversorgung) oberhalb von 5 liegen«,[44] die Infrastruktur also nach Einschätzung der Führungskräfte noch halbwegs leistungsfähig ist. Es zeige sich aber »eine Verschlechterung in allen Bereichen«. 2007 lag Deutschland in der Disziplin Infrastruktur noch auf dem dritten Platz. 2018 war es auf Platz zwölf abgerutscht.[45] Im aktuellen Report des WEF von 2020 wird vor allem das Zurückfallen Deutschlands bei »relevanten digitalen Fähigkeiten« betont – also der Umgang der Arbeitskräfte mit Computern. Während etwa Ägypten, Bulgarien und Tansania in diesem Bereich die größten Fortschritte machten, schneidet Deutschland immer schlechter ab.[46]

Regierungen haben sich verkalkuliert

So sparsam, wie wir in den letzten Jahrzehnten in die öffentliche Infrastruktur investiert haben, wird das mit der klimaneutralen Republik nichts werden – und Deutschland verliert im internationalen Wettbewerb der Standorte den Anschluss. Um aufzuholen, müssen wir ab sofort und Jahr für Jahr Hunderte Milliarden Euro zielgerichtet einsetzen. Damit das in Zukunft besser funktioniert, müssen wir erkennen, was in der Vergangenheit schiefgelaufen ist. Warum wurden Brücken, Straßen, Schienen, Schleusen, Wehre nicht frühzeitig repariert, sodass sie im Livestream wegen Baufälligkeit gesprengt werden müssen? Warum wurde insgesamt schlicht zu wenig investiert? »Der Rückgang der jährlichen öffentlichen Investitionen zwischen 1980 und 2005«, so der Wissenschaftliche Beirat des Wirtschaftsministerium, »dürfte im Wesentlichen haushaltspolitisch bedingt gewesen sein.«[47] Statt langfristig zu investieren, haben die Regierungen der letzten Jahrzehnte gespart, »bis es quietscht«, wie es der ehemalige Berliner Regierende Bürgermeister Klaus Wowereit ausdrückte.[48] Doch das war ausgesprochen kurzsichtig, denn aus lauter Sorge um den Haushalt wurde der Nutzen von Investitionen in politischen, administrativen und gerichtlichen Entscheidungsprozessen regelmäßig zu gering und deren Kosten als zu hoch eingeschätzt, wie es im Gutachten des Wissenschaftlichen Beirats heißt. Jahrzehntelang erschien es sinnvoller, Staatsschulden abzubauen und Ausgaben zu kürzen, als in Infrastruktur zu investieren.

Der langfristige Nutzen von Infrastruktur zahlt sich politisch kaum aus

Allerdings ist das mit den Investitionen für Politiker:innen gar nicht so einfach. Denn während die Kosten sofort zu Buche schlagen und für alle sichtbar sind, stellt sich der Nutzen von Investitionen oft erst nach vielen Jahren ein – wenn die investierenden Politiker:innen damit keine Stimmen mehr gewinnen können, weil ihre Karrieren längst beendet sind. Das lässt es wenig attraktiv erscheinen, Wähler:innen von der Notwendigkeit von Investitionen zu überzeugen. Vor allem, wenn die Kassen leer sind und Sparen der allgemeine Imperativ zu sein scheint, ist es verlockend und kurzfristig politisch vorteilhaft, Investitionen aufzuschieben.

Das hat viel zu tun mit unserer Art, Aufmerksamkeit zu verteilen. Der Ökonom Martin Hellwig, lange Zeit Direktor am Max-Planck-Institut zur Erforschung von Gemeinschaftsgütern, argumentiert, die Debatte über Investitionen in Infrastruktur sei entweder zu allgemein, sodass sich niemand betroffen fühlt, oder zu spezifisch, sodass sich nur sehr wenige betroffen fühlen. Für den Wahlkampfslogan »Mehr Erhaltungs- und Ersatzinvestitionen jetzt!« braucht es Mut. Geht es hingegen um Rentenerhöhungen und Steuererleichterungen, fühlten sich große Massen angesprochen, entsprechend groß sei die Aufmerksamkeit.[49]

Angemessene Aufmerksamkeit und die entsprechende Bewertung von Infrastrukturausgaben werden zusätzlich durch deren zeitliche Dimension erschwert: Die langen Zeiträume passen nicht zum Rhythmus der Bewertung politischer Leistung durch Wahlen. Monsterbaustellen wie die Sanierung der Gleisnetze oder das Bildungssystem sind in den vier Jahren einer Legislaturperiode nicht zu stemmen. Die Kosten schlagen kurzfristig zu Buche, der versprochene Nutzen hingegen wird auf Jahre kaum spürbar sein. Auch im folgenden Jahr warten wir wahrscheinlich noch auf unpünktliche Züge. Wenn sich dann in zehn oder zwanzig Jahren die Pünktlichkeitswerte womöglich verbessert haben, sind die politisch dafür Verantwortlichen längst im Ruhestand.

Neben der Aufmerksamkeitsökonomie und der Langfristigkeit von Investitionen wird die politisch sinnvolle Bewertung von Investitionen erschwert durch mangelnde Repräsentanz junger Menschen. Denn wenn der Nutzen von Infrastrukturausgaben erst in einigen Jahren zu verbuchen sein wird, sollten über Brücken, Wasserstoffnetze und neue Glasfaserleitungen auch jene abstimmen, die zahlen, sondern auch jene, die sie am längsten nutzen werden. Durch den demografischen Wandel, die Alterung der Gesellschaft und das fixe Mindestwahlalter von 18 Jahren wird jedoch die Gruppe der alten Wähler:innen immer größer: Fast 60 Prozent der Wahlberechtigten waren zuletzt über 50 Jahre alt.[50] Sprich, das Wahlrecht und die Alterung der Gesellschaft mehrt die Macht derer, die Infrastruktur nur relativ kurz nutzen werden. Wohingegen jene Macht verlieren, die Schulen, Brücken und Schienen vielleicht sogar sehr gern bezahlen, weil sie selbst davon auch profitieren. Für Infrastruktur-Investitionen sind das keine guten Voraussetzungen.

Mehr politische Rendite können Politiker:innen zumindest kurzfristig erzielen, wenn sie das Geld in spektakuläre Leuchtturmprojekte stecken. Deren langfristiger Nutzen mag überschaubar sein, die kurzfristige Aufmerksamkeit hingegen ist sicher. Hinzu kommt, dass der Nutzen von Investitionen systematisch unterschätzt wird, meint der Volkswirtschaftler Martin Hellwig[51] in einem Aufsatz für das Magazin der Heinrich-Böll-Stiftung.[52]

Doch warum ist das so? Laut Hellwig komme der Staat in Politik und Medien vor allem dann vor, wenn es um Steuern oder Sozialleistungen gehe: »Diese Themen bewegen Millionen, alle sind unmittelbar von ihnen betroffen, mit ihnen werden

Wahlen – und Zuschauerquoten im Fernsehen – gewonnen und verloren.«[53] Deshalb würden die Infrastrukturleistungen »zerquetscht zwischen dem Druck der Steuersenkungen und dem Druck der Sozialleistungen«. Wie könnte man nun die Wertschätzung für solche Güter politikwirksam zum Thema der öffentlichen Diskussion machen? Hellwigs Empfehlung: »Wir müssen uns darauf zurückbesinnen, dass der Staat nicht nur für Sozialleistungen zuständig ist, sondern auch für öffentliche Güter, von der Sicherheit und dem Rechtswesen über Bildung und Kultur bis zur Verkehrsinfrastruktur.«[54]

Doch dieser Bewusstseinswandel hin zu mehr Wertschätzung für Investitionen in Infrastruktur ist aus vielerlei Gründen eine komplexe Aufgabe. So werden öffentliche Leistungen nicht immer von jenen bezahlt, die diese Leistung nutzen. Ob Parks, Schwimmbäder oder Straßen: Nicht alle Menschen nutzen diese Einrichtungen. Die Nützlichkeit von Investitionen lässt sich hier also nicht so leicht nachweisen wie im Privaten, wo Menschen für eine Dienstleistung oder eine Ware zahlen, und den Nutzen, den sie dieser Ware beimessen, in Euro und Cent ausdrücken.

Die Unterbewertung der Infrastruktur dürfte zu einem guten Teil auch darin wurzeln, wie Menschen ausdrücken, was ihnen öffentliche Leistungen wert sind. Sie können das nämlich nicht direkt über den Preis tun, den sie zu zahlen bereit sind, sofern der Staat nicht ausnahmsweise eine Gebühr für die Nutzung einer öffentlichen Einrichtung erhebt. Die Bewertung von Infrastruktur erfolgt nur indirekt, nämlich über Wahlen. Das sei zwar immer noch der beste Weg, Feedback der Bürger:innen einzuholen, meinen führende Ökonom:innen, weil Kosten und Nutzen öffentlicher Güter durch den Markt nicht sinnvoll zu messen seien,[55] aber der Zusammenhang zwischen einer sanierten Eisenbahnstrecke und der Wahlentscheidung für eine bestimmte Partei ist so diffus, dass es sich politisch kaum auszahlt, die Sanierung voranzutreiben.

Neben bestimmten Eigenschaften von Investitionen in Infrastruktur tragen aber auch politische Strukturen dazu bei, dass viel zu wenig investiert wird. Der wissenschaftliche Beirat des Wirtschaftsministeriums sieht vor allem zwei Problemfelder, die sinnvolle Investitionen in öffentliche Infrastruktur behindern: die finanzielle Situation der Kommunen und die Rahmenbedingungen für Investitionen.[56]

Arme Kommunen können nicht so investieren wie nötig

Eine zentrale Ursache für den miserablen Zustand großer Teile der deutschen Infrastruktur sieht der wissenschaftliche Beirat darin, dass viele Kommunen, also Landkreise, Städte, Gemeinden und Bezirke, schlicht zu wenig Geld zur Verfügung haben. Doch sie sind es, die bestimmen, ob eine Schule saniert wird, ob mehr Busse, Straßenbahnen oder U-Bahnen fahren sollen und ob ein neues Schwimmbad gebaut wird. Sind die Kassen leer, wird gespart. Dabei greift es zu kurz, den klammen Kommunen vorzuhalten, sie müssten besser wirtschaften: Kommunen können ihre Kassenlage nur zu einem sehr geringen Teil selbst beeinflussen, weil sie auf ihre Einnahmen kaum und auf die Ausgaben nur teilweise Einfluss nehmen können. Die Steuereinnahmen der Kommunen stammen zum Großteil aus der Gewerbesteuer, die stark mit der Konjunktur schwankt. Der Rest der kommunalen Einnahmen stammt zu einem guten Teil aus der Einkommenssteuer, bei deren Verteilung die Kommunen jedoch nicht mitreden dürfen. Sie können letztlich nur hoffen, dass Bund und Länder auf eigene Einnahmen verzichten und stattdessen den Kommunen einen ausreichenden Anteil am Steueraufkommen zuweisen.

Auf der Ausgabenseite sind die Spielräume der Kommunen ähnlich eng: Sie haben sehr viele gesetzlich zwingende Ausgaben, die sie ebenfalls nicht beeinflussen können, beispielsweise für das Bürgergeld. Daher sitzen viele Kommunen zwischen Baum und Borke, sodass der Anreiz hoch ist, da zu sparen, wo Ausgaben nicht zwingend gesetzlich festgelegt sind – vor allem eben bei Investitionen in Infrastruktur: Die am stärksten überschuldeten Kommunen, darunter die Städte Pirmasens und Kaiserslautern sowie mehrere Städte im Ruhrgebiet, weisen gleichzeitig die niedrigsten Investitionsquoten auf, wie der Wissenschaftliche Beirat des Wirtschaftsministeriums feststellt.[57] Alleine könnten die betroffenen Kommunen ihre Schuldenlast nicht abtragen.[58] Daher müssten die Städte von Belastungen befreit werden, über die diese nicht selbst bestimmen können.[59]

Der kommunale Geldmangel führt in einen Teufelskreis

Wenn Kommunen das Geld ausgeht, sparen sie oft am Verwaltungspersonal. Beispielsweise haben die Kommunen zwischen 1995 und 2015 in den Bereichen Bau, Wohnungswesen und Verkehr die Zahl ihrer Vollzeitkräfte de facto um etwa 40 Prozent reduziert.[60] Das führt in einen Teufelskreis: Wenn Stellen in Bauämtern aus Geldnot gestrichen werden und jahrelang unbesetzt bleiben, führt das zu schlechterer Planung, schlechterer Bauüberwachung, mehr Fehlern und höheren Baukosten. Ohne die nötigen Fachkräfte sind viele Kommunen nicht mehr in der Lage, »umfangreiche Bauinvestitionen ohne große Verzögerungen zu planen und durchzuführen«, wie der Wissenschaftliche Beirat schreibt.[61] Selbst wenn also ausreichend Geld für Investitionen bereitstehen sollte, kann es oft nicht ausgegeben werden, weil es an den nötigen Fachkräften fehlt.

Das ist für viele Kommunen und Landkreise besonders bitter, weil der Bund in den letzten Jahren mehrfach kurzfristig Geld aus sogenannten Sondervermögen bereitgestellt hat, um Investitionsprojekte zu fördern.[62] Arme Kommunen profitieren hiervon aber oft gar nicht, weil sie nicht mehr das nötige Personal haben, um das Geld überhaupt ausgeben zu können.

Der Staat investiert zum falschen Zeitpunkt

Neben dem armutsbedingten Personalmangel wirkt noch eine politische Dynamik, die der kontinuierlichen Sanierung der Infrastruktur in Deutschland im Weg steht: Wenn der Staat in Infrastruktur investiert, dann meist zum falschen Zeitpunkt – nämlich, wenn gerade Geld in der Kasse ist. Warum das falsch ist? Gerade bei Gemeinden, die überwiegend von Grund-, Gewerbe- und Einkommenssteuer leben, steigen die Einnahmen, wenn die Konjunktur insgesamt gut läuft. Genau dann ist aber auch die Nachfrage der Wirtschaft und der Bevölkerung nach Personal und Material am größten. In diesen Phasen sind also Fachleute und Baustoffe nicht nur schwerer zu bekommen, sondern auch besonders teuer.

Dieser Effekt könnte abgefedert werden, wenn öffentliche Stellen stattdessen antizyklisch investierten, also gegensätzlich zur Entwicklung der übrigen Wirtschaft. Bund, Länder und Kommunen sollten besonders dann investieren, wenn es der Wirtschaft nicht so gut geht. Dann wäre allen geholfen: Die Wirtschaft würde in der Flaute besonders von öffentlichen Aufträgen profitieren, Arbeitsplätze könnten erhalten werden, und der Staat würde von kurzen Lieferzeiten und niedrigen Preisen profitieren.

Doch dazu müssten öffentliche Auftraggeber die entsprechenden Milliarden gerade dann in Infrastruktur investieren können, wenn die Wirtschaft stagniert und die Steuereinnahmen überschaubar sind. Wenn die Investitionen nicht aus Steuern zu bezahlen sind, bleiben zur Finanzierung nur Kredite. Aber um die Staatsverschuldung tobt seit vielen Jahren ein erbitterter Streit.

Woher soll das Geld kommen? Schuldenbremse und Schwarze Null

Der politische Diskurs in Deutschland wurde spätestens seit den 1990er-Jahren von der Vorstellung bestimmt, dass Staatsschulden generell von Übel seien und zumindest gedeckelt, wenn nicht ganz eliminiert werden müssten. Aus diesem Gedanken wurde die sogenannte »Schuldenbremse« geboren, die schließlich 2011 ins Grundgesetz (GG) aufgenommen wurde.[63] Artikel 109 GG schreibt seitdem verbindlich vor, dass der Bund – von engen Ausnahmen abgesehen – pro Jahr nicht mehr als 0,35 Prozent des Bruttoinlandsprodukts an neuen Schulden aufnehmen darf.[64] Wenn die Steuereinnahmen also in einem Jahr voraussichtlich nicht reichen, um alle geplanten Projekte zu bezahlen, darf der Bund sich zwar Geld leihen, aber nicht mehr als 0,35 Prozent des Bruttoinlandsprodukts, also des Gesamtwerts aller Waren und Dienstleistungen, die die deutsche Volkswirtschaft zuletzt im Jahr produziert hat.[65]

Die Regelung der Schuldenbremse im Grundgesetz erlaubt, dass der Bundestag in Krisenzeiten die Obergrenze für neue Schulden aufhebt. Er muss jedoch zugleich einen Plan aufstellen, wie diese neuen Schulden »konjunkturgerecht« zurückgezahlt werden. Der Bundestag machte von dieser Möglichkeit wegen der Folgen der Corona-Pandemie und danach wegen des russischen Überfalls auf die Ukraine Gebrauch. So nahm die Bundesregierung 2022 neue Kredite in Höhe von rund 115 Milliarden Euro auf[66] – deutlich mehr, als die Grundregel der Schuldenbremse im Grundgesetz erlaubt.

Die Ausnahme von der Schuldenbremse ergibt Sinn, denn in Krisenzeiten ist die feste Deckelung neuer Schulden nicht hilfreich. Hätte der Bund die Folgen der Corona-Pandemie nicht mit Milliardensummen abgemildert, beispielsweise für großzügige Regelungen zur Kurzarbeit, hätten die Lockdowns Millionen von Entlassungen nach sich gezogen, was erhebliche volkswirtschaftliche Schäden verursacht hätte. Doch schon seit 2023 hat die Ampel die Schuldenbremse wieder scharf gestellt.[67]

Deutlich verschärft wurden die Wirkungen der Schuldenbremse durch das Urteil des Bundesverfassungsgerichts zum Klima- und Transformationsfonds (KTF) vom 15. November 2023. Die Ampel hatte sogenannte Kreditermächtigungen – also vom Bundestag trotz Schuldenbremse genehmigte Schulden, die ursprünglich der Bekämpfung der Corona-Pandemie dienen sollten – in den KTF umgebucht, um damit Projekte zum Klimaschutz zu bezahlen. Das hielt das Bundesverfassungsgericht aus mehreren Gründen für verfassungswidrig. Zum einen störte es sich an der Änderung des Zwecks der Schulden: Ursprünglich sollten mit ihnen die Folgen der Corona-Pandemie bekämpft werden, nach der Umwidmung dienten sie dem Schutz des Klimas. Das Gericht monierte, eine Ausnahme von der Schuldenbremse sei nur zur Bekämpfung der Corona-Folgen zulässig, aber nicht zum Klimaschutz. Denn bei der Klimakrise handele es sich nicht um eine plötzlich eingetretene Krise (wie etwa eine Pandemie oder ein Unwetter). Vielmehr sei der Klimawandel für den Gesetzgeber vorhersehbar. Daher müssten Investitionen zum Klimaschutz aus dem normalen Haushalt bezahlt werden. Zum anderen störte sich das höchste deutsche Gericht auch daran, dass die Mittel zwar im Jahr 2021 vom Bundestag genehmigt worden waren, nun aber in den KTF wandern und dann über mehrere Jahre verteilt ausgegeben werden sollten, nämlich bis 2027. Es gelte, die Prinzipien der Jährlichkeit und Jährigkeit des Haushalts zu schützen: Geld müsse stets in dem Jahr beschlossen werden, in dem es auch ausgegeben werde.

Die Folgen des KTF-Urteils sind gravierend. Fonds wie der KTF können nun nicht mehr einmalig befüllt und dann über mehrere Jahre geleert werden – das macht langfristige Investitionsprogramme auch über Wahlen hinweg schwierig. Außerdem fehlten der Ampel nach dem Urteil plötzlich 60 Milliarden Euro im KTF, die eigentlich zur Finanzierung von Klimaschutzmaßnahmen fest eingeplant waren.

Noch strenger als die Schuldenbremse begrenzt die »Schwarze Null« staatliche Investitionen. Die »Schwarze Null« beschreibt das Ziel, dass staatliche Haushalte ausgeglichen sind: Der Staat soll also am besten gar keine neuen Schulden machen, sondern pro Jahr nur so viel ausgeben, wie er durch Steuern einnimmt. Dieses Ideal ist zwar keine verbindliche gesetzliche oder gar verfassungsrechtliche Pflicht, sondern nur ein politisches Ziel bestimmter Parteien, geht aber noch einen Schritt weiter als die Schuldenbremse: »Während die Schuldenbremse immer noch Neuverschuldung zulässt, wenn auch in stark begrenzter Höhe, muss bei der Schwarzen Null der Haushalt ausgeglichen sein. Das heißt: Die Ausgaben dürfen die Einnahmen nicht überschreiten.«[68] Dieser Fall war in Deutschland 2014 erstmals seit 45 Jahren eingetreten. Bis 2020 wurde »eisern« daran festgehalten, schreibt der DGB.[69]

Zur Begründung wird vielfach darauf verwiesen, wir dürften nicht auf Kosten unserer Kinder leben und ihnen keine Schulden vererben. Richtig daran ist natürlich, dass es in der Regel Geld kostet, wenn der Staat sich Geld leiht. Doch zur Frage, ob sich Schulden lohnen, gehört immer auch der Blick darauf, was wir für das Geld bekommen. Vielleicht sind die auf Kredite zu zahlenden Zinsen gut investiert, wenn wir dafür Ladesäulen an jeder Ecke und Wärmepumpen in jedem Haus bekommen? Vielleicht tun wir unseren Kindern sogar einen Gefallen, wenn wir zwar Schulden hinterlassen, das Geld aber investieren in gerechtere Schulen und eine klimaneutrale Gesellschaft mit vorbildlichem Bahnnetz, CO_2-neutraler Industrie sowie einer digitalen Verwaltung?

Für den Ökonomen Lukas Haffert[70] beruht die suggestive Kraft der Schwarzen Null weniger auf ökonomischen Erwägungen; der ausgeglichene Haushalt scheine vielmehr vor allem eine psychologische Wirkung zu haben:[71] Unter einem ausgeglichenen Haushalt können sich alle etwas vorstellen, während die Deutschen seit Jahrzehnten mit Schulden nichts Gutes verbinden. Das dürfte auch etwas mit dem bis zur Groteske verzerrten Bild der »schwäbischen Hausfrau« zu tun haben, die angeblich nur ausgibt, was sie zuvor angespart hat. Diese Erzählung blendet aus, dass kluge Schwäbinnen immer schon Kredite aufgenommen haben, beispielsweise, um das Geld in ihr Häusle oder mittelständisches Unternehmen zu investieren. Warum sollte es der Staat nicht ebenso halten? Laut Haffert lässt sich als weiterer Grund für den politischen Erfolg der Schwarzen Null die spezifische politische Konstellation der Großen Koalition ausmachen, nämlich ein Bündnis zweier inhaltlich ausgezehrter, aber aneinander gebundener Volksparteien.[72] Wenn Regierungsparteien sich nicht mehr auf gemeinsame Projekte einigen können, sparen geht immer. Der ausgeglichene Haushalt als politischer Minimalkompromiss – das können wir uns nicht mehr leisten.

Kritik an zu viel Sparsamkeit

Kritiker:innen sehen in der Angst vor Schulden und vor allem in der im Grundgesetz verankerten Schuldenbremse eines der größten Hindernisse für die Sanierung der deutschen Infrastruktur. Die Schuldenbremse mache keinen Unterschied zwischen sinnvollen Schulden, die für Investitionen genutzt werden und so den Kapitalstock erhöhen, und konsumtiven Schulden, die nur genutzt werden, um laufende Ausgaben zu decken und etwa die Rentenerhöhung zu bezahlen.

Bundesfinanzminister Christian Lindner dagegen ist einer der lautesten Verfechter der Schuldenbremse. Warum? Fragen wir ihn doch mal.

Im Bundesfinanzministerium in Berlin-Mitte warten wir im Besprechungsraum mit Blick über die Leipziger Straße. Noch 20 Minuten, der Minister wird sich etwas verspäten. Die Wände sind mit dunklem Holz getäfelt. In den Regalen stehen Pageturner wie die Festschrift *100 Jahre Umsatzsteuer in Deutschland 1918–2018*.

Dann betritt der Finanzminister den Raum, schüttelt Hände und schaut auf unsere Jeans: »Ah, Casual Friday«, sagt Lindner. »Dann hätte ich ja auch keinen Anzug anziehen müssen.«[73] Er scheint ein wenig ungehalten, bietet aber an, dass wir aufgrund seiner Verspätung 15 Minuten dranhängen können. Wir setzen uns an den runden Konferenztisch von Putin'schen Ausmaßen und starten die Aufnahme.

Herr Minister Lindner, kein deutscher Politiker steht so sehr auf der Schuldenbremse wie Sie. Warum?

Er muss nicht lange überlegen, ehe er zwei Argumente nennt: »Erstens ist es eine Frage der Generationengerechtigkeit.« In einer alternden Gesellschaft würden immer weniger Menschen Steuern zahlen. Da sei es ungerecht, wenn zukünftige Generationen immer höhere Schulden tilgen müssen, die wir heute anhäufen. Zweiter Punkt: Schulden kosten Geld, nämlich Zinsen. Und die steigen gerade wieder. »2021 hat der Bundeshaushalt vier Milliarden Euro gezahlt für die Schulden der Vergangenheit« – also Zinsen. »Für 2023 werden wir deutlich über 30 Milliarden Euro einplanen müssen – für die Schulden der Vergangenheit.« Sein Fazit: Wir können uns neue Schulden nicht leisten.

Aber was ist, wenn wir das Geld dennoch unbedingt ausgeben müssen, um Schlimmeres zu verhindern? Die Bundeswehr ist in einem desolaten Zustand. Vielen Schulen ist anzusehen, dass ihnen nicht nur ein WLAN fehlt. Straßen und Brücken zerbröseln.

Der Finanzminister stimmt uns zu. »Aber diese Situationen haben wir, obwohl es damals noch keine Schuldenbremse gab.« Schuld am beklagenswerten Zustand der Infrastruktur sei also nicht die Schuldenbremse, denn diese und auch die Schwarze Null seien ja erst zehn Jahre alt. Das Geld, für das wir jetzt Zinsen zahlen, sei nicht in Infrastruktur geflossen, sondern in Konsum und Umverteilung. Sinnvolle Investitionen seien auch mit der Schuldenbremse möglich. Es reiche, das vorhandene Geld umzulenken: »Das Stichwort heißt: Prioritäten setzen.«

Doch ganz wird Christian Lindner diesem Anspruch selbst nicht gerecht. Denn auch er wird die Schuldenbremse allenfalls auf dem Papier einhalten, weil er die Gelder dafür bereitstellt, dass die Bundesregierung viele Milliarden pro Jahr in die Bundeswehr investiert. Diese Investitionen trotz angezogener Schuldenbremse beruhen auf einem Buchhaltungstrick: Wichtige Investitionen werden nur möglich sein, weil Lindner die Schulden dafür über sogenannte »Sondervermögen« aufnimmt, also mittels separater Schuldentöpfe, die nicht direkt Teil des Bundeshaushalts sind, sodass die Schuldenbremse hier nicht greift. Die 100 Milliarden Euro für die Modernisierung der Bundeswehr, die Bundeskanzler Olaf Scholz 2022 in seiner Zeitenwende-Rede über einen Zeitraum von fünf Jahren versprochen hatte, werden beispielsweise durch Schulden finanziert, die jede Schuldenbremse sprengen würden. Diese Milliarden tauchen deshalb im normalen Haushalt nicht auf. Stattdessen verbucht Lindner diese neuen Schulden als Sondervermögen – treffender wäre: Sonderschulden Bundeswehr. Noch größer fällt der Schuldentopf zur Finanzierung von Maßnahmen wie Strom- und Gaspreisbremse aus, die die Bundesregierung beschlossen hatte, um die Folgen der Energiekrise abzumindern: Der sogenannte Wirtschaftsstabilisierungsfonds Energie führte zu Krediten von 200 Mrd. Euro – vorbei am normalen Bundeshaushalt für 2022, für den das Finanzministerium lediglich eine Nettokreditaufnahme von 115 Milliarden Euro meldet.[74]

»Die Kritik muss ich aushalten«, sagt der Finanzminister und räumt ein: Hinter der Kritik »steckt auch ein nachvollziehbares Argument«. Doch er rechtfertigt diese kreative Buchführung mit dem Argument »Zweckbindung«: Würden die Milliarden einfach im normalen Haushalt verbucht, könnten sie im Prinzip auch genutzt werden, um Wahlgeschenke oder ein höheres Bürgergeld zu bezahlen. »Deswegen haben wir gesagt, wir schreiben ein Sondervermögen ins Grundgesetz. Denn dadurch haben wir eine ganz klare Zweckbindung.« Und was genau ändert das? »Diese 100 Milliarden Euro Schulden versickern nicht irgendwo für irgendwas, werden nicht umdefiniert in dies oder jenes, sondern sie sind für die Bundeswehr.«

Das stimmt, macht aber klar: Auch Christian Lindner könnte ohne Umgehung der Schuldenbremse sinnvolle Investitionen nicht stemmen. Ja, seine Spezialschulden sind zweckgebunden. Aber es bleiben Schulden, die mit Schuldenbremse eigentlich nicht möglich wären.

Was sagt die Wissenschaft zur Schuldenbremse?

Das Beispiel illustriert, dass selbst überzeugte Schuldengegner wie Lindner ums Schuldenmachen nicht herumkommen; sie nennen es nur anders und schummeln die Schulden an der Schuldenbremse vorbei. Hier drängt sich die Frage auf, was von einer Schuldenbremse zu halten ist, die man offensichtlich umgehen muss, damit der Staat seine Aufgaben noch erfüllen kann. Wissenschaftler:innen fragen konkret: Trägt die Schuldenbremse eine Mitschuld an der gegenwärtigen Infrastruktur-Misere?

Diese Frage beantwortet die Volkswirtschaft unterschiedlich. Das Münchner ifo-Institut befragte im Oktober 2019 dazu 120 Volkswirt:innen.[75] Davon gaben 37 Prozent an, die Schuldenbremse behindere öffentliche Investitionen, etwa in das Bildungssystem oder in die Verkehrsinfrastruktur. 41 Prozent dagegen sahen das Problem der mangelnden öffentlichen Investitionen nicht als Folge der Schuldenbremse, sondern als Konsequenz mangelnder Planungs- und Durchführungskapazitäten. Eindeutiger urteilten die Ökonomie-Professor:innen, die das Wirtschaftsministerium beraten: »Der Grund für den schlechten Zustand der öffentlichen Infrastruktur und das mäßige Investitionsniveau liegt nicht in der Schuldenbremse.«[76] Die Investitionen seien schon vor der Schuldenbremse eingebrochen. Zudem sei privat finanzierte Infrastruktur wie digitale Netze, Gas- und Stromleitungen zwar nicht von der Schuldenbremse berührt, aber ebenfalls in keinem guten Zustand. Und schließlich hätten der Bund und viele Bundesländer »ausreichenden Spielraum für zusätzliche Investitionen gehabt«, diesen aber nicht genutzt.

Blicken wir jetzt nach vorn: Könnte eine gelockerte Schuldenbremse uns helfen, aus der Krise herauszukommen? Sollten wir die Schuldenbremse lockern oder gar abschaffen, um die massiven Kosten für Reparatur und Ausbau der Infrastruktur auch mit Schulden finanzieren zu können? Auch darüber herrscht in der Wissenschaft keine Einigkeit, weil die Nebenwirkungen schwer abzuschätzen sind. »Innerhalb des Beirats sind die Auffassungen über die Vorteilhaftigkeit der Schuldenbremse geteilt«, heißt es im Gutachten des Wissenschaftlichen Beirats des Wirtschaftsministeriums.[77] Beide Lager sehen, dass auf politisch Verantwortliche starke Anreize wirken, Geld so auszugeben, dass es fürs aktuelle Wahlvolk schnell spürbare Ergebnisse bringt, während die Zinsen erst später anfallen und kommende Generationen belasten. Die Geister scheiden sich aber an der Frage, wie dieser politische Hang einzuhegen sei, das Wahlvolk auf Pump bei Laune zu halten und dafür kommende Generationen zahlen zu lassen.

Das Team Schuldenbremse argumentiert, dies könne nur mit einer absoluten Begrenzung der Schulden auf eine bestimmte Höhe funktionieren. Befürworter:innen der Schuldenbremse lehnen es daher auch ab, diese gezielt zu lockern, um höhere Schulden für »Investitionen« zuzulassen. Es sei zu schwer abzugrenzen, was eigentlich »Investitionen« seien, für die mehr Schulden gemacht werden dürfen. Auch der Präsident des ifo Instituts für Wirtschaftsforschung, Clemens Fuest, spielt eher im Team Lindner: »Die Schuldenbremse abzuschaffen lohnt sich nicht.«[78] In der Corona-Krise habe die Bremse ihre Flexibilität bewiesen. Die Obergrenze der Neuverschuldung wurde vom Bundestag für die Zeit der Krise aufgehoben und ein Tilgungsplan beschlossen. Auch sei es hilfreich gewesen, dass der allgemeine Schuldenberg des Landes durch die langjährige Politik der Schwarzen Null niedrig gewesen sei: »So entstand der Spielraum, die Schulden zu erhöhen und die Wirtschaft zu stützen, ohne dass Zweifel an der Solidität der Staatsfinanzen aufkamen«, schreibt Fuest. Wie Lindner argumentiert er, dass die öffentlichen Investitionen gerade im ersten Jahrzehnt des Jahrtausends besonders niedrig waren – als es die Schuldenbremse noch gar nicht gab. Dagegen seien die Investitionen seit 2014, dem ersten Jahr der Schwarzen Null, etwa doppelt so schnell gestiegen wie das Bruttoinlandsprodukt. Es sei daher nicht erkennbar, dass notwendige öffentliche Investitionen durch die Schuldenschranke verhindert wurden.[79] Zwar sei es richtig, öffentliche Investitionen auszuweiten. Das verhindere die Schuldenbremse aber nicht: »Wenn dafür Spielräume in den Haushalten fehlen«, weil die Schuldenbremse bremst, »können aber Bundesunternehmen wie etwa die Deutsche Bahn mit öffentlichen Mitteln für Investitionen ausgestattet werden.« Schulden sollen also da gemacht werden, wo die Schuldenbremse es nicht merkt: in Schattenhaushalten. Auf diese Möglichkeit wies auch Wirtschaftsminister Robert Habeck im August 2023 in unserem

Sommerinterview ausdrücklich hin. Die Frage ist nur, ob das nach den neuen Vorgaben des Bundesverfassungsgerichts im KTF-Urteil überhaupt noch erlaubt ist. Insbesondere Jährlichkeit und Jährigkeit staatlicher Ausgaben sollten durch Sondervermögen ja ausgehebelt werden – und genau das hat das Gericht ja nun verboten.

Auch dass wegen der aus dem KTF gestrichenen 60 Milliarden Euro nun viele Maßnahmen zum Klimaschutz auf der Kippe stehen und das Klimageld in weite Ferne gerückt ist, verleiht Gegner:innen der Schuldenbremse neue Munition. Sie argumentieren, die Neigung der Politik, kurzfristige Wohltaten auf Pump zu finanzieren, führe vielleicht zu mehr Staatsschulden. Dass mit dem Geld jedoch mitunter Wohltaten und nicht langfristig sinnvolle Projekte bezahlt würden, liege am Verlangen des Wahlvolks nach schneller Bedürfnisbefriedigung, an dem die Schuldenbremse sicher nichts ändern könne. Und wenn die Menge der Schulden eng begrenzt sei, führe das nicht dazu, dass die Politik das Geld nachhaltiger investiere – eher im Gegenteil: Die begrenzten Schulden würden dann erst recht eingesetzt, um das heutige Wahlvolk bei Laune zu halten.

Gerade nach dem KTF-Urteil wollen daher viele Ökonom:innen die harte Schuldenbremse abschaffen, aber gleichzeitig Mechanismen einbauen, die sicherstellen, dass die Spielräume tatsächlich für mehr Investitionen genutzt werden. Das gewerkschaftsnahe Institut für Makroökonomie und Konjunkturforschung und das Institut der deutschen Wirtschaft kamen in einer gemeinsamen Studie schon vor dem Urteil zu dem Schluss, eine Modifikation der Schuldenbremse würde helfen, die nötigen Investitionen zu schultern und sie vor allem verlässlich für die nächsten zehn Jahre zu sichern.[80] Denn nur wenn Wirtschaft und Kommunen längerfristig sicher planen könnten, investierten sie in neue Projekte und mehr Personal. Die Volkswirtschaftler:innen fordern, die Schuldenbremse durch eine »goldene

Regel« zu modifizieren: Sie würde Schulden für Investitionen zumindest bis zu einer bestimmten Höhe erlauben. Denn über Kredite finanzierte Investitionen »erhöhen zwar den Schuldenstand, aber gleichzeitig den Vermögensbestand einer Volkswirtschaft. Das Nettovermögen wird so nicht geschmälert.«[81]

Die wissenschaftlichen Berater:innen des Wirtschaftsministeriums weisen jedoch darauf hin, Investitionen und Konsum seien schwierig abzugrenzen: Was sind gute Investitionen, für die mehr Schulden erlaubt sind? So gelten aktuell Ausgaben für Bildung und bessere Schulen nicht als Investitionen, kritisiert die Ökonomie-Professorin und Vorsitzende des Rats der Wirtschaftsweisen, Monika Schnitzer,[82] obwohl sehr gut qualifizierte Fachkräfte der wichtigste Standortfaktor im rohstoffarmen Deutschland sind.

Der Wissenschaftliche Beirat des Wirtschaftsministeriums schlägt daher eine unabhängige Institution vor, die entscheidet, ob Projekte als Investitionen zu werten sind. Auch könne gesetzlich geregelt werden, dass der Staat eine bestimmte Mindestsumme für Investitionen ausgeben muss. All diese Veränderungen der Schuldenbremse seien aber nur sinnvoll, wenn ausgeschlossen werden könne, dass der Staat mit dem geliehenen Geld konsumtive Ausgaben finanziert und zukünftige Generationen deshalb nur Schulden erben anstatt Werte wie Brücken, gute Schulen und ein saniertes Schienennetz. »Ob das möglich ist und angestrebt werden sollte, ist im Beirat umstritten.«[83]

In dieser komplexen Gemengelage hat die Ampel einen Mittelweg gefunden: Sie will die Schuldenbremse wieder scharf schalten und keine goldene Regel ins Grundgesetz schreiben, um mehr Schulden für Investitionen zu erlauben. Dennoch möchte sie mehr Schulden machen, als es die Bremse erlaubt: mit Sondervermögen, also Schuldentöpfen neben dem Bundeshaushalt nach dem Beispiel der 100 Milliarden, die die Ampel in die Bundeswehr investieren möchte.

Dieses Vorgehen erreiche im Kern seinen Zweck, so die Ökonomin Monika Schnitzer[84] – nämlich die schnelle Finanzierung von notwendigen Zukunftsinvestitionen über Schulden. Allerdings komme dieser pragmatische Weg zu einem hohen Preis. Die Öffentlichkeit büße Kontrolle ein und bekomme das Gefühl, es werde getrickst. »Besser, aber nicht so schnell umzusetzen, wäre die Einrichtung von Investitionsfördergesellschaften oder die Einführung einer modifizierten goldenen Regel für Nettoinvestitionen.« Investitionsfördergesellschaften, so die Idee, würden Gelder aus dem Bundeshaushalt an die Länder verteilen. Stetig und unabhängig von der Konjunktur, aber eben nur für Investitionen. Wer definiert das? Wer kontrolliert das? Der Bund, weil er das Geld gibt? Die Länder, weil sie das Geld ausgeben? Ein Konstrukt mit eigenen Nebenwirkungen – aber besser kontrollierbar als die aktuellen Schattenhaushalte.

Schwerer noch als die Sorge um die demokratische Kontrolle der Schattenhaushalte wiegen die verfassungsrechtlichen Bedenken. Zwar wurde das »Sondervermögen« für die Bundeswehr mit den Stimmen der Ampel, aber auch der Unionsfraktion eigens im Grundgesetz verankert. Daher muss sich die Ampel hier keine Sorgen machen, dass das Bundesverfassungsgericht diesen Weg zur Finanzierung der Bundeswehrsanierung am Ende kippen könnte. Doch wie steht es mit anderen möglichen Sondervermögen, die ja ganz offen dazu dienen, die im Grundgesetz geregelte Schuldenbremse zu umgehen? Im KTF-Urteil hat das Bundesverfassungsgericht sehr enge Grenzen gesetzt: In einem Jahr Kreditermächtigungen beschließen und sie in einem Sondervermögen des Bundes parken, um das Geld dann über mehrere Jahre auszugeben – das ist auf keinen Fall mehr zulässig. Anders dürfte es jedoch aussehen, wenn der Bund eine rechtlich selbständige Einheit, beispielsweise eine GmbH, mit Geld aus einem Bundeshaushalt ausstattet, und diese GmbH das Geld über mehrere Jahre ausgibt. Beispielsweise könnte der Bund ein

»Sondervermögen Autobahnsanierung« einrichten und der bundeseigenen Autobahn GmbH einmalig zehn Milliarden Euro überweisen, die diese GmbH dann über die nächsten Jahre investiert. Das dürfte mit der Jährigkeit des Haushaltsrechts vereinbar sein, weil das Geld in so einem Fall haushaltsrechtlich in einem Jahr genehmigt und aus dem Bundeshaushalt auch abgeflossen ist.

Was tun?

Die Schuldenbremse hat die Infrastruktur-Misere also zumindest nicht eindeutig verursacht. Sicher scheint jedenfalls, dass sie die Reparatur der Infrastruktur gegenwärtig erschwert. Deswegen wird seit dem KTF-Urteil über eine Reform der Bremse umso heftiger diskutiert. Andererseits wird sie in näherer Zukunft wohl auch nicht prinzipiell in Frage gestellt werden, denn dazu bräuchte es eine Zweidrittelmehrheit in Bundestag und Bundesrat, die angesichts der Sympathien für die Schuldenbremse bei Union und FDP bis zur nächsten Bundestagswahl unerreichbar sein dürfte.

Wenn die Schuldenbremse also politisch gesehen keine Baustelle ist, auf der sich kurzfristig etwas reparieren lässt – was sind dann die Hebel, die sich lohnen könnten?

Transparenz durch regelmäßige Berichte

Als Erstes sollten Bund und Länder regelmäßig Bilanzen veröffentlichen, die erklären, in welchem Zustand sich die Infrastruktur befindet, und zwar für alle Bereiche, von den Straßen bis zum Stromnetz, von den Schienen bis zu den Schulen. Das klingt wie eine Selbstverständlichkeit, ist es jedoch nicht, denn solche Berichte gibt es zwar, aber sie erscheinen nicht jährlich für alle Bereiche. Außerdem listen sie oft nur auf, was für Infrastrukturen ausgegeben wurde. Diese Euro-Beträge sagen jedoch nichts über den Zustand aus, in dem sich Schulen, Straßen und Gleise befinden. Aus einer genaueren Bilanz müsste sich unmittelbar ergeben, welche langfristigen Investitionen aufgrund der Bestandsaufnahme in den nächsten zehn Jahren anstehen. Behörden könnten besser planen – und bei Wahlen wäre immerhin klar, ob die bisherigen Regierungen ihren Job gut gemacht haben. Zudem könnten Medien Tendenzen besser erkennen: Haben Politiker:innen immerhin angefangen, den Zustand der Infrastruktur zu verbessern, oder sind die Infrastrukturschulden während ihrer Amtszeit noch weiter angewachsen? Und sofern das Geld auch tatsächlich in dem Jahr aus dem Bundeshaushalt in die Gesellschaft abfließt, in dem es vom Bundestag bewilligt wurde, dürfte dieses Vorgehen auch den strengen Vorgaben des KTF-Urteils entsprechen.

Investitionen verstetigen durch Investitionsfördergesellschaften

Infrastruktur-Investitionen sollten abgekoppelt werden von der Konjunktur. Aktuell wird vor allem dann in die Infrastruktur investiert, wenn die Haushaltslage gut ist. Langfristige Investitionen gedeihen in einem solchen Ökosystem nicht gut. Ausgaben für Infrastruktur müssen daher verstetigt werden, indem fortlaufend und verlässlich Geld in Schulen, Schienen und diverse Netze fließt. Nur so können Behörden und Unternehmen gleichermaßen planen, also Personal und Material bereithalten. Außerdem profitiert der Staat von günstigen Preisen, wenn er antizyklisch investiert, also dann, wenn die Nachfrage allgemein gerade niedrig ist.

Ein Mittel zur Verstetigung von Investitionen könnten Investitionsfördergesellschaften sein, wie sie auch der Wissenschaftliche Beirat des BMWK empfiehlt.[85] Sie müssten langfristig und auf klarer gesetzlicher Grundlage Geld aus öffentlichen Haushalten bekommen und könnten so dauerhaft das notwendige Personal für schnelle, kompetente Planungen vorhalten. Natürlich gilt es auch hier, komplexe Fragen zu klären: So müssen die Kommunen eigenständig planen und bauen können und dürfen nicht vom jeweiligen Land oder vom Bund gesteuert werden. Gleichzeitig müssen diejenigen Stellen von Bund und Ländern, die das Geld gegeben haben, natürlich prüfen können, ob die Mittel korrekt ausgegeben und wirklich in Infrastruktur investiert werden.

Das klingt nach den umstrittenen Schattenhaushalten der Ampel, aber solche Investitionsfördergesellschaften könnten transparenter gestaltet werden und besser zu kontrollieren sein. Vorbild könnte etwa die Deutsche Forschungsgemeinschaft sein. Die DFG wird durch Milliarden aus dem Haushalt finanziert. Wissenschaftler:innen können Geld für langfristige Projekte beantragen, und die DFG entscheidet nach klar definierten Kriterien, wer das Geld bekommt. Und sofern das Geld tatsächlich komplett in dem Jahr aus dem Bundeshaushalt in die Gesellschaft abfließt, in dem es vom Bundestag bewilligt wurde, dürfte dieses Vorgehen auch den strengen Vorgaben des KTF-Urteils entsprechen.

Kommunen entschulden

Viele Kommunen in Deutschland haben enorme Schulden angehäuft, auch, weil sie Dinge bezahlen müssen, die sie nicht beschlossen haben und die sie kaum beeinflussen können. Sozialleistungen etwa beschließt der Bund, bezahlen müssen sie zum großen Teil die Kommunen. Außerdem haben sie wenig Spielraum, selbst Einnahmen zu erzielen. Auch wirkt sich verheerend aus, dass wirtschaftlich schwache Regionen relativ hohe Sozialleistungen zahlen müssen und daher deutlich weniger in Infrastruktur investieren können[86] – mit der Folge, dass wohlhabendere Menschen und Betriebe oft abwandern. Das führt schnell in einen Teufelskreis.

Vieles spricht daher dafür, das sogenannte Konnexitätsprinzip wieder zu befolgen: Wer die Musik bestellt, muss sie auch bezahlen – in der Regel wäre das der Bund, mitunter auch das jeweilige Bundesland, denn diese beiden Ebenen entscheiden in unserem föderalen Staat über gesetzliche Verpflichtungen zu kommunalen Ausgaben. Das würde den Städten und Gemeinden mehr finanziellen Spielraum für Investitionen verschaffen. Um die Altschulden zu beseitigen, könnten Länder außerdem Investitionsförderprogramme nach dem Beispiel der »Hessenkasse« aufsetzen: Das Land Hessen tilgt für überschuldete Gemeinden deren Kassenkredite. Einen Teil der Schuld stottern die Kommunen danach mit 25 Euro pro Einwohner:in und Jahr bei der Hessenkasse ab – ein eher symbolischer Betrag. Den Rest trägt das Land.[87] Für Gemeinden, die ihre Bankkredite entweder selbstständig tilgen konnten oder gar keine benötigten, gibt die Hessenkasse Investitionsbeihilfen zu günstigen Konditionen. Beide Förderungen für die Kommunen werden übrigens an der Schuldenbremse vorbei geleistet, weil die landeseigene Wirtschafts- und Infrastrukturbank Hessen die Kosten trägt und nicht direkt das Land – dadurch erscheinen sie nicht in der staatlichen Finanzstatistik.[88]

Rechtsschutz auf ein sinnvolles Maß stutzen

Ein heikles Thema sind Klagen gegen Infrastrukturprojekte, beispielsweise von Anwohner:innen oder Umweltverbänden. Hier müssen Gerichtsverfahren gegen den – sichtbaren und hörbaren – Ausbau von öffentlicher Infrastruktur auf ein sinnvolles Maß begrenzt werden. Ja, das limitiert die Einspruchsmöglichkeiten. Doch das ist notwendig in einer Situation, in der Regierungen jahrelang zu wenig investierten und die Gesellschaft so in eine Notsituation manövrierten – so argumentiert auch der Wissenschaftliche Beirat des Wirtschaftsministeriums: »Je drängender die Entwicklung der Infrastruktur ist, desto eher kann es gerechtfertigt sein, den Rechtsschutz auf wenige Instanzen zu verkürzen.«[89]

Natürlich geht es nicht darum, Rechtsschutz komplett abzuschaffen. Aber angesichts des enormen Investitionsrückstaus ist schwer vertretbar, wenn Interessen einzelner Anwohner:innen Projekte jahrelang ausbremsen, die im öffentlichen Interesse liegen – insbesondere wenn nur aus Prinzip oder als Verzögerungstaktik gegen notwendige Investitionen geklagt wird. (Näheres dazu im Kapitel über Windkraft.) Außerdem verkomplizieren solche Verfahren antizyklische Investitionen, weil sie den Zeitplan schwer planbar machen, sodass günstige Gelegenheiten in Zeiten schwacher Konjunktur mitunter nicht genutzt werden können. Berechtigte Interessen sollten stattdessen besser früh und gründlich berücksichtigt werden, damit es gar nicht erst zu Klagen kommt, beispielsweise über niedrigschwellige Beteiligungsverfahren.[90] Außerdem könnten weniger gerichtliche Instanzen den Infrastrukturausbau beschleunigen.[91]

Fazit

Seit Jahrzehnten haben politisch Verantwortliche in Bund, Ländern und Kommunen zu wenig in Infrastruktur investiert. Unser politisches System setzt bisher falsche Anreize, die kurzfristiges Handeln belohnen und langfristige Investitionen eher unattraktiv erscheinen lassen. In diesem Ökosystem sind Ausgaben für Infrastruktur besonders schwer durchzusetzen: Ihr Nutzen ist schwer zu messen und wird systematisch unterschätzt.

In den letzten Jahren setzen zudem ökonomisch fragwürdige Vorgaben wie die Schwarze Null öffentlichen Investitionen allzu enge Grenzen. Dabei wäre es wesentlich generationengerechter, Infrastruktur mit Schulden zu finanzieren. Würden wir versuchen, Straßen, Brücken und Schulen ohne Schulden zu bezahlen, läge die Last allein bei heutigen Steuerzahler:innen, während die Früchte jene ernten, die heute zu jung sind, um Steuern zu zahlen, und daher nichts zur Finanzierung beitragen. Bezahlen wir diese ganzen Bauten und Netze dagegen, indem wir heute Schulden aufnehmen, sind die Lasten gerechter verteilt: Ja, wir machen heute Schulden und zahlen auch heute schon Zinsen, aber wir schaffen Werte für Jahrzehnte, an denen sich kommende Generationen fair beteiligen, weil sie ebenfalls einen Anteil an Zins und Tilgung leisten.

Sondervermögen, also Schattenhaushalte, erschienen lange der pragmatische Weg, um trotz Schuldenbremse Investitionen in Infrastruktur zu ermöglichen. Ihnen hat das KTF-Urteil des Bundesverfassungsgerichts aber enge Grenzen gesetzt. Wir sollten daher versuchen, eine bessere Form für langfristige Investitionen zu finden, nämlich Investitionsfördergesellschaften. Sie wären transparenter und ließen sich besser kontrollieren. Insgesamt sollten wir aber mehr Mut zu Investitionen haben, auch wenn sie formal Staatsschulden nach sich ziehen – denn dafür bauen wir im selben Maße Schulden bei der Infrastruktur ab und schaffen ein lebenswerteres und wettbewerbsfähigeres Land. Dann werden wir recht bald merken: Schulden für Infrastruktur lohnen sich!

WENN DER FÖRSTER DEN ADMIN MACHT

Warum die Digitalisierung der Verwaltung nicht vom Fleck kommt, obwohl klar ist, wie es gehen könnte

Vor der Hochzeit: Formulare, Formulare

Heiraten ist eine sehr persönliche Entscheidung: Vielen Menschen ist es wichtig, ihrem Gefühl, dass diese Beziehung etwas ganz anderes ist als alle bisherigen, durch einen offiziellen Akt Ausdruck zu verleihen. Doch die Eheschließung hat auch einige politische Dimensionen. So zwingt der deutsche Staat Heiratswillige auf eine Zeitreise, mitten hinein in eine anachronistische, zutiefst analoge Behördenwelt.

Nora und Philip leben in Berlin, aber die Trauung soll aus familiären Gründen an der Küste stattfinden, in einem kleinen Standesamt nahe Rostock. Philip kümmert sich um den Papierkram. Zunächst muss die Eheschließung beim Berliner Standesamt angemeldet werden. Erst dann kann ein anderes Standesamt übernehmen und die Trauung vollziehen.

Hier deutet sich an, wohin die Reise geht: Denn es gilt bei Berliner Behörden als Fortschritt, dass Eheleute in spe die Anmeldung ihrer Eheschließung nun als PDF von der Behördenseite laden, ausdrucken, ausfüllen und in Papierform in den Amtsbriefkasten werfen können.

Noch vor Kurzem war schon dafür ein persönlicher Termin in der Behörde nötig. Theoretisch wurde der einmal pro Woche online vergeben, de facto waren solche Termine aber schlicht nicht zu bekommen. Nach Tagen vor dem Browser hatte Resi, eine Freundin, eine Idee: Sie googelte nach »Standesamt Pankow Auszubildende«, weil sie annahm, dass die wenig zu tun haben, aber dennoch Prokura genug, um einen Termin zu sichern. Was soll man sagen? Resi telefonierte mit einer Auszubildenden und bekam auf diese Weise einen persönlichen Termin im Amt.

Auch wenn die Anmeldung an sich nun etwas einfacher geworden ist, gilt es immer noch, eine Reihe von Nachweisen zu sammeln, auf Papier natürlich. Da wären zum einen die Auszüge aus den Geburtenregistern der Städte, in denen die zukünftigen Eheleute geboren wurden. Auf so einem Auszug steht lediglich: »Philip Banse, geboren am … in … als Sohn von …, Stempel, Unterschrift. Das kann und will sich das Berliner Standesamt aber nicht selbst besorgen, schon gar nicht digital. Also klickt sich Philip auf der Website seiner Geburtsstadt zur zuständigen Ansprechpartnerin durch und ruft an. Ergebnis: Bitte schicken Sie die Anfrage per Mail. Okay, eine Mail also: Bitte um Auszug aus dem Geburtenregister. Drei Tage später die Antwort vom Amt: Schicken wir Ihnen gerne. Per Briefpost. Ist in ungefähr einer Woche in Berlin. Und tatsächlich: Knapp zwei Wochen nach Beginn des Vorgangs bekommt Philip einen unterschriebenen und gestempelten Ausdruck im Format DIN A5, der seine Geburt in einer deutschen Stadt bescheinigt.

Für ihren Auszug aus dem Geburtenregister durchläuft Nora dieselbe Prozedur, allerdings in einem anderen Bundesland, wo alles noch etwas länger dauert. Weitere zehn Tage und drei Telefonate später ist das Dokument, ebenfalls als Papierausdruck, endlich in Berlin. Noch am selben Tag wirft Philip alle Unterlagen eigenhändig in den Hausbriefkasten des Berliner Standesamts. Weitere drei Tage später kommt von dort eine Mail: Vielen Dank, wir haben die Unterlagen bekommen und schicken sie nun per Briefpost zum Standesamt an der Ostsee, wo Sie heiraten wollen. In etwa zehn Tagen müsste alles dort sein.

Philip beginnt zu rechnen. Die Luftlinie von seinem Wohnort in Berlin zum Standesamt an der Ostsee beträgt etwa 190 Kilometer. Wenn er jeden Tag mit den Dokumenten in der Tasche etwa 20 Kilometer Richtung Küste laufen würde, wären die Unterlagen ebenfalls in zehn Tagen da. Schneller ginge es mit der Postkutsche.

Spätestens hier wird das Private politisch: Philip sitzt mit Ulf in der *Lage*-Redaktion und berichtet von seinem Paper Trail durch die bundesdeutsche Verwaltung: »Kannst du mir sagen, warum ich mit einigen Klicks in zehn Minuten eine Reise um die Welt buchen kann, meine standesamtliche Hochzeit in Deutschland aber einen Monat Papierkram benötigt? Wieso muss ich mich wochenlang darum kümmern, dass banalste Daten aus staatlichen Rechnern ausgedruckt und per Post verschickt werden, nur, um wieder in staatliche Rechner eingetippt zu werden? Diese DIN-A4-Verwaltung kostet Zeit, Nerven, Geld, bremst privates wie geschäftliches Leben aus und kratzt an meiner Identifikation mit diesem Staat: Wo leben wir eigentlich? Wieso bekommen Estland und Dänemark das so viel besser hin als wir?«

Besuch in Weilbach: Wie meldet man analog ein Gewerbe an?

Wir beschließen, diesen Fragen genauer nachzugehen, und bitten unsere Hörer:innen im Podcast um Hilfe. Wer Erfahrungen mit der Digitalisierung der Verwaltung hat, soll eine Mail schreiben. Wir bekommen Hunderte Wortmeldungen. Admins, Beamtinnen, Coder, Staatssekretäre, Wissenschaftlerinnen und Bürgermeister schreiben uns. Die Mails sind voller Frust, manchmal auch voller Resignation. Aus ihnen spricht aber auch Dankbarkeit, dass sich jemand in diese trockene, komplexe Behördenwelt begeben will, deren Wirken uns alle jeden Tag betrifft. Und wir bekommen viele Bitten von Menschen aus der staatlichen Verwaltung: Wir alle sind frustriert. Aber das Thema ist zu komplex, um einfach nur draufzuhauen. Ihr könnt euch auch gern alles aus der Nähe ansehen.

Darum stehen wir im Dezember 2021 vor dem Rathaus im bayerischen Weilbach und klopfen an die Tür der Gemeindeverwaltung. Bürgermeister Robin Haseler hat uns eingeladen. Er will uns zeigen, wie seine Behörde arbeitet. Die Gemeindeverwaltung Weilbach hat acht Angestellte und einen Gemeindeförster. Das klingt klein, aber viele der 11 000 deutschen Gemeinden sind nicht groß.[1] Im Bürgerbüro im Erdgeschoss des Rathauses können Menschen ihren Ausweis verlängern, einen Fischereischein beantragen oder ein Gewerbe anmelden. Wir melden in Weilbach testweise ein Gewerbe an. Mal sehen, wie das in Deutschland funktioniert.

Von der Webseite der Gemeindeverwaltung laden wir das Formular für eine Gewerbeanmeldung herunter. Ein PDF natürlich, das wir im Browser ausfüllen. Leider können wir es aber nicht digital absenden, denn die Gemeindeverwaltung braucht eine persönliche Unterschrift. Also müssen wir das PDF ausdrucken, von Hand unterschreiben und ins Bürgeramt zu Weilbach tragen. Dort stehen wir vor Vivian Hollenbach, der Sachbearbeiterin, und sehen zu, wie sie die Daten, die wir gerade ins Formular eingegeben haben, vom ausgedruckten PDF wieder abtippt, in ein Windows-Programm namens GEWAN, kurz für Gewerbeanmeldung. Im Behördensprech heißen solche Programme »Fachanwendung«.

Könnte sie nicht zumindest unsere Personalien aus dem Melderegister ziehen? Leider nein, sagt Vivian Hollenbach. Aber angenommen, wir hätten schon in einer Nachbargemeinde ein Gewerbe, dann könnte sie doch von dort die Daten abrufen? Leider nein, sagt Frau Hollenbach, und tippt geduldig weiter. Daten digital austauschen? Nicht auf dem Amt, nicht in diesem Leben. Vivian Hollenbach sieht das Problem, aber sie kennt es nicht anders und hat gelernt, damit zu leben.

Bei der Digitalisierung spielt Deutschland in der Kreisliga

In der Disziplin Digitalisierung spielt die deutsche Verwaltung mittlerweile in einer eigenen Liga. Länder wie Dänemark, Estland, Finnland und die Ukraine sind Deutschland teils 20 Jahre voraus. In einigen dieser Länder bekommen Eltern automatisch eine Push-Nachricht mit dem Vorschlag für einen Kitaplatz, wenn ihr Kind alt genug ist. Elterngeld kommt ohne Antrag, weil der Staat weiß, wie alt das Kind ist und auf welche Leistungen die Eltern Anrecht haben. Immobilienkäufe, die sich in Deutschland über Monate hinziehen, weil Behörden einander Papier zuschicken, wickeln Dänen in wenigen Tagen ab – Unterschrift per Smartphone inklusive.[2] Hierzulande müssen die meisten Verwaltungsleistungen dagegen von den Bürger:innen aktiv beantragt und mit Papierformularen und x zusätzlich ausgedruckten Nachweisen und Bescheinigungen eingereicht werden. Für Privatleute wie für Unternehmen ist Behördenkontakt oft nicht hilfreich, sondern ein unberechenbarer Faktor, der Aktivitäten bremsen und Pläne zerstören kann. Umständlich, ineffizient, frustrierend.

Miriam Teige, Pressesprecherin eines Energieversorgungsunternehmens, twitterte einmal ein Foto mit den Genehmigungsunterlagen, die für drei Windräder benötigt werden. Alle

Dokumente für das komplexe Verfahren (mehr dazu im Kapitel über Windkraft) müssen ausgedruckt eingereicht werden. Auf dem Foto sind 60 Ordner zu sehen. 36 000 Blatt. Für drei Windkraftanlagen. Zur Behörde gelangt der Antrag mit einem gemieteten Transporter, in 15 Umzugskartons.[3] Um die Energiewende zu schaffen, müssen Tausende neue Windräder beantragt werden. Papier scheint da nicht das richtige Medium.

Die analoge Bürokratie beschleunigt nicht, sondern bremst. Sie nimmt keine Arbeit ab, sondern schafft viel neue, meist überflüssige. Die verschleppte Digitalisierung behindert die Wirtschaft, weil durch sinnlose Arbeitsgänge auch den innovativsten Unternehmer:innen irgendwo im Papierdschungel Ressourcen und Motivation ausgehen. Und weil dringend benötigte Einwanderer:innen lieber in anderen Ländern arbeiten, abgeschreckt von den analogen Prozessen in deutschen Behörden.[4]

Da Deutschland die Digitalisierung seiner Verwaltung seit Jahrzehnten vor sich herschiebt, ist der Staat bis heute nicht einmal in der Lage, jedem Menschen im Lande denselben Geldbetrag zu überweisen. So waren sich viele Expert:innen nach dem Überfall Russlands auf die Ukraine einig, dass der Staat angesichts explodierender Energiepreise Menschen am effizientesten unterstützen würde, wenn er allen einen fixen Betrag überweist. Das scheiterte daran, dass die Verwaltung weder die nötigen Informationen noch die notwendige Technik dafür besitzt. Die Infrastruktur für solche Direktzahlungen wird aber immer wichtiger, etwa um die Klimakrise zu bekämpfen. Denn dafür muss der CO_2-Preis drastisch steigen, was erst mal vieles teurer macht – und das wiederum ist gesellschaftlich nur zu stemmen und vor allem demokratisch nur durchzusetzen, wenn die Einnahmen aus dem CO_2-Preis an die Menschen zurücküberwiesen werden.[5] Diese Idee eines Klimagelds ist der Schlüssel für eine gerechte Verteilung der Transformationslasten. Die Ampel hat sich solche Direktzahlungen in den Koalitionsvertrag geschrieben. Wann der deutsche Staat jedem Bürger, jeder Bürgerin Geld wird überweisen können, ist allerdings unklar. Stand April 2024 soll die Technik ab 2025 Auszahlungen ermöglichen, sagt Finanzminister Christian Lindner. Regierungssprecher Steffen Hebestreit rechnet damit erst 2027 – vielleicht. Doch mittlerweile sind die Einnahmen aus dem CO_2-Preis, die im Klima- und Transformationsfonds (KTF) landen, auf Jahre für andere Projekte verplant, wie uns Wirtschaftsminister Habeck im Interview bestätigte. Es ist also völlig unklar, woher das Klimageld kommen soll, erst recht, seit das KTF-Urteil des Bundesverfassungsgerichts die Finanzierung des Klima- und Transformationsfonds für verfassungswidrig erklärt hat. Das historische Projekt Klimageld ist in weite Ferne gerückt – auch weil Deutschland die Digitalisierung verschlafen hat.

Diese Beispiele zeigen, dass die verschlafene Digitalisierung der Verwaltung weit mehr ist als ein privates Ärgernis. Sie ist zu einem politischen Problem geworden: Die staatliche Inkompetenz verhindert, dass der Staat in einer Weise handeln kann, die ökonomisch, klimapolitisch und sozial sinnvoll wäre. Und das bleibt Bürger:innen nicht verborgen. Wer eine Weltreise auf dem Tablet plant, anschließend aber stundenlang auf muffigen Behördenfluren herumsitzen muss, um den Reisepass verlängern zu lassen, beginnt zu zweifeln. Was ist das eigentlich für ein Staat, in dem ich hier lebe? Während Konzerne und Start-ups komplexe Dienstleistungen per Smartphone anbieten, brauchen Menschen, die einer Behörde nur ihren neuen Wohnsitz mitteilen wollen, viel Zeit, gute Nerven und oft einen Drucker. Behördliche Webseiten sind wirr, unübersichtlich und mitunter eher als Exponat fürs HTML-Museum zu gebrauchen.

Am Geld kann es nicht liegen: Deutschland ist reicher als Amazon, und für die Digitalisierung stehen viele Milliarden

Euro bereit. Wie cool wäre es, wenn unser Staat uns helfen und das Leben erleichtern, uns vielleicht sogar mal positiv überraschen würde, etwa mit zeitgemäßem Design und aktueller Technik – ohne Gewinnabsicht und Datenhandel?

Aber so? Das Vertrauen erodiert, viele resignieren, Bürger:innen wie Verwaltungsmenschen. Spätestens seit der Corona-Pandemie kann niemand mehr die Augen verschließen vor den Problemen der Papierverwaltung. Das analoge Wurschteln der Behörden war mitverantwortlich dafür, dass ein ganzes Land wochenlang in den Lockdown musste. Die Gesundheitsämter kamen schlicht nicht hinterher, als es darum gehen sollte, gezielt bestimmte Menschen in Quarantäne zu schicken. Sie konnten ihre Aufgabe auch deshalb nicht erfüllen, weil zu viel Papier im Spiel war. Gesundheitsämter wollten Infizierte und deren Kontakte verfolgen, wurden aber begraben unter gefaxten Listen und Excel-Tabellen, die zu groß für ihre altersschwachen Rechner waren. Ach ja, anrufen mussten sie die Leute auch alle noch, weil es keinen effizienteren, digitalen Kommunikationskanal gab.[6] Das hat dem Vertrauen in den Staat nicht gutgetan.

Dabei gab es längst bessere Techniken. Nur hat sie niemand eingesetzt. Weil?

Warum wird vorhandene Technik nicht eingesetzt?

Behördenkontakt in Deutschland ist auch deshalb so schmerzhaft, weil der Kontrast zum sonstigen Leben so groß ist. Mit wenigen Klicks ist das Konto bei einer niederländischen Bank eröffnet, während wir selbst für die Hundesteuer aufs Amt müssen. Mit Kolleg:innen am anderen Ende der Erde kommunizieren wir in Echtzeit, während wir froh sein können, einen Behördenmenschen nach Wochen mal persönlich zu sprechen. Support-Leute vom Onlinekaufhaus rufen binnen Sekunden zurück und helfen, während in der Verwaltung über Wochen niemand ans Telefon geht. Während wir in großen Teams gemeinsam an komplexen Vertragswerken arbeiten, schaffen es Behörden nicht einmal, untereinander Geburts- oder Meldedaten auszutauschen. Wir verschicken vertraulichste Dokumente verschlüsselt um die Erde, aber die neue Mülltonne anmelden? Bitte kommen Sie vorbei. Aber nicht freitags, da haben wir zu, und sonst bitte nur von 10 bis 12 Uhr.

Alle Dienstleistungen mit ein paar Taps in einer modernen App – das ist der Maßstab, an dem wir auch den Staat messen müssen. Man zieht in irgendeine Gemeinde, gibt seine Daten einmal per Rechner oder Smartphone ein und bekommt dann automatisch ein ganzes Paket an Diensten für Bürger:innen: Auto ummelden, Kinder in der Schule anmelden, Hundesteuer bezahlen, Bibliotheksausweis beantragen und die Modalitäten der Sperrmüllentsorgung klären. Die Verwaltung wäre auf einmal eine Freundin, bei der wir uns bedanken.[7]

Eine App, mit der Menschen ihre Amtsgeschäfte effizient und reibungslos erledigen können, ist technisch machbar, das zeigen Länder wie Estland, Finnland und Dänemark. Warum funktioniert das in Deutschland bisher nicht? Weil sich der Bund zu lange nicht darum gekümmert hat und föderaler und kommunaler Wildwuchs entstanden ist. Vieles läuft noch komplett analog – da ist an eine App nicht zu denken. Und wo die Verwaltung schon irgendwie digital arbeitet, scheitern potenzielle Vorteile digitaler Prozesse an mangelnden Standards: In deutschen Amtsstuben laufen Zehntausende Programme und Anwendungen, oft aus der Frühzeit der Digitalisierung, die nicht miteinander kommunizieren können.

Die komplexen Aufgaben und die untaugliche Technik haben viele resignieren lassen. Sachbearbeiter:innen erledigen stoisch unnötige Arbeit; Bürger:innen erscheint es normal, einen Tag freizunehmen, um Behördengeschäfte zu erledigen.[8]

Der Hotfix der Bundesregierung: Das Onlinezugangsgesetz

Nach jahrelangem Nichtstun hat die damalige Große Koalition das Problem 2017 in Angriff genommen und das »Gesetz zur Verbesserung des Onlinezugangs zu Verwaltungsleistungen« beschlossen, kurz: Onlinezugangsgesetz (OZG).[9] Das Gesetz verpflichtet Bund, Länder und Kommunen, ihre Leistungen über Verwaltungsportale zentral zur Verfügung zu stellen und diese zu Portalverbünden zu verknüpfen.[10] Das ist gut gemeint, hat auch einiges in Bewegung gesetzt, leidet aber unter grundlegenden Mängeln, die verhindern, dass es die Digitalisierung der Verwaltung substanziell voranbringt.

So sind die Ziele des OZG allzu bescheiden: Das Bundesinnenministerium, im Bund für die Digitalisierung der Verwaltung zuständig, versteht unter »Digitalisierung behördlicher Dienstleistungen« nicht das, was durchschnittlich internetaffine Menschen sich darunter vorstellen. Bürger:innen würden vermutlich mindestens eine funktionierende Website erwarten, auf der sich alle wichtigen Amtsgeschäfte von zu Hause aus erledigen lassen. Das Bundesinnenministerium hingegen erklärt behördliche Dienstleistungen bereits für »online«, sobald auf einer Behördenwebsite ein Antragsformular als PDF abgerufen werden kann.[11] Dass das Formular dann meist ausgedruckt und per Post verschickt werden muss – nach der Definition des BMI ist auch das »online«, wenn auch nicht auf höchster Stufe.

Auch bei der Umsetzung hakt es an allen Ecken und Enden. Das Onlinezugangsgesetz setzt hier auf zwei Programme: Das »Digitalisierungsprogramm Föderal« betrifft Behördendienstleistungen der Länder und Kommunen. Das »Digitalisierungsprogramm Bund« zielt auf Verwaltungsleistungen auf Bundesebene. Insgesamt bieten die Verwaltungen von Bund, Ländern und Kommunen etwas mehr als 7600 einzelne Leistungen an:

von der »Anmeldung der Hundesteuer« bis zur »Zertifizierung für Luftfahrtpersonal«. Sie alle stehen in einem »Leistungskatalog der öffentlichen Verwaltung« und wurden im Rahmen des OZG thematisch zu 575 priorisierten, gesetzeskonformen Leistungen zusammengefasst. Dieses Angebot der Behörden für die Bürger:innen sollte ursprünglich bis Ende 2022 online verfügbar sein. Für das Monsterprojekt stehen 3,5 Milliarden Euro bereit, von denen die Hälfte in das föderale Programm fließt. Ein Drittel wird in die digitale Infrastruktur investiert, die restlichen zwanzig Prozent finanzieren das Programm auf Bundesebene.[12] An Geld mangelt es also nicht. Die Ampel hat die Unzulänglichkeit des OZG erkannt und mit ihrer Mehrheit im Bundestag ein substanzielles Update verabschiedet: Das OZG 2.0 enthält viele Verbesserungen. Es wurde im März 2024 jedoch von den Ländern im Bundesrat abgelehnt, am 10. April 2024 beschloss das Bundeskabinett dann, den Vermittlungsausschuss anzurufen, um das Gesetz doch noch zu retten. Stand April 2024 hat sich an den Grundproblemen der deutschen Verwaltungsdigitalisierung also noch nicht wirklich etwas geändert.

OZG-Problem 1: Software-Dschungel

Denn das noch geltende OZG hat viele Konstruktionsfehler. Es fängt bei der Bestandsaufnahme an. Niemand überblickt genau, was alles *nicht* funktioniert.[13] Darum kann auch niemand gezielt die Probleme nacheinander abarbeiten. Das ist das erste Problem bei der Umsetzung des OZG.

Im Rathaus von Weilbach hat Vivian Hollenbach unser Formular für die Gewerbeanmeldung inzwischen in ein Programm namens GEWAN (»Gewerbeanmeldung«) eingetippt. Nun würde die Gebühr fällig. Um keinen zusätzlichen Aufwand zu verursachen, haben wir die Anmeldung nur simuliert. Aber kurz zuvor hat eine Einwohnerin einen neuen Personalausweis beantragt und die dafür anfallenden 37 Euro bei Frau Hollenbach mit Karte bezahlt. So bekommen wir einen Einblick in die absurd komplexen Abläufe, die etwas so Banales wie eine Kartenzahlung auslöst.

Vivian Hollenbach druckt den Zahlungsbeleg im Erdgeschoss aus und legt ein Exemplar in die Kassenmappe. Bürgermeister Robin Haseler trägt die Mappe in sein Büro im ersten Stock, unterschreibt den Beleg und übergibt ihn dann der Kassenabteilung nebenan. Eine Mitarbeiterin der Kassenabteilung scannt den Beleg ein. Eine weitere Mitarbeiterin in der Buchhaltung, Büro nebenan, druckt den Beleg wieder aus. Nur so kann ihn die Angestellte der Gemeindekasse ordnungsgemäß verbuchen. Fünf zeit- und papierfressende unnötige Arbeitsschritte, die fünf Leute beschäftigen. Um eine Kartenzahlung von 37 Euro zu verbuchen.

Der Fachbegriff für das ständige Hin und Her zwischen Festplatten und Papier heißt »Medienbruch«. Wie für viele Brüche gilt auch hier: Man will ihn vermeiden. Ursache für die lähmenden Medienbrüche ist eine planlose und unkoordinierte Digitalisierung: Könnte die Personalausweis-Software im Erdgeschoss nicht einfach die Zahlungsdaten für die 37 Euro digital an das Buchhaltungs- und Kassensystem im ersten Stock schicken? So, wie es in jedem Café funktioniert? Der ganze Vorgang wäre sofort erledigt, und die Menschen in den Behörden könnten sich um wichtigere Dinge kümmern.

Im Prinzip ist klar: So müsste es laufen. Aber praktisch läuft es halt nicht. Denn jedes der involvierten Programme stammt von einem anderen Anbieter – und jeder Anbieter produziert und verlangt die Daten in seinem eigenen Format, das die Programme anderer Anbieter nicht verstehen. Aber warum kauft die Gemeinde dann keine Software, die mit der anderen IT im Haus kommunizieren kann? Bürgermeister Haseler zuckt mit den Achseln. Wurde so nicht angeboten. Das ist leider kein Zufall, vermutet er: Die Software-Anbieter sind ja Konkurrenten. Sie wollen natürlich, dass Kunden möglichst viele Programme bei ihnen kaufen und nicht auch mit Systemen anderer Hersteller arbeiten, vermutet er. Dieses Anreizsystem ist offensichtlich. Das dürfte bei den oft kleineren Dienstleistern, die spezifische Behördensoftware anbieten, vermutlich nicht anders sein als bei Microsoft. Dateien im Format Microsoft Word lassen sich ja auch eher schlecht als recht mit anderen Textverarbeitungen bearbeiten.

Im April 2024 meldet Bürgermeister Robin Haseler Fortschritte: »Unsere IT ist in der Tat deutlich weiter.« Es gebe ein digitales Dokumenten-Management-System und einen digitalen Rechnungseingang. Die große Eingangsmappe mit Belegen über Cent-Beträge, die er alle per Hand habe unterschreiben müssen, sei seit Januar 2023 Geschichte. Signieren kann Haseler Belege nun unterwegs – »theoretisch«. Denn er arbeite an einem »möglichst digitalen Workflow«. Das sei jedoch nicht so einfach, weil viele Mitarbeitende noch alles ausdrucken (»völlig unnötig«) und zahlreiche Betriebe weiter Papierrechnungen schickten, die gescannt und dann händisch erfasst werden müssten, was viel Zeit koste. Allerdings habe er, freut sich Haseler, »nach langem Kampf« endlich eine Schnittstelle programmiert bekommen: Die Quittung der Kassensoftware im Erdgeschoss soll tatsächlich ohne Medienbruch digital in die Buchhaltungssoftware im 1. Stock übertragen werden können – theoretisch. Denn wegen eines Personalwechsels sei das Stück Software »noch nicht scharf gestellt«. Und trotz dieser Fortschritte gebe es weiterhin »noch so viel zu tun«, schreibt der Bürgermeister: »Es ist schlimm.« Es gibt einfach immer noch zu viel Software, die veraltet ist oder ihre Daten nicht mit Produkten anderer Hersteller austauschen kann. In Weilbach macht etwa die digitale Bauakte Probleme.

Solche Computerprogramme für Behörden heißen im Verwaltungsdeutsch »Fachverfahren«. Das ist schlicht jene Software, mit der Behörden ihre Aufgaben erledigen: Wohngeld, Bauantrag, Laternenumzug. Zwar haben alle Kommunen in Deutschland im Großen und Ganzen die gleichen Aufgaben zu erfüllen. Weil aber das Prinzip der kommunalen Selbstverwaltung herrscht, beschafft jede Gemeinde ihre eigenen Fachverfahren und verhandelt mit ihren eigenen, oft regionalen Dienstleistern.[14]

Behördensoftware stammt aus den unterschiedlichsten Quellen: Mal aus landeseigenen Rechenzentren, mal tun sich Landkreise zusammen, um gemeinsam ein Programm anzuschaffen, mal kauft eine Gemeinde Software im Alleingang. Auf diese Weise ist in den rund 11 000 deutschen Kommunen ein bunter, nicht kompatibler Software-Zoo entstanden. In den 16 Bundesländern gibt es für gleiche Aufgaben Dutzende Programme, die sich nur in Details unterschieden: Eine Kommune würde bei der Anmeldung eines Laternenumzugs gern zusätzlich die Adresse einer zweiten Aufsichtsperson erfassen, eine andere Kommune möchte, dass das Hundesteuer-Programm mit der selbst gestrickten Kassensoftware sprechen kann. Bundesweit existieren für ähnliche Vorgänge Tausende Fachverfahren, die niemand flächendeckend überblickt, manchmal nicht einmal innerhalb der eigenen Verwaltung. Wie sollen mit so einem undurchdringlichen und kaum zu kartierenden Software-Dschungel digitale Verwaltungsdienstleistungen für die Menschen in Deutschland angeboten werden? Denn das setzt voraus, dass sie sich alle benötigten Daten im Hintergrund selbst zusammensuchen.

Der bremsende IT-Wildwuchs in deutschen Verwaltungen hat viele Ursachen. Eine der wichtigsten: In sehr vielen Behörden fehlt es an fundierten IT-Kenntnissen.

OZG-Problem 2: Zu wenig IT-Kompetenz in der Verwaltung

Gerade für kleine Kommunen bedeutet die Digitalisierung einen enormen Aufwand, den sie kaum bewältigen können. Für eine zeitgemäße Digitalisierung aus einem Guss müssen die Mitarbeiter:innen zunächst definieren, welche Software mit welchen Eigenschaften sie überhaupt brauchen. Dann muss vorhandene Software analysiert und beurteilt werden: Kann die, was wir brauchen? Passt die in unser bestehendes System? Unter Umständen muss dann jemand den Auftrag für neue Software ausschreiben, mit den Dienstleistern verhandeln und anhand der Angebote beurteilen, ob die angebotene Lösung überhaupt geeignet ist. Das ist schon für erfahrene IT-Projektmanager:innen keine leichte Aufgabe. Für einen Bürgermeister mit acht Angestellten, von denen niemand tiefere IT-Kenntnisse hat, ist das nicht zu machen, wenn gleichzeitig noch der Müll abgeholt, die Kita renoviert und die Grünanlagen gepflegt werden sollen.[15] Und so sind Gemeinden wie Weilbach gezwungen zu improvisieren.

Sebastian Hennig sitzt in grüner Arbeitskluft am Konferenztisch im Rathaus Weilbach. Hennig, ein gemütlicher Mann in den 30ern, ist eigentlich der Gemeindeförster. Aber als vor einiger Zeit die IT-Stelle in der Gemeinde frei wurde, hat er nicht schnell genug weggeschaut, wie er sagt. Und so wurde der Gemeindeförster zum Administrator der Rathaus-IT. Eine Ausbildung in diesem Bereich hat er nicht, allenfalls etwas Heimanwender-Wissen: »Sowie es in die technischen Details gegangen ist, bin ich ausgestiegen.« Oft stand Hennig mitten im Wald, markierte gerade Bäume, als er einen Anruf bekam, dass der Drucker nicht geht. »Wenn in der IT etwas nicht funktioniert, wird geschrien«, sagt Hennig. »Meinen Wald höre nur ich schreien.« Also hatten die Admin-Aufgaben oft Vorrang vor der

Försterei. Mittlerweile teilen sich Weilbach und zwei weitere Gemeinden einen ausgebildeten IT-Administrator. Doch das Beispiel zeigt: Viele Gemeinden sind schlicht überfordert, wenn sie ihre Verwaltung im Alleingang digitalisieren sollen – daran dürfte auch der OZG 2.0 nicht viel ändern, wenn es denn mal Gesetz wird. Und zu oft leidet beides, eine professionelle IT ebenso wie die sogenannte Daseinsvorsorge, also das, was Kommunen eigentlich machen sollen.

OZG-Problem 3: Isolierte Register

Doch selbst, wenn es einer Gemeinde gelingt, Programme zu installieren, die innerhalb der Kommune Kassendaten, Namen und Geburtsdaten austauschen können, bringt das die Digitalisierung allenfalls im Rathaus selbst voran. Denn wenn Informationen nur in einer Gemeinde zur Verfügung stehen und nicht von anderen Kommunen abgerufen werden können, sind wir nicht viel weiter. Um das ganze Potenzial der Digitalisierung zu heben, müssen Register bundesweit miteinander sprechen und Daten austauschen können. Sonst bleiben auch digitalisierte Verwaltungen in der Logik einer analogen Welt gefangen, die Menschen wie Lucas Haas in den Zynismus getrieben hat.

Haas ist ein junger Verwaltungsangestellter aus Borna bei Leipzig. In seiner Freizeit bastelt er an Software für kooperative Musikproduktion im Netz. Aber zwischen 9 und 17 Uhr kauft er als Verwaltungsangestellter für das Straßenbauamt Leipzig-Borna Grundstücke, die für den Bau neuer Straßen gebraucht werden. Wenn er wegen einer Baumaßnahme einen Menschen kontaktieren muss, der als Eigentümer eines bestimmten Grundstücks im Grundbuch steht, schickt er einen Brief an die im Grundbuch angegebene Anschrift. Oft kommt das Schreiben mit dem Vermerk zurück, dass der Eigentümer dort nicht mehr wohnt. »Dann muss ich beim Einwohnermeldeamt die neue Adresse abfragen«, sagt Lucas Haas. Ist der Eigentümer in Leipzig gemeldet, kann Lucas selbst die neue Anschrift ermitteln und das Schreiben noch einmal losschicken. Ist er an einen anderen Ort oder vielleicht sogar in ein anderes Bundesland gezogen, muss Lucas der Reihe nach die Einwohnermeldeämter aller Orte, in denen der Eigentümer gemeldet war, nach der neuen Meldeadresse fragen, bis er ihn irgendwann gefunden hat. Selbstverständlich per Brief oder Fax. »So können Wochen vergehen und Anfragen bei einem halben Dutzend verschiedener Einwohnermeldeämter zusammenkommen, bis der Brief zugestellt werden kann«, sagt Lucas. Und zwar nur, weil das Register im Grundbuchamt nicht das weiß, was die Register der Einwohnermeldeämter längst wissen. Und weil das Register eines Einwohnermeldeamtes in einem Bundesland nicht weiß, was das Register eines Einwohnermeldeamtes in einem anderen Bundesland weiß. Und weil es keine direkte Möglichkeit gibt, das herauszufinden.

Ein anderes Beispiel: Wer in Deutschland ein Kind bekommt, braucht meist irgendwann einen Betreuungsplatz. Eltern müssen so früh wie möglich alle infrage kommenden Kitas anschreiben, abtelefonieren, Excel-Listen führen und am besten zehn solcher Bewerbungen gleichzeitig laufen haben, damit sie einen Platz bekommen, wenn das Kind alt genug ist. In einigen Bundesländern klappt das zwar inzwischen besser. So können Eltern beim »Kitaplaner« des Landes Mecklenburg-Vorpommern auf ihre Wunsch-Kita klicken und bekommen mitunter innerhalb weniger Stunden eine feste Zusage. Auch lässt sich Kindergeld in ganz Deutschland heute mit der eID-Funktion des Personalausweises innerhalb weniger Minuten online beantragen. Aber Eltern müssen die Leistung halt immer noch beantragen, obgleich alle Anspruch haben und der Staat natürlich weiß, dass ein Baby geboren wurde. In vielen nordeuropäischen Ländern dagegen melden sich Behörden eigenständig bei den Eltern und versorgen sie von sich aus mit allem Nötigen. Das funktioniert, weil etwa die finnische Verwaltung ihre Register mit Einwohner- und Bürgerdienstdaten so aufgesetzt hat, dass diese automatisch aktiv werden, sobald bestimmte Leistungen aktuell werden, auf die Bürger:innen Anspruch haben. Sie setzen registrierte Daten wie etwa Wohnsitz und Geburt von Kindern nicht nur in direkte Verbindung zueinander, sondern auch zu den betroffenen Personen, in diesem Fall den Erziehungsberechtigten.[16] In Deutschland ist das bisher schon aus technischen Gründen nicht möglich. Digitalisierung braucht Systeme, die aktiv miteinander kommunizieren können. Aber in Deutschland sind Register nicht miteinander verknüpft, können sich nicht austauschen, wissen oft nichts voneinander.[17] Die Register in Deutschland sind wie einsame Inseln – und damit zu dumm für die Digitalisierung. Das ist das dritte Problem bei der Umsetzung des OZG.

OZG-Problem 4: Fehlende Standards

Auch für große Kommunen und Städte wie München ist der Wechsel zur Onlineverwaltung eine gigantische Aufgabe, wie der frühere IT-Referent und Stadtrat von München, Thomas Bönig, im *eGovernment*-Podcast sagte. Nicht jede vom OZG priorisierte Leistung im Leistungskatalog der öffentlichen Verwaltung lässt sich mit einer einzelnen Software, einem einzelnen Fachverfahren abarbeiten. An vielen Dingen, die eine kommunale Verwaltung liefern soll, sind mehrere Stellen beteiligt. Wenn man beispielsweise seinen Wohnsitz ummelden möchte, dann sind es die alte und die neue Wohnsitzgemeinde – nicht immer im selben Bundesland – sowie die Bundesdruckerei, die Steuerbehörde und noch ein paar mehr. Mit all diesen Stellen müssen Daten ausgetauscht werden.[18] Und jede dieser Stellen arbeitet typischerweise mit einer eigenen Software, die von den Systemen der anderen Stellen nichts wissen will. IT-Zuständige, die Software für ihre Behörde anschaffen, müssen manchmal 30 oder 40 verschiedene Anbieter koordinieren, sagt Bönig. »Und wir als Kommune müssten quasi in die Rolle des Dirigenten gehen und das ganze Thema orchestrieren. Damit wird eine Menge der Effektivität, die man durch Onlinedienste auch generieren könnte, schon allein deswegen in den Kommunen nicht stattfinden, weil wir diese Komplexität schlicht nicht in den Griff kriegen können.«[19]

Was Verwaltungspioniere wie Bönig sich wünschen, sind bundesweit einheitliche und verbindliche IT-Standards.[20] Denn fehlende Standards sind die Mutter aller Probleme bei der Umsetzung des OZG und der Digitalisierung der deutschen Verwaltung. Die deutsche Verwaltung folgt vor allem einem Standard, und der heißt DIN A4. Dabei hat der durchaus seine Berechtigung. Gäbe es diesen Standard für Papiergrößen nicht, würde Schriftverkehr im Chaos versinken. Briefe, Memos und Konzepte würden je nach Gusto mal auf Schnipseln, Zetteln, Bierdeckeln oder Postern festgehalten und verschickt. Es gäbe keine standardisierten Druckformate, Ordner, Sichtmappen, Formulare, Briefumschläge, Ablagesysteme oder Briefkästen. Ohne DIN-Standards wäre die Verwaltung in einer chaotischen Zettelwirtschaft geendet. Dieses Chaos ist nun beim Versuch der Verwaltungsdigitalisierung entstanden. Denn ebensolche Standards braucht es auch fürs Erstellen, Speichern und Transportieren von Daten.

Denn der Software-Wildwuchs in deutschen Behörden müsste eigentlich kein Problem sein, wenn die Programme nur miteinander reden würden. Die kommunale Selbstverwaltung dürfte auch in Zukunft unterschiedliche Fachverfahren und selbst gebastelte Anwendungen gebären. Auch außerhalb der Verwaltung nutzen wir eine Vielzahl unterschiedlicher Softwareprodukte. E-Mails verschicken und empfangen, Text schreiben, Bilder bearbeiten, 3-D-Modelle bauen – hierfür nutzen verschiedene Akteur:innen privat und in der Geschäftswelt verschiedenste Softwareprodukte. Doch der Austausch von Daten klappt meistens trotzdem, weil alle E-Mail-Programme der Welt zum Versenden von Mails die gleiche Sprache sprechen, nämlich SMTP.[21] Weil Bildbearbeitungsprogramme Bilddateien in Formaten wie JPEG[22] produzieren, die alle anderen öffnen und bearbeiten können. Kurz: weil sich all diese Programme an etablierte Standards halten. Heute haben sich in den meisten Bereichen Standards für Dateiformate durchgesetzt, die jede vernünftige Software öffnen, lesen und speichern kann. Nur die deutsche Verwaltung arbeitet mit Tausenden von Fachverfahren, die mit genau einem Programm Daten austauschen können: mit sich selbst. Auch deshalb steckt die Verwaltung in den 90er-Jahren fest. Die Ampel hat dieses Problem erkannt und im OZG 2.0 festgelegt, dass der Bund innerhalb von zwei Jahren verbindliche Standards vorschreiben muss. Der Normenkontrollrat, ein unabhängiges Gremium, das die Wirkung von Gesetzen abschätzt, lobt, durch das OZG 2.0 würden verbindliche Standards »erleichtert«, die Kompetenzen des Bundes »weiter gestärkt«, und die Verbindlichkeit würde »deutlich erhöht«. Dies, so notieren die Expert:innen, sei »sehr zu begrüßen«. Doch obwohl der Bund zunächst nur verbindliche Standards für Software des Bundes vorschreiben können soll, haben die Länder dem OZG 2.0 Stand April 2024 nicht zugestimmt. Ihre Kritik: Der Bund bekomme zu viel Macht über IT-Standards.

Viele scheinen immer noch nicht verstanden zu haben, dass verbindliche, allgemeingültige Standards genau das sind, was gebraucht wird. Die Autonomie der Länder wird damit auch nicht eingeschränkt, weil die Bundesländer, basierend auf solchen Standards, weiterhin eigene Software bauen können, die dann aber untereinander Daten austauschen kann – sodass ganz Deutschland deutlich vorankäme. Vermutlich würden die Länder und Kommunen sogar eine Menge Geld sparen, denn kompatible Software bedeutet zugleich mehr Wettbewerb zwischen den Herstellern der Fachverfahren.

Warum bringt das OZG nur eine Scheindigitalisierung?

In einigen Bundesländern dominiert immer noch ein Denken, das dafür gesorgt hat, dass die deutsche Verwaltung der IT-Entwicklung im Rest der Welt um mindestens 20 Jahre hinterherhinkt. Die Bundesregierungen der letzten Jahre haben sich entweder gar nicht um das Thema gekümmert oder eine völlig falsche Strategie verfolgt. Die letzte Große Koalition hat das erwähnte OZG in der Version 1.0 verabschiedet – und damit viel Geld und Zeit für eine Scheindigitalisierung vergeudet. Denn mit dem Gesetz wird nur eine glänzende Fassade errichtet, anstatt ein Fundament zu gießen, auf dem ein digitalisierter Staat vernünftig aufgebaut werden kann.[23]

Auf einem »OZG-Dashboard« im Internet berichtet das Bundesinnenministerium regelmäßig über den Fortschritt bei der Umsetzung der beiden Digitalisierungsprogramme.[24] Im Oktober 2021 erklärte das Innenministerium, dass das »Digitalisierungsprogramm Bund« bereits 85 der 115 priorisierten Leistungen als Onlineangebote zur Verfügung stelle und damit rund 74 Prozent der Leistungen »online verfügbar« seien.[25] Das klingt irgendwie ganz okay. Doch die Bilanz ist geschönt. Denn leider definiert das OZG nicht exakt, in welcher Form Verwaltungsleistungen online bereitgestellt werden müssen. Stattdessen nutzen Bund und Länder ein sogenanntes »Reifegradmodell«. Dieses bewertet in fünf Stufen von null bis vier relativ vage, wie online und digitalisiert eine Verwaltungsleistung ist.[26] Eine OZG-Leistung gilt bereits als »online«, wenn mindestens eine zugehörige Verwaltungsleistung den Reifegrad 2 erreicht hat und in mindestens einer Kommune verfügbar ist. Reifegrad 2 gilt schon als erreicht, wenn eine Onlinebeantragung grundsätzlich möglich ist – auch wenn die Nachweise noch analog nachgereicht werden müssen.[27] Im Kern steht nämlich eine einzige Anforderung: Menschen müssen einen Teil ihrer Daten digital in der Behörde abliefern können. Ob Frau Hollenbach im Bürgeramt zu Weilbach den Datensatz dann noch mal ausdrucken und wieder abtippen muss, ist dem OZG egal. Auch wenn der Bescheid wie eh und je ausgedruckt und per Briefpost verschickt werden muss – aus der Sicht des OZG gilt so etwas schon als erfolgreiche Digitalisierung.

Reifegrad 3 ist erst erreicht, wenn ein Antragsverfahren vollständig digital abgewickelt werden kann. Das bedeutet, dass Antragsteller:innen nicht nur sämtliche Unterlagen online einreichen, sondern Bescheide auch online zugestellt bekommen können.[28] Für viele Behörden in Deutschland ist das aber eine Vision aus einer fernen Zukunft. Gleichzeitig steigt der Druck, auch weil ein wachsender Teil der Öffentlichkeit fragt, warum die deutsche Verwaltung nicht endlich digitalisiert wird. Und darum werden die gute Frau Hollenbach und Tausende ihrer Kolleg:innen, die in deutschen Amtsstuben weiterhin Daten aus PDF-Formularen von Hand in ihre Rechner übertragen, im »OZG-Dashboard« einfach weggezaubert. Der Trick auch hier: Das Innenministerium erklärt eine Verwaltungsleistung schon mit Reifegrad 2 für »online verfügbar«.[29]

Das ist Scheindigitalisierung, und deswegen ist die offizielle OZG-Bilanz massiv geschönt. Derzeit werden zwar in den 11 000 deutschen Kommunen viele hübsche digitale Fassaden in Form einer Website errichtet. Bürger:innen können hier mitunter Daten halbwegs digital abgeben. Doch dahinter läuft alles analog wie immer, und wie vor hundert Jahren sammelt sich der Staub auf den Aktenbergen.

Die Schönfärberei geht noch weiter. Beim »Digitalisierungsprogramm Föderal« reicht es, dass eine bestimmte Leistung in einer einzigen Kommune des Landes online erledigt werden kann. Im OZG-Dashboard wird diese Behördendienstleistung dann als »online verfügbar« deklariert, als könnten Bürger:innen in der ganzen Republik sie nutzen.[30]

Wegen solcher Tricks ist die Sicht auf den realen Stand der Digitalisierung völlig verzerrt. Dadurch werden Prozesse, die grundlegend reformiert werden müssten, beispielsweise durch Umstellung von Papier auf elektronische Akten, von den Zuständigen oft gar nicht als Problem erkannt.

Ein realistisches Bild der deutschen Verwaltungsdigitalisierung zeichnete hingegen im März 2023 der Bundesrechnungshof. Die Prüfer:innen werteten den Fortschritt bei der Digitalisierung durch das OZG aus, und zwar auf Basis der tatsächlich erbrachten Verwaltungsleistungen. Dabei kamen sie zu einem wesentlich schlechteren Ergebnis als das Innenministerium: »Bund und Länder haben das Ziel, ihre Verwaltungsleistungen bis Ende 2022 online verfügbar zu machen, deutlich verfehlt.« Anfang 2023 seien erst 19 Prozent der digitalisierbaren Verwaltungsleistungen online verfügbar. Dabei sei zu berücksichtigen, dass Bund und Länder eine Verwaltungsleistung schon dann als online verfügbar werteten, wenn diese in einer Kommune online verfügbar war, schreiben die Kontrolleur:innen: »Tatsächlich haben Bund und Länder im Digitalisierungsprogramm Föderal nur drei der 35 hoch priorisierten OZG-Leistungen deutschlandweit online verfügbar gemacht.«[31] »Ziel klar verfehlt«, resümiert ebenso frustriert das Institut der Deutschen Wirtschaft.[32]

Die Papierwirtschaft zermürbt Angestellte und Bürger:innen

Nicht nur die geduldige Frau Hollenbach im Rathaus tippt stundenlang Daten ab und druckt Dokumente aus, die gleich darauf ein Stockwerk höher wieder eingescannt werden. Die Behörden in ganz Deutschland sind bevölkert von Menschen, die jeden Tag überflüssige Arbeiten ausführen. Und die mangelnde Digitalisierung zwingt Bürger:innen, dasselbe zu tun.

Bevor der Verwaltungsmitarbeiter Lucas Haas aus Borna ins Straßenbauamt wechselte, arbeitete er für das Jobcenter. Dort hat er immer wieder erlebt, was fehlende Digitalisierung und fehlende Standards für Bürger:innen bedeuten – etwa wenn sie vom Arbeitslosengeld I ins Arbeitslosengeld II wechseln (ehemals Hartz IV, heute Bürgergeld). Für das Arbeitslosengeld I ist die Bundesagentur für Arbeit zuständig. Bürgergeld muss in der Regel beim Jobcenter der Kommune beantragt werden. Es überrascht wenig, dass auch zwischen den Systemen dieser zuständigen Stellen nur hier und da ein Datenaustausch stattfindet. Wer Bürgergeld beantragen möchte, muss daher selbst all die Unterlagen ein weiteres Mal vorlegen, die seit dem Antrag auf Arbeitslosengeld I bereits von einer staatlichen Behörde verifiziert vorliegen. Klar, die nötigen Unterlagen decken sich nicht eins zu eins, aber es wäre eigentlich selbstverständlich, dass der ALG-I-Datensatz übermittelt werden kann, damit zumindest die Daten schon mal vorliegen, die vor ein, zwei Jahren bereits eingereicht wurden. Wer Bürgergeld beantragen muss, hat ohnehin genug Sorgen und Stress. Da wäre ein effizienter Verwaltungsprozess eine große Entlastung. Stattdessen müssen diese Menschen wieder loslaufen und all die Papiere erneut zusammentragen, die in einer anderen Behörde längst vorhanden sind.

Analog angelegte Verwaltungsvorgänge zermürben nicht nur Bürger:innen – die chronische Sinnlosigkeit vieler Tätigkeiten lässt auf Dauer auch das Personal resignieren. Wer viele Jahre in einem System verbringt, das offensichtlich unsinnige Tätigkeiten nicht abschafft, sondern als »geht nicht anders« markiert, verlässt den Laden irgendwann oder investiert viel Lebensqualität in einen zehrenden Kampf für eine zeitgemäße IT. Oder resigniert, findet sich mit dem analogen Ist-Zustand ab – und wehrt sich höchstens noch, wenn Neuerungen kommen.

Jasmin Grünschläger arbeitet in der Stabsstelle Digitalisierung der Stadt Menden, einer Stadt mit insgesamt 800 Mitarbeitenden. Grünschläger soll die Verwaltung digitalisieren, schult Angestellte und kennt den schlechten Einfluss defekter Verwaltungsabläufe auf die Menschen, die sie am Laufen halten müssen: »Die Verwaltung formt ihre Mitarbeiter:innen.« Sie selbst sei noch relativ neu in der Verwaltung und habe »noch hohe Ansprüche«. Man versteht, was sie andeuten möchte: Das ist längst nicht bei allen so.

Die Gremien der deutschen Verwaltungsdigitalisierung

Aber wer hat das eigentlich alles zu verantworten? Schauen wir uns mal die Gremien und Arbeitskreise an, die den Karren eigentlich aus dem Dreck ziehen sollen.

Für die Strategie bei der Verwaltungsdigitalisierung zuständig ist der IT-Planungsrat. Das ist ein Gremium aus 17 Vertreter:innen von Bundesregierung und Ländern, die sich dreimal im Jahr treffen, um eine »föderal einheitliche IT-Infrastruktur in den Verwaltungen«[33] zu erarbeiten. Um die dort entstehenden Strategien und Ideen in der Praxis umzusetzen, unterstehen dem IT-Planungsrat zwei Organisationen: die Koordinierungsstelle für IT-Standards (KoSIT) und die Föderale IT-Kooperation (FITKO). Die Koordinierungsstelle für IT-Standards erarbeitet vor allem technische Standards für den Datenaustausch und ist an die Finanzverwaltung der Stadt Bremen angeschlossen.[34] Die Föderale IT-Kooperation FITKO in Frankfurt am Main ist zusammen mit dem Bundesinnenministerium für die praktische Durchführung des föderalen Digitalisierungsprogramms verantwortlich. Sie hat dafür im April 2024 ganze 64 Mitarbeitende.[35]

Obwohl Verwaltungsangestellte durch die verschleppte Digitalisierung fast überall in Deutschland dieselben Probleme haben, gingen die Länder diese Probleme bisher kaum gemeinsam an. Diplomatisch formuliert: Der Föderalismus macht die Digitalisierung der Verwaltung nicht einfacher. Die Verwaltung der Länder ist Sache der Länder, und deren im Grundgesetz festgelegte weitreichende Eigenständigkeit erschwert es dem Bund, sie zu einer halbwegs einheitlichen Digitalisierung zu zwingen oder wenigstens einheitliche Standards zu setzen. So konnte der wilde Software-Dschungel überhaupt erst entstehen.

Im Rahmen des OZG forciert das FITKO deswegen nun die Zusammenarbeit der Länder. Wichtigstes Werkzeug ist das Prinzip »EfA«. EfA steht für »Einer für Alle« und soll verhindern, dass das Rad ständig neu erfunden wird und 16 Bundesländer 16 Fachanwendungen etwa für Wohnsitzummeldungen entwickeln. Mit EfA ist jeweils ein Bundesland für ein Fachverfahren in einem Themenbereich des Leistungskatalogs zuständig und soll die Ergebnisse dann den anderen zur Verfügung stellen.[36]

Daraus ist eine Art länderübergreifende Austausch-Plattform für Behördensoftware entstanden, quasi ein App Store für Verwaltungssoftware. Die Anzahl der Apps im Store bei Drucklegung dieser Taschenbuchausgabe: 38.[37] Darunter ein Programm aus Brandenburg mit dem Namen »Aufenthaltstitel & Aufenthaltskosten und aufenthaltsrelevante Bescheinigungen«, mit dem man Aufenthaltsbewilligungen online beantragen und Behörden die Nachweise über ausgestellte Aufenthaltstitel online an andere Ausländerbehörden übermitteln können. Hessen steuert »Ausfuhr von Kulturgütern« bei, eine Software, mit der Menschen eine Ausfuhrgenehmigung für Aquarelle und archäologische Funde online beantragen und zudem prüfen lassen können, ob diese überhaupt notwendig ist. Die Anwendung »Digitaler Bauantrag« aus Mecklenburg-Vorpommern lässt Behörden Anträge im Bereich »Bauvorbescheid und Baugenehmigung« gemeinsam digital bearbeiten und wird angeblich von neun weiteren Bundesländern mitgenutzt. Mit dem »Führerscheinantrag« aus Hessen kann eine Behörde sowohl den Erstantrag als auch die Erweiterung einer bestehenden Fahrerlaubnis sowie den Antrag auf begleitetes Fahren ab 17 vollständig digital abwickeln[38] – was angeblich neun weitere Bundesländer auch machen.[39]

Insgesamt ist trotzdem nur ein Bruchteil der OZG-relevanten Leistungen abgedeckt. Und zwar, weil es wiederum an Standards fehlt und die lokal verwendeten Fachverfahren wie zum Beispiel »Wohngeld beantragen« so unterschiedlich sind, dass eine Anwendung, die im Saarland auf das verwendete System zugeschnitten wurde, in Thüringen nicht läuft, weil sie mit den dortigen Fachverfahren nicht kommunizieren kann.

Und dann hat das EfA-Konzept noch einen echten Designfehler: Kommunen sind komplett vom EfA-Austausch abgekoppelt. Sie können ihre eigenen IT-Lösungen nur dann im »Fit-Store« anbieten oder Programme anderer Kommunen übernehmen, wenn ihr Bundesland mitmacht.[40] Und das, obwohl die Digitalisierung sie oft vor die größten Hürden stellt.

Forderungen des Normenkontrollrates

Der länderübergreifende App Store für Behördensoftware ist an sich eine gute Idee. Aber er ist nicht konsequent umgesetzt. Zu diesem Schluss kommt der Normenkontrollrat in einer umfassenden Analyse der deutschen Verwaltungsdigitalisierung. Die Architektur aus IT-Planungsrat und FITKO sei zwar nicht falsch, aber die Gremien bräuchten mehr Geld, viel mehr Personal und auch mehr Führung durch den Bund.[41]

Der Normenkontrollrat ist ein Beratungsgremium der Bundesregierung, das unter anderem Gesetzesfolgen abschätzt und Bürokratiekosten prüft.[42] Im Herbst 2021 empfahl er, den Fit-

Store in der nächsten Legislaturperiode »zum föderalen IT-Kaufhaus«[43] fortzuentwickeln. Ein zentraler App Store für Verwaltungssoftware könnte das Beschaffungswesen wesentlich vereinfachen, zum Beispiel, weil dann nicht mehr jede Kommune ihre Software ausschreiben und jedes Angebot prüfen müsste. Eine Verwaltung darf ja nicht einfach nach Gusto Software kaufen. Der Staat muss bei allen seinen Beschaffungen auf Wirtschaftlichkeit achten. Auf Bundesebene werden die Aufträge über eine Vergabeplattform des Bundes ausgeschrieben. IT-Vergaben haben dort einen eigenen Suchfilter.

Die IT-Zeitschrift *c't* hat sich das einmal genauer angesehen: Von den Anfang 2022 laufenden 145 Ausschreibungen kam nur bei 23 Verfahren eine Vergabeart zum Einsatz, die überhaupt einen Dialog zwischen der ausschreibenden Behörde und den Bietern vorsieht.[44] Für Abstimmungen zwischen Entwickler:innen der Software und den Verwaltungsangestellten, die später damit arbeiten sollen, ist bei den übrigen Vergabeverfahren gar keine Kommunikationsmöglichkeit geplant. Darum führt diese Art der Vergabe geradezu zwingend dazu, dass Behörden am realen Bedarf vorbei und rein nach Preis einkaufen oder aber sich unpassende Lösungen aufschwatzen lassen. Die Maßstäbe der Wirtschaftlichkeit sind eigentlich im Vergaberecht geregelt. Nur leider verstehen viele Behörden nicht nur die Anforderungen an die Software nicht richtig, sondern auch die Möglichkeiten dieses Rechts.[45] Das kann nicht gut gehen – und die Ergebnisse solcher Software-Einkäufe am Bedarf vorbei nerven Tag für Tag Behörden und Bürger:innen.

Der Staat als Plattform

Es kann nicht verwundern, wenn Behörden nach besseren Wegen suchen, sich passende IT-Verfahren zu organisieren. Software ausschreiben und vergeben und einkaufen – viele Verwaltungen wollen das lieber überhaupt nicht mehr an der Backe haben, so der Leiter des Stuttgarter Amts für Digitalisierung, Organisation und IT, Thomas Bönig.[46] Er wirbt seit Jahren für die Idee vom »Staat als Plattform«. Die Idee ist entlehnt aus der Welt der kommerziellen Software und gewinnt im staatlichen Umfeld weiter an Charme, weil der Staat weder Monopolinteressen verfolgen noch Rendite erzielen muss. Das Konzept sieht vor, dass der Staat selbst gar nicht damit befasst ist, Software für jede einzelne Dienstleistung zu beauftragen. Der Staat stellt vielmehr nur die Plattform, damit Private das übernehmen können, allerdings nach sehr spezifischen Vorgaben des Staats, damit am Ende alles zusammenpasst.[47]

Vorbild sind die Plattformen für Smartphone-Software, vor allem iOS für das iPhone. Die wenigsten Apps, die das iPhone so attraktiv machen, programmiert Apple selbst, das übernehmen andere Firmen und private Coder, Apple stellt ihnen nur die Plattform dafür zur Verfügung. Das sind zum einen technische Elemente, die viele Apps immer wieder benötigen, etwa einen App Store, über den neue Software übersichtlich angeboten und komfortabel installiert werden kann. Damit das funktioniert und die Software auf den Geräten auch wirklich gut läuft, mit anderer Software Daten austauscht und gefahrlos installiert werden kann, macht Apple sehr strenge technische Vorgaben für die Software und gibt umfangreiche Standards vor, die Software fremder Coder erfüllen muss, damit sie auf der Plattform laufen darf – nicht zuletzt zur leichteren Bedienung von Apps.

An diesem Plattformgeschäft der großen Anbieter Google und Apple kann man einiges kritisieren. Vor allem Apples App Store trägt monopolistische Züge und verlangt von Entwickler:innen sehr hohe Gebühren. Viele Kritikpunkte hängen jedoch mit dem privatwirtschaftlichen Charakter der Plattformen zusammen, die auf Gewinnmaximierung ausgerichtet sind und einen natürlichen Hang zur Monopolbildung haben. Ein Staat unterliegt nicht dieser Dynamik und kann sich den Plattformgedanken daher auf neue Art zunutze machen – etwa, um seine föderale Verwaltung zu digitalisieren.

Was also bräuchten Bund und Länder, um eine Plattform aufzubauen, die staatliche und private Entwickler:innen nutzen können, um Software für Gemeinden zu programmieren, die garantiert mit der anderen Software, die dort verwendet wird, zusammenarbeitet? Zunächst gibt es bestimmte Softwarebausteine, die fast jede Verwaltungsanwendung braucht. Nicht immer alle auf einmal, aber eigentlich mindestens immer einen von ihnen: Bürger:innen müssen sich ausweisen, sie müssen Dokumente digital unterschreiben, die Verwaltungssoftware muss Zahlungen abwickeln sowie Daten speichern und mit anderer Software austauschen können. Diese Softwarebausteine werden aktuell laufend neu programmiert. Das Rad wird also dauernd neu erfunden, mal rollt es rund, mal nicht, aber nie passt es auf alle Achsen. Versteht der Staat sich jedoch als Plattformanbieter, lässt er diese Softwarebausteine genau *einmal* programmieren und stellt sie dann allen zur Verfügung, die Verwaltungssoftware anbieten wollen.[48]

Baustein »Identifikation«

Einer der wichtigsten Bausteine für eine staatliche Plattform ist die Ausweisfunktion. Behörden müssen online oft erst mal sicherstellen: Ist das wirklich Philip Banse, der sich hier ummelden will? Das ist ein komplexes Problem, für das Deutschland überraschenderweise sogar eine ziemlich gute Lösung hat – die nur kaum jemand nutzt. Denn schon seit 2010 gibt es in deutschen Personalausweisen die eID-Funktion. Seit 2017 ist sie bei allen neu ausgegebenen Ausweisen automatisch aktiviert. eID ist eine digitale Erweiterung des Personalausweises aus Plastik. Mit dem eingebauten Chip können sich die Besitzer:innen des Ausweises zuverlässig im Internet authentifizieren. Das ging lange nur mit einem teuren Lesegerät, das kompliziert an einen PC angeschlossen werden musste – ein Grund, weshalb die Funktion kaum jemand nutzte. Um heute seinen Ausweis im Netz vorzulegen, reicht hingegen ein Smartphone mit NFC-Chip, den fast alle aktuellen Smartphones haben.[49] Ja, man muss immer noch eine Extra-App starten und den Ausweis korrekt ans Smartphone halten, aber die eID-Funktion ist an sich sehr brauchbar. Die persönlichen Daten sind dezentral nur auf dem Ausweis gespeichert. Die ganze Technik ist sicher und kompatibel mit EU-Standards.[50] Hätte Deutschland diese Technik ab 2010 konsequent unters Volk gebracht – beispielsweise mit praktischen Anwendungen, die die Leute motiviert hätten, die eID zu nutzen –, wären wir heute ein großes Stück weiter. Stattdessen sind wir hier in ein klassisches Henne-Ei-Problem geraten: Weil es bis heute nur wenige sinnvolle Anwendungen für die eID gibt, kennen viele Menschen diese Funktion nicht oder haben ihre PIN vergessen. Und weil die eID kaum jemand nutzt, programmiert auch kaum jemand Anwendungen dafür. Ergebnis: Nur die wenigsten nutzen den Personalausweis, um sich online zu identifizieren.[51]

In Dänemark sieht das völlig anders aus. Dort können alle Interaktionen mit den Behörden online stattfinden. Das funktioniert mit der App »MitID«, die in Dänemark fast jede:r Bürger:in auf dem Handy hat. Diese App ermöglicht, sich sowohl im Netz als auch im realen Leben auszuweisen.[52]

Die deutsche Bundesregierung arbeitete einmal an einer komplett virtuellen Variante des Personalausweises, die direkt auf dem Handy abgelegt wird: der Smart eID. Die Plastikkarte wäre dann nicht mehr erforderlich, um sich online auszuweisen.[53] Das wäre ein Fortschritt gewesen, weil für das Ausweisen im Netz dann niemand mehr seinen Plastikausweis ans Smartphone halten müsste. Ausweisen im Netz wäre für Bürger:innen einfacher geworden.

Doch im Dezember 2023 wurde bekannt, dass die Bundesregierung den Pilotbetrieb eingestellt hat. Nun wird also weiter ein Auslesen des Plastikausweises nötig sein wird. Aber auch dafür müssen Behörden erst einmal die Möglichkeit anbieten, sich online auszuweisen. Und das ist die absolute Ausnahme. Tatsächlich: Der Bund bietet seit über zehn Jahren eine sichere und technisch gute Methode an, mit der sich Bürger:innen im Netz ausweisen können – aber kaum eine Behörde von Bund und Ländern nutzt das. Immerhin haben Bund und Länder inzwischen erkannt, dass sie die eID endlich fördern sollten. Daher konnten Studierende sich seit März 2023 mit der eID anmelden, um das 200-Euro-Energiegeld zu beantragen, was auch einige hunderttausend getan haben. Aber so richtig traute der Staat seiner eigenen eID-Infrastruktur offenbar doch nicht, denn neben der eID konnten Studierende auch ein ELSTER-Zertifikat nutzen oder sich nur mit den Daten anmelden, die es von der Uni gab. Wieder eine vertane Chance, bei der eID endlich den Nachbrenner zu zünden.

Kein Wunder, dass private Unternehmen bisher einen großen Bogen um den digitalen Ausweis machen.[54] Es mag vereinzelt Banken oder Versicherungen geben, bei denen wir online mit dem Ausweis ein Konto eröffnen können. Aber die Technik versauert in der Nische und ist meilenweit davon entfernt, zum Standard zu werden. Diese Rolle haben nervtötende und deutlich weniger sichere Video-Ident-Verfahren übernommen, bei denen wir unseren Personalausweis in eine Kamera halten und mit wildfremden Menschen videochatten müssen.

Versiebt hat den elektronischen Personalausweis zu großen Teilen die Bundesdruckerei: Sie hat dafür gesorgt, dass es für Behörden und private Unternehmen viel zu kompliziert und teuer ist, die Technik einzubauen, um Personalausweise online zu akzeptieren.[55] Wer möchte, dass sich seine Kunden online mit dem »Perso« ausweisen, musste viel Geld bezahlen, Anträge stellen und Experten beschäftigen. Dann doch lieber Videochat – da kann man sich einfach durchklicken, werden viele Menschen sich sagen, die für die IT von Unternehmen zuständig sind.

Und wenn Menschen doch einmal die sinnvolle eID-Funktion nutzen, bricht bei der Bundesdruckerei die Technik zusammen. So geschehen bei der 200-Euro-Einmalzahlung für Studierende: Zwar nutzte, wie gesagt, ohnehin nur ein Bruchteil der 3,4 Millionen Antragsberechtigten die digitale Ausweisfunktion, um sich anzumelden – die meisten meldeten sich einfach mit Zugangscode und PIN von der Uni an –, dennoch kollabierte der eID-Server bei der zuständigen Tochterfirma der Bundesdruckerei, sodass der Dienst tagelang kaum nutzbar war. Man habe eine solche Last nicht vorher testen können, schreibt uns das politisch verantwortliche Innenministerium. Eine Werbeaktion für die eID sind solche Pannen natürlich nicht.

Die 200-Euro-Einmalzahlung war in vielerlei Hinsicht sehr lehrreich. So hat sich die BundID offenbar im Prinzip bewährt. Das ist ein wichtiger Softwarebaustein für den Staat als Plattform. Hier kann sich jede:r einen Account, eine BundID anlegen. In diesem Account lässt sich auch der Personalausweis hinterlegen. Auf diese Weise können Entwickler:innen den Baustein »Anmeldung und Ausweisen« sehr einfach in ihre Software integrieren. »Die BundID hat uns sehr geholfen«, sagt Jan Giesau, der die Software für die Auszahlung der 200 Euro an Studierende mit einem großen Team der Berliner Firma init innerhalb weniger Wochen gebaut hat. Die Identitätsprüfung hätten sie in der Kürze der Zeit nicht selbst bauen können. Allein weil die 200 Euro nur zu bekommen waren, wenn Studierende sich eine BundID zugelegt haben, hat dieser Dienst seine Nutzer:innenzahlen fast verdoppelt: auf knapp zwei Millionen.

Auch das ist eine Lehre aus Dänemark, sagte uns Lars Frelle-

Petersen, lange Jahre Chief Information Officer im Nachbarland und damit so etwas wie der oberste Digitalisierer Dänemarks: »Will der Staat neue Dienste in die Breite bringen, muss er sie verbindlich machen.« So wie die BundID bei der 200-Euro-Zahlung. »Wir werden auf die BundID setzen«, sagt uns auch Deutschlands oberster Digitalisierer, Markus Richter, Staatssekretär im Bundesinnenministerium. »Wir sehen auch im Rahmen von Novellierungen von Gesetzen vor, dass die BundID in allen Verwaltungsleistungen zu integrieren ist.« Tatsächlich würde das von der Ampel-Koalition im Bundestag verabschiedete OZG 2.0 die BundID deutlich stärken. Unter anderem müssten die Bundesländer selbstgebaute ID-Systeme einstampfen und die BundID verwenden. Das würde den Behördengang im Browser erheblich vereinheitlichen und damit auch vereinfachen. Zudem gäbe es mit der bundesweiten BundID auch einen einheitlichen und vergleichsweise komfortablen Kommunikationskanal zwischen Behörden und Bürger:innen. Den Ländern allerdings schmecken diese Vorgaben nicht. Sie haben das OZG 2.0 im Bundesrat erst mal gestoppt – Ausgang Stand April 2024 offen.

Signieren

Eng verbunden mit dem Baustein »Ausweisen/Identifizieren« ist der Baustein »Signatur« – eine weitere zentrale Softwarefunktion, die ein Staat als Plattformbetreiber zur Verfügung stellen sollte.

Anträge und Verträge müssen in aller Regel signiert, also mit dem eigenen Namen unterschrieben werden. Dafür drucken wir heute alle noch PDFs aus, unterschreiben sie, verschicken sie per Post oder scannen und mailen sie dann. Damit es mit der Digitalisierung klappt, müssen diese Papierunterschriften durch digitale Signaturen ersetzt werden. Die digitale Signatur muss sicher, darf aber nicht zu kompliziert sein, sonst nutzt sie niemand. Die digitale Signatur in der breiten Bevölkerung durchzusetzen sei das Schwierigste gewesen bei der Digitalisierung der dänischen Verwaltung, sagt Frelle-Petersen, aber Dänemark hat es geschafft: Dän:innen können praktisch immer und überall digital unterschreiben.

Deutschland steht hingegen noch auf Los: Zwar hatten wir schon 1997 ein elektronisches Signaturgesetz, das war seinerzeit sehr fortschrittlich. Nur leider wurden damals die digitalen Signaturen zwar technisch perfekt, aber zugleich so unglaublich kompliziert umgesetzt, dass keine Behörde das Verfahren nutzen wollte.[56] Zu teuer, zu komplex, zu radikal auf die Sicherheit ausgerichtet und zu wenig auf leichte Anwendbarkeit. Der Fokus lag darauf, die digitale Signatur absolut fälschungssicher zu machen – was niemand braucht, weil ja auch die seit Jahrhunderten erprobte Unterschrift auf Papier mit einem gewissen Aufwand gefälscht werden kann und jede nur halbwegs gut abgesicherte Signatur immer noch verlässlicher ist als ein paar Kurven mit dem Kugelschreiber.

Die digitale Signatur MitID, mit der sich Dän:innen für alle Interaktionen mit der Verwaltung ausweisen, vermeidet diesen deplatzierten Perfektionismus: Sie ist billig, praxisnah und einfach einzusetzen. Der Weg dahin war allerdings steinig. Auch in Dänemark ist die erste Version einer digitalen Signatur daran gescheitert, dass sie viel zu sehr auf Sicherheit hin entwickelt und entsprechend teuer und kompliziert war, sodass niemand sie nutzen wollte.[57] Doch Dänemark hat daraus gelernt. Heute können die Menschen dort den Kaufvertrag für ein Haus digital so einfach signieren, wie sie in ihrer Bank-App eine Überweisung freigeben.

Und das ist kein Zufall. Nach dem Scheitern des ersten Versuchs haben die Dän:innen nämlich das gesamte Signaturverfahren neu entwickelt und dabei mit den Banken des Landes kooperiert. Die Banken, sagt Frelle-Petersen, forderten natürlich ausreichende Sicherheit, wussten aber auch, was ihre Kund:innen wollen. Zum Durchbruch verholfen habe der digitalen Signatur jedoch die Strategie, die die Ampel auch bei der BundID verfolgt: Die Signatur wurde zuerst nur in kleinen Projekten eingesetzt und dort verpflichtend gemacht. Ausbildungsbeihilfe – vergleichbar mit unserem BAföG – kann in Dänemark seit 2007 nur noch digital beantragt werden. Wer davon Gebrauch machen wollte, musste sich zum digitalen Signaturverfahren anmelden.[58] Dadurch machte ein überschaubarer Personenkreis Erfahrungen mit einem neuen digitalen Prozess. Die Verwaltung konnte daraus lernen, und die Studierenden freuten sich, dass mal eine Behördenangelegenheit allein mit dem Handy erledigt werden konnte. Ein gelungenes Beispiel politischer Führung: verbindliche Vorgaben machen, Erfahrung sammeln, lernen, Technik verfeinern und schließlich allgemein für verbindlich erklären. Deutschland könnte etwa den elektronischen Personalausweis und die BundID mit einem digitalen Signatursystem verbinden. Das wäre immer noch wesentlich sicherer als eine handschriftliche eingescannte Unterschrift, die ebenso leicht zu fälschen ist wie jede andere Krakelei. Das OZG 2.0 sieht zumindest vor, dass nicht mehr für alles die Schriftform erforderlich ist. Ein Fortschritt – aber alles per BundID signieren zu können, wäre noch besser.

Online-Zahlungen

Online für Produkte und Dienstleistungen zu bezahlen ist außerhalb der Verwaltung sehr unkompliziert geworden. Dabei zählen Dienste wie PayPal mit der Eingabe von Benutzername und Passwort und vier weiteren Klicks noch zu den umständlichen Systemen. Oft reicht es, seinen Finger auf einen Sensor zu legen – schon ist bezahlt, Deckung der Kreditkarte vorausgesetzt. Davon sind wir in der Verwaltung noch weit entfernt. Oft lassen sich Gebühren gar nicht im Web begleichen. Wenn doch, sieht die Bezahlfunktion immer anders aus, erfordert neues Reinfuchsen – und funktioniert häufig nicht.

Andere Länder sind uns da weit voraus. In Skandinavien, Finnland und Estland können Menschen Verwaltungsdienstleistungen problemlos online bezahlen. Der Schlüssel ist stets, dass der Staat den Softwarebaustein »Bezahlen« zur Verfügung stellt und auch für verbindlich erklären kann. Das vereinfacht die Nutzung behördlicher Webseiten extrem, weil die Bezahlfunktion immer gleich aussieht und funktioniert. Großbritannien etwa stellt mit GOV.UK Pay[59] eine Bezahlfunktion für Behördensoftware zur Verfügung, über die jede öffentliche Einrichtung Zahlungen auf diversen Wegen entgegennehmen und sogar erstatten kann.

Zwar gibt es mit ePayBL auch in Deutschland im Prinzip ein solches System, aber durchschlagenden Erfolg hat es noch nicht. Vor gut zehn Jahren hat es der Freistaat Sachsen zusammen mit dem Bund entwickelt, um Gebühren für Parktickets und Bußgelder bargeldlos einzuziehen. Inzwischen beteiligten sich daran zehn Bundesländer. ePayBL ist zu einer Plattform geworden, mit der öffentliche Stellen gängige Bezahlmethoden wie PayPal, Giropay oder Kreditkarte mit einer Onlinebezahlfunktion auf ihrer Website verknüpfen können.[60] Doch das Angebot wirkt auf Entwickler:innen nicht besonders anziehend. Wer die Bezahlfunktion in seine Behördensoftware einbauen will, muss sich durch eine karge Website klicken, um herauszufinden, dass online keinerlei Dokumentation verfügbar ist. Wer wissen will, wie er die – an sich wohl funktionierende – Bezahlmöglichkeit ePayBL in eine eigene Anwendung einbauen kann, soll bitte Kontakt mit der Geschäftsstelle im »Staatsbetrieb Sächsische Informatik Dienste« aufnehmen und sein Anliegen beschreiben.[61] Viel mehr Barrieren kann man kaum errichten.

Was ein Standard ist und wie wertvoll er für technische Entwicklung ist, lässt sich am besten anhand der E-Mail erklären. Wie eine E-Mail als Datei aussieht, ist standardisiert; wie an eine E-Mail eine Datei angehängt wird, ist standardisiert; wie eine E-Mail verschickt wird, ist standardisiert. Deswegen gibt es zwar unzählige Programme, mit denen wir unsere Mailflut bewältigen können, dennoch können alle von ihnen miteinander sprechen. Denn wer immer ein E-Mail-Programm anbieten will, weiß genau, welche Standards er befolgen muss, damit alles funktioniert. Für Anwender:innen bedeutet das: Wenn mir mein Mailprogramm nicht mehr gefällt oder der Anbieter die Entwicklung einstellt, kann ich problemlos zu einem anderen Mailprogramm wechseln, weil eben alle dieselben Standards unterstützen.[62]

Solche Standards braucht es auch für die Verwaltung. Und das im März 2024 von den Ländern einstweilen blockierte OZG 2.0 sieht genau das vor: Der Bund soll innerhalb von zwei Jahren bundesweit technische Vorgaben, verbindliche Standards und einheitliche Schnittstellen vorgeben. Welches Format muss ein kommunaler Kassenbeleg haben? Wie genau sieht eine E-Akte aus? Nur mit solchen Standards kann die Verwaltung flüssig arbeiten, Software bei Bedarf wechseln und gleichzeitig für genug Wettbewerb unter den Anbietern sorgen.

Natürlich gibt es schon viele Standards für die deutsche Verwaltung. Einige davon kann man sich auf der Webseite der Standardisierungsstelle KoSIT anschauen.[63] Es gibt jedoch mindestens zwei Probleme: Zum einen sind die Standards nicht immer miteinander kompatibel. So gibt es für E-Akten den xdomea-Standard,[64] der jedoch nicht kompatibel ist mit dem XJustiz-Standard, der E-Akten in der Justiz definiert. Wenn das Verwaltungsgericht Berlin also eine E-Akte mit dem Bezirksamt Schöneberg austauschen will, geht das nicht so einfach.

Das führt zum zweiten Problem, das uns Moreen Heine, E-Government-Forscherin an der Uni Lübeck, so beschreibt: »Die Standards sind eben nicht verbindlich.« Programme für die Verwaltung können sie einsetzen, müssen das aber nicht unbedingt: Die Herstellerfirmen können stattdessen auch andere Formate verwenden.

Es sind also bundesweite *verbindliche* Vorgaben erforderlich, an die sich alle halten müssen. Mit diesen Standards kann dann auch Wettbewerb stattfinden: Wer unbedingt seine eigene Software bauen will, kann das machen – Hauptsache, sie hält die Standards ein und kann deshalb mit jeder entsprechenden Software in Deutschland Daten austauschen.

E-Akte

So wie auf Smartphones leicht Fotos und Texte von einer App in die andere geschoben werden können, müssen Daten schnell und einfach von Schreibtisch zu Schreibtisch und von Behörde zu Behörde wandern können. Das Stichwort hier lautet: E-Akte. Was wahnsinnig neu klingt, ist im Kern das, was viele aus modernen, kollaborativen Onlinewerkzeugen kennen: Menschen arbeiten gemeinsam an einem Text oder eben einer Akte, was letztlich auch nur eine strukturierte Sammlung von Dokumenten ist. Sie können genau erkennen, wann wer was geändert hat; sie können Texte freigeben, unterschreiben und weiterleiten. Es werden verschiedene Versionen gespeichert, zu bestehenden Texten können neue Dokumente hinzugefügt werden, etwa Scans von Schreiben, die noch als Papierpost eingehen.

Menschen, die mit funktionierenden E-Akten arbeiten, sind davon meistens ziemlich begeistert. Dr. Florian von Alemann, Vorsitzender Richter am Verwaltungsgericht Berlin, berichtet etwa von großen Zeitgewinnen: Gerichtsverfahren werden nicht mehr wochenlang ausgebremst, weil der Richter auf die Lieferung einer Akte aus dem Bezirksamt warten muss. Auch das Absetzen von Beschlüssen wird extrem beschleunigt, weil die Akte nicht mehr durch lange Flure gefahren und abgezeichnet werden muss, sondern der Entwurf per Klick von allen Mitgliedern einer Kammer unterschrieben werden kann. Verwaltung insgesamt wird schneller: Die alten Papierakten lassen sich nicht einfach per Stichwort durchsuchen. Man muss wissen, wo was steht, und notfalls die ganze Akte durchblättern. Bei der E-Akte ist eine Suchfunktion hingegen Standard. Auch Homeoffice ist für Verwaltungsmenschen ohne E-Akte kaum machbar, weil sonst Aktenberge mit ins Private wandern müssten, die dann für andere tagelang nicht zu nutzen wären.

Aber wenn die E-Akte so großartig ist – was hält sie dann auf? Problem Nr. 1: E-Akten sind noch in viel zu wenigen Behörden und Gerichten Standard. In einigen Bundesländern werden E-Akten zwar immerhin getestet und schrittweise eingeführt; so ist beispielsweise die Bundesagentur für Arbeit schon recht weit gekommen, wie uns Mitarbeitende geschrieben haben. Erste Gehversuche mit der E-Akte am Berliner Verwaltungsgericht haben ebenfalls gezeigt: Die Technik an sich ist super, ein gigantischer Fortschritt – aber nur so lange, bis eine E-Akte an andere Behörden oder andere Gerichte, womöglich gar in einem anderen Bundesland, weitergereicht werden sollen. Hier schlägt Problem Nr. 2 zu, das wir oben schon erwähnt haben: Es gibt bisher keinen einheitlichen bundesweiten und für alle Behörden und Gerichte verbindlichen Standard, wie genau eine E-Akte auszusehen hat. Es gibt mindestens zwei Standards, E-Akten können daher unmittelbar nur mit Behörden und Gerichten ausgetauscht werden, die dasselbe System verwenden. Viel zu oft also wird die E-Akte dann doch wieder ausgedruckt und der Papierstapel mit der Post verschickt.

Ein effektiver Weg, solche Standards durchzudrücken, wäre eine Art App Store für Verwaltungssoftware. Dass so ein App Store im OZG 2.0 nicht wirklich definiert wird, ist einer der Hauptkritikpunkte des Normenkontrollrats: Seine Ausgestaltung sollte gesetzlich definiert werden. Wer ist abrufberechtigt? Wie wird ein diskriminierungsfreier Zugang für Softwareanbieter gewährleistet?[65] Denn so ein App Store für Behörden hätte viele Vorteile: Für die Verwaltungen wäre eine solche zentrale Softwarequelle attraktiv, weil sie Fachverfahren bekämen, bei denen sie sicher sein könnten, dass sie alle relevanten Standards unterstützen und daher mit allen anderen Lösungen funktionieren, die diese Standards ebenfalls verwenden. Ein App Store der Verwaltung würde Aufwand und Risiko für Kommunen deutlich verringern. Denn wenn ein:e Landesdatenschutzbeauftragte:r das Okay für eine bestimmte Software gegeben hat, kann dieses danach für alle Länder gelten, sodass Verwaltungen wissen: Die Software kann ich einsetzen, ohne erst mal eine komplexe datenschutzrechtliche Evaluation zu machen. Dasselbe gilt für die Sicherheit der Software.

Der Bund auf der anderen Seite könnte Anbietern sagen: Wenn ihr Software über diesen App Store an Verwaltungen verkaufen wollt, müsst ihr bestimmte Bedingungen einhalten: Ihr nutzt zumindest auch unser Payment-System, unser ID-System und unterstützt folgende Liste an Standards – sonst kommt ihr hier nicht rein. Idealerweise wären die Fachverfahren im App Store auch Open Source, also Software, deren Quelltext jede:r lesen und verändern kann.

Denn bisher läuft der typische Erwerb von IT in der Verwaltung etwa so ab: Eine Behörde kauft bei einem Anbieter ein Programm. Das wird dann auf den Rechnern jedes einzelnen Büros installiert oder »ausgerollt«. Dann schult das Unternehmen die Beschäftigten mehr oder weniger gründlich in der Anwendung des Programms. Häufig ist die Software nicht besonders anwendungsfreundlich, funktioniert aber zunächst einigermaßen. Irgendwann muss sie aktualisiert werden, weil etwa ein neues Gesetz in Kraft tritt. Und jetzt fangen oft die Probleme an, denn die Software muss bisher fast immer zwingend von jener Firma auf den neuesten Stand gebracht werden, die das Programm entwickelt hat. Andere Firmen haben normalerweise den Quelltext nicht, in dem die Software geschrieben ist. Dann muss die Software auf jedem einzelnen Rechner installiert werden. Diese Art der Updates von Behördensoftware ist aufwendig, teuer – aber leider meist alternativlos, mangels Zugriffs auf den Quelltext.

In der Regel ist damit verbunden, dass auch die Daten, die in diese proprietäre Software eingegeben werden, nur mit demselben Programm, bestenfalls noch mit anderen Programmen dieses Anbieters nutzbar sind. Die Daten sind in den Fachverfahren gefangen – und dann werden eben Kassenbelege in Weilbach ausgedruckt und wieder abgetippt, weil die Programme nicht miteinander sprechen. Für Bürger:innen und Verwaltungen sind solche geschlossenen Ökosysteme keine gute Sache. Gut sind sie für die Softwarefirmen, weil die Behörde ohne deren Dienste fast nichts mit den Daten anfangen kann und darum bei allen Aktualisierungen und auch sonst von der Softwarefirma abhängig ist. Was dieses Monopol für die Preise von Updates bedeutet, liegt auf der Hand.

Die Möglichkeit, Behördendaten in firmeneigene geschlossene Ökosysteme einzuschließen, hat dazu geführt, dass Verwaltungssoftware meist teuer, schlecht zu bedienen und immer irgendwie veraltet ist. Quelloffene Software und Standards, die den Datenaustausch mit anderen erleichtern, würden diesem Geschäftsmodell die Basis entziehen. Natürlich sind darum viele IT-Anbieter strikt dagegen. Doch Open Source würde nicht nur für mehr Autonomie der Behörden bei der Beschaffung ihrer Software sorgen, sondern auch die Qualität der benutzten Programme auf Dauer sicherstellen, weil die Verwaltung die Software von jedem Dienstleister warten lassen kann, der sich mit Programmierung auskennt, und nicht nur vom ursprünglichen Hersteller.

Läuft moderne Software dann noch im Webbrowser statt auf einem lokalen Rechner, kann sie sehr viele Probleme der Digitalisierung in Behörden lösen. Denn Software, die in der Government Cloud wohnt und in Behörden über Browser genutzt wird, ist viel einfacher zu warten und zu erneuern. Im Zentrum der Anwendung steht dann nicht mehr der Computer unter dem Tisch der Sachbearbeiterin oder die Software, die ein Dienstleister für teures Geld immer wieder neu aufspielt, sondern ein Server der Behörde. Einmal installiert, haben alle Anwender:innen Zugriff auf die Software. Auch würde das OZG 2.0 einen deutlichen Schritt nach vorn machen. Im Gesetz, das die Länder im März 2024 im Bundesrat vorläufig ablehnten, steht: »Open-Source-Software soll vorrangig vor solcher Software eingesetzt werden, deren Quellcode nicht öffentlich zugänglich ist oder deren Lizenz die Verwendung, Weitergabe und Veränderung einschränkt.« Außerdem müssten Behörden den Quellcode von neuer Open-Source-Software zukünftig veröffentlichen. Wir sind gespannt, ob das den Vermittlungsausschuss überlebt, den die Bundesregierung im April 2024 anrufen wollte.

Registermodernisierung

Bis hierhin haben wir die verschiedenen Bausteine beschrieben, die ein Staat den Softwarehersteller:innen zur Verfügung stellen muss, damit diese effizient moderne Verwaltungssoftware bauen können. Der Staat muss gleichzeitig mehr Führung zeigen und Standards vorgeben und durchsetzen, damit ein bunter Wettbewerb entstehen kann und die Fachverfahren zuverlässig miteinander kommunizieren. Damit der Staat als Plattform funktioniert, muss er jedoch auch selbst eine wichtige architektonische Voraussetzung schaffen: Die Register, also jene Orte, an denen der Staat Daten speichert, müssen modernisiert und für einen digitalen Staat fit gemacht werden.

Besonders anschaulich wird das Problem bei staatlichen Direktzahlungen, einer auf den ersten Blick recht simplen Aufgabe: Der Staat möchte jedem Bürger, jeder Bürgerin einen Geldbetrag überweisen. Sei es, um den Menschen durch die Phase explodierender Energiekosten zu helfen, sei es, um ihnen die Einnahmen aus der CO_2-Bepreisung als Klimageld zu überweisen. 2023 ist Deutschland dazu jedoch nicht einfach so in der Lage: Die technische Plattform für die 200-Euro-Hilfe für Studierende beispielsweise musste nach dem Beschluss der Ampel-Koalition vom Herbst 2022 völlig neu entwickelt werden. Die Auszahlungen konnten daher erst kurz vor Ostern 2023 starten.

Der wichtigste Grund ist, dass die für solche Zahlungen benötigten Informationen in unterschiedlichen Datenbanken liegen. Diese Register wiederum sind technisch nicht so gebaut, dass sie diese Daten automatisiert austauschen können.[66] Ohne Register, die Informationen zu Geburten, Kitaplätzen und Kontoinformationen bei Bedarf austauschen und aktualisieren können, kann der Staat keine Software bauen oder bauen lassen, die Eltern nach der Geburt ihres Kindes automatisch Geld überweist und einen Kitaplatz reserviert.

Dass staatliche Datenbanken besser verknüpft werden müssen, ist im Prinzip auch im politischen Berlin Konsens. Im Frühjahr 2021 verabschiedete der Bundestag deshalb die Änderung des »Registermodernisierungsgesetzes«.[67] Es erlaubt, Verwaltungsdaten aus vorhandenen Registern bundesweit zu verknüpfen. Durch das gleichzeitig verkündete »Gesetz zur Einführung und Verwendung einer Identifikationsnummer in der öffentlichen

Verwaltung« dürfen Behörden diese Daten einer Person eindeutig zuordnen. Als deren persönliche Kennung dient die Steueridentifikationsnummer, die seit 2007 jeder Bürgerin und jedem Bürger lebenslang zugewiesen wird.[68] Durch das neue Gesetz kann die Steuer-ID als »übergreifendes Ordnungsmerkmal«[69] von der gesamten Verwaltung genutzt werden. Dafür soll das Bundeszentralamt für Steuern in Zukunft zu jeder Person die sogenannten »Basisdaten« speichern. Das sind neben der Identifikationsnummer auch Vor- und Familiennamen, frühere Namen, Tag und Ort der Geburt, Geschlecht, Staatsangehörigkeit, gegenwärtige Anschrift und Tag des Ein- und Auszugs.[70] Als Schnittstelle zwischen dem Bundeszentralamt für Steuern und den registerführenden Behörden wird das bisherige Bundesverwaltungsamt zur »Registermodernisierungsbehörde« umgebaut.[71]

Modernisierte Register bedeuten, dass nicht jede Behörde alle Informationen speichert und damit viele Informationen an vielen Orten liegen und niemand mehr den Überblick hat. Wenn Elvira Schmidt etwa ein Gewerbe anmelden will, für das sie einen Meisterbrief benötigt, kann während der Anmeldung bereits im Hintergrund abgefragt werden, ob sie einen solchen Nachweis schon einmal bei einer anderen Behörde vorgelegt hat. Der Sachbearbeiter muss das Dokument selbst gar nicht sehen. Seine Software fragt entsprechende Register an, ob der Nachweis über einen Meisterbrief auf irgendeinem Verwaltungsserver vorliegt. Ein »Ja« oder »Nein« reicht, und die Sache ist gegebenenfalls in wenigen Sekunden erledigt. Dieses Prinzip wird »Once Only« genannt – Nur-einmal-Prinzip. Es sieht vor, dass Menschen im idealen Fall bestimmte Daten und Nachweise nur noch ein einziges Mal vorlegen und nicht bei jedem Behördengang aufs Neue aus Schubladen kramen müssen.[72] Auch dieses »once only«-Prinzip soll vom OZG 2.0 gestärkt werden.

Die Verknüpfung von Registern und persönlichen Daten mit einer lebenslangen und eindeutigen Identifikationsnummer bereitet vielen Datenschützer:innen Unbehagen. Die Steuer-ID weckt Assoziationen zur »Personenkennzahl«, die die DDR benutzte, um Menschen bei Verwaltungsakten eindeutig adressieren, aber auch leichter durch die Stasi überwachen zu können. Diese Bedenken sind nicht völlig aus der Luft gegriffen. Die Verknüpfung persönlicher Daten durch Behörden ist keine Lappalie. Denn historisch ist es eher die Regel, dass einmal prall gefüllte Datentöpfe von allen möglichen Stellen angezapft werden – etwa von Geheimdiensten, die schwer zu kontrollieren sind.[73]

Auf der anderen Seite muss ein Staat, der seine Verwaltung digitalisiert und Dienste effizient anbieten will, seine Bürger:innen in Datenbanken eindeutig identifizieren und die notwendigen Daten zusammensuchen können. Technisch ist es zudem schon lange möglich, aus wenigen Daten das individuelle Profil einer Person zu erstellen. Das wird auch getan, nur meist im Verborgenen und ohne dass Menschen das erfahren, geschweige denn Kontrolle darüber haben. Das Hauptproblem ist, dass Bürger:innen durch die Verknüpfung und mögliche Zuordnung ihrer Daten nicht mehr überblicken können, wer was genau von ihnen erfährt. Das greift in das Grundrecht der informationellen Selbstbestimmung ein.[74]

Die Digitalisierung des Staats ist hier jedoch nicht nur Ursache des Problems, sondern kann auch Teil der Lösung sein. Denn das Bundesverfassungsgericht hat das damals neue Datenschutzgrundrecht in seiner Leitentscheidung aus dem Dezember 1983 – der »Volkszählungs-Entscheidung[75]« – aus gutem Grund eben nicht »Grundrecht auf Datenschutz« genannt, sondern den Menschen ein Grundrecht auf »informationelle Selbstbestimmung« zugeschrieben. Es geht also nicht um Vermeidung von Datenverarbeitung um jeden Preis, sondern darum, dass die Menschen wissen sollen, »wer was wann und bei welcher Gelegenheit über sie weiß«.[76] Und um diese Autonomie zu sichern, muss man nicht immerzu verhindern, dass eine Behörde Daten an eine andere Behörde übermittelt oder eine Behörde Daten vom Server einer anderen Behörde abruft. Autonomie bedeutet zwar heute noch, dass Menschen im Regelfall selbst nach ihren Daten gefragt werden müssen – Datenschützer:innen nennen das den Grundsatz der Direkterhebung. Aber die Selbstbestimmung lässt sich ebenso gut wahren, indem eine Behörde die betroffene Person fragt, ob sie sich von einer anderen Behörde einen bereits existierenden Datensatz holen darf. Wie wäre es, wenn ich bei solchen Anfragen eine Push-Nachricht auf mein Smartphone bekomme und Daten per Klick freigeben beziehungsweise blockieren kann? Das ist im Zweifel sowohl für die Behörde als auch für die Menschen einfacher, als dasselbe Formular ein x-tes Mal auszufüllen und einzulesen.

Und selbst in Fällen, in denen eine Behörde ausnahmsweise nicht fragen kann, beispielsweise bei strafrechtlichen Ermittlungen, lässt sich die informationelle Selbstbestimmung noch im Nachhinein schützen: Wie wäre es, wenn ich in einem Daten-Dashboard genau sehen könnte, welche Behörde wann und zu welchem Zweck Daten zu meiner Person angefragt und abgerufen hat? Und wenn ich dort nachschauen könnte, welche Behörde überhaupt welche Daten über mich gespeichert hat? Dann wäre die Datenverarbeitung des Staates weitaus transparenter als heute, wo man kaum jemals einen Überblick hat, welche personenbezogenen Informationen in welchen Akten schlummern.

Estland, einer der digitalsten Staaten der Erde, hat so etwas gebaut. Dort dürfen Behörden zwar wechselseitig Daten abfragen, aber diese Anfragen werden protokolliert. Bürger:innen können jederzeit Einsicht nehmen, wer wann welche Information über sie angefordert hat. Wenn sich zeigt, dass eine Abfrage unberechtigt war, gibt es hohe Strafen.[77]

Eine solche Transparenz-Website werten auch deutsche Datenschützer:innen als den goldenen Weg. Abruf von Daten nach dem »Once only«-Prinzip: ja, aber mit bisher nie gekannter Transparenz und Kontrolle für Bürger:innen. Parallel zum Beschluss über das Gesetz zur Registermodernisierung wurde daher auch für Deutschland eine solche Website versprochen: das »Datenschutzcockpit«. Markus Richter, der für die Registermodernisierung zuständige Staatssekretär im Bundesinnenministerium, versprach 2021: »Mit dem Datenschutzcockpit hat jeder Bürger die volle Kontrolle über seine Daten. Diese Offenheit und Transparenz schaffen Vertrauen in den digitalen Staat.«[78]

Ob es aber wirklich so kommt, ist alles andere als sicher. Nach unseren Gesprächen mit vertrauenswürdigen staatlichen Datenschutz-Insidern, die aufgrund ihrer beruflichen Situation nicht namentlich genannt werden wollen, kommt das Datenschutzcockpit bisher nicht vom Fleck. Daher droht jedenfalls am Anfang, vielleicht auch auf Dauer eine Verknüpfung von Registern ohne die Transparenz, die das Cockpit eigentlich sicherstellen sollte. Warum? Deutschland hat die Digitalisierung so lange verschlafen, dass nun alles ganz schnell gehen muss. Und so ein Cockpit wäre natürlich Mehrarbeit und würde dabei nur bremsen. Aber auch die Konzeption des deutschen Cockpits hat viele Schwächen, monieren uns gegenüber Mitarbeiter von Datenschutzbehörden: So sei eine Verknüpfung von Daten mittels Steuer-ID auch möglich, ohne dass das Cockpit davon überhaupt etwas mitbekomme. Transparenz wäre also nicht automatisch bei jedem Abruf von Daten mittels Steuer-ID gewährleistet, sondern nur, wenn die Behörde sich darum kümmert, den Abruf auch brav an das Cockpit zu melden. Das werden Behörden – wenn überhaupt – nur lückenhaft tun. Und gerade, wo Datenabfragen besonders spannend sind, etwa bei Abrufen durch Polizei und Geheimdienste, soll von der Meldung ans Cockpit abgesehen werden können. Wenn das tatsächlich so kommt, bleibt von Transparenz und Vertrauen wenig übrig, obwohl der zuständige Staatssekretär Markus Richter es eigentlich anders versprochen hatte. So ein Daten-Dashboard light wäre unter Umständen schlechter als gar kein Dashboard, weil es wieder nur Transparenz simuliert und die Leute durch nicht erfüllte Versprechen frustriert.

Bonus der Digitalisierung: Lösung für Fachkräfte

Der Handlungsdruck ist nachvollziehbar. Denn langsam dräut den Verantwortlichen, dass eine digitale Verwaltung nicht nur ein nettes Geschenk für die Smartphone-Generation ist. Vielmehr steht die Funktionsfähigkeit der deutschen Verwaltung auf dem Spiel: Der Verwaltung gehen wegen des demografischen Wandels die Fachkräfte aus, die Daseinsvorsorge wird ohne die Effizienz digitaler Werkzeuge nicht zu sichern sein. Plastisch formuliert: Der analoge Karren steckt im Dreck fest – und versinkt.

Laut einem Gutachten der Wirtschaftsprüfungsgesellschaft PricewaterhouseCoopers könnten 2030 bundesweit über eine Million Fachkräfte im öffentlichen Sektor fehlen – und zwar sowohl in Bund und Ländern als auch in den Kommunen. Als Lösung schlagen die Gutachter drei Wege vor: Zuwanderung nutzen und Fachleute gezielt anwerben. Stärker auf das Ehrenamt setzen. Renten flexibler machen, damit ältere Menschen mit Fachkenntnissen motiviert werden, länger zu arbeiten.[79]

Ein Spezialproblem sind IT-Fachleute, die die Verwaltung in Zukunft mehr denn je brauchen wird. Wer Software in Behörden plant und baut, bekommt ungefähr ein Drittel des Geldes, das in der Privatwirtschaft zu verdienen ist. »Durch die erweiterten Möglichkeiten des Homeoffice konkurrieren wir mit Unternehmen wie Facebook und Google um die besten Leute«, sagt uns Marcel Noe, leitender Mitarbeiter bei einem großen privaten

Rechenzentrumsbetreiber. Für Behörden mit ihrer Besoldungsordnung des öffentlichen Dienstes werde das Angebot an qualifizierten IT-Fachkräften schnell dünn. Manche Behörden gründen daher externe GmbHs, um die Besoldungsregeln zu umgehen und Spitzenkräfte mit Festverträgen an sich binden zu können. Viele Millionen gehen aber auch einfach an externe Unternehmensberater, die versprechen, das fehlende IT-Wissen der Behörden zu ersetzen.

Gute Leute wollen aber nicht nur gutes Geld. Sie wollen mit guten Werkzeugen an reizvollen Projekten arbeiten – und dabei die Aussicht genießen. »Die Liga, die wir wollen«, sagt ein Freund, der in Berlin ein Tech-Start-up mit 100 Leuten leitet, »kommt nicht zu uns, wenn sie nicht mindestens vom Schreibtisch aufs Wasser gucken kann.« Sein Büro liegt deshalb direkt an der Spree.

Verwaltungsgebäude mit schmutzig grüner Auslegware und Blick auf Altglascontainer wirken wenig anziehend auf IT-Fachleute, die die Behörden so dringend brauchen. Behörden brauchen keine goldenen Wasserhähne, aber Geld allein lockt global umworbene Coder:innen nicht ins Rathaus. Verwaltungen müssen umdenken und attraktive Arbeitsumgebungen schaffen – zumindest müssen sie Homeoffice erlauben. Wer die nötigen Fähigkeiten hat, kann von seinem Bauernhof in Bad Reichenhall aus für ein japanisches Großunternehmen oder ein amerikanisches Start-up programmieren – jedenfalls, solange er oder sie Internet hat. Die deutsche Verwaltung konkurriert daher mit Unternehmen auf der ganzen Welt. Darauf müssen sich die Regierung und ihre Behörden einrichten. Denn ohne weitere Fachkräfte ist die Digitalisierung der deutschen Verwaltung in absehbarer Zeit nicht zu schaffen.

Mit einem Pfund kann die Verwaltung jedoch wuchern: sinnvolle Arbeit. Manch eine Coderin oder IT-Planerin wird sich überlegen, ob sie lieber das x-te Spiel entwickelt, mit dem Süchtigen das Geld vom Konto gesaugt wird, oder ihr Wissen lieber in Fachverfahren investiert, die Menschen das Leben leichter machen und dem Gemeinwesen die Zukunft sichern.[80]

Unsere To-do-Liste für die digitale Verwaltung

In Sachen digitaler Verwaltung hinkt Deutschland anderen Ländern um rund 20 Jahre hinterher. Zu lange wurde das Thema ignoriert und zu oft anschließend mit der falschen Strategie angegangen.

Wir müssen unsere Verwaltung zügig digitalisieren, damit Bürger:innen mit dem Staat so interagieren, wie sie heute private Dienstleistungen buchen und abwickeln: mittels leicht verständlicher, ansehnlicher Websites und gut bedienbarer Apps auf dem Smartphone. Sonst ist die Grundversorgung angesichts des demografischen Wandels nicht mehr zu schaffen. Sonst kann der Staat die legitimen Erwartungen seiner Bürger:innen an staatliche Dienstleistungen nicht mehr erfüllen. Darunter leiden die staatliche Leistungsfähigkeit – besonders in Krisen – und die Identifikation der Menschen mit dem Gemeinwesen gleichermaßen.

Die Regierungen von Bund und Ländern haben das Problem erkannt, mit dem Onlinezugangsgesetz des Bundes und seiner Umsetzung in Bund und Ländern aber eine falsche Strategie verfolgt. Das OZG führte bisher vor allem zum Aufbau einer schönen Digitalisierungsfassade, ohne alle Verwaltungsprozesse zu digitalisieren und die damit verbundenen Effizienzen zu heben. Das OZG 2.0 der Ampel wäre ein deutlicher Schritt nach vorn. Endlich würde die zentrale Standardisierung angegangen und ein einheitliches Bürger:innen-Konto bei der Verwaltung vorangetrieben. Aber für eine echte Trendwende fehlen wesentliche Bausteine. Der Normenkontrollrat vermisst vor allem ein Bekenntnis zu Plattformstrategie und eine gesetzliche Definition eines App Stores für die Verwaltung. Für eine Digitalisierung, die föderale Eigenverantwortung berücksichtigt, den Wettbewerb fördert und gleichzeitig Flexibilität und Interoperabilität der Verwaltungssoftware sicherstellt, muss der Staat sich als Plattform verstehen. Diese Plattform stellt wichtige Bausteine für die Entwicklung von Verwaltungssoftware zur Verfügung, schreibt aber gleichzeitig verbindliche Standards vor, an die sich Softwareanbieter zu halten haben. Auf diese Weise bleibt es Ländern und Kommunen überlassen, bestehende Software zu nutzen oder Fachverfahren selbst zu entwickeln – Hauptsache, die Standards werden eingehalten. »Eine digitale Verwaltung ist nicht zwangsläufig eine zentrale Verwaltung«, sagt der Digitalpolitiker und SPD-Bundestagsabgeordnete Robin Mesarosch.[81]

Die Bausteine für den Staat als Plattform sind zum Teil schon vorhanden und werden ausgebaut: etwa der Personalausweis mit eID-Funktion sowie die BundID. Auch für digitale Bezahlfunktionen gibt es Ansätze, die weiterentwickelt werden müssen. Die rechtlichen Grundlagen für die Registermodernisierung sind gelegt. Aber es bleibt viel zu tun. Denn auch durch das OZG 2.0 würde sich die Entscheidungsstruktur zur Digitalisierung der Verwaltung im Kern nicht ändern. Die zähen Strukturen für Steuerung und Umsetzung der Digitalisierung blieben unverändert. Vor allem die de facto auf Einstimmigkeit ausgerichtete Entscheidungsfindung im IT-Planungsrat bremst. Wir brauchen vielmehr eine umsetzungsstarke Digitalisierungsagentur nach internationalem Vorbild – das heißt insbesondere: viel mehr Mitarbeiter:innen. Vor allem fehlen eine Massenlösung fürs digitale Signieren und richtungsweisende IT-Standards.

Verbindliche und bundesweit einheitliche Standards dürften das Wichtigste sein, was jetzt sofort angegangen werden muss. Sie sind die Grundlage für alles. Hier muss der Bund endlich Führung und Verantwortung übernehmen. Die Blockade des

OZG 2.0 durch die Länder im März 2024 ist nicht nachzuvollziehen. Denn strengere Vorgaben, verbunden mit mehr Geld für Personal und Infrastruktur, könnten die Kommunen entlasten, ohne sie zu bevormunden.

Zur neuen Verantwortung als Plattform-Baumeister gehört auch ein Datenschutzcockpit, das wirklich alle Datenabfragen mittels Steuer-ID transparent macht. So zwingend erforderlich die leichtere Verknüpfung von Daten für den digitalen Staat ist, so unverzichtbar ist die Möglichkeit der Menschen, diesen Austausch wenigstens nachvollziehen zu können – im besten Fall sollten sie vor Abruf gefragt werden.

Wenn all das gelingt, kann die Digitalisierung zu mehr Datensouveränität und zu mehr Identifikation mit dem Gemeinwesen führen. Wir sind sicher: Ein transparenter und leistungsfähiger digitaler Staat kann sogar Spaß machen.

ENTGLEIST

Wie die Bahn zum Sanierungsfall wurde und wie wir sie wieder flott bekommen

Es ist ein schöner Sommertag kurz vor den Sommerferien. Knapp 30 Grad, strahlender Sonnenschein und überall fröhliche Gesichter. Wir sind auf dem Weg zum Bahnhof. Vor uns liegt eine Woche Schreib-Retreat in Niedersachsen. Eine Woche frische Landluft, die Hühner von Philips Mutter im Ohr, morgens gibt's frische Eier, und wir können in Ruhe über Themen diskutieren und an diesem Buch arbeiten.

Auf dem Bahnsteig des Berliner Hauptbahnhofs ist viel Betrieb. Wir schlängeln uns schon mal zum richtigen Abschnitt durch. Dann fährt unser Zug ein – und wir sind verwirrt: Vor uns müsste definitiv Wagen 37 stehen. Auf der Anzeige steht aber Wagen 27. Egal, wir steigen ein und suchen unsere Plätze. Der Wagen ist jetzt schon überfüllt. Während immer mehr Leute reinkommen, wächst das Chaos. Auch mit den Reservierungen stimmt etwas nicht – sie sind nicht angezeigt oder doppelt vergeben. Die Menschen im Waggon streiten sich um die Plätze, fauchen sich an, stehen fluchend auf. Plötzlich ändert sich die Anzeige auf dem Bildschirm an der Decke: Wir sind doch im richtigen Wagen 37 und fallen in unsere Sitze. Philip fragt die beiden Sitznachbarn, was hier los ist; Ulf sucht in der Bahn-App nach Antworten. Langsam wird klar: Der Zug auf der Strecke Berlin-Hannover ist nur halb so lang wie geplant. Einer der beiden Zugteile ist kaputtgegangen, ein Ersatzzug stand offenbar nicht zur Verfügung. Nach etwas über zwei Stunden im überfülltem Zug kommen wir in Hannover an, mit 30 Minuten Verspätung.

Wir müssen weiter in Richtung Hamburg. Bereits in zehn Minuten soll ein ICE gen Norden abfahren, so die Anzeige. Ein bisschen komisch ist, dass dieser Zug nicht im Fahrplan zu stehen scheint. Dann stellt sich heraus: Der ICE steht im Fahrplan, allerdings fast zwei Stunden früher, sodass er eigentlich längst hätte weg sein müssen. Nun aber hat er 85 Minuten Verspätung, und wir können einsteigen. Gut für uns, dass dieser »Anschluss« so nahtlos funktioniert. Aber nervig für alle, die wesentlich früher in Hamburg sein wollten. Hinzu kommt: Eigentlich sollte der Zug in Hamburg drei Mal halten: am Hauptbahnhof, am Bahnhof Dammtor und in Hamburg-Altona. Wird er aber nicht. Der ICE endet »heute ausnahmsweise« am Hauptbahnhof. Wer nach Altona will, muss Taxi fahren oder S-Bahn.

Dieses kühne Manöver, bei dem die Bahn eiskalt Haltestellen entfallen lässt, hat in Bahnkreisen einen eigenen Namen: Die »Pofalla-Wende« ist angesagt, wenn ein Zug heftige Verspätung hat. Dann fährt er die letzten Bahnhöfe auf der Strecke einfach nicht mehr an und dreht früher um. Schlecht für die Passagiere, gut für die Bahn, denn der Zug kann seine Rückfahrt in die andere Richtung wieder halbwegs pünktlich starten. Benannt ist dieses Manöver nach dem früheren Bahnmanager und CDU-Politiker Ronald Pofalla, der 2017 bis 2022 für die Infrastruktur der Bahn verantwortlich war.

Die Pofalla-Wende schönt die Verspätungsstatistik. Denn ein Zug, der in einen Bahnhof gar nicht erst einfährt, ist nach Bahnlogik auch nicht verspätet. Er ist schlicht nicht gekommen, und da die Statistik Verspätungen sammelt, tauchen Bahnhöfe hinter der Pofalla-Wende darin nicht auf.[1]

Pofalla ist Geschichte, seine Wende aber gängige Praxis und eines jener Symptome, das Fahrgäste regelmäßig daran erinnert, dass die Deutsche Bahn aus dem letzten Loch pfeift. Dabei wird sie als Rückgrat der Verkehrswende dringend gebraucht. Und viele Menschen lieben Bahnfahren als klimafreundliches, bequemes und im Prinzip schnelles Verkehrsmittel, das nebenbei auch noch als Büro, Kinderzimmer oder Restaurant dienen kann. Doch die Deutsche Bahn erfüllt selbst moderate Erwartungen nicht mehr. Sie könnte das beste Verkehrsmittel der Welt sein: schnell, sauber, bequem und effektiv. Lesezimmer, Coworking-Space, Spielplatz. Pünktlich, digital, Lastenesel. Es schmerzt, dass sie es zu oft nicht ist.

In diesem Kapitel zeigen wir, welche Weichen gestellt werden müssen, damit die Bahn wieder in die richtige Richtung fährt: Verkehrswende statt Pofalla-Wende. Wir haben bei unseren Recherchen drei zentrale Probleme identifiziert: die marode Infrastruktur der Bahn, die vor allem neoliberalen Börsenfantasien der 1990er- und 2000er Jahre anzulasten ist. Die absurd verästelte Struktur des Bahnkonzerns, die wenig beleuchtet wird, aber an fast allen Problemen der Bahn zumindest mitschuldig ist. Schließlich vor allem die Vernachlässigung und fehlende politische Kontrolle der Bahn durch den Bund als Eigentümer, insbesondere durch die CSU-Verkehrsminister Peter Ramsauer, Alexander Dobrindt, Christian Schmidt und Andreas Scheuer seit 2009. Und liest man den aktuellen Bericht des Bundesrechnungshofs zur »Dauerkrise der Deutschen Bahn AG«,[2] wird deutlich: Auch der aktuelle Verkehrsminister Volker Wissing (FDP) hat bisher viel zu wenig auf die Reihe bekommen, um die Bahn wieder flottzumachen.

Es gibt bei all den Problemen aber eine gute Nachricht: Weil die Misere politisch verursacht wurde, lässt sie sich auch durch kluge Politik wieder beheben. Und wir alle können mit unserer Stimme bei der Bundestagswahl und als kritische Öffentlichkeit zum Aufschwung der Bahn einen Beitrag leisten.

Pünktlichkeit war gestern: Die dürftige Leistung der Bahn heute

»Pünktlich wie die Eisenbahn«, das hieß auch zu Dampflokzeiten Ende des 19. Jahrhunderts nicht auf die Sekunde genau. Es hieß vor allem: pünktlicher als die Postkutsche. Denn die Eisenbahn hatte exakte Fahrpläne mit klaren Ankunfts- und Abfahrtszeiten. Das war möglich, weil Schienenverkehr prinzipiell sehr berechenbar ist. Ein Zug mit Fahrtempo x benötigt so und so lange für eine Strecke der Länge y. Dort hält er z Minuten, damit die Fahrgäste ein- und aussteigen können. Dann fährt er die nächste Teilstrecke von so und so vielen Kilometern und benötigt dafür so und so viel Zeit. Ein System, in dem Pünktlichkeit fast wie ein Naturgesetz erscheint. Neuralgische Stellen, an denen Züge langsamer fahren müssen, lassen sich ebenso in den Fahrplan einrechnen wie allgemeine Zeitpuffer für unvorhergesehene Zwischenfälle: ein defektes Signal, eine gestörte Oberleitung, Kühe, die Gleise kreuzen, eine Bahnschranke, die sich nicht schließen lässt.

Doch die Puffer stoßen an Grenzen, wenn einfach zu viel kaputtgeht, und das auch noch immer öfter. Diese vielen technischen Probleme sind kein Zufall: Ausfälle sind absehbar, wenn Schienen, Schranken, Leitungen und Züge nicht ausreichend gewartet werden oder wenn minderwertige Materialien verbaut sind. Nur lässt sich leider nicht exakt voraussagen, an welchem Tag das passiert. Bahnpannen sind wie Maiskörner in einem Popcorn-Topf: Irgendwann macht's plopp, aber wann genau, weiß niemand. Mit diesem anregenden Gefühl starten Bahnmenschen und Reisende in jeden Tag. Keiner vergeht ohne technische Defekte, mechanische Ausfälle und damit verbundene Verzögerungen. Die meisten sind Überraschungen und bereiten echte Probleme, weil vorhersehbare Umleitungen, bekannte Störungen und terminierte Baustellen alle eingeplanten Puffer bereits aufbrauchen. Überraschungen führen fast immer zur »Störung im Betriebsablauf«.

Das Leistungsdefizit der Bahn lässt sich messen: Zwar hat die Bahn ohnehin ein großzügiges Verständnis von Pünktlichkeit – weniger als sechs Minuten fallen in die Kategorie »passt schon« und zählen nicht als Verspätung.[3] Doch auch gemessen an diesen niedrigen Ansprüchen waren 2023 im Fernverkehr gerade mal 64 Prozent der Züge pünktlich – also nicht mal zwei Drittel. Noch 2021 waren es immerhin 75,2 Prozent gewesen.[4] Das sind minus elf Prozentpunkte bei der Pünktlichkeit – in nur zwei Jahren!

Aber selbst diese katastrophalen Zahlen spiegeln die Realität nur unzureichend wider. Denn wenn die Bahn die Pünktlichkeit ihrer Züge misst, zählt sie Züge nicht mit, die gleich ganz ausgefallen sind. Auch Haltestellen, an denen Züge gar nicht erst hielten, weil etwa eine Pofalla-Wende dazwischenkam, bleiben bei der statistischen Pünktlichkeit der Züge einfach unberücksichtigt.[5] Die größten Ärgernisse der Bahnfahrenden werden von der offiziellen Pünktlichkeitsstatistik also noch nicht einmal erfasst. Die reale, von den Reisenden erlebte Pünktlichkeit dürfte daher sogar noch geringer sein. Die Bahn allerdings versucht, mit dem neuen Kriterium der »Reisendenpünktlichkeit« die Statistik noch weiter zu schönen. Dort bleiben sogar Verspätungen von bis zu 14 Minuten und 59 Sekunden unberücksichtigt.[6]

Auch wenn es Strecken gibt, auf denen die Bahn pünktlicher ist als auf anderen: Die Zufriedenheit der Kundschaft hält sich in Grenzen. In einer Befragung des Verkehrsclubs Deutschland gaben Fahrgäste 2019 der Bahn gerade mal die Note »befriedigend« (2,8).[7]

Zu wenig Reserven: Die Bahn wurde kaputtgespart

Ein großer Teil der Probleme ist dabei hausgemacht. Und viele ließen sich lösen. Absurditäten wie die Pofalla-Wende könnten mit besserer Planung und mehr Reserven verhindert werden. Wenn die Bahn auf den Startbahnhöfen Reservezüge stehen hätte, könnten ausgefallene Zugteile ersetzt werden. Wären in den Umlauf der Züge am Endbahnhof jeder Strecke längere Pausen eingetaktet, könnten viele Verspätungen vermieden werden. Die gefürchtete Begründung »Zug verspätet bereitgestellt« könnte die Bahn durch bessere Planung und mehr Reserven vermeiden. Und stünden an neuralgischen Stellen genügend Ausweichstrecken zur Verfügung, würden Fahrgäste die meisten Umleitungen wegen Sperrungen gar nicht bemerken. Für eine ICE-Strecke bedeutete das allerdings, dass eine Ausweichtrasse im Vorfeld aufgerüstet werden muss für die Belastung durch einen Hochgeschwindigkeitszug. Sonst schleicht der ICE bestenfalls im RE-Tempo über eine Regionalbahnschiene.

Ersatzzüge, Ausweichstrecken, ausreichend Personal und effiziente Taktung – die Ressourcen der Bahn sind auch deshalb so mangelhaft, weil Politiker:innen und Manager:innen vor vielen Jahren viele Weichen falsch gestellt haben. Um den frustrierenden Zustand des Unternehmens Deutsche Bahn heute zu verstehen, müssen wir in die 1990er-Jahre zurückblicken. Durch die Wiedervereinigung gab es in Deutschland zwei Eisenbahnbehörden: in den alten Bundesländern die defizitäre Deutsche Bundesbahn, auf dem Gebiet der ehemaligen DDR die Reichsbahn, die immer noch so hieß wie vor dem Zweiten Weltkrieg und deren Züge auf maroder Infrastruktur durch die damals sehr neuen Bundesländer rumpelten. In jenen Jahren häufte die Bahn Schulden von 66 Milliarden Mark an.[8] Auch wenn viele hinterfragen, ob die Bahn überhaupt Gewinne einfahren muss, und anmerken, dass sich die Gesellschaft ein funktionierendes Bahnsystem schlicht etwas kosten lassen sollte – die Bundesregierung wollte die Reißleine ziehen: Die Verschuldung sollte gestoppt werden, eine Reform sollte her.

Im ersten Teil der Bahnreform verschmolzen beide Bahnbehörden 1994 zur »Deutsche Bahn AG«, einer privatrechtlichen Aktiengesellschaft, deren alleiniger Eigentümer bis heute der Bund ist.[9] Es war die Hochzeit des Neoliberalismus, viele dachten damals, alles werde gut, wenn der Staat Aufgaben nur privatisiere und den Kräften des Marktes freien Lauf lasse. Später kam ein weiteres Motiv hinzu:[10] Die Bahn sollte so bald wie möglich an die Börse. Der Bund wollte seine Anteile verkaufen. Großinvestoren sollten einsteigen und das Unternehmen sanieren, getrieben vom Wunsch, mit der Privatbahn Gewinne einzufahren.

Ende 1999 nimmt ein Mann als Vorstandsvorsitzender im Chefsessel Platz, für den »Bahnchef« bald zum inoffiziellen Vornamen werden sollte: Hartmut Mehdorn. Der kantige Manager soll das Unternehmen so auf Effizienz trimmen, dass der Bahnbetrieb so wenig wie möglich kostet und dabei so viel Gewinn wie möglich abwirft. Denn nur dann, dachten führende Politiker, würden Investoren einsteigen und viel Geld für die staatlichen Bahnanteile zahlen.[11] Was das für die Fahrgäste der Bahn oder für Unternehmen bedeutet, die mit der Bahn ihre Güter transportieren lassen wollen, war bestenfalls zweitrangig. Und was sind auf den ersten Blick die größten Feinde hoher Renditen? Dinge, die viel Geld kosten und wenig Geld einbringen. Also weg mit wenig befahrenen Bahnstrecken, wenig genutzten Bahnhöfen, selten benötigten Ausweichstrecken, Nebengleisen, Reservewaggons. Weg mit etlichen Mitarbeiter:innen.[12] Vor allem im Osten dünnt die Bahn Fahrpläne aus, koppelt Bahnhöfe ab und legt Strecken still. Im Westen ist das Netz sogar schon seit den 1950er-Jahren immer weiter zurückgebaut worden.[13] Selbst auf regelmäßig befahrenen Teilstrecken gibt die Bahn Ausweichgleise auf, baut zum Überholen dringend benötigte Weichen ab, mottet Notfallzüge ein. Denn solch teure Puffer verhageln nur die Bilanz, so der Zeitgeist der Mehdorn-Jahre, der von den jeweiligen Bundesregierungen und damit vom Eigentümer der Bahn mitgetragen wurde. Im Ergebnis wurde »das zentrale öffentliche Reisemittel (…) auf Verschleiß und so direkt gegen die Wand gefahren. In der Hitze der Profitgier wurde verdrängt, dass eine Bahn Menschen und Zeug von hier nach da bringen soll, das ist ihr Sinn und Zweck«, kritisiert Holger Gertz in der *Süddeutschen Zeitung*.[14]

Das Netzwerk Europäischer Eisenbahnen (NEE) liefert die Zahlen, die die brutale Schrumpfkur bei der Bahn greifbar werden lassen: Die Deutsche Bahn hat seit der Bahnreform Mitte der 1990er-Jahre bis 2018 immerhin 5400 Kilometer und damit 16 Prozent ihrer Schienen stillgelegt, sodass ihr Schienennetz nur noch gut 33 000 Kilometer umfasst.[15] Jeder verlorene Kilometer Schiene hängt Menschen und Unternehmen von der Bahn ab oder fehlt als Ausweichstrecke, wenn eine Hauptstrecke blockiert ist. Von 2018 bis 2021 seien nur 67 Kilometer Schiene neu in Betrieb genommen worden, bilanziert das NEE 2021. Zum Vergleich: »Der Zubau von Straßen beträgt deutschlandweit (…) jährlich rund 10 000 Kilometer.«[16]

Beliebt ist bei der Bahn viele Jahre lang nur noch, was Gewinn abwerfen kann: Strecken, auf denen viele Menschen reisen wollen; Umsteigebahnhöfe, die zu Shoppingzentren ausgebaut werden, und ICE-Verbindungen, die zum sexy Reiseerlebnis mit Bedienung am Platz hochgejazzt werden. Durch die Privatisierung dürfen auf dem Schienennetz, das bisher der staatlichen Bahn vorbehalten ist, jetzt auch private Eisenbahnunternehmen ihre Züge fahren lassen. Außerdem ist nicht mehr der Bund für den Personennahverkehr zuständig, der ist nun Sache der Länder.[17] Vom Bund bekommen sie viele Milliarden an sogenannten

Regionalisierungsmitteln pro Jahr, damit sie den Nahverkehr auf der Schiene bestellen und bezahlen können.[18]

Der Börsengang wird abgesagt – doch die Bahn bleibt ausgezehrt

Im Herbst 2004 kündigt Hartmut Mehdorn an, die Bahn werde 2006 fit sein für den Börsengang. Wenige Wochen später muss er allerdings zurückrudern[19]: In Gewerkschaften, Wirtschaftsverbänden und unter Verkehrspolitiker:innen regt sich wachsender Widerstand. Das Parlament fordert vom Bundesverkehrsminister ein Gutachten zu möglichen Privatisierungsvarianten. Ergebnis: Wenn die Bahn ihr Netz – also die Schienen und Bahnhöfe – gemeinsam mit dem Rest des Unternehmens veräußern will, kann sie frühestens 2007 an die Börse. Müsste die zentrale Sparte Netz jedoch erst aus dem verkäuflichen Volumen herausgelöst werden, weil Politik und Öffentlichkeit ein so wichtiges Herzstück staatlicher Infrastruktur nicht verkaufen wollen, würde das den Börsengang drei bis fünf Jahre nach hinten schieben.[20] Die Koalitionspartner, damals Union und SPD, kämpfen hart um die Einzelheiten. Die Hauptfrage dabei lautet: Wie viel Einfluss hat der Bund nach der Privatisierung noch auf die Bahn? Im November 2006 einigt man sich auf eine Teilprivatisierung.[21] Im Mai 2008 dann stimmt der Bundestag zu: 24,9 Prozent der Personen- und Güterverkehrssparte sollen an private Investoren verkauft werden.[22] Am 26. September 2008 verkündet die Bahn, dass Aktien der »DB Mobility Logistics« in genau einem Monat erstmals an der Frankfurter Börse gehandelt werden sollen.[23]

Zum Entsetzen nicht nur der Bahnmanager crasht jedoch wenige Tage später die deutsche Börse. Groß- und Kleinanleger:innen verlieren viel Geld, die Welt steckt in einer globalen Finanzkrise. Am 9. Oktober 2008, keine drei Wochen vor dem angekündigten ersten Handelstag der neuen Bahn-Aktien, zieht die Bundesregierung die Notbremse und stoppt den Börsengang der Bahn. »Wir werden das Vermögen des Bundes nicht zur Unzeit an den Kapitalmarkt bringen«, sagt der damalige Bundesfinanzminister Peer Steinbrück.[24] Der Börsengang ist damit erst mal vom Tisch, aber der Schaden bleibt: Bahnhöfe sind stillgelegt, Strecken ausgedünnt, Weichen verschrottet.

Der brutale Sparkurs für die Börsen-Fitness war so radikal, dass die Bahn im Jahr 2005 zum ersten Mal seit der Reform einen Gewinn erwirtschaften konnte – wenn auch vor allem im Regionalverkehr und durch das Öffnen der Netze für private Anbieter.[25] Die Konkurrenz belebte das Geschäft und führte an manchen Orten zu neuen, zuverlässigen und komfortablen Verbindungen. Aber leider nur da, wo es sich wirtschaftlich besonders lohnt: in Ballungsgebieten mit vielen Fahrgästen. Die privaten Investoren pickten sich verständlicherweise die Sahnestücke heraus, wo sie mit überschaubarem Aufwand viele Menschen transportieren und so großen Gewinn machen konnten. In vielen Teilen des Landes hingegen wurde die Versorgung im Gegenzug schlechter. Das war kurzsichtig und rächt sich heute. Denn genau diese Strecken, Weichen, Bahnhöfe und Züge, die damals wegrationalisiert wurden, fehlen heute. Was die Verantwortlichen bei der Bahn in ihrem Streben nach Effizienz und Gewinn als Ballast ansahen, entpuppt sich heute als fehlende Infrastruktur für einen resilienten Betrieb. Weichen, Signale und Ausweichgleise sind notwendige Bauteile einer Bahn, die nicht bei jedem Problemchen stundenlange Verspätungen einfährt.[26] Doch diese Hardware ist weg – und bisher fehlt es an dem klaren Signal, die Bahn wieder so auszustatten, dass nicht alles auf Kante genäht ist und die kleinste Störung endlose Verspätungen produziert.

Im Gegenteil: Deutschland liegt seit Langem bei staatlichen Investitionen in die Schieneninfrastruktur im internationalen Vergleich ganz weit hinten, schreibt die »Allianz pro Schiene«:[27]

Im Jahr 2012, in der Dienstzeit von Verkehrsminister Ramsauer (CSU), gab der Spitzenreiter Schweiz 349 Euro pro Person für die Schieneninfrastruktur aus, Österreich 258 Euro, Deutschland nur 51 Euro, also gerade mal rund ein Siebtel dessen, was sich die Schweiz die Bahn kosten ließ. 2016, unter Verkehrsminister Alexander Dobrindt (CSU), waren es in der Schweiz 378 Euro, in Österreich 198 Euro und bei uns 64 Euro. 2021 schließlich, in der Dienstzeit von CSU-Mann Andreas Scheuer, investierte Luxemburg 607 Euro und die Schweiz 413 Euro, während Deutschland auf dem viertletzten Platz landete, mit 124 Euro pro Einwohner:in.[28] Noch dramatischer wird der Unterschied, wenn man bedenkt, dass das Schweizer Netz ohnehin seit jeher in einem viel besseren Zustand ist – und dennoch so viel Geld hineinfließt. Das muss Deutschland erst mal aufholen. Mit einem Drittel der Investitionen pro Kopf wird das schwierig.

Es mangelt uns dabei eigentlich nicht am Geld. Es wird nur falsch ausgegeben: nämlich für immer neue Straßen. »Deutsche Verkehrspolitik ist immer noch wesentlich: Straßenverkehrspolitik«, resümierte Holger Gertz in der *Süddeutschen Zeitung*. »Ramsauer, Dobrindt und Scheuer könnten, prioritätengemäß, auch als ›die Drei von der Tankstelle‹ in die verkehrspolitische Geschichte eingehen.«[29]

Die Bahn muss anderes erwirtschaften als Renditen

Stand heute kann die Deutsche Bahn AG ihre Rolle als attraktiver Treiber der so dringend benötigten Verkehrswende nicht erfüllen. Und das ist fatal, denn um im Verkehrsbereich Treibhausgase einzusparen, würde es sehr helfen, viel mehr Verkehr auf der Schiene abzuwickeln. Das deutsche Klimaschutzgesetz schreibt beim Schreiben dieses Buchs noch auf die Tonne genau fest, wie viel CO_2 Autos, Lkw, Busse und Flugzeuge jedes Jahr reduzieren müssen. Dass die Ampel die sektorspezifischen Klimaziele abschaffen will, auch wenn das entsprechende Gesetz seit dem Herbst 2024 im Bundestag festhängt,[30] ändert nichts daran, dass wir die Bahn unbedingt brauchen: und zwar eine weitverzweigte, digitale, schnelle, pünktliche, stabile und auf andere Verkehrsmittel abgestimmte Bahn – kurz: eine gute Bahn. Das Problem ist nur, dass eine solche Bahn nicht zugleich Gewinne abwerfen kann. Oder andersherum: Wer die Bahn dazu bringen will, dass sie Rendite erwirtschaftet, zwingt sie zugleich, an Leistungen für die Menschen in Deutschland zu sparen.

An »Geld verdienen« ist natürlich erst mal nichts auszusetzen. Auch die Vorstellung, dass staatliche Unternehmen nach wirtschaftlichen Maßstäben geführt werden, ist nicht grundsätzlich falsch. Doch in der neoliberalen Euphorie, die die Privatisierung der Deutschen Bahn begleitete, ging eine wesentliche Perspektive verloren: Die Bahn ist kein Unternehmen wie jedes andere. Die »Eisenbahn« wird im Grundgesetz mehrmals erwähnt. Der Bund wird verpflichtet, das Schienennetz so auszubauen, dass dem »Wohl der Allgemeinheit«, insbesondere den »Verkehrsbedürfnissen« Rechnung getragen wird.[31] Denn eine gut funktionierende Bahn macht unser Land lebenswerter und stellt grundlegende Infrastruktur für die Mobilität der Menschen in Deutschland zur Verfügung. Es scheint plausibel, anzunehmen, dass eine schnelle, pünktliche und berechenbare Bahn auf der Schiene auch mehr mobiles Büro erlauben würde und damit die volkswirtschaftliche Produktivität positiv beeinflussen dürfte. Die »Rendite«, die eine gute Bahn erwirtschaftet, lässt sich jedoch nicht nur in Euro beziffern: Ihre eigentliche Aufgabe ist nämlich ein Plus an Lebensqualität und ein Minus bei den Treibhausgas-Emissionen.

Die Bahn muss daher auch unter einem modernen Management der Gesellschaft verpflichtet sein. Mobilität auf der Schiene müssen alle nutzen und sich leisten können. Züge müssen kleine Städtchen anfahren, auch wenn mit dieser Verbindung – isoliert betrachtet – kein Gewinn zu machen ist. Die Bahn muss mit Schienen Orte verbinden, in denen der Bahnhof das größte Gebäude ist, damit die Menschen dort nicht mehr existenziell auf ein Auto angewiesen sind. Die Bahn muss auch Tickets verkaufen, deren Preise nicht kostendeckend sind, beispielsweise sollte sie auch für Familienurlaube stets billiger sein als das Auto und das Flugzeug. Diese Dinge kosten Geld. Deswegen ist es keine sinnvolle Idee, eine Bahn so sehr auf Effizienz zu trimmen, dass sie am Ende Gewinne macht. Denn die Gewinne bezahlen wir mit Verlusten bei den Leistungen für die Menschen in Deutschland. Sie fahren dann zu wenig Bahn, setzen weiter aufs Auto und verbrauchen zu viele Ressourcen, was uns der Klimaneutralität nicht näher bringt.

Auf dem Papier zumindest hat die Bahn das erkannt. In ihrem Zwischenbericht 2022 formuliert die Deutsche Bahn AG ihre »strategischen Top-Ziele«: »Unser Fokus ist die Verkehrsverlagerung auf die Schiene und die Schaffung der dafür notwendigen Kapazität. […] Der Trend zur klimafreundlichen Mobilität und Logistik ist ungebrochen. Davon profitiert die Schiene als der grünste Verkehrsträger.«[32] Und: »Wir investieren zusammen mit dem Bund in diesem Jahrzehnt in Rekordhöhe, um die Schiene fit für Wachstum zu machen.«[33] Hehre Ziele. Allein, es hapert an ihrer Umsetzung.

Falsche Anreize, Intransparenz und hohe Kosten: Die absurde Konzernstruktur der DB

Selbst wenn die Bundesregierung oder die Spitze des DB-Konzerns richtige strategische Entscheidungen treffen: Ob die sich wirklich umsetzen lassen, ist schwer vorherzusagen. Denn »die Bahn« gibt es seit den Reformen der 1990er-Jahre ja gar nicht mehr. Der Konzern besteht heute vielmehr aus einem Wust von Unternehmen. Und das hat Nachteile auf allen Ebenen. Das aufgeräumte Logo der Deutschen Bahn suggeriert: Die DB ist eine Bahn, eine Firma. Doch das täuscht. Unter dem Dach der Konzernmutter Deutsche Bahn AG werkelt ein schwer durchschaubares Gewimmel von Tochterfirmen, Subunternehmen und Beteiligungen.[34] Bei dem Versuch, die Bahn zur Gelddruckmaschine umzubauen, ist nicht nur ein zerstörerischer Spardruck entstanden, sondern auch eine Unternehmensstruktur, die die Bahn vielleicht noch mehr ausbremst als kalte Winter, kaputte Weichen und Tiere im Gleis.

Zum 1. Januar 1999 trat die zweite Stufe der Bahnreform in Kraft. Sie wandelte unter anderem die bisherigen Unternehmensbereiche der Bahn in fünf eigene Aktiengesellschaften um, unter dem Dach der Deutsche Bahn AG.[35] Die DB Reise & Touristik AG betrieb die Fernzüge der Bahn, also vor allem ICE und IC – weswegen sie 2004 auch in DB Fernverkehr AG umbenannt wurde. Die DB Regio AG fasste die lokalen Anbieter des Regionalverkehrs zusammen. Die DB Cargo AG verantwortete den kommerziellen Güterverkehr auf der Schiene; die DB Netz AG besaß das Schienennetz, und die DB Station & Service AG betrieb die Bahnhöfe.[36] Bis dahin waren die neuen Spartengesellschaften Teile eines Großunternehmens gewesen. Entscheidend war lange also, dass der Laden *insgesamt* gut dasteht. Als separate Firma aber musste nach der Aufspaltung der Bahn plötzlich jeder Bereich für sich möglichst viel Gewinn erwirtschaften. Das heißt: Die Bahn sollte nicht nur mit dem Ticketverkauf und der Schieneninfrastruktur Rendite erzielen; auch Menschen, die Zugtoiletten reinigen, Bahnsteige fegen, Notausstiege kontrollieren und Lüftungsanlagen reparieren, mussten sich plötzlich rechnen, obwohl der eigentliche Sinn ihres Einsatzes doch sein sollte, einen immateriellen Vorteil zu erwirtschaften, indem sie das Bahnfahren so angenehm und sicher wie möglich machen.

So schuf die Strukturreform der Bahn viele falsche Anreize: Es schien rational, niedrigere Löhne zu zahlen, schlechtere Materialien zu verwenden und Wartungszyklen zu verlängern. Im Extremfall schreibt dann zum Beispiel die Bahnhofs-AG zwar gute Zahlen, aber dafür verwahrlosen die Bahnhöfe, weil es an Reinigungskräften fehlt, und immer mehr Fahrkartenschalter werden durch kaum bedienbare Automaten ersetzt. Ist alles auf den ersten Blick billiger. Aber attraktiver und besser wird die Bahn dadurch nicht.

Falsche Anreize sind jedoch nicht das einzige Problem der Konzernstruktur der Deutschen Bahn. Mindestens ebenso ungünstig wirken sich mangelnde Kontrollierbarkeit und ein wuchernder Verwaltungs-Overhead aus. Denn bisher haben wir uns nur die oberste Ebene der Konzernstruktur angesehen: die Deutsche Bahn AG als Konzern-Holding und die Handvoll Tochterfirmen, die der DB AG direkt gehören. Doch all diese Töchter haben selbst noch Töchter. Und diese Töchter wiederum haben ebenfalls Töchter. Die Struktur des Bahn-Konzerns ähnelt dem Stammbaum eines jahrhundertealten Adelsgeschlechts. 2010 waren unter dem Dach der DB AG bemerkenswerte 865 Unternehmen im In- und Ausland zusammengeschlossen, an denen die Holding direkte oder indirekte Mehrheiten hielt.[37] 2023 waren es immer noch mehr als 600 Tochterfirmen[38] – auf der ganzen Welt.[39]

»Die Bahn« – das sind in Wirklichkeit also Hunderte teils winziger Firmen. Und alle diese Gesellschaften haben jeweils eigene Satzungen, eigene Vorstände, in vielen Fällen auch eigene Aufsichtsräte. Und sie alle beschäftigen zwar Menschen, die hoffentlich am eigentlichen Ziel der Bahn arbeiten, nämlich Menschen und Güter so schnell, sicher und angenehm wie möglich zu transportieren, aber haben natürlich alle eine eigene Verwaltung. Innerhalb der Bahn existieren also zahllose separate Lohnbuchhaltungen, IT-Abteilungen, Personalabteilungen. Einfach alles, was eine Firma braucht, existiert mehrfach. Natürlich sind in diesen Doppel- und Dreifach-Strukturen auch sehr viele Menschen beschäftigt, die von dem, was die Bahn eigentlich tun soll, sehr weit entfernt sind. So werden unter dem Dach der DB AG Tausende Beschäftigte für Tätigkeiten bezahlt, die wenig oder gar nichts damit zu tun haben, dass Züge Menschen pünktlich, sicher und bezahlbar durch Deutschland und Europa bringen.

Zugleich führt das Firmengestrüpp dazu, dass niemand mehr einen echten Überblick darüber hat, wer eigentlich was tut. Mitunter arbeiten an mehreren Stellen Menschen im Prinzip an denselben Aufgaben, nur für eine andere GmbH oder AG im Bahn-Kosmos. Diese Intransparenz kostet sehr viel Geld, weil redundante Strukturen in einem solchen Moloch kaum zu vermeiden sind. Genau kann das leider niemand beziffern. Selbst der Bundesrechnungshof wagt sich an keine konkrete Zahl, warnt aber in aller Deutlichkeit: »Der Bund läuft […] Gefahr, die Kontrolle über die DB AG gänzlich zu verlieren.«[40]

Die Intransparenz ermöglicht es den Verantwortlichen, in ihren kleinen Fürstentümern immer wieder neuen Moden und Irrwegen zu folgen und Geld auszugeben, ohne dass sie dafür zur Rechenschaft gezogen werden. Beispielsweise fordert der Bundesrechnungshof seit 2019, dass die DB AG sich auf ihr Kerngeschäft – nämlich die Bahn in Deutschland – konzentrieren und Beteiligungen an Unternehmen in aller Welt abstoßen müsse. Stattdessen geschieht das Gegenteil: Die Bahn-Tochter »DB International Operations« schloss noch im Jahr 2022 Verträge zum Betrieb von Eisenbahnen u. a. in Kanada und Ägypten, die die DB AG bis zu 25 Jahre binden.[41]

Kontrollverlust im Staatskonzern: Das Beispiel NEAT

Die bisher beschriebenen Probleme bieten schon Anlass genug, die vielen Einzelunternehmen zu einigen wenigen effizienten Einheiten zu fusionieren und so die Hierarchie innerhalb der Bahn abzuflachen: Statt aus einer schwer zu regierenden Dynastie von Tochterunternehmen könnte der Konzern aus zwei, in Ausnahmefällen vielleicht drei Ebenen bestehen und so kontrollierbarer werden. Auf der obersten Ebene gäbe es wie bisher die DB AG, darunter Unternehmenssparten wie DB Fernverkehr und DB Regio und darunter allenfalls noch eine weitere Ebene, wenn es erforderlich ist, beispielsweise regionale Töchter für den Regionalverkehr. Einfach, klar, transparent, ohne Verwaltungswasserkopf und Doppelstrukturen.

Die Realität sieht jedoch verworrener aus – mit unerfreulichen Auswirkungen. Denn das Firmengeflecht unter dem Dach der DB AG ist so undurchsichtig und tief gestaffelt, dass selbst der Bund als Eigentümer der DB AG sein Unternehmen faktisch nicht mehr regieren kann. Dem Bund gehört zwar die Bahn, aber er hat keine wirksame Kontrolle mehr über weite Bereiche des DB-Konzerns. Damit ist die Konzernstruktur auch zum politischen Problem geworden, weil sich die Bahn damit der demokratischen Kontrolle entzieht: Egal, wen wir wählen, egal, wer im Verkehrsministerium den Ton angibt – weite Teile der Bahn machen einfach ihr Ding.

Ein Beispiel: 1996, also vor fast 30 Jahren, schloss die Bundesrepublik Deutschland mit der Schweiz den Staatsvertrag von Lugano. Er regelt, in welcher Form sich Deutschland an einem Großprojekt der Schweizer Verkehrsplanung namens NEAT beteiligen soll. Mit dieser »Neuen Eisenbahn-Alpentransversale« wollten die Eidgenossen den Schwerverkehr in den Schweizer Alpen zu einem großen Teil von der Straße auf die Schiene verlagern und dafür unter anderem neue Eisenbahntunnel durch verschiedene Berge bauen. Damit diese neuen Gleise auch tatsächlich Verkehr – insbesondere Güterverkehr – auf der europäischen Nord-Süd-Achse anziehen, brauchen sie aber sogenannte Zulaufstrecken aus Deutschland. Isolierte Gleise in der Schweiz bringen wenig, wenn es für Züge aus Deutschland schwierig ist, diese Gleise zu erreichen. Deutschland verpflichtete sich daher in dem Vertrag, die für den Verkehr Richtung Schweiz wichtigen Schienenwege auszubauen und zu verstärken. Die »Gäubahn« zwischen Stuttgart und Zürich etwa sollte aufgerüstet werden, und die knapp 200 Kilometer lange »Rheintalbahn« zwischen Karlsruhe und Basel, so die Zusage der deutschen Regierung anno 1996, sollte als nördliche Hauptzulaufstrecke für die neuen Schweizer Tunnel auf vier Spuren erweitert werden. Bundestag und Bundesrat verabschiedeten dafür sogar ein Gesetz, weil Staatsverträge nach unserem Grundgesetz wie ein normales Gesetz beschlossen werden müssen. Geplantes Ende der Arbeiten auf deutscher Seite: 2020.[42]

Die Schweizer bohrten daraufhin in Rekordzeit und ohne nennenswerte Zwischenfälle ihre neue Tunnelröhre durch den St. Gotthard und waren zum veranschlagten Zeitpunkt fertig.[43] Wer aber davon ausging, auf deutscher Seite werde die – immerhin komplett staatseigene – Deutsche Bahn AG ebenfalls zeitnah die Arbeiten aufnehmen, um den Gesetz gewordenen Vertrag zu erfüllen, wurde enttäuscht. Die Deutschen kamen bisher kaum voran. Frühestens 2042 könne man fertig sein, ließ man die Vertragspartner in der Schweiz wissen. Eine Verspätung von 22 Jahren. Das ist selbst im Bahn-Universum keine Kleinigkeit. Inzwischen hat Deutschland mit der Schweiz eine Nachfolgevereinbarung unterschrieben, die an die Stelle des Staatsvertrags tritt. Die Vereinbarung sei aber »voller unverbindlicher Absichtserklärungen«, kritisierte der Vorstandsvorsitzende des Netzwerks Europäischer Eisenbahnen (NEE), Ludolf Kerkeling.[44] Heißt: Wir schauen mal, was wir tun können.[45] Die Schweizer haben unterdessen umgeplant und erschließen sich andere Zufahrtswege über Frankreich.[46] Mehr deutsche Güter runter vom Lkw, rauf auf die Schiene? Ja, wichtiges Ziel. Aber dauert noch, jedenfalls hierzulande.

Was läuft in der Wirtschaftsnation Deutschland schief, dass das Land Verträge in einem so wichtigen Bereich nicht einhalten kann? Ein Teil der Antwort ist das, was wir bereits angedeutet haben: Die Deutsche Bahn AG gehört zwar zu hundert Prozent der Bundesrepublik. Sie ist jedoch faktisch nicht mehr zu regieren und durch die Verkehrspolitik des Bundes immer weniger steuerbar.

Warum selbst der Bund die Bahn kaum noch steuern kann

Um zu verstehen, wie die Konzernstruktur der Deutschen Bahn AG verhindert, dass ihre Eigentümerin, die Bundesrepublik Deutschland, vertreten durch das Verkehrsministerium, sie wirksam kontrollieren und steuern kann, müssen wir uns noch tiefer in die Verästelungen hineinbohren. Wenn wir sagen, die Bahn gehört dem Bund, ist das im Alltagsverständnis richtig, aber juristisch nicht präzise. Streng genommen gehört dem Bund nämlich nur die Konzernmutter namens Deutsche Bahn AG. Die Tochterunternehmen der DB AG gehören hingegen nicht dem Bund, sondern eben der DB AG. Und die Töchter der Töchter gehören weder dem Bund noch der DB AG, sondern – ihr ahnt es schon – den jeweiligen Töchtern der DB AG. Diese Details haben weitreichende Folgen, denn sie entscheiden darüber, wer in den jeweiligen Gesellschaften das Sagen hat. Direkten Einfluss hat der Verkehrsminister nur auf die oberste Ebene namens Deutsche Bahn AG, denn 100 Prozent von deren Aktien hält der Bund. Dementsprechend kann er nur hier die Rechte wahrnehmen, die ihm als Aktionär der DB AG zustehen. An den ganzen Tochterfirmen hingegen hält nur die DB AG Aktien oder – bei GmbHs – die sogenannten Geschäftsanteile. Daher kann nur die DB AG hier direkt Einfluss nehmen. Der Bund hingegen kann die Tochterfirmen nicht direkt, sondern nur mittelbar beeinflussen: Er muss die DB AG dazu bringen, ihren Einfluss auf die Töchter im Sinne des Bundes zu nutzen. Bei direkten Anfragen des Bundes an die Töchter der DB AG müssen diese nicht viel mehr zurückmelden als »Wir schauen mal«. Kann funktionieren. Muss es aber nicht. Wer schon einmal »Stille Post« gespielt hat, ahnt, was dabei herauskommt.

Diese allenfalls mittelbare Macht des Bundes über große Teile des Bahn-Konzerns hat weitreichende Auswirkungen. Was geschieht, wenn der Bund – konkret: das Verkehrsministerium, das die Stimmrechte des Bundes bei der DB AG wahrnimmt – zum Beispiel erreichen möchte, dass Papierhandtücher in den ICEs bei Kontakt mit feuchten Fingern nicht sofort zerreißen? Denn seit zwei, drei Jahren setzt die Bahn eine Papiersorte ein, die für Handtücher völlig ungeeignet ist. Wenn sich also im Verkehrsministerium die Beschwerden stapeln und der Verkehrsminister dafür sorgen möchte, dass Bahnfahrende die Papierhandtücher wieder intakt aus dem Handtuchhalter ziehen können – was dann? Dann kann das Verkehrsministerium bei der Deutschen Bahn AG nur freundlich darum bitten, dass diese sich bei ihrer zuständigen Tochterfirma, der DB Fernverkehr AG, dafür einsetzt, dass sie wieder ordentliche Handtücher kauft. Ohne Gewähr, ohne direkte Kontrolle – und damit auch ohne klare Verantwortung, wenn etwas nicht funktioniert. Dieses Stille-Post-Spiel bestimmt den Alltag im DB-Konzern: Vor lauter Tochterunternehmen und Ausgliederungen von Arbeitsbereichen, die eigentlich zusammengehören, gibt es an der Spitze niemanden mehr, der wirklich Einfluss auf die Arbeitsebene hat. Und so verzweifeln die Fahrgäste der Bahn seit Jahren an Papierhandtüchern, die zerreißen, bevor sie Hände trocknen, weil irgendwer in irgendeiner DB-Tochterfirma beim Papiereinkauf gepennt hat und niemand weiter oben diesen Fehler korrigieren kann. Ein vergleichsweise kleines Ärgernis, ja – aber exemplarisch.

Der Bund kann somit auch politische Beschlüsse nicht direkt umsetzen, sondern stets nur indirekt über die Deutsche Bahn AG. Das ist unglücklich, weil die DB AG ihre Beteiligungen vor allem verwaltet, aber operativ kaum etwas in Sachen Bahnverkehr tut. Betrachtet man ihre Geschäftstätigkeit, so ist sie einer Investmentbank oft ähnlicher als einem Verkehrsunternehmen. Und das hat natürlich Folgen für die Praxisnähe: Neue ICEs sollen gekauft werden? Bitte wenden Sie sich vertrauensvoll an die DB Fernverkehr AG. Dort hat man gerade andere Dinge zu tun? Tja. Und wie sieht es mit den Zulaufstrecken zum St.-Gotthard-Tunnel aus, die Deutschland gemäß Staatsvertrag mit der Schweiz längst hätte bauen sollen? Da hätte der Bund sich an die DB Netz AG wenden müssen – bzw. seit dem 1. Januar 2024 an die InfraGo AG, eine hundertprozentige Tochter der DB AG, die nun für Schienen und Bahnhöfe zuständig ist. Gerade anderes zu tun oder besetzt? Dumm gelaufen. Ja, die Deutsche Bahn AG gehört dem Bund. Aber alles, was dieser Deutschen Bahn AG gehört, gehört eben nicht dem Bund und ist darum auch nicht direkt durch ihn zu steuern. Das ist die vielleicht größte Einzelbaustelle bei der Bahn: die organisierte Verantwortungslosigkeit im DB-Konzern, eine Altlast des neoliberalen Reformwahns der 1990er-Jahre.

Weitere Bremsen: Gesellschaftsrecht und Mitbestimmung

Der Bund kann also die Tochtergesellschaften der Bahn nur mittelbar beeinflussen. Aber er hat doch wenigstens die Geschicke der Dachgesellschaft in der Hand, denn die Deutsche Bahn AG gehört dem Bund doch nun wirklich – oder?

Jein. Denn die tägliche Arbeit der DB AG liegt in den Händen der Vorstände der DB AG. Sie leiten zwar jeweils einen Teilbereich des Unternehmens, müssen sich aber nicht direkt einem Ministerium oder dem Bundestag gegenüber verantworten. Die operative Arbeit der Vorstände wird vom Aufsichtsrat der DB AG kontrolliert. Und dieser Aufsichtsrat besteht nur zur Hälfte aus Vertreter:innen des Bundes. Die andere Hälfte der Sitze ist nach § 7 Abs. 1 des Mitbestimmungsgesetzes für Mitarbeitende reserviert.[47] Normalerweise sind die Aufsichtsratsmitglieder, die als Vertretung der Mitarbeitenden entsandt werden, Funktionär:innen der Gewerkschaften. Diese vertreten naturgemäß die Interessen der Mitarbeiter:innen gegen die Interessen des Eigentümers. Wenn zum Beispiel der Bund die Qualität verbessern möchte und deswegen darauf drängt, Arbeitsleistungen einzelner Mitarbeiter:innen genauer zu erfassen, dürften das Gewerkschaftsmenschen im Aufsichtsrat kritisch sehen: mehr Kontrolle, mehr Stress? *Njet!* So verständlich so etwas aus Sicht der Beschäftigten sein mag, so sehr erschwert es das Durchregieren der Bundesregierung, die dazu immerhin politisch legitimiert ist. Vielleicht war es doch keine so gute Idee, aus einem staatlichen Unternehmen ausgerechnet eine AG zu machen?

Ein konkretes Beispiel, wozu das führt: In der Corona-Zeit hatten DB-Mitarbeitende in Zügen wenig Lust, die Einhaltung der Corona-Regeln durchzusetzen. Es macht natürlich keinen Spaß, sich mit Corona-Leugner:innen anzulegen, im Extremfall kann es sogar gefährlich werden. Theoretisch hätten die Zugbegleiter:innen aber ebenso hart durchgreifen müssen wie bei Menschen, die ohne Ticket unterwegs sind. Das hätte das Bahnfahren insgesamt sicherer gemacht, weil schon ein einziger Corona-positiver Masken-Muffel einen ganzen Waggon infizieren konnte. Doch blieb es in den Zügen der DB AG meist bei Durchsagen und einem erhobenen Zeigefinger. Wenn Interessen der Fahrgäste – die den Betrieb ja nun mal mit Steuergeldern und Ticketpreisen bezahlen – gegen Interessen der Mitarbeitenden stehen, haben in diesem Konstrukt die Interessen der Mitarbeitenden im Zweifel größeres Gewicht.

Genau darum fordert zum Beispiel der Fahrgastverband Pro Bahn, dass auch Vertreter:innen der Fahrgäste in den Aufsichtsrat der Deutschen Bahn AG gesetzt werden – auch wenn es gar nicht so einfach ist, Menschen zu finden, die diese Aufgabe übernehmen können.[48]

Einer klaren Lenkung der Bahn durch den Eigentümer steht übrigens auch die weitere Zusammensetzung dieses Aufsichtsrats entgegen. In das Kontrollgremium entsendet das Verkehrsministerium seit vielen Jahren Mitglieder des Bundestags. Aus Tradition. Und gegen Bezahlung. Der Bundesrechnungshof kritisiert, dies könne zu Interessenkonflikten führen. Denn als Aufsichtsrat müssen sie sich für das Unternehmen Deutsche Bahn einsetzen, als Mitglieder des Bundestags müssen sie sich um das gesamte deutsche Eisenbahnsystem kümmern – und dazu gehören auch Konkurrenten der Deutschen Bahn AG. »Die Abgeordneten sind Spieler und Schiedsrichter in einem«, kritisierte der Präsident des Bundesrechnungshofs im *Spiegel*.[49]

Wir lassen uns die Bahn zu wenig kosten – und nicht immer ist das Geld gut angelegt

In Deutschland wird nicht nur pro Kopf wesentlich weniger Geld in die Bahn investiert als etwa in der Schweiz, es fließt auch nicht immer an die richtigen Stellen.[50] Statt in Infrastruktur und Betrieb versickert viel Geld in wenig hilfreichen Megaprojekten, kritisiert etwa der Journalist Arno Luik in seiner Abrechnung mit der real existierenden DB AG *Schaden in der Oberleitung*.

Laut Luik ist Deutschland voller unnötiger Bahntunnel und Brücken, die Milliarden verschlungen haben, obwohl Sanierungen vorhandener Bauten oder deren Ergänzung zum Beispiel mit einem zweiten Gleisstrang genauso viel für den Verkehr gebracht hätten, aber weitaus günstiger gewesen wären. So etwa bei der Bahnstrecke durch den Thüringer Wald oder auf der Schnellstrecke Köln-Frankfurt.[51]

Ein anderes Beispiel ist der teure neue Fernbahnhof Hamburg-Altona, der gerade gegen große Widerstände der Bevölkerung für hunderte Millionen Euro in den benachbarten Stadtteil Diebsteich verlegt wird.[52] Die Bahn argumentiert, der neue Bahnhof werde – anders als der heutige Bahnhof Hamburg-Altona – ein Durchgangsbahnhof sein, daher könnten dort die Züge schneller abgefertigt werden. Das werde Verspätungen reduzieren und die Fahrzeiten von Regional- und Fernzügen verkürzen. Außerdem könne der neue Bahnhof den geplanten »Deutschland-Takt« aufnehmen.[53] Kritiker:innen vor Ort, etwa die Bürgerinitiative »Prellbock Altona«, halten dagegen: Der bisherige Bahnhof habe acht oberirdische Gleise und vier unterirdische Gleise für die S-Bahn, zusammen also zwölf Gleise. Der neue Bahnhof hingegen werde nur sechs Gleise bekommen.[54] Vor diesem Hintergrund seien die von der DB behaupteten Effizienzgewinne Augenwischerei.[55] Sicher ist allerdings eines: Der Mega-Neubau in Diebsteich wird Hunderte Millionen Euro verschlingen, bei umstrittenem Nutzen.

Der GAU der Deutschen Bahn: Stuttgart 21

Das größte schwarze Loch im DB-Finanzkosmos aber heißt »Stuttgart 21«. Die Haltestelle sollte der Musterbahnhof fürs 21. Jahrhundert werden – aber bisher ist außer einer gigantischen Baustelle nur wenig zu sehen. Die Bahn versprach immer wieder neue Eröffnungstermine. So sollte der Knoten zunächst

2021 in Betrieb gehen. Wer 2023 auf dem Bahnhof war, weiß: Fix und fertig sind da nur die Bahnkunden, die schon mal knapp einen Kilometer Umweg gehen müssen. Nun sollen angeblich Ende 2025 die ersten Züge im unwirtlichen Tunnelbahnhof halten – doch er SWR berichtet, das gelte Bahn-intern längst als illusorisch.[56] Sicher ist nur: Stuttgart 21 dürfte als der DB-Bahnhof in die Geschichte eingehen, in dem das meiste Geld versenkt wurde. Nach aktueller Schätzung werden es bis zum Ende der Arbeiten etwa elf Milliarden Euro sein. Doch bisher platzte noch jede Kostenschätzung – selbst die Bahn plant schon mit einem »Risikopuffer« von weiteren 500 Millionen Euro. Ursprünglich hatte die Bahn im Finanzierungsvertrag mit 4,5 Milliarden gerechnet.[57] Elf Milliarden Euro – für dieses Geld hätten sich viele Bahnhöfe auf dem Land polieren lassen, um die Bahn in der Fläche zu einer ernsthaften Alternative zum Auto zu machen. Stattdessen hat die Bahn einen funktionierenden Bahnhof über mehr als ein Jahrzehnt in eine Großbaustelle verwandelt und Bahnfahren im Südwesten zur Geduldsprobe gemacht. Dazu drohen selbst im Falle der Vollendung des Projekts Stuttgart 21 eher Verschlechterungen für den Bahnverkehr und die Reisenden: Kritiker:innen befürchten eine zu geringe Kapazität, beanstanden den Brandschutz in den tiefen Tunneln, zu eng geplante Fluchtwege und schiefe Bahnsteige, auf denen sich Koffer und Rollstühle selbstständig machen könnten, wenn Reisende sie nicht richtig abstellen.[58] Außerdem droht eine wesentlich schlechtere Anbindung der »Gäubahn« – der wichtigen Bahnstrecke von Stuttgart nach Zürich –, falls die Nordwestkurve aus dem Stuttgarter Hauptbahnhof und die Verbindung nach Vaihingen (»Panoramabahn«) wie bisher geplant stillgelegt werden sollten. Gewonnen haben bei dem Projekt eigentlich nur die Firmen, die für viele Milliarden Euro Tunnel durch den Stuttgarter Untergrund fräsen – und die über beste Verbindungen zur CDU im Ländle verfügen.[59]

Auch wenn nicht alle Projekte der Bahn in der Größenordnung von Stuttgart 21 scheitern: Das Unternehmen versenkt regelmäßig Hunderte Millionen Euro in fragwürdigen Prestigebauten.[60] Warum widmet sich die Bahn überhaupt so gerne neuen Großprojekten, anstatt vorhandene Infrastruktur zu sanieren oder zu erweitern? Ursache sind mal wieder falsch gesetzte Anreize: Die Bahn setzt auf Neubau statt auf Sanierung, weil das für sie billiger ist. Sanierungen bestehender Infrastruktur müssen nämlich aus den Budgets der Bahn bezahlt werden. Neubauten dagegen zahlt der Bund, also der Steuerzahler.[61] Noch Fragen? Vielleicht: Warum hat die Führung der ewig verschuldeten Bahn eine so große Vorliebe für sehr, sehr teure Projekte? Gleiche Antwort: Weil die nicht die Deutsche Bahn bezahlt, sondern der Bund. Noch ärger: Die DB konnte über Jahre hinweg sogar noch 18 Prozent Pauschale für Projektplanung abgreifen.[62] Mit anderen Worten: Je mehr *fremdes* Geld, nämlich Geld des Bundes, die Bahn in Neubauten versenkte, desto mehr *eigenes* Geld bekam die Bahn vom Bund in Form der Planungskostenpauschale. Das wurde 2018 zwar abgeschafft,[63] erklärt aber, warum viele Jahre lang sehenden Auges so viel Geld in Megaprojekten verbraten wurde, das viel sinnvoller hätte investiert werden können.

Und einiges spricht dafür, dass die alten Fehlanreize für möglichst teure Projekte in der Unternehmenskultur der Bahn bis heute fortwirken. Ein Tanker ändert eben nicht so schnell seinen Kurs. So betrachtet sind doch nicht alles nur Managementfehler, die den Zugverkehr in Deutschland einrosten lassen: Entscheidend sind die Vereinbarungen des Bundes als Eigentümer mit der Bahn. Setzen diese Spielregeln die falschen Anreize, verleiten sie die Führungsebene der Bahn dazu, Entscheidungen zu treffen, die nur in der Binnenlogik dieser Vereinbarungen Sinn ergeben, gesellschaftlich hingegen kaum.

Mein ICE, dein ICE: Fragwürdiger Lokalpatriotismus

So wie Geld oft in falsche Projekte fließt, wirkt auch politischer Einfluss bei der Bahn oft an der falschen Stelle. Deutschland ist von Bahnstrecken durchzogen, deren Trassenführungen nur schwer nachvollziehbar sind, wie zum Beispiel die Schnellfahrstrecke zwischen Berlin und München. Sie führt nämlich nicht etwa auf direktem Weg durch Thüringen, sondern macht einen Umweg über Erfurt, was die Fahrt um ungefähr 90 unnötige Kilometer verlängert. Wer die Hintergründe kennt, nennt diesen Streckenabschnitt nach dem damaligen thüringischen Ministerpräsidenten gerne die »Bernhard-Vogel-Trasse«. Der CDU-Politiker kämpfte einst *gegen* eine direkte Streckenführung, die Berlin und München heute in unter drei Stunden verbinden könnte, was die Bahn als Alternative zu Flug und Auto deutlich attraktiver machen würde. Stattdessen wollte Vogel, dass auch seine abgelegene Landeshauptstadt ein ICE-Knotenpunkt wird. Der Preis dafür ist hoch:[64] Zwar hält der ICE nun in Erfurt, dafür braucht er aber von Berlin nach München mindestens vier Stunden, meist sogar viereinhalb – und ist damit Flugzeugen deutlich weniger Konkurrenz.

Mehr Reform wagen

Zu viel politischer Einfluss hier, zu wenig davon dort, plus eine wuchernde und dysfunktionale Organisationsstruktur des Bahn-Konzerns – dies sind also wichtige Ursachen für die Probleme der Bahn seit den 1990er-Jahren. Die gute Nachricht: Was schlecht gebaut wurde, kann auch umgebaut werden. Das ist auch der Plan der Ampelregierung. Man werde die internen Strukturen »effizienter und transparenter gestalten«,[65] schreibt sie in ihrem Koalitionsvertrag. Erste Maßnahme: »Die Infrastruktureinheiten […] werden innerhalb des Konzerns zu einer neuen, gemeinwohlorientierten Infrastruktursparte zusammengelegt.«[66] Das ist inzwischen schon umgesetzt. Die DB Netz AG als Eigentümerin der Schienen und die DB Station & Service als Eigentümerin der Bahnhöfe wurden zu einer neuen Gesellschaft namens InfraGo zusammengefasst. Außerdem sollen die Gewinne, die die Bahn in diesem Bereich mit ihrer Infrastruktur macht, in Zukunft direkt in dieses Geschäftsfeld zurückfließen und dort auch wieder investiert werden, anstatt irgendwo im System zu versickern.[67]

Das ist ein konkreter und sinnvoller Schritt, der die Kleinstaaterei bei der Bahn zumindest ein wenig eindämmen kann. Die Ampel sollte bei der Infrastruktur aber nicht haltmachen, sondern diese Logik konsequent auch im Bereich des eigentlichen Bahnbetriebs umsetzen. So müssten auch DB Fernverkehr und DB Regio zusammengelegt werden, denn beide Sparten betreiben Züge der Deutschen Bahn in Deutschland und sollten einander keine Konkurrenz machen. Eine Zusammenlegung hätte auch den Vorteil, dass unvorhergesehene Ausfälle im Betrieb zeitnah behoben werden könnten. Dann müsste nämlich die Fernverkehrsabteilung nicht erst umständlich bei der Regioabteilung um einen Ersatzzug betteln, wenn ihr mal wieder ein Zug liegen geblieben ist.

Noch einen Schritt weiter ginge die sogenannte »Trennung von Schiene und Betrieb«, also eine eigene Infrastrukturgesellschaft des Bundes für das Bahnnetz *außerhalb* des Bahnkonzerns – InfraGo ist ja bisher weiter eine Tochterfirma der DB AG. Das hieße: Das Schienennetz würde unabhängig vom Bahnbetrieb ausgebaut und bewirtschaftet. In der Ampel treten Grüne und FDP für diesen Ansatz ein.[68] Selbst die Union ist seit April 2023 für die Trennung von Netz und Betrieb, nachdem sie genau dies jahrelang verhindert hat, solange sie die Bundesverkehrsminister stellte.[69]

Unterstützt wird die Idee bereits seit 2021 von einem breiten Bündnis, in dem von privaten Bahnbetreibern, der Gewerkschaft der Lokführer (GDL) und der Bauindustrie bis hin zum Fahrgastverband Pro Bahn und dem Bundesverband der Verbraucherzentralen so gut wie alle Verbände und Gruppen mitmachen, die auch nur entfernt etwas mit Bau und Betrieb von Eisenbahnen in Deutschland zu tun haben. Unter dem Titel »Endlich am Zug« fordern sie eine neue Bahnreform.[70] Das Schienennetz des Bundes müsse »kunden- und wachstumsorientiert sowie gewinnfrei betrieben werden«,[71] heißt es in ihrem Positionspapier. Der Fokus soll dabei »strikt auf das Bauen und Fahren«[72] ausgerichtet werden. Mit anderen Worten: Der Bund soll das Schienennetz zukünftig ähnlich wie das Straßennetz direkt und ausschließlich zum konkreten Nutzen der Fahrgäste sowie der Transportindustrie bewirtschaften, ohne über den Umweg der Deutschen Bahn AG Geld damit verdienen zu müssen. Ziel sei »die Gründung und Aufsicht eines eigenständigen Bundesschienen-Infrastrukturunternehmens«. Damit solle »das Infrastrukturmanagement sowohl am Gemeinwohl als auch an den bundesweiten Netznotwendigkeiten ausgerichtet werden«.[73]

Klingt wunderbar, doch die SPD ist skeptisch. Der damalige Fraktionsvize Sören Bartol sprach 2021 im *Spiegel* von einer »Zerschlagung« der Bahn, die seine Fraktion ablehne:[74] Sie werde »den Schienenwegeausbau mit Umstrukturierungen über Jahre lahmlegen und für erhebliche Verunsicherung bei den Arbeitnehmerinnen und Arbeitnehmern im Konzern sorgen.« Fragt sich nur, ob man ausgerechnet die Frösche entscheiden lassen sollte, wenn man einen Sumpf trockenlegen will. Gleichwohl setzte sich die SPD erst einmal durch, sodass die InfraGo AG nun weiter unter dem Dach des DB-Konzerns arbeiten muss. Damit bleibt die Trennung von Netz und Betrieb auf der Agenda-Wiedervorlage nach der nächsten Bundestagswahl.

Neben hausgemachten Problemen machen der Deutschen Bahn aber auch wirtschaftliche Rahmenbedingungen zu schaffen, für die sie nichts kann. Die Bedingungen für Bahnen sind nämlich im Vergleich zu anderen Verkehrsmitteln unfair – auch wegen des unheilvollen Einflusses von Lobbyinteressen. Da muss zumindest in Europa etwas passieren, wenn wir es ernst meinen mit der Verkehrswende. Auch dazu ein Beispiel: Wir sind für einen Vortrag nach Oxford gefahren. Dafür sind wir in Berlin in den Zug nach Köln gestiegen. Fahrzeit: knapp viereinhalb Stunden. In Köln wechselten wir in den Zug nach Brüssel. Fahrzeit: knapp zwei Stunden. Von Brüssel fuhren wir mit dem Eurostar unter dem Ärmelkanal durch bis London, rund zwei Stunden. Von London bis Oxford dauerte es dann noch einmal eine knappe Stunde. Gesamtreisezeit mit Warten: etwas mehr als zwölf Stunden. Gesamtpreis in der 2. Klasse pro Person: rund 400 Euro. Mit dem Flugzeug hätte die ganze Reise inklusive Fahrt zum BER, Warten und Zugfahrt von London nach Oxford ungefähr sechs Stunden gedauert und pro Kopf etwa 300 Euro gekostet. Doch wir wollten nicht fliegen. Denn die Ökobilanz spricht eindeutig für die Schiene: Bei solch einer Flugreise hätten wir pro Person ca. 417 Kilogramm Treibhausgase ausgestoßen, fast eine halbe Tonne.[75] Bei der Zugreise hin und zurück waren es nur rund 159 Kilogramm CO_2.[76] Auch wenn solche Berechnungen nicht so genau sind, wie sie scheinen, weil eigentlich noch indirekte Emissionen dazugehören, die etwa beim Bau eines Flugzeugs oder beim Verlegen von Gleisen entstehen, ist die Richtung doch klar: Die Flugreise verursacht gegenüber der Bahnfahrt eine vielfache Menge an CO_2-Emissionen.

Trotzdem ist Fliegen billiger. Warum? Weil die Rahmenbedingungen für die beiden Reisearten extrem unterschiedlich und die Lasten ungerecht verteilt sind. In erster Linie wird

Fliegen enorm subventioniert. Flugzeuge können fast überall steuerfrei tanken, weil auf Kerosin keine Abgaben erhoben werden.[77] In Deutschland ist das im Energiesteuergesetz verankert, auf internationaler Ebene ergibt es sich aus den Regeln der UN-Organisation für zivile Luftfahrt namens ICAO. Im Gegensatz dazu werden Benzin und Diesel für Loks überall besteuert, in Deutschland ist der Steuersatz nur wenig geringer als für Haushalte oder die Industrie. Das fällt schwer ins Gewicht, weil noch längst nicht alle Bahnstrecken elektrifiziert sind. Auf globaler Ebene lässt sich diese Wettbewerbsverzerrung nicht in absehbarer Zeit korrigieren, in der EU ist eine Besteuerung von Kerosin allerdings bereits seit 2005 möglich. Auch der Verkehrsclub Deutschland fordert seit Jahren, Kerosin auf innerdeutschen Flügen zu besteuern.[78] Außerdem könnte Deutschland eine höhere Abgabe auf Flugtickets erheben. Norwegen[79] und die Niederlande tun das bereits; unser westliches Nachbarland hat die Steuer sogar erst im Herbst 2022 auf nun 28,58 Euro mehr als verdreifacht, um mehr Verkehr auf die Schiene zu verlagern.[80] Nach dem KTF-Urteil des Bundesverfassungsgerichts plant die Ampel nun immerhin eine Erhöhung der Luftverkehrssteuer, die rund 500 Millionen jährlich einbringen soll.

Doch nicht nur beim Treibstoff wird der Bahnverkehr in Deutschland gegenüber dem Flugverkehr steuerlich extrem benachteiligt. Die Bahn muss auch auf alle verkauften Tickets eine Umsatzsteuer von sieben Prozent abführen. Das ist zwar der ermäßigte Satz, er muss aber trotzdem in die Fahrkarten eingepreist werden und macht sie teurer.[81] Im Gegensatz dazu sind Flugreisen zu großen Teilen völlig von der Umsatzsteuer befreit. Lediglich auf Tickets für Inlandsflüge werden 19 Prozent fällig.[82] Inlandsflüge sind aber nur für einen Bruchteil der Emissionen verantwortlich. Flüge ins Ausland dagegen sind laut Öko-Institut für ungefähr 94 Prozent der CO_2-Emissionen verantwortlich, die der Luftverkehr in Deutschland verursacht.[83] Und genau auf diese Tickets erhebt der Staat keine Umsatzsteuer. Rechtlich ist das korrekt und beruht auf Vorgaben der EU, darum lässt es sich nicht direkt ändern.[84] Doch allein schon, wenn die EU-Länder das Kerosin ähnlich hoch besteuern würden wie den Sprit fürs Auto, könnten sie damit ungefähr 27 Milliarden Euro pro Jahr einnehmen. Eine Umsatzsteuer auf alle Flugtickets würde etwa 40 Milliarden bringen. Das ergab eine von der EU-Kommission beauftragte Studie, die 2018 geleakt wurde.[85] Alternativ könnte der Bund die Luftverkehrssteuer weiter erhöhen.[86] Dann würden Flugtickets im Vergleich zu Bahntickets wesentlich teurer. Ziemlich viele Menschen würden nicht mehr fliegen, sondern mit dem Zug fahren – insbesondere dann, wenn man die zusätzlichen finanziellen Spielräume des Bundes nutzen würde, um Zugtickets erschwinglicher zu machen.

Nationale Regeln machen internationale Zugverbindungen komplex

Doch um die Benachteiligung des Schienenverkehrs zu beenden, gibt es noch einige weitere Baustellen zu tun. Durch die vielen komplizierten nationalen Regeln im Schienenverkehr hat die Bahn vor allem auf internationalen Strecken weitere Nachteile, die politisch angegangen werden müssen. So sind internationale Zugreisen sehr viel komplexer zu organisieren als Flugreisen. Lokführende brauchen für jedes Land, durch das sie fahren, eine eigene Lizenz. Außerdem haben sie für jedes Land, durch das sie fahren, mindestens eine Landessprache zu beherrschen – sonst muss das Unternehmen an der Grenze die Person austauschen, die die Lok steuert. Auch wenn viele der Regeln im europäischen Bahnverkehr schon vereinheitlicht wurden, gibt es noch immer etwa tausend unterschiedliche Vorschriften. Im Gegensatz dazu organisiert sich die Luftfahrtindustrie vollständig global. Alle wesentlichen Regeln sind international identisch, die gemeinsame Sprache ist Englisch, und es gibt mit Boeing und Airbus nur zwei große Anbieter für die Hardware. Das vereinfacht die Schulung auf einzelne Fluggeräte und verschafft dem Fliegen einen weiteren Vorteil, der sich ausgleichen ließe.[87]

Trotz aller Widrigkeiten beweist die Österreichische Bundesbahn (ÖBB) schon seit einigen Jahren, dass ein attraktives Angebot für den internationalen Zugverkehr durchaus möglich ist. Nachtzüge der ÖBB fahren unter der Marke »nightjet« quer durch Europa und bilden so ein europaweites Nachtzugnetz, mit dem sich innereuropäische Flüge weitgehend ersetzen ließen. Über Nacht von Wien bis Amsterdam, von Hamburg bis Zürich,[88] die Umwelt schonen und oft zugleich eine Nacht im Hotel sparen – eine sehr sinnvolle Einrichtung, aus der die Deutsche Bahn trotzdem vor einigen Jahren wegen angeblicher Unrentabilität komplett ausgestiegen ist. Die Österreicher übernahmen den Betrieb von Schlaf- und Liegewagen auf einigen Strecken[89] – und verdienen damit gutes Geld.

Frischzellenkur für die Bahn: Der »Deutschlandtakt«

Auch in anderer Hinsicht lässt sich das Bahnfahren deutlich attraktiver gestalten – beispielsweise, indem Züge durchs Land fahren wie S-Bahnen durch Städte: hochfrequent, regelmäßig, berechenbar. Sowohl die Bahn als auch die Verkehrspolitik in Deutschland setzen hier große Hoffnungen auf den »Deutschlandtakt«. Das bedeutet, vereinfacht gesagt, dass der Fernverkehr rhythmisiert wird: Immer zu einem bestimmten Zeitpunkt – etwa um 15, 30, 45 oder zur vollen Stunde – fahren an Knotenpunkten Züge in eine bestimmte Richtung. Reisende kommen in Köln an und wissen, dass in maximal 15 Minuten der nächste Zug nach Süden geht. Damit wird nicht nur Umsteigen entspannter, Bahnkund:innen sparen sich auch eine komplizierte

Planung mehrteiliger Strecken.[90] Im Regionalverkehr sind »integrale Taktfahrpläne« an vielen Orten schon Standard.[91]

Der Bahntakt ist auch eines der Erfolgsgeheimnisse des Schweizer Bahnunternehmens SBB. Seit der Einführung des Takts im Jahr 1982 funktioniert er reibungslos: Seit rund 40 Jahren verkehren die Züge an vielen Knotenpunkten im Halbstundentakt; sprich, jede halbe Stunde fährt ein Zug in jede Richtung. Außerdem gibt es Direktverbindungen zwischen größeren Städten. Ergänzt wird das dichte Angebot an Zügen durch »Postautos«: Linienbusse, die Orte anbinden, die nicht auf Schienen erreichbar sind.[92] Leider lässt sich dieses Rezept nicht eins zu eins auf den Fernverkehr in Deutschland übertragen. Das Schienennetz der Schweiz hat nur eine Gesamtlänge von 5317 Kilometer, und in maximal vier Stunden ist das Land einmal durchquert.[93] Unser Schienennetz ist etwa siebenmal so lang, und wegen der vielen Knoten im Netz ist eine Taktung wesentlich komplizierter.[94] Doch im Koalitionsvertrag verkündete die heutige Bundesregierung nicht nur, sie wolle die Verkehrsleistung im Personenverkehr bis 2030 verdoppeln und den Schienengüterverkehr auf 25 Prozent steigern,[95] sondern auch: »Den Zielfahrplan eines Deutschlandtaktes und die Infrastrukturkapazität werden wir auf diese Ziele ausrichten« und die Umsetzung eines Deutschlandtaktes »infrastrukturell, finanziell, organisatorisch, eisenbahnrechtlich und europarechtskonform absichern.«[96] Das ist mal ein Wort.

Die Idee ist wesentlich älter als die Ampel. Bereits seit 2011 arbeitet ein »Lenkungskreis zur Prüfung von Vorschlägen für einen Deutschlandtakt« an den Bedingungen.[97] Seit 2016 wird im Auftrag des Bundesverkehrsministeriums an einem Modellfahrplan getüftelt, der nach und nach den gesamten Personen- und Güterverkehr in Deutschland abbildet und modelliert.[98] Eine flächendeckende Taktung im Fernverkehr braucht eine hochkomplexe, bisher in Deutschland nie da gewesene digitale

Planung. Das gesamte Netz muss digitalisiert werden, damit Züge schneller und mit kürzeren Abständen fahren und das Netz viel effektiver nutzen können. Auch da kommt die Bahn nicht vom Fleck. Es sind weitere Investitionen in die Infrastruktur nötig. Ausfälle durch marodes Inventar, wie sie heute zum Alltag gehören, kann sich die Bahn mit dem »D-Takt« nicht mehr leisten.

Im Frühjahr 2023 jedoch verkündete der für den Schienenverkehr zuständige Staatssekretär Michael Theurer (FDP) in einem ZDF-Interview, der Deutschlandtakt werde »in den nächsten 50 Jahren als Jahrhundertprojekt«[99] umgesetzt – 40 Jahre später als angekündigt. Theurer versuchte, die Aussagen hinterher geradezurücken: Der Deutschlandtakt sei immer in Etappen geplant gewesen.[100] Doch die massiven Verzögerungen sind nicht alternativlos, sondern vor allem eine Frage des Geldes: Für die nötigen Investitionen in die Schienenwege und ihre Digitalisierung reichen die bisher eingeplanten Mittel hinten und vorne nicht. Erst ab 2027 und damit lange nach dem regulären Ende der laufenden Legislaturperiode will Bundesverkehrsminister Wissing (FDP) jährlich drei Milliarden Euro in neue Gleise investieren – zwei Jahre später als geplant.[101] Wenn er dabei bleiben sollte, würde der Deutschlandtakt statt in ein paar Jahren wohl tatsächlich erst zur Mitte des Jahrhunderts Realität.

Wie stellen wir alle Signale auf Grün?

Die Bahn muss verstehen, was ihr Daseinszweck ist und worin ihre Aufgabe besteht: Sie hat dem Gemeinwohl zu dienen. Die Wirtschaft braucht die Bahn, um konkurrenzfähig zu bleiben und mit weniger Lkw auszukommen. Die Menschen in Deutschland brauchen sie, um öfter auf Auto und Flugzeug verzichten und trotzdem kostengünstig reisen zu können. Beim Personenverkehr dürfte der Bahn-Effekt noch größer ausfallen, weil Lkw in der Regel voll ausgelastet über die Autobahnen fahren, Autos aber im Schnitt nur von 1,3 Menschen besetzt sind. Diese Effizienzgewinne sprechen für die Bahn, die wir als Werkzeug für die wirklich wichtigen Aufgaben in Klima- und Verkehrspolitik dringend brauchen.

Konkret muss der Bund als Eigentümer dringend mit der absurd komplexen Konzernstruktur der Bahn aufräumen: Hunderte von Einzelunternehmen müssen in die jeweiligen Muttergesellschaften integriert werden, damit der DB-Konzern auf im Regelfall nur noch zwei Ebenen, im Ausnahmefall drei Ebenen reduziert werden kann. Allein dies könnte viele Millionen Euro im Jahr an überflüssigen Kosten für Verwaltungen, Bilanzen und redundantes Management einsparen. Fehlanreize durch Gewinnstreben in einzelnen Unternehmensteilen, die sich derzeit innerhalb desselben Konzerns Rechnungen schreiben, könnten so beseitigt werden. Außerdem würden flache Konzernstrukturen die Bahn wieder politisch steuerbar und kontrollierbar machen. Erreicht hat die Ampel immerhin schon, dass die beiden Infrastrukturgesellschaften DB Netz und DB Station & Service zur InfraGo fusioniert wurden. Idealerweise sollte die InfraGo aber auch aus dem Konzern herausgelöst und direkt dem Bundesverkehrsministerium unterstellt werden, um politisch die zentralen Weichen für die Zukunft der Bahn ohne den Overhead der DB AG stellen zu können. Das ist bisher am Widerstand der SPD gescheitert. Schließlich muss der Bund national, aber auch auf europäischer Ebene daran arbeiten, die Wettbewerbsnachteile der Bahn gegenüber dem Flugverkehr und dem Straßenverkehr so weit wie möglich auszugleichen.

Doch auch die DB AG selbst muss ihre Hausaufgaben machen. Sie muss unnötige Auslandsbeteiligungen verkaufen, sich auf das Kerngeschäft im Inland konzentrieren und Megaprojekte kritischer als bisher prüfen. Immerhin ist der Verkauf der Logistik-Tochter Schenker inzwischen angelaufen – Stand April 2024 lagen der Bahn mehr aus 20 Kaufanfragen vor. Statt Luftschlösser bei uns und in aller Welt zu bauen und Milliarden auszugeben, um funktionierende Bahnhöfe zu verbuddeln, muss sie sich bei jeder unternehmerischen Entscheidung fragen: Macht sie das Bahnfahren in Deutschland und Europa angenehmer und zuverlässiger? Ist das viele Geld optimal angelegt? Was könnten wir mit derselben Summe sonst noch tun? Bringen wir dadurch mehr Menschen und mehr Frachtverkehr auf die Schiene?

Es ist vieles schiefgelaufen bei der Deutschen Bahn AG. Doch eigentlich ist die Bahn ein großartiges Verkehrsmittel. Es lohnt sich, sie wieder fit zu machen – für eine mobile Zukunft auf der Schiene.

WEGE AUS DER FLAUTE

Warum der Ausbau der Windenergie so wichtig ist und wie er endlich beschleunigt werden kann

Der obere Teil des Windrads kratzt an den Wolken. 140 Meter ragt der Turm der modernen Windkraftanlage in den Himmel, das ist fast so hoch wie der Kölner Dom. Manche modernen Anlagen kratzen sogar an den 200 Metern. Doch bis ganz nach oben können wir nicht sehen, dazu ist der Nebel zu dick. Etwa jede Sekunde stößt ein Rotorblatt aus der Wolkendecke, rauscht durch die Luft und verschwindet wieder im Nebel. Der Rotor hat einen Durchmesser von 120 Metern, und weil es heute stark windet, dreht sich das Windrad so schnell, dass die Spitzen der Rotorblätter mit etwa 360 km/h durch die Luft mähen. Das ist annähernd Volllast.

Es ist ein früher Abend im Dezember 2021. Wir stehen auf einem Hügel in Bayern und staunen. Windräder haben wir beide schon gesehen, aber nie so nah, nie so groß und nie von innen. Im abendlichen Nebel wirkt das Windrad etwas dystopisch, aber es steht für eine vielversprechende Zukunft. Windenergie ist das Rückgrat der Energiewende. Ohne Windenergie geht nichts. Aber bei der Windenergie geht zu wenig.

Bis 2045 soll Deutschland klimaneutral sein. Das steht im Bundesklimaschutzgesetz.[1] Damit verpflichtet sich der Staat, aktiv der weiteren Erhitzung der Erde vorzubeugen. Klimaneutral bedeutet, dass unsere Gesellschaft – von der Industrie und den Energieerzeugern über den Verkehr, die Landwirtschaft bis zu Menschen, die Gebäude heizen – fast kein CO_2 mehr ausstößt, den unvermeidlichen Rest wieder einfängt und entsorgt. Allerdings haben wir unseren Strom bisher überwiegend mit Verfahren erzeugt, die extrem viel CO_2 produzieren – etwa, indem wir Gas und Kohle verbrennen. Der Ausstieg aus der Kohle in Deutschland ist beschlossene Sache. Die letzten AKW gingen im April 2023 vom Netz, nachdem ihre Laufzeit aufgrund der Energiekrise im Jahr 2022 noch einmal verlängert worden war.[2] Das deutsche Klimaziel für 2030 sieht vor, dass in nicht einmal sieben Jahren mindestens 80 Prozent des Stroms in Deutschland aus erneuerbaren Quellen kommen sollen, und das bedeutet: vor allem aus Sonne und Wind. 80 Prozent – damit wäre der Anteil grünen Stroms nochmals deutlich höher als 2023, als er erstmals knapp über 50 Prozent lag.[3] Dafür müssten im Schnitt jeden Tag 5,8 neue Windräder aufgestellt werden.[4] Die Merkel-Regierungen haben den Ausbau der Windenergie schlicht abgewürgt, weil er angeblich zu teuer war. Deswegen müssen wir jetzt schneller ausbauen als je zuvor. Und zwar am besten seit gestern.

Strom ist so wichtig, weil er in einer nachhaltigen Welt der zentrale Energieträger sein wird. Vieles, was bislang durch Öl und Gas befeuert wird, muss auf elektrische Energie umgestellt werden: Autos und Heizungen ebenso wie die Herstellung von Stahl und Zement. Viele industrielle Prozesse lassen sich zwar nicht unmittelbar elektrifizieren, aber um sie nachhaltig zu gestalten, werden wir statt Erdgas Wasserstoff als Energieträger nutzen müssen. Und diesen Wasserstoff werden wir in enormen Mengen erzeugen müssen – und zwar mit Ökostrom. Strom wird das neue Öl. Aber er hat viele Vorteile, denn er kann sauber produziert werden und ist nicht irgendwann verbraucht. Strom wird der mit Abstand wichtigste Treibstoff einer nachhaltigen Welt. Deswegen werden wir in Zukunft deutlich mehr Strom brauchen als heute: mindestens ein Drittel mehr bis 2030; 2045 werden wir fast doppelt so viel wie heute benötigen.[5] Und alles muss Ökostrom sein.

Aktuell kommt in Deutschland erst knapp die Hälfte des Stroms aus erneuerbaren Quellen.[6] Dafür haben wir 20 Jahre gebraucht. In nicht mal sieben Jahren will Deutschland 80 Prozent des Stroms aus erneuerbaren Quellen erzeugen. Deshalb müssen wir bis 2030 so viele Windräder und Solaranlagen bauen wie noch nie zuvor.

Auf der Habenseite: Solaranlagen

Bei der Fotovoltaik, der zweiten wichtigen Quelle für sauberen Strom in Deutschland, läuft es vergleichsweise gut. Die Ampel hat viele Solaranlagen billiger gemacht, viel Bürokratie abgebaut und die Förderung für Sonnenstrom erhöht. Dementsprechend wurden 2022 deutlich mehr Sonnenstromanlagen aufgebaut, insbesondere im Eigenheimbereich. Auch für das Jahr 2023 zeichnet sich ein deutlicher Zuwachs von rund 14 Gigawatt (GW) ab. Damit wäre das Ausbau-Ziel der Ampel für 2023 übertroffen. Allerdings sollen ab 2026 jedes Jahr nicht neun, sondern 22 GW Sonnenstrom hinzukommen.[7] Wenn es so weitergeht, könnte die Regierung ihre ambitionierten Sonnenstrom-Ziele für 2030 erreichen.[8] Und noch hat die Ampel ihren Koalitionsvertrag nicht abgearbeitet: Alle geeigneten Dachflächen sollen in Zukunft für Solaranlagen genutzt werden, auf gewerblichen Dächern sollen diese sogar verpflichtend sein.[9] Eine bundesweite Pflicht zur Nutzung von Dächern für Solaranlagen fehlt bisher, doch mehrere Länder haben bereits entsprechende Regeln unterschiedlicher Tragweite beschlossen.[10] Um die Ausbauziele im Blick zu behalten, müssen in den nächsten Jahren massiv Sonnenkraftwerke gebaut werden, aber der Solar-Ausbau läuft super – jedenfalls im Vergleich zum noch viel wichtigeren Ausbau der Windkraft in Deutschland.

Flaute bei der Windkraft

Mit dem »Osterpaket« hat sich Klimaschutzminister Robert Habeck im Frühjahr 2022 ambitionierte Ziele gesetzt. Dreimal bis viermal so viel wie bisher wollen wir demnach die Windkraft an Land ausbauen[11] – um netto sieben Gigawatt (GW) pro Jahr. Zum Vergleich: Ein deutsches Atomkraftwerk hatte zuletzt eine Nennleistung von etwa 1,4 GW.[12] Sieben Gigawatt pro Jahr – das gab es noch nie. Selbst in den absoluten Spitzenjahren, als die Merkel-GroKo die Windkraft noch nicht ausbremste, gingen mal netto 5,3 GW pro Jahr ans Netz, was etwa 1800 Windrädern entspricht.[13] Doch das ist lange her. 2019 gab es in Deutschland gerade noch 325 neue Windkraftanlagen, im Jahr 2021 waren es 484, 2022 dann 551, 2023 kamen immerhin 745 hinzu.[14] Und ja, ein Windrad liefert heute mehr Leistung. Aber mit diesem Tempo wird das nichts. Bundeskanzler Olaf Scholz forderte, an Land müssten vier bis fünf Windräder gebaut werden – täglich.[15] Aktuell sind es eher zwei pro Tag. Schon das vergleichsweise moderate Ausbauziel für 2023 von knapp vier GW Wind an Land hat Deutschland wohl nicht erreicht. Und ab 2027 sollen jährlich fast acht GW dazukommen – jedes Jahr.

Die historischen Spitzenraten müssen wir nicht nur schnell wieder erreichen, sondern bald schon deutlich übertreffen.[16] Das im Vergleich zu den Folgejahren bescheidene Ziel für 2023 wurde bereits verfehlt: Statt vier kamen im letzten Jahr nur 3,7 Gigawatt Windenergie an Land hinzu[17], also viel weniger als geplant und ein Bruchteil von dem, was wir brauchen.

An der Technik liegt es nicht. Diese ist vorhanden und funktioniert. Die Hardware wird sogar jedes Jahr besser – und der Strom aus der erneuerbaren Quelle Windkraft damit immer billiger. Eigentlich könnte die Windkraft richtig durchstarten, aber das tut sie bisher nicht, jedenfalls nicht an Land: Offshore, also vor allem in der Nord- und Ostsee, tut sich eine Menge. Doch das allein wird nicht reichen, weil der Strom natürlich nicht nur auf hoher See oder in Schleswig-Holstein gebraucht wird, sondern auch und gerade in Bayern und Baden-Württemberg.

Warum also hakt es bei der Windkraft an Land? Dafür gibt es viele Gründe. Einer davon: Man kann sich nicht einfach so ein Windrad genehmigen lassen, aufstellen und damit Strom produzieren. Wer Förderung für mit Windrädern produzierten Strom erhalten möchte, muss ein bürokratisches Monster zähmen, nämlich eine Auktion: Um Ökostrom gefördert zu bekommen und einspeisen zu dürfen, müssen Anlagenbetreiber:innen – von Ausnahmen abgesehen[18] – mitbieten, wenn der Bund in Person der Bundesnetzagentur Genehmigungen zur Produktion und Einspeisung von Strom aus Windkraft versteigert. Bei kaum einer Auktion im Jahr 2022 ist der Staat seine ganzen Gigawatt losgeworden.[19] Es haben einfach nicht genug Firmen geboten. Deshalb hat die Bundesnetzagentur die Fördersumme (und damit mittelbar den Preis) für Ökostrom für 2023 massiv angehoben, was hoffentlich helfen wird – bis zur Jahresmitte tat es das leider noch nicht.[20] Robert Habeck empfiehlt im Interview mit uns, Firmen sollten sich Windräder ohne Subventionen aufstellen, um ihren eignen Bedarf zu decken. Dann müssten sie bei keiner Auktion mitbieten. Das ist richtig. Was aber jedes Windrad braucht, ist eine Genehmigung. Und diese Bremse des Windausbaus ist deutlich schwieriger zu lösen.

Drei der Windräder, die die Öko-Energiefirma Naturstrom 2021 in Betrieb nahm, steckten volle zehn Jahre lang in Genehmigungsverfahren fest, bis sie endlich errichtet werden konnten.

Und das sind keine Einzelfälle: Im Schnitt dauerte es nach Recherchen der Tagesschau 2022 sieben Jahre, bis ein Windrad stand und Strom lieferte.[21]

Wieso bauen wir in Deutschland so wenig Windkraftanlagen? Und warum dauert das alles so lange? Um diesen Fragen auf den Grund zu gehen, sind wir durchs Land gereist und haben uns die Sache vor Ort angesehen. Wir haben einen Windpark besucht, sind in ein Windrad geklettert und haben mit Akteur:innen gesprochen. Dabei haben wir die wesentlichen Antworten gefunden.

Die *bottom line*: Der Gesetzgeber und die Verwaltungen haben es viel zu kompliziert gemacht, ein Windrad zu bauen. Oder ausführlicher: Der Ausbau der Windkraft in Deutschland geht nicht schnell genug voran, weil die Anforderungen zu hoch und die Genehmigungsverfahren zu komplex sind. Wer ein Windrad aufstellen will, braucht eine Fläche, politischen Willen auf allen Ebenen und einen dicken Stapel Genehmigungen. Weil nicht alle Beteiligten im gleichen Maß daran interessiert sind, dass in Deutschland mehr Windenergie produziert wird, scheitern viele Anträge an formalen Vorgaben, laufen ins Leere oder werden vor Gericht gezogen, wo sie ewig liegen.

Das klingt erst mal ziemlich bitter. Aber die meisten Probleme sind hausgemacht, sie ließen sich gut lösen – und die Ampel hat wichtige Weichen neu gestellt. Wir klappern hier die Hürden der Reihe nach ab und schlagen Lösungen vor, wie sich der Ausbau der Windenergie in Deutschland wieder zu einem Erfolgsmodell entwickeln kann.

Fehlende Flächen für die Windkraft

Die Windkraftanlage, deren Rotorblätter rauschend aus den Wolken auftauchen und wieder im Grau verschwinden, steht nahe dem kleinen Weiler Gössersdorf in Franken. Das Windrad gehört zum Windpark Rugendorf, ungefähr 65 Kilometer nordöstlich von Bamberg.[22] Über einen verschneiten Feldweg rumpeln wir einen Hügel hinauf, auf dem vier Windräder stehen. Der Windpark Rugendorf gehört der Firma Naturstrom.[23] Deren Chef Thomas Banning sowie die Juristin des Unternehmens, Sandra Dechant, begleiten uns. Naturstrom-Chef Banning hat im Vorfeld abgeklärt, ob wir die Anlage trotz Wind und Frost betreten dürfen. Denn wenn vereiste Rotorblätter Fahrt aufnehmen, können die Eisblöcke weit fliegen. Eiswurf ist eine der realen Gefahren für Menschen und Tiere in der Umgebung einer Windkraftanlage. Doch das Windrad WK1 dreht sich schon seit Tagen, das Eis müsste längst abgefallen sein. Der untere Teil des Turms besteht aus Beton, weiter oben ist er aus Stahl. Das Windrad muss schwingen. Beton wäre zu steif, Wind und Vibrationen würden die Anlage zerstören. Das Fundament reicht nur zwei bis drei Meter tief in die Erde: Scheint wenig, reicht aber. In 140 Meter Höhe sitzt die Gondel mit der Turbine, daran rotieren die 60 Meter langen Rotorblätter. Das ganze Teil ist also in der Spitze 200 Meter hoch.

Wer als Betreiber von Windkraftanlagen ein neues Windrad aufstellen will, muss zuallererst eine geeignete Fläche finden und sich dann mit den Eigentümern einig werden. (Mehr zu geeigneten Flächen steht im Kasten.)

Was ist was im Baurecht?

Raumordnung:
Regelt die Fragen: Aus welchen Bundesländern und Regionen besteht das Bundesgebiet? Wer ist wofür zuständig? Festgelegt in Landesraumordnungsplänen, konkret umgesetzt in der Regionalplanung.

Raumplanung:
Regelt die Frage: Wie sollen sich die einzelnen in der Raumordnung definierten Gebiete z. B. in Bezug auf Wirtschaft, Verkehr, Bevölkerung, Umwelt entwickeln?

Landschaftsplanung:
Stellt sicher, dass die Naturschutzgesetze des Bundes und der Länder in allen Bau- und Planungsverfahren berücksichtigt werden.

Regionalplanung:
Legt in ländlichen Regionen die konkrete Umsetzung der Landesraumordnungspläne fest und regelt Fragen wie: Wo ist Landwirtschaft? Wo ist Wald? Wo sind Windvorranggebiete? Gegenstück zur Stadtplanung in Städten. Je nach Größe hat ein Bundesland 1 bis 18 ausgewiesene Planungsregionen.

Bauplanungsrecht:
Regelt die Frage: Auf welchen öffentlichen Grundstücken darf was gebaut werden? Grundsätzliche Zuständigkeit des Bundes. Planungshoheit liegt aber entweder bei Gemeinden oder in Regionalplanung.

Bauordnungsrecht:
Regelt konkrete bauliche und technische Fragen wie Brandschutz etc. sowie den Ablauf von Baugenehmigungsverfahren. Konkret umgesetzt in den Landesbauordnungen. Hier ist auch der Abstand von Windrädern zu Wohngebäuden geregelt.

Flächennutzungsplan
Damit regelt eine Kommune auf Basis des Baugesetzbuchs die Frage: Wie werden jetzt und in Zukunft die Flächen der Gemeinde genutzt und entwickelt? Konkrete Umsetzung in kommunalen Bebauungsplänen. Flächennutzungspläne müssen von der übergeordneten Verwaltungsbehörde bewilligt und übergeordnete Ziele der Regionalplanung darin berücksichtigt werden.

Bebauungsplan
Darin setzen die Kommunen konkrete Bestandteile ihrer Flächennutzungspläne um.

Außenbereich:
Das, was man salopp »Landschaft« nennt: alles, was nicht Ortschaft ist und keinem Bebauungsplan unterliegt.

Die Ampel hat per Gesetz festgelegt, dass alle Bundesländer bis Ende 2032 im Schnitt zwei Prozent ihrer Landesfläche für Windkraft bereitstellen müssen.[24] Das schafft bisher kaum ein Bundesland.[25] Die Schätzungen, wie viel Landesfläche in Deutschland überhaupt für Windparks geeignet wäre, gehen auseinander. 3,6 Prozent sagt das Bundesamt für Naturschutz.[26] 13 Prozent sagt das Umweltbundesamt.[27] Dazwischen liegen natürlich Welten, aber klar ist: Physikalisch gesehen ist genug Platz, um all die Windkraftanlagen aufzubauen, die wir benötigen.

Trotzdem werden gegenwärtig nur auf ungefähr zwei von zehn geeigneten Flächen überhaupt Windräder gebaut. Denn dass eine geeignete Fläche gefunden ist, heißt noch nicht, dass dort gebaut werden darf. Zurzeit laufen bereits an diesem Punkt acht von zehn Planungsverfahren für neue Windräder ins Leere, so die Schätzung der Firma Naturstrom. Wie kann das passieren?

1001 Hürden: Genehmigungsverfahren nach dem Bundes-Immissionsschutzgesetz

Nehmen wir an, eine geeignete Fläche ist gefunden und wurde von einem Projektierer erworben. Jetzt würde man denken: Nun wird die Baugenehmigung beantragt, und wenn sie da ist, kann es mit dem Aufbau losgehen. Möchte man meinen. Ist aber nicht so.

Zum einen gibt es ganz kleine Windkraftanlagen, die nicht einmal eine Baugenehmigung brauchen. Wie hoch sie dafür maximal sein dürfen, regelt das Baurecht des jeweiligen Bundeslandes. Typischerweise gilt das für eine Gesamthöhe von bis zu zehn Metern. Doch diese Anlagen erzeugen verhältnismäßig wenig Strom und können daher nur einen kleinen Beitrag zur Energiewende leisten.

Dann gibt es mittlere Windräder mit weniger als 50 Metern Höhe. Für sie reicht eine normale Baugenehmigung. Aber richtig viel Strom erzeugen erst die leistungsstarken Anlagen moderner

Windparks mit über 50 Meter Höhe – und die benötigen immer eine Anlagengenehmigung nach dem Bundes-Immissionsschutzgesetz (BImSchG).[28] Ein Windrad wie in Gössersdorf ist beispielsweise knapp 200 Meter hoch, gemessen wird vom Boden bis zur maximalen Höhe der Spitze des Rotorblattes. Derart hohe Bauwerke dürfen nur an bestimmten Stellen aufgestellt werden, und es müssen sehr viele Bedingungen erfüllt sein.

Die Genehmigung nach dem Bundes-Immissionsschutzgesetz wird von der örtlich zuständigen Immissionsschutzbehörde erteilt. Meist sind das die Kreisverwaltungen oder Bezirksregierungen. Bevor aber die Behörde so eine Genehmigung nach Bundes-Immissionsschutzgesetz erteilen kann, müssen sehr viele Fragen aus dem Immissionsschutzrecht und vielen anderen Rechtsgebieten geprüft werden: Windmüller:innen brauchen zwar nur eine einzige Genehmigung nach dem Bundes-Immissionsschutzgesetz, die dann alle Rechtsgebiete abdeckt – die sogenannte Konzentrationswirkung der Anlagengenehmigung. Aber damit die zuständige Behörde diese eine, alles entscheidende Anlagengenehmigung erteilen kann, muss sie viele andere Rechtsfragen klären oder von anderen Behörden klären lassen. Und das kann dauern.

Hier eine kleine Auswahl an Fragen, die zu erörtern sind: Macht die Anlage zu viel Lärm? Wirft sie unerlaubt viel Schatten? Hält sie genug Abstand zur nächsten Wohnbebauung? Weitere zu begutachtende Aspekte sind Bodenerwärmung und -austrocknung im Bereich der Erdkabel, möglicher Eiswurf und Blitzschlag. Außerdem Avifaunistik, also der Einfluss auf das Flugverhalten von Vögeln und Fledermäusen sowie der Artenschutz, also der Einfluss auf das Gedeihen von Flora und Fauna. Dazu kommen weitere Anforderungen etwa aus dem Baurecht, Wasserrecht und Naturschutzrecht.[29] Am Ende kann eine einheitliche Genehmigung nach dem Bundes-Immissionsschutzgesetz erteilt werden, in der alle erforderlichen Zulassungsentscheidungen enthalten sind. Das ist sinnvoll und effektiv. Aber es führt auch dazu, dass solch ein Genehmigungsverfahren viele, viele Jahre dauern kann. Und dieses Schneckentempo reicht längst nicht aus, damit wir aus der Flaute kommen.

Windpark vs. Paragrafenwald: Hürden aus dem Baurecht

Wer ein Windrad aufstellen will, braucht also eine Vielzahl unterschiedlicher Genehmigungen – eine erste Hürde ist das Baurecht (mehr zu den einzelnen Begriffen im Kasten).

Was bedeutet »geeignete Fläche« bei Windkraft?

Kurzfassung: Genügend Wind und keine Ausschlusskriterien.
Ein Windrad von 200 Metern Höhe erfordert eine reine Baufläche von etwa 400 Quadratmetern. Das durchschnittliche Windaufkommen an einem Standort wird mit dem Begriff »Windhöffigkeit« bezeichnet. Man misst es in Watt pro Quadratmeter. Das Landesamt für Umwelt Baden-Württemberg ermittelte 2019 das Potenzial für Windenergie in dem Bundesland und formulierte die Kriterien so: »Als bezüglich der Windhöffigkeit geeignete Flächen wurden alle Bereiche Baden-Württembergs mit einer mittleren gekappten Windleistungsdichte von mindestens 215 W/m^2 in 160 m Höhe über Grund definiert.« Der Ausdruck »höffig« stammt ursprünglich aus der Fachsprache des Bergbaus und lässt sich ungefähr mit »reich an Vorkommen« übersetzen.
Ausschlusskriterien (neben den in diesem Kapitel genannten) können unter anderem sein: zu große Nähe zu Wohngebieten, Krankenhäusern, Gewerbe- und Industriegebieten, Campingplätzen, Friedhöfen, Sportplätzen, Autobahnen, Schienenstrecken, Flughäfen, Binnen- und Fließgewässern; zu große Windturbulenzen; Vorhandensein von geschützten Tier- und Pflanzenarten, Biotopen, Bann- und Schonwäldern – sowie sehr großer Widerstand der lokalen Bevölkerung.

Die eine Hälfte des Baurechts nennt sich »Bauordnungsrecht«, und das ist Landesrecht. Das heißt, jedes Bundesland hat seine eigene Bauordnung, in der zum Beispiel Anforderungen an den Brandschutz festgelegt sind. Hier läuft der Windkraftausbau meistens noch halbwegs flüssig, denn Windräder sind normalerweise sicher.

Dafür macht die andere Hälfte des Baurechts, das »Bauplanungsrecht«, umso mehr Probleme. Darin geht es um die Frage, wo genau überhaupt welche Bauwerke errichtet werden dürfen. Die Vorschriften dafür sind im Baugesetzbuch des Bundes geregelt.[30] Besonders wichtig für den Windkraftausbau ist § 35 des Baugesetzbuches, der das Bauen im Außenbereich regelt. Und »regeln« heißt im Außenbereich normalerweise »verbieten«, denn die Landschaft soll nicht zugebaut und zersiedelt werden. Bauwerke sollen in zusammenhängenden Siedlungen errichtet werden, die Natur soll außerhalb von Siedlungen möglichst ihre Ruhe haben. Das ist im Prinzip sinnvoll. Vorhaben im Außenbereich sind daher nur dann zulässig, wenn ihnen keine öffentlichen Belange entgegenstehen.[31]

Aber von öffentlichem Belang kann vieles sein: Die geplante Windkraftanlage kann dem Flächennutzungsplan widersprechen, also einem staatlich festgelegten Plan, wie bestimmte Flächen genutzt werden dürfen. Oder das Windrad steht einem anderen Landschaftsplan im Weg. Windräder können auch dem Natur- und Artenschutz widersprechen. Sobald es solche öffentlichen Belange gibt, hat es die Windkraft automatisch schwer. Denn interessanterweise galt der Bau einer Windkraftanlage zur Erzeugung von sauberem und billigem Strom lange nicht als öffentlicher Belang und hatte deshalb auch rechtlich weniger Gewicht. Wenn eine Behörde bei einem bestimmten geplanten Standort Interessen gegeneinander abwägen musste, hatten bisher andere öffentliche Belange in der Regel mehr Gewicht als die Errichtung des Windrads.

Das hat die Ampel vor Kurzem geändert. Neue Windräder liegen jetzt »im überragenden öffentlichen Interesse und dienen der öffentlichen Sicherheit«.[32] Aber ob das reichen wird, damit sie die Hürde des § 35 BauGB nehmen? Dazu später mehr.

Raumplanung und Regionalplanung

Ein öffentlicher Belang, gegen den die Windkraft bisher besonders schlechte Chancen hatte, ist die Raumplanung. Diese regelt für größere Regionen die Frage, wie die Landschaft genutzt werden soll – etwa für Siedlungen, für die Landwirtschaft oder als Naturschutzgebiet. Maßgeblich sind dafür zunächst die Raumordnungspläne der Bundesländer. Die genauen Details dazu sind in der Regionalplanung festgelegt. Jedes Bundesland hat unterschiedlich viele Regionalpläne – Bayern etwa 18,[33] Brandenburg theoretisch fünf, die aber gerade neu aufgestellt werden, um Flächen für die Windkraft auszuweisen.[34] Seit dem Wind-an-Land-Gesetz vom Sommer 2022 müssen alle Bundesländer rund zwei Prozent ihrer Fläche als Windenergiegebiete ausweisen.[35] Ein Mittel dazu sind die Regionalpläne, mit denen sogenannte Windvorranggebiete festgelegt werden können. In diesem Fall darf in diesen Gebieten nichts geplant werden, was die Windkraft behindert. Hessen etwa weist in allen seinen drei Regionalplänen Flächen für Windkraft aus. Das vereinfacht die Genehmigung in diesen Gebieten erheblich.

Trotz dieser Möglichkeiten bremst die gegenwärtige Praxis der Regionalplanung den Windkraftausbau massiv. Denn die Regionalpläne müssen erst einmal in einem jahrelangen Verfahren aufgestellt werden – und das ist insgesamt so komplex, dass neue Regionalpläne viel Angriffsfläche bieten und jederzeit von irgendjemandem beklagt werden können. Zwar führt nicht jeder Verfahrensfehler dazu, dass mit der Planung bei null begonnen werden muss – im Gegenteil gilt nach § 11 des Raumordnungsgesetzes gerade der Grundsatz der Planerhaltung: Einmal aufgestellte Pläne sollen möglichst »gerettet« werden, dazu gibt es sogar ein spezielles ergänzendes Planungsverfahren. Doch auch solche Verfahren kosten viel Zeit.

Und sollte ein Regionalplan gar aufgrund nicht zu behebender inhaltlicher Fehler gerichtlich komplett gekippt werden, muss zunächst ein Neuaufstellungsbeschluss gefasst und dann ein neuer Plan aufgestellt werden. Das ist beispielsweise in Brandenburg passiert. Das hat dazu geführt, dass dort jahrelang vier von fünf Regionen keinen gültigen Regionalplan hatten. Eine Brandenburger Besonderheit dabei: Bis der neue Plan stand, herrschte Genehmigungsstopp. Und zwar zwei Jahre lang.[36] Ausgerechnet das dünn besiedelte, windreiche Bundesland Brandenburg, das sich perfekt für den Windkraftausbau eignet, fiel damit aus. So etwas können wir uns nicht leisten. Immerhin wurde dieses Moratorium im Dezember 2022 aufgehoben.[37] Aber wirksame Regionalpläne mit Vorranggebieten für die Windkraft gab es in Brandenburg bis zum Frühjahr 2024 immer noch nicht.[38]

NIMBY: Nicht in meinem Hinterhof

Neben diesen bürokratischen Hürden bremst den Windkraftausbau vor allem die Abstandsregel. Die ist das weitaus größte Problem beim Bau neuer Windkraftanlagen. Denn alle Bundesländer können einen Mindestabstand zu Wohngebäuden vorschreiben, und die meisten machen das auch. Nordrhein-Westfalen hat seine Abstandsregel von früher 1000 Meter im Sommer 2023 zwar abgeschafft,[39] in Bayern hingegen gilt weiterhin eine – wenn auch etwas abgeschwächte – Regel namens »10H«.[40] Das bedeutet: Windräder mussten einen Abstand vom Zehnfachen ihrer Höhe zum nächsten Wohngebäude haben. Bei einem Windrad von 200 Metern Höhe bedeutet das einen Mindestabstand von 2 Kilometern. Das hat dazu geführt, dass in Bayern lange so gut wie keine Windräder mehr gebaut wurden, weil auch in dünn besiedelten Gegenden fast immer irgendwo ein Bauernhof steht, der in diesen Radius fällt. Die 10H-Regel war damit vor allem ein effektives Mittel, um den Ausbau der Windkraft vor der eigenen Tür zu verhindern.[41] Wir brauchen zwei Prozent der Landesfläche für Windkraft. Mit den diversen Mindestabständen in den Bundesländern ist das nicht zu machen.

Schaut man sich die Planungen der meisten Bundesländer an, so drängt sich der Eindruck auf: Hier ging es bisher nicht darum, Flächen für die Windkraft bereitzustellen, sondern im Gegenteil möglichst viele Hürden aufzustellen. Was zunächst irrational klingt – wir brauchen schließlich schnell sehr viel Ökostrom –, lässt sich als klassisches »Trittbrettfahrerproblem«[42] erklären: Ja, wir brauchen viel mehr Windräder, die günstigen Strom produzieren. Das ist den meisten Menschen klar. Aber das ist ein bundesweites Ziel: Wir brauchen deutschlandweit und insgesamt Tausende Windräder. Das heißt jedoch nicht zugleich, dass Menschen die dringend benötigten Windkraftanlagen auch in der Nähe ihres Dorfs akzeptieren wollen. Vielmehr gibt es für Politiker:innen auf Landesebene und in den Gemeinden und Landkreisen starke Anreize, sich lieber nicht mit Windkraftgegner:innen vor Ort anzulegen und geplante Anlagen stattdessen lieber mit allerlei Tricks zu verhindern. Theoretisch sind zwar die meisten Menschen Team Windkraft, die Anlagen sollen aber doch lieber irgendwo anders stehen und nicht im eigenen Dorf. Das ist klassische NIMBY-Politik: *not in my backyard* – nicht in meinem Hinterhof.

Das kann nicht funktionieren. Wenn alle zwar abstrakt für Windkraft sind, aber gegen Windräder vor Ort, werden kaum noch Anlagen gebaut. Und genau das erleben wir bisher: Durch hohe Mindestabstände zu Häusern und teilweise sogar zu Wäldern versuchen manche Länder, Windräder zu stoppen.

Die Länder können solche Hürden erreichen, weil es der Bund erlaubt: über eine Öffnungsklausel in § 249 des Baugesetzbuchs des Bundes. Wir erinnern uns: Eigentlich ist das Bauplanungsrecht Sache des Bundes. Aber die Öffnungsklausel erlaubte bisher den Ländern, Regeln wie beispielsweise das bayerische De-facto-Verbot für Windkraftanlagen durch die 10H-Regel einzuführen. Schon im Koalitionsvertrag der Ampel war vorgesehen, hieran etwas zu ändern, doch die FDP lehnte eine Änderung des BauGB ab, die Mindestabstände von mehr als 1000 Metern einfach verboten hätte. Stattdessen hat die Ampel nun einen Kompromiss als Gesetz verabschiedet: Die Länder müssen im Schnitt zwei Prozent ihrer Landflächen der Windkraft widmen. Tun sie das nicht rechtzeitig, werden die Mindestabstände abgeschafft.[43] Klingt sinnvoll und pragmatisch. Bayern hat seine 10H-Regel mittlerweile schon etwas gelockert.[44] Der Haken: Um die zwei Prozent bereitzustellen, haben die Länder Zeit bis Ende 2032, erste Zwischenziele sind bis Ende 2027 zu erreichen.[45] Das ist viel zu lange, sagen Kritiker.[46] Doch trotz des laschen Zeitplans scheint sich etwas zu tun: Nach einer Umfrage des *Spiegel* gab im März 2023 jedes zweite Bundesland an, es wolle die Ziele der Flächenausweisung schon früher erreichen.[47]

Vermutlich ist der Kompromiss politisch sogar klüger als die theoretisch auch denkbare harte Tour, die darin bestünde, dass der Bund einfach einen Deckel für die gesetzlichen Mindestabstände einführt. Denn damit der Windkraftausbau in Deutschland das nötige Tempo aufnimmt und die ehrgeizigen Klimaziele erreicht werden können, müssen auf vielen Ebenen Vorbehalte abgebaut werden und alle an einem Strang ziehen. Tatsächlich sind maßvolle Abstandsregeln – etwa ein Kilometer – keine reine Schikane, um Windkraft zu verhindern, sondern dienen dem notwendigen Schutz der Bevölkerung und damit dem gesellschaftlichen Frieden während der Energiewende. Ein Windrad wirft wirklich Schatten, und es kann auch ziemlichen Lärm machen. Andererseits: Wenn wir es nicht schaffen, die Erhitzung der Erde zu bändigen, werden deren Folgen Menschen, Tieren und Pflanzen weit mehr schaden als jedes Windrad.[48]

Rotmilan vs. Ökostrom: Artenschutz als Stolperstein

Zurück zu unserem Windpark Rugendorf bei Gössersdorf. Dort sollten sich eigentlich längst sieben Windräder drehen, so war die Anlage geplant. Bis heute sind es aber nur vier.[49] Für die anderen drei Windräder hat die zuständige Naturschutzbehörde bisher ihre Zustimmung verweigert. Und das kam so: Im Rahmen der immissionsschutzrechtlichen Genehmigung eines neuen Windrads muss immer ein sogenanntes Einvernehmen mit der Naturschutzbehörde erreicht werden. Die fordert dazu verschiedene Gutachten ein. Allein das Erstellen des Gutachtens für Avifaunistik kann mehrere Jahre in Anspruch nehmen. Dafür stiefeln am geplanten Standort nämlich Expert:innen buchstäblich mit Fernglas und iPad mindestens ein halbes Jahr regelmäßig durch Wald und Wiesen. Von Frühjahr bis Herbst lauschen sie auf Vogelrufe, blicken gen Himmel, schauen nach Nestern und markieren auf einer Karte, wo sie kleine Vögel oder Fledermäuse beobachtet oder eventuell einen Großvogel wie den Rotmilan am Himmel gesehen haben. Dort, wo Flugrouten verlaufen, wird in der Regel sofort vom Bau eines Windrades abgesehen. Haben die Gutachter:innen nur vereinzelte Exemplare etwa des Schwarzstorchs gesichtet, erstellen die Projektierer:innen der geplanten Anlage ein Konzept, wie sie die Vögel dazu bewegen können, den geplanten Windpark auf der Suche nach Nahrung zu umfliegen, erzählt Naturstrom-Chef Banning – zum Beispiel mit strategisch angelegten Froschtümpeln.

Mit allen Einwänden und Rücksprachen kann es bis zu fünf Jahre dauern, bis so ein Naturschutzgutachten fertig ist. Und selbst wenn ein wissenschaftliches Expertengutachten bescheinigt, dass ein Jahr lang nirgendwo in der Nähe eines geplanten Windparks ein Kauz gesichtet wurde, kann Herr Müller aus dem Nachbardorf noch lange nach Abschluss des Gutachtens bei der Naturschutzbehörde anrufen und melden, dass er genau dort, wo die Anlage gebaut werden soll, jüngst ganz sicher ein Käuzchen hat rufen hören. Daraufhin kann die zuständige Naturschutzbehörde von den Projektierer:innen weitere Nachweise fordern, bis zu deren Vorlage das Genehmigungsverfahren nicht weiter bearbeitet wird.

Ein Grund für dieses extrem aufwendige Verfahren ist, dass Naturschutzbehörden traditionell den den Schutz einzelner, konkreter Tiere höher bewerten als den allgemeinen Artenschutz. Das heißt, dass bei einem Antrag ganz buchstäblich das Wohlergehen jedes einzelnen Vogels im Zentrum der Begutachtung steht und nicht der gesamte Bestand der Art. Seine gesetzliche Grundlage hat dies im absoluten Tötungsverbot für bestimmte »wild lebende Tiere« nach § 44 Abs. 1 des Bundesnaturschutzgesetzes,[50] der wiederum zwei EU-Rechtsnormen in deutsches Recht umsetzt: die Vogelschutzrichtlinie und die Flora-Fauna-Habitat-Richtlinie (FFH). Zwar haben die zuständigen Bearbeiter:innen einer Naturschutzbehörde nach der Rechtsprechung einen gewissen Spielraum bei der Anwendung des Gesetzes – im Einzelfall können sie ihre Prioritäten vom Schutz jedes einzelnen Vogels zur Stärkung des Artenschutzes verschieben. Sie können zum Beispiel ihr Einvernehmen an die Bedingung knüpfen, dass ein möglicher Schaden, den einzelne Vögel durch ein geplantes Windrad erleiden könnten, in der Gesamtpopulation ausgeglichen wird, indem man diese Art an einem anderen Ort besonders stärkt. Aber das tun die Zuständigen selten, obwohl es gegenwärtig nur auf diese Weise überhaupt möglich ist, trotz der

Sichtung eines gefährdeten Vogels am geplanten Standort eine Genehmigung für einen Windpark zu bekommen.

Bei aller Liebe für die bedrohte Tierwelt: Hier scheinen uns doch die Maßstäbe ein wenig aus dem Blick geraten zu sein. Zum Vergleich: Jedes Jahr sterben Millionen Vögel, weil sie zum Beispiel gegen Lkw auf der Autobahn fliegen.[51] Diese Todesfälle gelten als nicht zu vermeidende Unfälle – sonst müsste vom Bau einer Autobahn schon deswegen abgesehen werden, weil Vögel die Trasse kreuzen könnten. Angesichts des Restrisikos, dass ein Vogel durch den Rotor eines Windrades sterben könnte, halten jedoch viele Naturschutzbehörden am Dogma des Individualschutzes fest, insbesondere, wenn sie Windkraftanlagen generell nicht wollen. Darum kann immer noch ein einzelner Schwarzstorch oder auch Herrn Müllers Käuzchen die Planung eines Windparks auf Jahre hinaus ausbremsen. Das will die Ampel nun ändern und bei der Naturschutzprüfung die Frage nach dem einzelnen Vogel zugunsten der Gesamtpopulation deutlich zurückstellen. Deswegen wurde im Jahr 2022 das Bundesnaturschutzgesetz novelliert: In den Paragrafen 45b und 45c BNatSchG finden sich nun komplexe Ausnahmeregelungen, die den Bau von Windrädern und das Repowering, also das Ersetzen eines alten durch ein neues, normalerweise leistungsfähigeres Windrad, erleichtern und den Fokus weg vom einzelnen Tier hin zum Schutz der Art verschieben sollen. Außerdem wurde in das erst am 1. Februar 2023 in Kraft getretene Windenergieflächenbedarfsgesetz ein neuer § 6 eingefügt, wonach für eine Windenergieanlage in einem ausgewiesenen Windenergiegebiet unter Umständen gar keine Umweltverträglichkeits- und Artenschutzprüfung durchgeführt werden muss. Es bleibt abzuwarten, inwieweit diese Änderungen die Genehmigung von Windkraftanlagen tatsächlich beschleunigen werden.

Die Änderung des Fokus vom Schutz des einzelnen Vogels zur Stärkung einer Gesamtpopulation hat auch für bedrohte Tierarten Vorteile: Auf diese Weise kann man wesentlich mehr für bedrohte Arten erreichen, als wenn nur eine Windkraftanlage *nicht* gebaut wird. Wenn etwa durch Ausgleichszahlungen von Windkraftunternehmen gezielte Maßnahmen zum Artenschutz ermöglicht werden, die dazu führen, dass in ganz Deutschland wieder 1000 oder 2000 Schreiadler-Paare statt derzeit etwa 130 leben, lässt sich eher hinnehmen, wenn ein einzelnes Adlerpaar wegen eines Windrads das Weite sucht. Auch wird dadurch die Artenvielfalt an vielen Orten geschützt und gestärkt – und nicht nur am potenziellen Standort eines Windrads. Diese Logik können auch Naturschützer:innen unterstützen. Wenn Windvorrangflächen in der Regionalplanung verbindlich festgeschrieben werden und dann tatsächlich überwiegend dort gebaut wird, bekommen alle Seiten die Sicherheit, dass ihre eigenen Interessen nicht unter die Räder geraten.[52]

Allerdings haben manche Umweltschützer:innen Zweifel, ob diese Strategie in der Realität funktionieren wird. Denn die Stärkung der Artenvielfalt und Renaturierung zugunsten von Tierpopulationen bedeutet, dass Moore vernässt, Äcker zu Wiesen und Wälder zu Naturwäldern verändert werden müssen. Das kann politisch mühevoll werden, weil es zu großen Interessenkonflikten mit Bauern oder Waldbesitzern führen und auch ziemlich viel Geld kosten dürfte. Doch gibt es auch ermutigende Beispiele: In Hessen funktioniert das bereits; dort sind knapp zwei Prozent der Landesfläche als Vorrangflächen für Windkraft reserviert und in der Regionalplanung ausgewiesen.[53] Während Schwarzstörche brüten und ihre Jungen aufziehen, stellen Bauern und Forstwirtinnen ihre Arbeiten im Umkreis von mehreren Hundert Metern um die Horstbereiche in Waldgebieten ein. So stören sie die Vögel und ihren Nachwuchs nicht. Die Eigentümer bekommen dafür vom Staat eine Entschädigung – ein Gewinn für alle.[54]

Eile mit Weile: Langsame Verwaltungsverfahren bremsen Windkraft aus

Trotz des großen Nutzens der Windkraft lässt sich ein wichtiger Faktor nicht wegdiskutieren: Windkraftanlagen sind gewöhnungsbedürftig. Auch darum wecken sie Widerstand. Sie sind weithin sichtbar, und im Umkreis von ein paar hundert Metern kann das Rauschen der Rotorblätter deutlich zu hören sein, besonders bei ungünstigem Wind. Nach unserem Besuch im Windpark Rugendorf sind wir über die verschneiten Felder gestapft, um herauszufinden, wie weit der Schall trägt: Auch in einem Abstand von ein paar hundert Metern und bei günstigem Wind ist noch ein leises Murmeln wahrzunehmen. Erst nach ungefähr 650 Metern wird das Pfeifen der Rotoren allmählich zu einem Hintergrundgeräusch, das man nur noch hört, wenn man es hören will, vergleichbar mit einem Düsenflugzeug, das irgendwo hinten am Himmel vorbeizieht. Wie sehr einen das pfeifende Rauschen stört, hängt natürlich auch von der eigenen Einstellung zur Windkraft ab. Aber letztlich kann es nie um himmlische Ruhe gehen, denn der Wind bläst auch dort durchaus geräuschvoll, wo es keine Windkraftanlagen gibt.

Wenn eine Windkraftanlage in Deutschland genehmigt werden soll, ist, wie erwähnt, die Immissionsschutzbehörde das Nadelöhr. Ihr muss der Antrag mit sämtlichen Gutachten vorgelegt werden; sie holt die Stellungnahmen von den anderen beteiligten Behörden ein. Im nächsten Schritt entscheidet die Immissionsschutzbehörde aber erst einmal, ob und wann die eingereichten Unterlagen für einen Antrag vollständig sind. Der Zeitpunkt, an dem die »Vollständigkeit« bescheinigt wird, ist für das Verfahren von entscheidender Bedeutung, denn erst ab dann laufen für die Immissionsschutzbehörde Fristen, in denen sie mit ihren Stellungnahmen reagieren muss. Und auch hier verbirgt sich eine bürokratische Mechanik mit erheblicher

Bremswirkung: Wie viele Behörden in Deutschland hat auch die Immissionsschutzbehörde oft zu wenig Personal. Bereits jetzt werden die zuständigen Ämter der Flut von Anträgen für neue Windkraftanlagen nicht Herr. Darum kann es sehr lange dauern, bis das Amt wenigstens die Vollständigkeit der eingereichten Unterlagen bescheinigt. Bis dahin kommt das eigentliche Genehmigungsverfahren gar nicht erst in Gang.

Wie viele Genehmigungsanträge zurzeit bundesweit in der Warteschleife hängen, ist schwer zu sagen. In Hessen, mit durchschnittlich knapp 34 Monaten vom Antrag bis zur Behördenentscheidung Schlusslicht beim Genehmigungstempo, waren es zuletzt fast 300.[55] Aber auch bundesweit liegt die durchschnittliche Bearbeitungszeit gegenwärtig bei mehreren Jahren. Nach einer Auswertung der Fachagentur Windenergie an Land sind nach 24 Monaten nur 64 Prozent der Windkraftanlagen genehmigt[56] – nicht mal zwei Drittel. Ein Drittel der Anträge hängt also mehr als zwei Jahre in der Warteschleife. Das ist nicht nur angesichts des knappen Zeitraums, der für den Umstieg auf erneuerbare Energien bleibt, ein untragbarer Zustand. Noch dazu: Diese Auswertung betrachtet nur den Zeitraum bis zur ersten Behördenentscheidung. Klagt jemand gegen die Genehmigung, schließen sich noch jahrelange Prozesse an, bis tatsächlich gebaut werden kann. Und es wird viel geklagt. Dazu später mehr.

Robert Habeck, Bundesminister für Wirtschaft und Klimaschutz, kennt die Rezepte gegen die Missstände ziemlich genau. Als Umweltminister in Schleswig-Holstein hat er schon mal den Ausbau der Windkraft vorangetrieben – und heute ist das nördlichste Bundesland eines der Musterländer beim Windkraftausbau in Deutschland. In einem Interview mit der *Zeit* sagte Habeck im Dezember 2021: »Erst mal braucht man Fläche. Dann braucht man Verwaltungspersonal für die Genehmigungen. Das waren die beiden Schlüssel. Auf einmal ging es ratzfatz.«[57]

Für mehr Fläche und mehr Verwaltungspersonal sind jedoch

die Länder zuständig. Die müssen also schnell liefern. Und das können sie auch – jedenfalls, wenn sie wollen. Doch weil die Vorgaben für den Genehmigungsprozess bisher uneinheitlich und häufig auch undurchsichtig sind, haben die einzelnen Behörden zu viele Möglichkeiten, um Genehmigungsprozesse zu verschleppen. Eine beliebte Formulierung, mit der Anträge über Jahre ausgebremst werden: »Es fehlen noch Unterlagen.«

Unsere Versuche, bei den zuständigen Behörden selbst nachzufragen, woran es hakt, und was benötigt würde, um den Stau aufzulösen, sind fruchtlos geblieben: Wir haben keine einzige Behörde gefunden, die bereit war, mit uns über die konkreten Erfahrungen und Hemmnisse im Genehmigungsverfahren für neue Windkraftanlagen zu sprechen. Viele zuständige Behörden in Deutschland wollen Windräder, unterstützen die Genehmigungsverfahren mit voller Kraft und ermöglichen damit relativ zeitnah auch den Bau. Andere zuständige Behörden in Deutschland hingegen wollen lieber keine Windräder. Sie fürchten Proteste und Klagen oder haben ideologische Vorbehalte.

Um diesen Missstand abzuschaffen, könnten klare Vorgaben vom Bund für dieses Genehmigungsverfahren helfen. Welche Unterlagen müssen in welcher Zeit vorgelegt werden? Innerhalb welcher Fristen müssen Behörden entscheiden?

Genehmigungsfiktionen: Schweigen sollte Ja bedeuten

Wie Behörden Anträge konkret verschleppen, haben wir bei unserem Besuch bei Naturstrom in Bayern erfahren. Seit neun Jahren will das Unternehmen auch in der Gemeinde Wöbbelin in Mecklenburg-Vorpommern einen Windpark bauen. Seit rund sechs Jahren liegt der zuständigen Behörde – dem Staatlichen Amt für Landwirtschaft und Umwelt Westmecklenburg – laut Auskunft des Chefs von Naturstrom, Thomas Banning, der vollständige Antrag vor. Die Genehmigung ist bis heute nicht erteilt.[58] Wir haben beim Amt nachgefragt und folgende Antwort bekommen: »Besonders die Artenschutzproblematik« gestalte sich in Wöbbelin »komplex«, schreibt der Behördensprecher in einer E-Mail. Die Untere Naturschutzbehörde des Landkreises Ludwigslust-Parchim habe Nachforderungen zu den Antragsunterlagen gestellt, und solange Naturstrom diese nicht nachreiche, stehe eine positive Stellungnahme der Naturschutzbehörde nicht in Aussicht. »Damit ist eine Genehmigung nach dem Bundesimmissionsschutzgesetz ausgeschlossen.« Naturstrom dagegen besteht darauf, dass die Vollständigkeit des Antrags von der federführenden Behörde bereits bestätigt worden sei.

Doch es hakt noch an anderer Stelle. Neben dem Personalmangel sind es die extrem komplizierten, störungsanfälligen und arbeitsintensiven Abläufe, mit denen die zuständigen Sachbearbeiter:innen andere mitwirkende Behörden zur Mitarbeit bewegen müssen und dabei oft scheitern. Wenn eine angefragte Behörde zu einem Gutachten einfach keine Stellung nimmt oder notwendige Informationen oder Teilgenehmigungen nicht erteilt, läuft das gesamte Genehmigungsverfahren nicht weiter. Mitunter herrscht jahrelang Stillstand. Theoretisch kann in einem solchen Fall die federführende Genehmigungsbehörde eine ausbleibende Zustimmung ersetzen, sprich: selbst zustimmen und weiter genehmigen. Doch das passiert nicht automatisch. Die Behörde muss sich aktiv entscheiden, nicht mehr zu warten, sondern eine fehlende Zustimmung einfach selbst auszusprechen. Und so etwas machen Behörden nur sehr ungern. Denn dann übernimmt das Amt sehr sichtbar Verantwortung und macht sich angreifbar. Außerdem liefert es Bürger:innen und Vereinen damit die Möglichkeit, zu protestieren und vor allem zu klagen – alles Komplikationen, die zu noch mehr Arbeit führen.

Um zu verhindern, dass überforderte oder unwillige Behörden Genehmigungsanträge durch Nichtstun blockieren, gibt es seit einiger Zeit die Idee der sogenannten Genehmigungsfiktion.[59] Das bedeutet: Wenn eine angefragte Stelle nicht in einem angemessenen Zeitraum von beispielsweise drei Monaten antwortet, gilt ihr Schweigen als Zustimmung. Das hat den Vorteil, dass niemand aktiv eine Entscheidung treffen und sich angreifbar machen muss. In anderen behördlichen Bereichen ist die Genehmigungsfiktion Alltag – nicht umsonst ist sie in § 42a des Verwaltungsverfahrensgesetzes ausdrücklich vorgesehen.[60] Wenn Schweigen automatisch als Zustimmung und eine Genehmigung nach einer bestimmten Frist ohne Zutun als erteilt gilt, können Behörden nicht mehr so leicht auf Zeit spielen. Stattdessen muss auch eine überlastete Stelle genau überlegen, wo sie Arbeitskraft in gut begründeten Widerstand steckt und wo sie zu einer korrekt beantragten Windkraftanlage aus pragmatischen Gründen einfach schweigt und sie damit durchwinkt. Dann wären Behörden gezwungen, wichtige Fälle vorzuziehen, anstatt sie einfach auszusitzen. Debatten würde es nur noch geben, wo es wirklich etwas zu debattieren gibt. Das dürfte den Ausbau der Windkraft erheblich beschleunigen. Allerdings existiert diese Genehmigungsfiktion im Bereich Windkraft bisher nicht – und viele naturschutzrechtliche Prüfungen sind durch Europarecht vorgegeben, können also nicht ohne Weiteres durch eine Fiktion ersetzt werden. Ihr seht: Es ist komplex.

Mehr Flexibilität wagen

In den Turm treten wir durch eine Stahltür am Fuß des Windrads. Jetzt stehen wir in einem hell ausgeleuchteten Raum, der so hoch ist, dass wir nicht sicher sind, ob wir oben das Ende sehen können. In der Luft ein Surren wie von einem gigantischen Föhn, vor uns Schränke mit Elektronik. An den Wänden des Turms führen 20 straff gespannte Stahlseile nach oben. Allein könnte der Turm nicht stehen, erst die beindicken Züge geben ihm Stabilität. Vor uns ist ein kleiner Lift, in dessen Drahtkorb wir gerade so reinpassen würden. Leider dürfen wir nicht hinauf. Der Wind ist zu stark, in 140 Meter Höhe schwankt das Windrad wie ein Schiff im Sturm, sagt Thomas Banning: »Das muss man sich vorstellen wie Seegang.« Falls einem von uns oben schlecht würde, müsste uns eine ausgebildete Fachkraft wieder herunter begleiten – und die ist gerade nicht greifbar.

Fünf bis sieben Millionen Euro kostet so ein Windrad, sagt Naturstrom-Chef Banning und schaut hoch zur Gondel. Viele Jahre hat es gedauert, dieses Windrad zu planen, zu genehmigen und zu bauen. Aber nun ist es am Netz, liefert Ökostrom. Alles gut, könnte man denken. Aber dieses Windrad, das funktioniert und Strom erzeugt, ist Mahnmal für eine weitere Absurdität der deutschen Energiewende: Es kann sein, dass Naturstrom die Windmühle wieder abbauen muss. Warum? Die Genehmigung hat so lange gedauert, dass das genehmigte Windrad-Modell, eine GE 2.5, nicht mehr hergestellt wurde, als es endlich losging. Naturstrom musste daher auf das Nachfolgemodell GE 2.75 ausweichen. Es stammt vom selben Hersteller und ist in Höhe und Rotorlänge praktisch baugleich. Lediglich die Technik im Innern der Gondel stammt von einem anderen Hersteller. Das Windrad ist sogar wesentlich leiser als das genehmigte Modell. Grundsätzlich erlaubt das Bundes-Immissionsschutzgesetz, eine erteilte Genehmigung auf eine andere Anlage zu übertragen, wenn diese sich nicht wesentlich vom genehmigten Modell unterscheidet. Und so bewilligte die zuständige Behörde auch das Upgrade: Das Windrad durfte ohne neues Genehmigungsverfahren aufgestellt werden. Doch wie fast alles, was eine Behörde macht, kann auch diese Entscheidung beklagt werden. Und siehe da: Gegner des Windparks Rugendorf zogen vors Verwaltungsgericht. Ihr Argument: Das gebaute Windrad entspreche nicht dem genehmigten Windrad, darum hätte das gesamte Genehmigungsverfahren neu absolviert werden müssen. Hätte das Verwaltungsgericht diese Sicht geteilt, wäre dies wohl das Aus für das Windrad gewesen. Denn inzwischen gilt in Bayern die 10H-Regel. Damit wäre ein neues Genehmigungsverfahren voraussichtlich zum Scheitern verurteilt, weil an dieser Stelle keine hohen Windräder mehr gebaut werden dürfen. Im schlimmsten Fall hätten die Anlagen wieder abgebaut werden müssen. Jedenfalls in der ersten Instanz blieben die Windkraftgegner erfolglos.[61] Normalerweise liegt die Lebensdauer eines solchen Windrads bei ungefähr 20 Jahren, wobei es für die Betreiber erst in den letzten vier bis fünf Jahren Gewinn abwirft.

Klagevereine bremsen, was das Zeug hält

Solche Klagen sind ein weiteres großes Hindernis für den Ausbau der Windkraft. Allein in Hessen konnten Mitte 2022 74 genehmigte Windräder nicht gebaut werden, da diese mit Klagen belegt waren.[62] Dadurch benötigen nicht nur die Genehmigungsbehörden mehr Personal, sondern natürlich auch die Gerichte selbst. Interessanterweise kommen die meisten Klagen dabei nicht von besorgten Anwohner:innen aus der Umgebung, sondern von professionell organisierten Vereinen mit klarer politischer Agenda. Im Fall Gössersdorf reichte die Klage ein Verein namens VLAB ein – »Verein für Landschaftspflege, Artenschutz & Biodiversität e. V.«.[63] Dieser sitzt im etwa 80 Kilometer entfernten Erbendorf. Der VLAB entstand 2009 aus einer Bürger:inneninitiative. Nach eigenen Angaben hat der Verein in den letzten Jahren 15 bis 17 Klagen angestrengt, eine genaue Liste wollte er dem Bayerischen Rundfunk aber nicht vorlegen.[64] Der VLAB habe 8000 Mitglieder,[65] von denen viele enttäuscht aus etablierten Naturschutzorganisationen wie NABU oder BUND ausgestiegen seien. Auch der 1. Vorsitzende des VLAB, ein Forstingenieur namens Johannes Bradtka, war dreißig Jahre lang Mitglied im BUND.[66] Im Gespräch mit uns sagte Bradtka, dass er die Energiewende absolut »sinnvoll« finde, ihm aber »viele Instrumente falsch« erscheinen, insbesondere der »maßlose Windkraftausbau«. Sein Hauptkritikpunkt an Windkraftanlagen ist, nebst möglicher Kollisionsschäden für Vögel und Fledermäuse, die Ästhetik: Er findet sie einfach nicht schön. Als Lösung für die Gewinnung erneuerbarer Energien sieht er den Bau riesiger Fotovoltaik-Anlagen in Afrika, mit deren Strom grüner Wasserstoff hergestellt werden könnte, den wir importieren könnten. Bis dahin sind seiner Ansicht nach Atomkraftwerke zur Überbrückung notwendig – während er Windkraft für überflüssig hält.

Dass Deutschland auf Jahrzehnte grünen Wasserstoff wird importieren müssen, ist unter Expert:innen nicht umstritten. Allerdings wird dabei Ökostrom zu Wasserstoff verarbeitet, der dann hier in elektrische Energie oder Hitze umgewandelt wird. Das ist teuer und ineffizient und lohnt sich nur, wenn es gar nicht anders geht, in der Industrie etwa. Billiger und effizienter als direkt aus dem Windrad ist Strom nicht zu bekommen. Deswegen ist die Energiewende ohne Tausende Windräder hierzulande nicht zu stemmen.

Das Geld für die Klagen gegen Windkraftanlagen bekommt der Verein VLAB nach eigenen Aussagen durch viele kleine Spenden sowie durch die Jahresbeiträge der Mitglieder. Mit aufgebaut und finanziell stark unterstützt wurde der Verein von Enoch zu Guttenberg, dem Vater des ehemaligen Verteidigungsministers Karl-Theodor zu Guttenberg.[67] Das Jahresbudget gibt der Vereinsvorsitzende mit knapp 250 000 Euro an.[68] Hinweise auf eine Finanzierung durch Industrie oder Lobbyverbände gibt es nicht. Allerdings ist der VLAB Mitglied von Vernunftkraft, einer Art Dachverband der Windkraftgegner:innen in Deutschland.[69] Dessen Vorsitzender wiederum arbeitete bis mindestens Dezember 2021 im Klimaschutzministerium von Robert Habeck.[70] Formal ist er dort nicht zuständig für erneuerbare Energien, hat aber in der alten Regierung auch schon den damaligen Staatssekretär in Windkraftangelegenheiten vertreten, wie die *taz* berichtete.[71] Nach einer Recherche von Greenpeace steckt hinter dem Dachverband ein bundesweites Netzwerk sogenannter Multifunktionäre: Menschen, die in vielen Vereinen sitzen und koordinierten Widerstand gegen Windkraft leisten. Eine direkte Finanzierung durch die Industrie kann Greenpeace auch bei diesem Dachverband nicht nachweisen. Eine Nähe zur fossilen Industrie scheint es aber nach den Recherchen zu geben.

Nicht hundertprozentig klären konnten wir, ob der VLAB sogenanntes Astroturfing betreibt. Dabei geben sich Vereine den Anschein, als wären sie von engagierten Bürger:innen gegründet und würden deren legitime Interessen vertreten, tatsächlich aber sind diese vermeintlichen Graswurzel-Organisationen von der Industrie initiiert und finanziert und setzen sich als Bürgerbewegung getarnt für Konzerninteressen ein.[72] Die Angaben des Vereins ließen sich letztlich nicht prüfen, weil es in Deutschland kein Transparenzregister für Vereine gibt. Die Frage, woher das vergleichsweise große Budget[73] kommt und wofür es verwendet wird, bleibt daher offen.

Natürlich möchte niemand Klagen grundsätzlich verhindern. Sie sind in einem Rechtsstaat ein selbstverständliches Mittel der Kontrolle der Verwaltung. Doch es muss etwas passieren, damit politisch motivierte Verbandsklagen den Windkraftausbau nicht länger lahmlegen. Es gibt deshalb Überlegungen, Windkraftklagen betroffener Bürger:innen vorrangig zu bearbeiten und Klagen von Vereinen zu erschweren.[74] Allerdings sind die Möglichkeiten begrenzt, weil auch die Klagerechte von Vereinen weitgehend europarechtlich vorgegeben sind und daher kaum national verändert werden können. Ändern kann Deutschland jedoch das Prüfprogramm der Gerichte. Das bedeutet, dass Gerichte bei Klagen von Verbänden nur noch das prüfen, was von Anfang an in der ersten Klageschrift ausdrücklich gerügt wird. Mit dieser sogenannten Präklusion hätten es Windkraftbremser deutlich schwerer, im Laufe eines Verfahrens immer neue Streitpunkte nachzuschieben – eine beliebte Verzögerungstaktik klagender Vereine. Sie tragen nämlich gerne erst mal ein Argument vor und warten die Erwiderung der anderen Seite ab, bevor sie das nächste Argument und dann das übernächste vorlegen. Da das Gericht alle Argumente prüfen muss, kann ein Windbremser-Verein mit diesem Pingpongspiel das Verfahren erheblich in die Länge ziehen.

Eine weitere Möglichkeit auf juristischer Ebene – neben dem Beseitigen von Rechtsunsicherheiten durch den Bund – könnte sein, an den Oberverwaltungsgerichten spezielle Windkraft-Senate einzurichten, wie Hessen es am Verwaltungsgerichtshof Kassel getan hat: Wenn Gerichte Teams einrichten, die sich mit nichts anderem beschäftigen als mit erneuerbaren Energien, wären die Richter:innen auf Fragen der Windkraftgenehmigung spezialisiert. Deren Routine würde allen Seiten zugutekommen und dürfte bald dringend nötig werden: Bei den Tausenden Genehmigungen für Windkraftanlagen, die in den nächsten Jahren hoffentlich erteilt werden, ist auch mit Tausenden Klagen zu rechnen.

Der Stadt-Land-Gegensatz wird auf dem Rücken der Windkraft ausgetragen

Der Widerstand gegen den Windkraftausbau wird befeuert durch einen tiefer liegenden Gesellschaftskonflikt, der oft übersehen wird: die Kluft zwischen Stadt und Land. Auf dem Land bringen Windkraftgegner:innen die Bevölkerung mit dem Argument gegen Windräder auf, der Horizont werde vor allem

»verspargelt«, damit Städter:innen ihre E-Autos laden können. Schließlich werde der meiste Strom in der Stadt verbraucht, wo aber wenig Platz für Windräder ist. Bei Landbewohner:innen, die sich durch schlechtes Internet und löchrigen Nahverkehr ohnehin teilweise abgehängt fühlen, kann es den Unmut befeuern, wenn der nächste Windpark auf dem Hügel am Dorfrand installiert werden soll.[75]

Dagegen hilft rechtzeitige Kommunikation und finanzielle Beteiligung, sagt Anna Forke, Projektmanagerin beim Bürgerforum Energiewende Hessen. Sie hilft in Hessen Kommunen dabei, Menschen vor Ort für Windräder zu gewinnen. Die Lokalpolitik müsse Anwohner:innen von Anfang an ins Boot holen. In der Realität sei es bisher häufig so, dass nicht mal die Bürgermeister:innen Wind davon bekommen, wenn private Flächen für Windparks den Eigentümer wechseln. Wenn die Pläne weit fortgeschritten sind und sich erheblicher Unmut in der Bevölkerung regt, geraten sie durch ihre Wählerschaft besonders unter Druck. Dann würden auch Bürgermeister:innen vor Ort mitunter ein Windkraftprojekt noch verhindern. Hier seien stabile Moderationsprozesse nötig, wie sie zum Beispiel in Hessen die LandesEnergieAgentur im Auftrag der Landesregierung durchführt. Regelmäßig werden hier Kommunen, Verbände, Unternehmen und nicht zuletzt die Menschen vor Ort mit Planungsprozessen vertraut gemacht und einbezogen.[76] Die zentrale Frage in solchen Debatten sei: »Was bringt uns das?« Die überzeugendste Antwort in solchen Fällen: Ihr verdient mit. Wenn die Windräder am Dorfrand Strom produzieren, bekommt die Gemeinde etwas vom Gewinn. Nichts steigere die Akzeptanz so sehr, sagt Beraterin Anna Forke, wie eine Gewinnbeteiligung der Kommune.

Zum Beispiel können Menschen vor Ort über Bürger:innen-Energiegenossenschaften gemeinsam mit der Gemeinde an Windparks beteiligt sein und dadurch günstigen Strom beziehen. Einige Betreiber von Windparks geben schon jetzt von 0,2 Cent pro erzeugter Kilowattstunde an die Gemeinden ab. Das ist freiwillig, kann aber noch viel offensiver betrieben werden.[77]

Wenn die Anlagen auf öffentlichem Grund stehen, fließt Pacht in die Gemeindekasse. Was hieraus entstehen kann, ist im Hunsrück zu besichtigen. Über 90 Prozent der fast 300 Windräder im Landkreis Rhein-Hunsrück stehen auf kommunalem Boden. Stadtwerke aus umliegenden Städten pachten das Land für die Windräder. Mit den Einnahmen konnten kleine Dörfer Löcher in ihren Haushalten stopfen und gehörig in die Lebensqualität ihrer Bewohner:innen investieren. Im Dorf Neuerkirch etwa entstand mithilfe der Pachteinnahmen ein Sport- und Fitnesspark, und die Bürger:innen können sich kostenlos E-Autos sowie Lasten- und Elektroräder ausleihen.[78] Kleine Imagekampagnen im Stil von »Unser neues Schwimmbad wird von unserem Windpark finanziert« können an den Stolz einer Gemeinde appellieren, damit sie konkret etwas zum Ausbau erneuerbarer Energien beiträgt.[79] Und selbst mittelbar haben Windkraftkommunen eine Reihe von Vorteilen, wie auch Robert Habeck immer wieder betont: Häufig zieht ein Engagement in der Windkraft Investitionen in ein Glasfaserkabelnetz nach sich.[80] Immer mehr Wirtschaftsbetriebe siedeln sich gezielt in Regionen an, wo sie durch nahe gelegene Windparks günstig grüne Energie bekommen. Vom Batteriehersteller Northvolt in Schleswig-Holstein bis zu den Chipgiganten Intel und TSMC – alle haben sich für ihre jeweiligen Standorte in Deutschland entschieden, weil dort ausreichend Ökostrom zu haben ist. In Bayern hingegen, wo grüner Strom knapp ist, fordert die Industrie einen schnelleren Ökostrom-Ausbau. Windkraftkommunen profitieren auch von Wertschöpfung, die etwa durch Wartung der Anlagen entsteht: Handwerker:innen essen und übernachten in örtlichen Restaurants und Hotels, lokale Unternehmen bekommen unter

Umständen direkt Wartungsaufträge. Alle diese Vorteile müssen allen Beteiligten in vollem Umfang bewusst gemacht werden.

Doch es geht nicht nur ums Geld, sondern auch um Kommunikation. Nicht alle Windkraftgegner:innen sind politisch motivierte Aktivist:innen. Viele sind lediglich von widersprüchlicher Information verunsichert. Was ist Infraschall? Macht er mich krank? Sterben wirklich alle Rotmilane in der Gegend, wenn der Windpark kommt? Damit man Ängste vor einer neuen, sehr sichtbaren und ungewohnten Technologie abbauen kann, müssen Betroffene sachlich und mit psychologischem Fingerspitzengefühl aufgeklärt werden – und man muss sich die Sorgen der Leute ernsthaft und in jeder Phase des Planungs- und Genehmigungsverfahrens anhören.[81] Daran hapert es noch. Bisher sieht Bürger:innenbeteiligung nämlich oft so aus, dass irgendwo in einem Rathaus irgendwelche Pläne ausgelegt werden, die Interessierte dann begutachten und gegen diese innerhalb einer sehr begrenzten Frist Einwände vorbringen können – jedenfalls wenn sie wissen, wo und wie das passieren kann, und wenn sie Zeit und Ressourcen haben, sich mit der komplexen Materie auseinanderzusetzen. Das ist oft unrealistisch, und die Betroffenen vor Ort bekommen leicht das Gefühl, dass ihre Vorbehalte nicht ernst genommen werden. Das ist problematisch, weil ohne eine breite Unterstützung in der gesamten Bevölkerung der Windkraftausbau in der knappen verbleibenden Zeit nicht erreicht werden kann. Viele, die sich gegen ein Projekt stellen, wollen im Grunde bloß, dass sich bei ihnen nichts zum Negativen ändert. Sie haben reale Befürchtungen, die sich durch gute Moderation ausräumen lassen – sagt Kommunen-Beraterin Anna Forke, etwa wenn jemand gegen einen geplanten Windpark ist, weil er just auf diesem Feldweg täglich mit seinem Hund spazieren geht oder weil genau dort die Enkel so gerne im Wald spielen. Trotz Aufklärung wird es immer Teile der Bevölkerung geben, die den Ausbau der Windkraft grundsätzlich ablehnen. Doch die meisten Menschen lassen sich vom Sinn eines Windrad überzeugen. Das Problem sind die, die bloß blockieren, weil sie es können – als klagende Vereine oder als Bremser:innen vom Amt.

Auf dem Weg zum grünen Strom

Die Geschichte des Windkraftausbaus in Deutschland ist eine Geschichte der verpassten Chancen und der stillen Blockaden. Die Ampel hat in ihrer ersten Halbzeit schon einige wichtige Bremsen gelöst und Weichen gestellt. Dass Windkraftausbau wie auch der Ausbau der Fotovoltaik jetzt als öffentlicher Belang gilt, ist ein wichtiger Schritt, damit die Anlagen im Außenbereich grundsätzlich zulässig sind und Konflikte nicht fast automatisch zum Nachteil der Windkraft gelöst werden müssen. Den Windkraftausbau hat die Ampel eindeutig beschleunigt. Doch Tempo und Dynamik reichen noch nicht, um die ehrgeizigen Ausbauziele zu erreichen. Staatliche Stellen auf allen Ebenen müssen mitziehen.

Der Bund muss eine Reihe weiterer rechtlicher Stellschrauben nachjustieren. Insbesondere muss das immissionsrechtliche Verfahren gestrafft werden, soweit europarechtlich möglich. Dazu gehört, dass die Behörden, die von der Immissionsschutzbehörde beteiligt werden, sinnvoll kurze Reaktionsfristen auferlegt bekommen – bis hin zu Genehmigungsfiktionen, damit ein Schweigen automatisch als Zustimmung gilt. Für die Betreiber von Windkraftanlagen muss Rechtssicherheit bestehen, dass sie einen genehmigten Anlagentyp, wenn nötig, austauschen können. Vor allem aber muss der Bund deutlicher festschreiben, wie ein immissionsschutzrechtliches Genehmigungsverfahren abläuft und wer was wann wie zu bewilligen hat. Im Naturschutz muss der Fokus vom Schutz des einzelnen Vogels hin zum Schutz einer ganzen Art verschoben werden. Viele rechtliche Weichen sind dafür seit Kurzem gestellt – nun müssen diese Änderungen auch in der Verwaltungspraxis ankommen.

Damit die Ziele des Windkraftausbaus erreicht werden, müssen auch die Länder mitziehen: Sie müssen ihre Regionalplanung vorantreiben und sehr schnell verbindliche Vorgaben für das Ziel von rund zwei Prozent Flächen für die Windkraft vorlegen. Außerdem müssen auf Länderebene die rechtlichen Hürden für den Ausbau der Windkraft abgebaut werden, besonders die übertriebenen Abstandsregeln. 1000 Meter Entfernung zu Wohnbebauungen mögen noch sinnvoll sein, auch um die Akzeptanz für die Windkraft zu stärken. Doch alles, was darüber hinausgeht, riecht nach Schikane. Wenn die Länder es nicht schaffen, hier umzusteuern und Schluss zu machen mit der bisherigen NIMBY-Politik, muss der Bund einheitliche Regeln für alle durchsetzen. Außerdem müssen die Länder ihre Verwaltungen besser aufstellen und ihre Behörden und Gerichte so ausstatten, dass sie schneller und effektiver arbeiten.

Vieles von dem, was noch im Weg steht, hat mit der finanziellen Situation der Länder zu tun. Der Bund sollte daher Geld in die Hand nehmen und ein Notprogramm Windkraftausbau aufsetzen. Wobei das durch das Urteil des Bundesverfassungsgerichts zum Klimatransformationsfonds (KTF) nicht gerade einfacher geworden ist. Vermutlich wird es hier erst richtig vorangehen, wenn nach der Bundestagswahl auch die Union einer Lockerung der Schuldenbremse zugunsten von Zukunftsinvestitionen zustimmt.

Ob die Ampel es schaffen wird, dass sich die installierte Leistung der Windkraftanlagen in Deutschland verdreifacht oder vervierfacht, wird sich erst in einigen Jahren zeigen. Auf jeden Fall gibt es enorme Chancen, und die können sich auch in anderen Bereichen positiv auswirken. Wenn alle mitmachen, kann es klappen, dass schon in wenigen Jahren praktisch nur noch grüner Strom aus der Steckdose kommt. Das wird zugleich der billigste Strom seit Jahrzehnten sein.

EIN LAND HAT SCHLAGSEITE

Soziale Ungleichheit gefährdet die Demokratie – ohne höhere Abgaben für Reiche zerbricht unsere Gesellschaft

Demokratie: Die Macht geht vom Volk aus

Demokratie ist eine schöne Sache. Sie verspricht einem Land Stabilität, Sicherheit und vor allem: Freiheit. In einer Demokratie geht alle Macht vom Volk aus – deswegen ist sie nach dem griechischen Wort *demos* benannt, das »Volk« heißt. Das unterscheidet sie von anderen Regierungsformen wie Autokratie, Diktatur oder auch Monarchie.

Aber auch Demokratie bedeutet nicht, dass alle einfach machen können, was sie wollen. In den Grenzen der Verfassung – bei uns heißt sie Grundgesetz – entscheidet in der Demokratie die Mehrheit. Das kann durchaus dazu führen, dass erhebliche Teile der Bevölkerung etwas anderes wollen als von der Mehrheit durchgesetzt wird. In extremen Fällen können sogar kleine Minderheiten die Mehrheit dominieren. Denken wir an ein allgemeines Tempolimit auf Autobahnen: Obwohl sich seit Langem eine breite Mehrheit der deutschen Bevölkerung dafür ausspricht und Parteien wählt, die diese Meinung im Parlament vertreten,[1] kann sich die FDP weiterhin quer stellen und ein Tempolimit verhindern, obwohl sie bei der letzten Bundestagswahl nur elf Prozent der Stimmen auf sich vereinte und inzwischen nur noch knapp über der Fünf-Prozent-Hürde dümpelt.

So gesehen kann in der Demokratie ein gutes Zehntel der Wählenden der Mehrheit ihren Willen aufzwingen. Aber es ist immerhin ein Zehntel der Wählenden – kein Diktator, kein Kaiser, keine autokratische Herrscherin. Trotz aller Ecken und Kanten ist die Demokratie darum, so formulierte es sinngemäß der einstige britische Premierminister Winston Churchill, die beste aller schlechten Staatsformen.[2]

Das Wohlstandsversprechen: Wie man aus Nazis Demokraten macht

Demokratie ist nicht selbstverständlich – auch und gerade nicht in Deutschland. Die erste Demokratie auf deutschem Boden, die Weimarer Republik, wurde vor gerade mal 106 Jahren eingeführt und scheiterte schon 15 Jahre später. Dafür gab es viele Gründe. Eine wesentliche Rolle spielte, dass zu wenige Menschen klar hinter der Demokratie als Staatsform standen. Die Republik war, wie es der ehemalige Reichstagspräsident Paul Löbe ausdrückte, eine »Demokratie ohne Demokraten«.[3] Die Deutschen wählten nach wenigen Jahren Demokratie die NSDAP an die Macht, die eine mörderische Diktatur errichtete. Nach dem Sieg über Nazi-Deutschland standen die Alliierten 1945 vor der großen Herausforderung, in einem Land ohne nennenswerte demokratische Tradition und Kultur eine funktionierende liberale Demokratie aufzubauen. Die Deutschen waren besiegt, mussten aber vom demokratischen Neuanfang erst überzeugt werden. Die Vorteile der demokratisch-parlamentarischen Staatsform waren vielen nicht offensichtlich, die keine Arbeit und nichts zu essen hatten. Wenn man wollte, dass die Deutschen sich für die Demokratie erwärmen, musste man sie mit etwas anderem locken als nur mit der abstrakten Idee der politischen Selbstbestimmung. Das wesentliche Versprechen bei der Gründung der Bundesrepublik lautete daher neben einem Leben in Freiheit, dass alle zumindest ein wenig Wohlstand genießen können – alle bekommen ein Stück vom Kuchen ab: das »Wohlstandsversprechen«.

Dieses Versprechen, dass es allen wirtschaftlich gut gehen werde, ist seit der Gründung unseres Staates ein zentraler Faktor für die politische Stabilität der Bundesrepublik. An dieses Wohlstandsversprechen glauben heute allerdings immer weniger Menschen in Deutschland – und zugleich entwickeln immer mehr Bürger:innen Zweifel an der Demokratie an sich. Nach der Corona-Pandemie nahm zwar die Zahl derer leicht zu, die mit der Demokratie »ziemlich zufrieden« sind. Stärker wuchs aber der Anteil jener, die »nicht sehr zufrieden« sind. Der Anteil der Menschen, die »sehr zufrieden« sind mit der Demokratie, sank auf ein Fünfjahrestief.[4] Populistische, im Kern demokratiefeindliche Politik ist in den letzten Jahren nicht nur in Deutschland auf dem Vormarsch.[5] In manchen Umfragen kommt eine rechtsradikale Partei wie die AfD auf rund 30 Prozent der Stimmen. Zufall oder Zusammenhang? Verlieren die Menschen zu Recht den Glauben an das Wohlstandsversprechen? Wie gerecht verteilen wir den Kuchen bei uns? Und ist die Art, wie wir ihn verteilen, schuld daran, dass Menschen sich in Deutschland von der Demokratie abwenden?

Deutschland ist ein reiches Land

Die eine Hälfte der Antwort lautet: Ingesamt ist Deutschland ein sehr reiches Land. Die privaten Vermögen wachsen kontinuierlich, auch wenn genaue Zahlen schwer zu erheben sind. Zählt man alle bekannten privaten Geldvermögen in Deutschland zusammen, steht unterm Strich die gigantische Zahl von 7617 Milliarden Euro allein an Bargeld, Bankeinlagen, Wertpapieren und Ansprüchen gegen Versicherungen und Pensionseinrichtungen.[6] Im statistischen Durchschnitt besaß also vom Baby bis zur Greisin in Deutschland jede Person im Jahr 2021 rund 90 000 Euro. Die Unternehmensberatung Boston Consulting Group kommt sogar auf 7900 Milliarden Euro. Dazu addieren sich noch 11 500 Milliarden an nicht flüssigen Vermögenswerten wie Immobilien. Zieht man die Schulden von rund 2000 Milliarden Euro ab, gehören allen Menschen in Deutschland zusammen immer noch 17 600 Milliarden Euro.[7] Das ist mehr als das 35-Fache des Bundeshaushalts von 2021[8] und ergibt ein durchschnittliches Privatvermögen von sogar 215 000 Euro pro Person. Pro Haushalt kommt eine aktuelle Schätzung auf 420 000 Euro.[9]

Alles in Butter also?

Das Vermögen ist sehr ungleich verteilt

Dieser gleichmäßig übers Land verteilte Reichtum ist nur eine theoretische Größe und hat mit der Wirklichkeit nicht viel zu tun. Nur im statistischen Durchschnitt sind seine Bürger:innen sehr wohlhabend. Das ist ein großer Unterschied, denn ziemlich viele Leute in Deutschland haben überhaupt kein Vermögen. Was sie pro Monat einnehmen, benötigen diese Menschen, um das Nötigste zu bezahlen, also etwa Miete, Lebensmittel und das Deutschland-Ticket für den Nahverkehr. Weil das Geld so knapp ist, haben sie keine Chance, etwas anzusparen. Und wenn die Waschmaschine ersetzt werden muss oder sie eine hohe Stromrechnung begleichen müssen, haben sie ein Problem.

Im statistischen Umkehrschluss bedeutet das gleichzeitig, dass in Deutschland auch Leute leben, die ein Vielfaches dieser 90 000, 215 000 oder 420 000 Euro besitzen – allerdings sind das nur sehr, sehr wenige Menschen. Deswegen führt das populäre Bild von der Schere zwischen Arm und Reich auch in die Irre. Die beiden Klingen der Schere sind alles andere als gleich groß. Denn in Deutschland haben einige wenige Menschen sehr viel – und sehr viele haben fast nichts.[10] Die Schere sieht also eher aus wie der Schnabel eines Pelikans.

Die exakte Antwort lautet darum, dass in unserem in der Summe sehr reichen Land einige wenige Menschen leben, die extrem große Vermögen besitzen. Dann gibt es einige Menschen, die von dem leben, was sie verdienen und damit so gut über die Runden kommen, dass sie ein paar finanzielle Polster bilden können – die viel zitierte Mitte der Gesellschaft. Und dann gibt es erschreckend viele Menschen, die gar kein Vermögen haben und auch keine Möglichkeit, eines aufzubauen. Diese Gruppe wird immer größer.[11] Vom großen, fetten Kuchen des Wohlstands in Deutschland bekommen die Menschen also nicht mal annähernd gleich viel ab. Wir verteilen den Wohlstand so ungerecht, dass ein paar wenige vor lauter Sahne den Horizont nicht mehr sehen und ziemlich viele so kleine Krümel bekommen, dass sie sich fragen, ob es überhaupt eine Torte gibt.

Der »Gini-Koeffizient« ist ein statistisches Maß für die Ungleichverteilung in einer Gruppe,[12] beispielsweise also für die mehr oder weniger ungleiche Verteilung des Vermögens oder der Einkommen in einer Bevölkerung. Sehr vereinfacht funktioniert die Abbildung der Ungleichverteilung des Vermögens mit dem Gini-Koeffizienten so: Ist dieser für ein Land bei 0, besitzen alle Bewohner:innen gleich viel. Ist er 1, ist die Verteilung maximal ungleich. In Deutschland liegt der Gini-Koeffizient für das Vermögen bei 0,77 – weit über dem europäischen Durchschnitt. Noch deutlicher wird die Ungleichheit im Gini für Einkommen. Andere Skala, aber gleiches Prinzip: Je höher die Zahl, desto ungleicher ist die Verteilung und desto weiter ist die Schere zwischen Arm und Reich geöffnet. Die Art, wie sich der Gini-Koeffizient von Jahr zu Jahr verändert, zeigt, ob die Ungleichheit größer oder kleiner wird. 2012 lag der Gini-Koeffizient für das Einkommen in Deutschland bei 28,3. Bis 2021 war er mit kleinen Schwankungen auf 30,9 gestiegen.[13] Deutschlands Reiche verdienen also immer mehr – und Deutschlands Arme immer weniger, sodass sie immer ärmer werden. Und die Armen werden immer zahlreicher. Was das genau bedeutet, haben wir mit einem Experten besprochen: Prof. Dr. Marcel Fratzscher.

Marcel Fratzscher und das Sozio-oekonomische Panel

Marcel Fratzscher sitzt lässig im Schwingstuhl seines Büros in Berlin-Mitte. »Es gibt kaum ein Land, in dem das Ersparte so ungleich verteilt ist wie in Deutschland«, sagt der Ökonom. Fratzscher trägt Turnschuhe und unterstreicht seine Worte mit Gesten, sobald eine Kamera auf ihn gerichtet ist. Er hat gelernt, wie Medien funktionieren, denn an Fratzscher kommt nicht vorbei, wer wissen will, wie Deutschland in Sachen Vermögen aufgestellt ist. Er leitet das Deutsche Institut für Wirtschaftsforschung (DIW) und ist damit Herr über das dort angesiedelte »Sozio-oekonomische Panel«, die größte Erhebung zu Vermögensfragen in Deutschland. Seit 1984 werden etwa 30 000 Menschen zu ihren Lebensumständen befragt – und zwar immer dieselben.[14] So lassen sich langfristige Entwicklungen in den Biografien messen. Eine Statistik des DIW fand für das Jahr 2017 heraus, dass die reichsten zehn Prozent der Bevölkerung 56 Prozent des gesamten Privatvermögens in Deutschland besaßen.[15] Das heißt, zehn Prozent reiche Menschen hatten gemeinsam mehr als die übrigen 90 Prozent der Bevölkerung zusammen. In absoluten Zahlen nimmt die Statistik für 2017 ein Durchschnittsvermögen von 108 000 Euro pro Kopf an.[16] Aber die Verteilung war schon damals extrem ungleich. So besaßen rund 33 Millionen Menschen in Deutschland im Durchschnitt gerade mal 7000 Euro, während es bei dem reichsten Zehntel pro Kopf über 600 000 Euro waren. Die ärmsten zehn Prozent der Bevölkerung hatten gar kein Vermögen, sondern Schulden – rund 13 000 Euro pro Kopf. Teilt man in dieser Statistik die Gesamtbevölkerung in zwei Hälften, besaß die ärmere Hälfte, immerhin mehr als 40 Millionen Menschen und ein großer Teil der Mittelschicht, zusammen nur 1,3 Prozent des Gesamtvermögens[17] – die Hälfte aller Leute, die in Deutschland leben, besitzen zusammen nur ein 75stel des gesamten vorhandenen Vermögens.

Eine Studie aus 2020 ergab, dass die Vermögenskonzentration sogar noch weiter zugenommen hatte: Das DIW stellte fest, dass die reichsten zehn Prozent in Deutschland inzwischen gut zwei Drittel des Nettovermögens besitzen.[18] Das allerreichste Prozent in Deutschland besitzt je nach Berechnung zwischen 27 und 35 Prozent des gesamten Privatvermögens.[19] Einer von hundert Menschen hierzulande also hat etwa 40-mal mehr Geld zur Verfügung als die anderen 99 Menschen im Schnitt.

Stellt man sich diese Zahlen als Tortendiagramm vor, so wäre fast die ganze Torte zuckergussrosa – der Anteil am Gesamtvermögen, das der oberen Hälfte der Bevölkerung gehört. Ein winziges Keilchen ist schokobraun – der Anteil am Gesamtvermögen, der der unteren Hälfte gehört. 40 Millionen Menschen teilen also dieses winzige Stückchen untereinander auf. Jede:r Zehnte davon bekommt allerdings gar nichts – nämlich die Menschen, die von Armut betroffen sind oder gar kein Vermögen haben, sondern nur Schulden. Von der oberen Hälfte der Bevölkerung dagegen darf jeder Zehnte am rosaroten Stück knabbern. Ungefähr die Hälfte des rosaroten Zuckergusses, ein Drittel der ganzen Torte, ist noch mit Marzipanröschen dekoriert. Dieses fette Stück vom Kuchen gehört dem einen reichsten einen Prozent der Bevölkerung. Das entspricht zahlenmäßig ungefähr der Bevölkerung von Frankfurt am Main. Diese ca. 800 000 Menschen allein besitzen zusammen schon mal ein Drittel allen Vermögens in Deutschland.

Die Schere zwischen Arm und Reich in Zahlen

Zu einem ähnlichen Ergebnis kommen die Wirtschaftsforscher:innen Thilo Albers, Charlotte Bartels und Moritz Schularick. In einer Studie untersuchten sie die Vermögensverteilung in Deutschland von 1895 bis 2018 anhand von Quellen wie archivierten Steuerdaten, historischen und aktuellen Haushaltsbefragungen, volkswirtschaftlichen Berechnungen und den beliebten Listen, in denen Medien immer mal wieder die reichsten Menschen einer Gesellschaft aufzählen. Als Durchschnitt für 2018 ermittelten sie ein Vermögen von 420 000 Euro pro Haushalt – mit einem Median von nur 120 000 Euro.[20] Das bedeutet: Einige wenige Haushalte sind so extrem wohlhabend, dass sie den Durchschnitt sehr weit vom Median nach oben ziehen. (Den Unterschied zwischen Durchschnitt und Median haben wir im Kasten erklärt.)

Was ist der Unterschied zwischen Durchschnitt und Median?

Durchschnitt bedeutet: Mittelwert. Median bedeutet: Zentralwert. Für den Durchschnitt zählt man alle Zahlenwerte zusammen und teilt sie durch die Anzahl der Zahlenwerte. Der Durchschnitt beschreibt ein rein mathematisches Mittel. Er ist vor allem aussagekräftig, wenn die verwendeten Zahlenwerte relativ nah beieinanderliegen, zum Beispiel bei der durchschnittlichen Lebenserwartung.

Für den Median sortiert man alle Zahlenwerte der Größe nach und zieht dann genau in der Mitte eine Linie: Die eine Hälfte liegt über dem Median, die andere drunter. Es ist der Wert, der alle Werte in zwei gleich große Hälften teilt. Genau hier liegt der Punkt, wo sich die Schere öffnet. Je weiter die Zahlenwerte voneinander abweichen, desto weniger sagt der Durchschnitt über die tatsächlichen Verhältnisse aus, weil die meisten Einzelfälle stark vom errechneten Durchschnitt abweichen. In solchen Fällen ist der Median hilfreicher.

Dass die Menschen auf beiden Seiten dieses Mittelwerts so unglaublich unterschiedlich viel Geld und anderes Vermögen besitzen, muss uns aber nach Ansicht von Albers, Bartels und Schularick nicht einmal die größten Sorgen bereiten. Dramatischer ist, dass die Polarisierung immer weiter in die Mitte der Gesellschaft hineinreicht.[21] Ob eine Gesellschaft stabil ist, hängt nämlich weder von den Superreichen noch von den Menschen ab, die extrem von Armut betroffen sind. Deren Situation verändert sich normalerweise relativ wenig. Am wichtigsten für eine stabile Gesellschaft ist die Mittelschicht. Diese Menschen reagieren am unmittelbarsten auf die Konjunktur und prägen die politische Stimmung, indem sie konsumieren und wählen. Diese Mitte der Gesellschaft zerreißt es als Erstes, wenn sich die Schere weiter öffnet, denn sie ist dadurch stets davon bedroht, nach unten abzurutschen – und das löst Angst und Verunsicherung aus.

Dass diese Befürchtung bei vielen durchaus berechtigt ist, zeigt die Armutsgefährdungsquote. Diese statistische Zahl erfasst den Anteil der Gesamtbevölkerung, der weniger als 60 Prozent des statistischen Mittelwertes verdient,[22] und sie steigt bedrohlich an. Im Moment liegt die Armutsgefährdungsquote bei mehr als 16 Prozent.[23] Das heißt, rund 13 Millionen Menschen in Deutschland sind von konkreter Armut bedroht. Offenkundig eine gravierende Fehlentwicklung, die das Wohlstandsversprechen in Zweifel zieht, sodass sich immer mehr Menschen, denen es den Boden unter den Füßen wegreißt, inzwischen fragen, ob unsere Demokratie ein Teil des Problems sein könnte. Schauen wir in die jüngere Geschichte, wie es dazu kommen konnte.

Der Lastenausgleich

Noch ungerechter als heute war das Vermögen in Deutschland zur Zeit des Kaiserreichs verteilt. Im Jahr 1895 besaß ein Prozent der Bevölkerung fast die Hälfte des privaten Gesamtvermögens. Bis zum Ende des Zweiten Weltkriegs war diese Ungleichheit deutlich gesunken – allerdings nicht, weil der Staat umverteilte oder Menschen Vermögen aufbauen konnten, sondern weil Reiche schlicht Vermögen verloren hatten, insbesondere infolge der Weltwirtschaftskrise, aber auch durch Kriegsschäden.[24]

Die Ausnahmesituation der Nachkriegsjahre, die von Kriegsverlusten und Fluchtbewegungen geprägt war, machte politisch möglich, was heute kaum noch vorstellbar ist: eine groß angelegte Umverteilung des verbliebenen Wohlstands, die noch dazu von Union und FDP betrieben wurde. Die erste Bundesregierung unter Kanzler Konrad Adenauer hatte erkannt, dass Menschen, die von Armut betroffen sind, kein solides Fundament für eine demokratische Gesellschaft bilden. Damit die Demokratie im zweiten Anlauf auch in Deutschland gelingen konnte, entschied sich Adenauer zu einem radikalen Schritt: Was an Vermögen übriggeblieben war, wurde in den ersten Jahrzehnten der Bundesrepublik umverteilt – unter der Führung der CDU/CSU und mit Unterstützung der FDP. Die schwarz-gelbe Regierung hatte ernsthafte Sorgen, sozialistische Ideen könnten ansonsten mehrheitsfähig werden.[25]

Daher führte die Regierung Adenauer 1952 den sogenannten Lastenausgleich ein. Jeder Haushalt und alle Unternehmen mussten die Hälfte ihres Vermögens abgeben, damit etwa diejenigen entschädigt werden konnten, die im Krieg zum Beispiel als Ausgebombte oder Vertriebene besonders hohe Verluste erlitten hatten. Diese Vermögensabgabe musste aber nicht auf einen Schlag bezahlt werden, sondern konnte quartalsweise in bis zu 120 Raten abgestottert werden – also in einem Zeitraum von 30 Jahren.[26] Pro Jahr waren damit 1,67 Prozent des eigenen Vermögens für den Lastenausgleich fällig, berechnet nach dem Stand bei Einführung der D-Mark 1948. Dieses Ratensystem sollte sicherstellen, dass die Bürger:innen den Lastenausgleich aus Vermögensgewinnen bezahlen konnten und niemand Betrieb oder Eigenheim dafür verkaufen musste. Bis 1982 nahm die Bundesrepublik aus diesem Lastenausgleich 115 Milliarden D-Mark ein.[27] Die Umverteilung funktionierte: 1969 waren nur noch 20 Prozent des gesamten Privatvermögens im Besitz des reichsten Bevölkerungsprozents. Zwanzig Jahre nach Gründung der Bundesrepublik bot die Gesellschaft damit für eine Weile gerechte Chancen für die allermeisten Menschen.

Die Vermögensabgabe trug dabei nicht nur finanziell stark zur sozialen Gerechtigkeit in der jungen Bundesrepublik bei, sondern auch psychologisch. Die »politisch-psychologische Bedeutung« des Lastenausgleichs sei »größer gewesen als die praktische«, wird der Münchner Zeithistoriker Hans-Peter Schwarz in einem Zeitungsartikel zitiert.[28] Der Lastenausgleich gab der Bevölkerung nämlich das Gefühl, dass sich die Regierung ernsthaft um Gerechtigkeit bemühte. Das stärkte die soziale Stabilität in den Aufbaujahren.

Die Vertrauensbasis bröckelt

Diese soziale Stabilität ist heute gefährdet, ebenso wie das Vertrauen der Bevölkerung in das politische System. Nicht nur, weil die Politik zulässt, dass sich Vermögen immer ungleicher verteilt, sondern auch, weil wir zulassen, dass eigentlich nur Wohlhabendere überhaupt die Chance haben, Vermögen anzusparen. Auch das geht aus der oben genannten Studie zur Vermögensverteilung in Deutschland zwischen 1895 und 2018 hervor.[29]

Das Vermögen der oberen Mittelschicht sowie der Superreichen nahm in den letzten vierzig Jahren ständig zu, während das

Vermögen der übrigen stagnierte. Konkret hatte die weniger wohlhabende Hälfte der deutschen Haushalte Ende der Siebzigerjahre umgerechnet ein Vermögen von durchschnittlich rund 20 000 Euro. Vier Jahrzehnte später war dieses Vermögen inflationsbereinigt immer noch gleich hoch.[30] Das ist ein Alarmsignal, denn eigentlich sollten Vermögen im Kapitalismus durch erzielte Erträge kontinuierlich anwachsen. Stagnation hingegen bedeutet, dass das angesparte Vermögen gerade *keine* Erträge erzielt. Wer nur sein kleines Häuschen als Eigenheim besitzt, profitiert praktisch nicht vom Wachstum an den Kapitalmärkten. Wer hingegen 300 Wohnungen und ein Millionenvermögen besitzt, kann sich über schöne Gewinne freuen. Das gilt bei uns eben nur für einige Hunderttausend Menschen – während die übrigen Millionen Menschen diese Chance nicht haben.

Wie Steuerpolitik die Verteilung des Vermögens beeinflusst

Anstatt diese Unterschiede etwas auszugleichen, zementiert sie unsere Steuergesetzgebung.[31] Wie viel ihr von eurem Vermögen behalten könnt, hängt in Deutschland nämlich davon ab, auf welche Weise ihr es erworben habt. Im Vergleich zu anderen Ländern zahlen wir auf Arbeitseinkünfte besonders hohe Steuern, auf Vermögen als solche, Schenkungen und Erbschaften dagegen besonders niedrige.[32] Wer arbeitet und mehr verdient als das Existenzminimum von rund 10 000 Euro, zahlt auf seine Einkünfte Lohn- oder Einkommenssteuer. Diese ist progressiv, sprich umso höher, je mehr man verdient; je nach Höhe des zu versteuernden Einkommens normalerweise bis zu 42 Prozent.[33] Hinzu kommen unter Umständen Sozialabgaben, also Beiträge zur Kranken-, Renten- und Pflegeversicherung. Vom selbst erarbeiteten Geld müsst ihr daher je nach Höhe des Einkommens mehr als die Hälfte abgeben. Wer sehr wenig verdient, zahlt zwar wegen der Steuerfreiheit des sogenannten Existenzminimums keine Einkommenssteuer, muss aber unter Umständen immer noch mehr als 20 Prozent seines Einkommens in Form von Beiträgen zur Sozialversicherung abgeben. Wer als Arbeitnehmer:in im Monat brutto nur 900 Euro verdient, musste dafür 2022 zwar keine Einkommenssteuer bezahlen,[34] aber fast 200 Euro Sozialabgaben. Und das schmerzt, wenn man bedenkt, dass viele der Niedriglohnjobs, die im Monat nicht mal einen Tausender brutto abwerfen, oft harte körperliche Arbeit bedeuten. Selbstständige können ihre Sozialabgaben zwar erst mal reduzieren, müssen aber auf andere Weise für den Fall vorsorgen, dass sie krank, pflegebedürftig oder einfach nur alt werden (Näheres dazu im Kapitel zur Rente).

Reichtum ist erblich

Ganz anders sieht die Rechnung für Menschen aus, die ihr Geld nicht verdienen, sondern geschenkt bekommen oder erben – eine Geldquelle, aus der rund 50 Prozent der Vermögen in Deutschland stammen.[35] Denn auf geerbtes Vermögen müssen Erben – anders als beim Einkommen – in Deutschland unter Umständen nur sehr niedrige oder sogar gar keine Steuern zahlen. Vermögen kann an die nächste Generation weitergegeben werden, indem Geld, Häuser, Firmen, Aktien und Ländereien zu Lebzeiten verschenkt oder danach eben vererbt werden[36] – steuerlich ist das quasi dasselbe.[37] Rund 400 Milliarden Euro werden in Deutschland jedes Jahr vererbt und verschenkt –, beinahe so viel wie der gesamte Bundeshaushalt.[38] Diese Erbschaften und Schenkungen sind etwa so ungleich über die Bevölkerung verteilt wie schon das Nettovermögen.[39] Das heißt: Viele erben nichts, manche etwas und einige wenige sehr viel. Aus der Gruppe, die etwas erbt, erhalten zehn Prozent der Begünstigten fast die Hälfte aller vererbten und geschenkten Vermögen. Die restlichen 90 Prozent der Empfänger:innen teilen sich die andere Hälfte.[40]

Statistisch gesehen ist es zudem wahrscheinlicher, sehr viel zu erben, wenn man ohnehin schon viel verdient, wie eine Untersuchung des DIW basierend auf dem Sozio-oekonomischen Panel ermittelt hat.[41] Männer erben zudem öfter viel Vermögen als Frauen, und die allermeisten Großerb:innen stammen aus Westdeutschland.[42] Menschen, deren Eltern aus der ehemaligen DDR stammen, ziehen beim Erben den Kürzeren, denn in der DDR war es so gut wie unmöglich, Privatvermögen aufzubauen. Entsprechend stellte das DIW fest, dass Menschen in Ostdeutschland nicht nur weniger Vermögen besitzen, sondern auch seltener und weniger erben: zwischen 2002 und 2017 im Schnitt nur 52 000 Euro. Westdeutsche erbten dagegen im selben Zeitraum durchschnittlich 92 000 Euro.[43]

Ungleichheit ist also erblich. Bestehende Vermögensungleichheiten setzen sich über die Generationen fort, dem Erbe sei Dank. Ob ihr erbt oder nicht, liegt nicht in eurer Hand, hat aber großen Einfluss auf euer Leben, denn mit einem reichen Erbe erwirbt man zugleich einen wesentlich leichteren Zugang zu Bildung und Netzwerken und damit die Chance, selbst ein Vermögen aufzubauen und wachsen zu lassen. Eigentlich wäre der Zeitpunkt, wo Vermögen von einer Generation an die nächste weitergegeben wird, eine gute Gelegenheit, um Geld und Chancen wieder gerechter zu verteilen, weil Erbschaften das Musterbeispiel von Vermögen sind, das man durch nichts verdient hat – Expert:innen sprechen von leistungslosem Einkommen. In der Realität aber müssen in Deutschland Erb:innen von Riesenvermögen kaum etwas abgeben.

»Jedes Erbe ist einmal erarbeitet worden«, kontert Bundesfinanzminister und FDP-Chef Christian Lindner, als wir ihn in seinem Ministerium interviewen. »Nicht vom Erben, aber vom Erblasser. Und es ist doch eine natürliche Eigenschaft des Menschen, den Nachkommen etwas Wertvolles hinterlassen zu wollen.« Mag sein, entgegnen wir, aber deswegen ist Monopoly ja auch so ein langweiliges Spiel: Am Anfang haben alle ungefähr gleich viel, doch sobald jemand durch viel Würfelglück Straßen und Hotels angehäuft hat, sind alle anderen chancenlos. Sicher steht hinter vielen Vermögen nicht nur Glück, sondern auch Leistung, aber eben die Leistung derjenigen, die das Geld verdient haben, und nicht die Leistung der nächsten Generation. Durchs Erben wird die Ungleichheit an die nächste Generation weitergereicht: Mindestens 50 Prozent der Vermögen in Deutschland wurden nicht erarbeitet, sondern geerbt, schätzt eine Studie im Auftrag der Friedrich-Ebert-Stiftung.[44] Der Finanzminister sieht das anders: »Das alles leistungsfreies Einkommen zu nennen ist für mich eine Verzerrung. Denn da hat jemand eine Leistung erbracht, er hat ein Eigentum, das ist seins. Er oder sie stirbt jetzt, gibt das an seine Kinder weiter, seine Lebensleistung – und dann greift der Staat darauf zu. Ich finde, das ist auch begründungsbedürftig.«

Wie die Erbschaftssteuer reiche Menschen bevorzugt

Christian Lindner steht nicht allein. Die Erbschaftssteuer ist in Deutschland unbeliebt.[45] Gerade Menschen, die nicht so viel besitzen, haben den Wunsch, auch materiell etwas an ihre Kinder weiterzugeben.[46] Immer wieder werden die Menschen ins Feld geführt, denen es durch lebenslange Arbeit gelungen ist, ein bescheidenes Vermögen aufzubauen, etwa in Form eines kleinen Häuschens. Bei Diskussionen über die Erhöhung der Erbschaftssteuer entsteht in der Mittelschicht schnell die Sorge, dieses Häuschen müsse verkauft werden, um Steuern zu zahlen.[47]

Dabei ist vielen Menschen nicht klar, wer wie viel Erbschaftssteuer in die öffentlichen Haushalte einzahlt[48] und wie wenig gerade die Superreichen beitragen. »Kaum jemand weiß, dass die Hälfte der Deutschen überhaupt kein nennenswertes Vermögen besitzt, das sich vererben ließe, dass es großzügige Freibeträge gibt und nur eine von 13 Erbschaften überhaupt besteuert wird«,[49] hat Caterina Lobenstein für die *Zeit* recherchiert. Viele Erbschaften werden nicht versteuert, weil sie niedriger sind als die sogenannten Freibeträge. Eine verheiratete Person kann dem oder der Partner:in 500 000 Euro steuerfrei weitergeben. Kinder können pro Elternteil 400 000 Euro steuerfrei geschenkt oder vererbt bekommen. Sprich: Wenn eine Mutter ihrem Sohn und ihrer Tochter je zur Hälfte ihr Haus vererbt, kann das 800 000 wert sein – und niemand zahlt auch nur einen Cent Erbschaftssteuer. Diese Freibeträge können zudem alle zehn Jahre erneut genutzt werden, was natürlich gerade reiche Menschen mit dem nötigen Wissen voll ausschöpfen: Wenn die Mutter ihren beiden Kindern alle zehn Jahre je 400 000 Euro schenkt, also beispielsweise zu ihrem 60. Geburtstag schon mal einen Anteil am Häuschen, dann kann das Haus auch 1,6 Millionen Euro wert sein, dennoch zahlt am Ende niemand einen Cent Schenkungssteuer. Erst wenn diese Beträge überschritten werden, fällt Schenkungs- beziehungsweise Erbschaftssteuer an, aber auch nur auf das, was über die Freibeträge hinausgeht.[50]

Aber die zu zahlende Schenkungs- oder Erbschaftssteuer steigt zumindest wie die Lohn- und Einkommenssteuer mit der Höhe des vererbten Vermögens an, korrekt? Sie ist also progressiv, oder? Nein. Das Gegenteil ist der Fall. »Unsere Erbschaftssteuer ist im Grunde regressiv. Es gilt in der Tendenz: Je größer das Erbe, desto niedriger der Steuersatz«, sagt Julia Jirmann vom Netzwerk Steuergerechtigkeit, einem Netzwerk von Nichtregierungsorganisationen, die sich für die Stärkung der öffentlichen Finanzen durch eine gerechte Besteuerung einsetzen.[51] »Der Grund dafür sind die Ausnahmeregelungen bei Unternehmensübergängen.«[52] Und die führen zu extremen Vorteilen ausgerechnet für sehr reiche Menschen: Zwischen 2009 und 2021 erhielten 3630 Personen insgesamt 260 Milliarden Euro steuerfrei, wie Jirmann in einer Studie für die Friedrich-Ebert-Stiftung festgestellt hat[53] – das ist etwa ein halber Bundeshaushalt. Im Durchschnitt konnten diese Menschen eine Erbschaft von mehr als 71 Millionen Euro pro Person verbuchen. Allein 43 Milliarden Euro gingen an 220 Kinder unter 14 Jahren, im Durchschnitt also fast 200 Millionen Euro pro Kind.[54] Wie gesagt: alles steuerfrei. Wie kann das sein?

Millionenschwere Unternehmen werden oft fast steuerfrei vererbt

Wirklich große Vermögen sind typischerweise in Unternehmen gebunden. Eine Unternehmerin hat beispielsweise eine GmbH aufgebaut, die ihr noch zu 100 Prozent gehört. Diese Firma wiederum besitzt Gebäude, Maschinen und Anteile an anderen Unternehmen. Somit gehört all dieses Vermögen mittelbar auch der Frau, steckt aber eben in der Firma. Wenn sie dieses Firmenvermögen nun vererbt, können die Kinder mindestens 85, oft sogar 100 Prozent davon steuerfrei erhalten.[55] Keine Erbschaftssteuer. Null. Für eine Erbschaft im Wert von vielen Millionen Euro. Sie müssen lediglich versprechen, dass sie das Unternehmen weiterführen und Arbeitsplätze erhalten wollen. Und das gilt selbst dann, wenn sie daneben noch über so viel Barvermögen verfügen, dass sie die Steuer problemlos bezahlen könnten.

Bereits 2014 hat das Bundesverfassungsgericht angemahnt, dass »die Privilegierung betrieblichen Vermögens […] unverhältnismäßig [ist], soweit sie über den Bereich kleiner und mittlerer Unternehmen hinausgreift, ohne eine Bedürfnisprüfung vorzusehen«.[56] Daraufhin wurde zwar für die Steuerbefreiung eine Obergrenze von 23 Millionen Euro eingeführt – allerdings auch eine neue Ausnahme: die Verschonungsbedarfsprüfung.[57] Diese bietet ein Einfallstor, um auch bei noch größeren Summen steuerfrei zu bleiben.

Verschonungsregel

Verschonungsbedarfsprüfung? Genau. Die meisten von euch lesen das Wort hier vermutlich zum ersten Mal. Aber Menschen, die viel Geld zu vererben haben, können sich natürlich das steuerrechtliche Know-how einkaufen, um möglichst viel Vermögen an der Steuer vorbeizubugsieren. Entsprechend werden große Erbschaften meist geplant übertragen – beispielsweise indem das Vermögen teilweise schon zu Lebzeiten verschenkt wird, um alles mitzunehmen, was Steuern senkt oder ganz vermeidet.

Besonders hilfreich ist dabei die genannte Verschonungsbedarfsprüfung (§ 28a Erbschaftssteuergesetz). Menschen, die besonders große Vermögen übertragen bekommen, profitieren hierbei von einer Regel, die besagt, dass sie die Steuer nur dann in vollem Umfang zahlen müssen, wenn sie genügend verfügbares Privatvermögen dafür haben – Betriebsvermögen zählt hier nicht. Und von diesem Privatvermögen müssen sie auch nur 50 Prozent aufwenden, um die Steuerschuld zu bezahlen. Übersteigt die Erbschaftssteuer diese Hälfte des »verfügbaren« Privatvermögens, kann die restliche Steuer erlassen werden. Eine Obergrenze gibt es dabei nicht.[58] Man muss also nachweisen, dass man in diesem Sinne »bedürftig« ist. Der Witz ist laut Steuerexpertin Julia Jirmann: »Die Bedürftigkeit, die ich hierfür nachweisen muss, kann ich selbst herstellen.«[59] Reiche Menschen können sich also mithilfe hoch bezahlter Beratungsfirmen quasi armrechnen. Ein Trick ist zum Beispiel, Vermögen an ein minderjähriges Kind zu verschenken, das vor der Schenkung kein eigenes Privatvermögen besitzt, mit dem es Schenkungssteuer zahlen könnte. Damit ist es im Sinne des Gesetzes »bedürftig« und zahlt null Steuern. Oder Erben gründen eine neue Familienstiftung, die ebenfalls rechtlich kein Vermögen besitzt. Oder sie investieren ihr Privatvermögen kurz vor dem Stichtag – praktischerweise in jenes Unternehmen, das sie geschenkt bekommen sollen. Auch dann sind sie auf dem Papier als Privatperson arm genug, um keine Erbschaftssteuer für die Übertragung zahlen zu müssen.[60] Die Folgen dieser Regelung für die staatlichen Kassen sind gravierend: Allein im Jahr 2021 wurden zehn Superreichen damit Steuern in Höhe von mehr als 450 Millionen Euro erlassen[61] – einfach so.

Rechtfertigen die Arbeitsplätze millionenschwere Steuergeschenke?

Natürlich wird die Verschonungsregel nicht damit begründet, dass besonders reiche Menschen besonders billig davonkommen sollen, sondern offiziell geht es dabei um den Erhalt von Arbeitsplätzen. In unserem Interview mit Bundesfinanzminister Christian Lindner im Herbst 2022 sagte er uns, große private Vermögen seien oft »in Betrieben gebunden. Und dort haben wir eine sogenannte Verschonungsregel.« Lindner verweist darauf, dass diese Vergünstigung zum einen nicht seine Idee und zum anderen an Bedingungen geknüpft sei: Die Erben müssten nämlich den Betrieb und insbesondere die Arbeitsplätze erhalten, was anhand der gezahlten Lohnsumme ermittelt werde.

Das klingt erst mal sinnvoll: Niemand kann wollen, dass ein Betrieb verkauft oder gar aufgelöst werden muss, nur um die Erbschaftssteuer zu bezahlen. Andererseits stellt sich die Frage, ob es zu diesem Zweck tatsächlich erforderlich ist, dass wir als Allgemeinheit den Erb:innen die eigentlich fällige Steuer komplett schenken. Ebenso denkbar wäre ja, dass man die Steuer beispielsweise über zehn oder 15 Jahre abstottert.[62] Das kann sich jedes gesunde Unternehmen leisten – und Unternehmen, die nicht gesund sind, müssen wir ganz sicher nicht mit Steuervorteilen am Leben halten. Es drängt sich der Eindruck auf, dass die Sicherung der Arbeitsplätze nur der Vorwand für eine extrem großzügige Regelung ist, die für die Allgemeinheit viel nachteiliger ist, als es für den offiziellen Zweck erforderlich wäre.

Erbschaftssteuer: Die Last der kleinen Leute

Von den Steuerprivilegien bei Firmenerbschaften profitieren in Deutschland also keineswegs nur Handwerker:innen und mittelständische Unternehmen, sondern vor allem die Reichsten der Reichen. Eigentlich läge der Erbschaftssteuersatz bei Erbschaften von über 20 Millionen Euro bei mindestens 27 Prozent. Weil Firmenvermögen aber so bevorzugt behandelt werden, wird die volle Steuer selten gezahlt. In ihrer Studie für die SPD-nahe Friedrich-Ebert-Stiftung stellte Julia Jirmann fest, dass Menschen, die zwischen 2009 und 2020 Erbschaften und Schenkungen von mehr als 20 Millionen erhielten, diese in 87 Prozent der Fälle *komplett steuerfrei* erhielten. Bekamen Menschen eine Schenkung von über 250 Millionen, zahlten sie sogar in 91 Prozent der Fälle darauf keine Steuer.[63] In den eben schon genannten absoluten Zahlen wird die Unwucht noch deutlicher: Die 3630 Personen, die mehr als 20 Millionen Euro erbten oder geschenkt bekamen, kassierten so insgesamt 260 Milliarden Euro steuerfrei – pro Person war das im Schnitt also 71 Millionen Euro[64] ebenso steuerfreies wie leistungsloses Einkommen. Angestellte und Selbstständige hingegen, die für ihre Einkünfte hart arbeiten, müssen davon 30, 40 oder fast 50 Prozent abgeben.

In einer anderen Auswertung zum Jahr 2021 kommt Julia Jirmann zu dem Ergebnis, dass bei Erbschaften und Schenkungen im Wert von über 20 Millionen Euro effektiv ganze 2,2 Prozent Erbschaftssteuer gezahlt wurden. Und hierbei sind die Rabatte nach einer Verschonungsbedarfsprüfung nicht mal mitgerechnet. Täte man dies, käme man nach Berechnungen des Netzwerks Steuergerechtigkeit auf einen effektiven Steuersatz von nur 0,34 Prozent.[65] Sprich: Wer mehr als 20 Millionen Euro erbt oder geschenkt bekommt, zahlt in Deutschland praktisch keine Steuern.

Christian Lindner sagt, es sei »erklärungsbedürftig«, wenn der Staat von verschenkten und vererbten Vermögen etwas abschöpfen wolle. Wir finden es mindestens genauso erklärungsbedürftig, warum er es nicht tut, während derselbe Staat bei Millionen Angestellten und Selbstständigen kräftig zulangt, die für ihr Geld arbeiten und denen daher viel weniger von ihren Einkünften verbleibt. Das ist im Ergebnis eine Umverteilung von unten nach oben: »Normale Leute« finanzieren den Haushalt von Bund, Ländern und Kommunen, oft unter großen persönlichen Opfern und ohne jemals wirklich auf einen grünen Zweig zu kommen, während der Staat zugleich jene Menschen kaum zur Finanzierung des Gemeinwesens heranzieht, die so reich sind, dass sie sich problemlos einen größeren Beitrag leisten könnten.

Der FDP-Chef begründet die weitgehende Verschonung von Unternehmensvermögen mit dem Argument: Würden verschenkte und vererbte Firmen besteuert, würde das die Existenz dieser Unternehmen gefährden. »Und jetzt komme ich zu meiner Pointe«, sagte er uns im Interview. »Es ist im Interesse der Arbeitnehmerinnen und Arbeitnehmer, die vielleicht nichts erben, dass ihr Arbeitsplatz im Familienunternehmen sicher bleibt.«

Aber stimmt das wirklich? Dass ohne die geschilderten Steuergeschenke Arbeitsplätze und Wirtschaftlichkeit der Unternehmen gefährdet wären, ist die Mutter aller Argumente der Lobby der Familienunternehmen.[66] Dies ist jedoch nicht nur in seiner Pauschalität fraglich. Auch gibt es längst seriöse Reformvorschläge, die diese Gefahr berücksichtigen. So schlägt zum Beispiel Stefan Bach vom Deutschen Institut für Wirtschaftsforschung (DIW) vor, die Erbschaftssteuer nicht auf einen Schlag zu kassieren, sondern die Erben ihre Steuer über mehrere Jahre abzahlen zu lassen. Dadurch könne verhindert werden, dass den Unternehmen plötzlich Geld fehlt, um Mitarbeitende zu bezahlen und Rohstoffe oder Maschinen einzukaufen. Die Erbschaftssteuer könnte dann über die Jahre aus Gewinnen gezahlt werden. Vom Prinzip her wäre das sehr ähnlich wie der Lastenausgleich nach dem Zweiten Weltkrieg, der ja auch über rund 30 Jahre gezahlt werden konnte. Andere Möglichkeiten wären Freibeträge für kleinere Unternehmen oder die Beteiligung des Staates als stiller Teilhaber, sodass der Staat nicht in private Unternehmen hineinregieren kann, wohl aber an den Gewinnen beteiligt wird, um auf diese Weise die Steuerschuld einzutreiben.[67]

Dass wir in Deutschland das Erben so niedrig und Arbeit so hoch besteuern, widerspricht zugleich in krasser Weise dem Leistungsprinzip.[68] »Wir nehmen die Steuer auf Arbeitseinkommen hin, als sei sie gottgegeben«, sagt Julia Jirmann vom Netzwerk Steuergerechtigkeit. »Gleichzeitig empfinden aber viele Menschen ein Störgefühl bei der Idee, dass von geschenktem, also leistungslosem Einkommen ein Teil in die öffentlichen Haushalte fließen soll. Das ist doch seltsam.«[69] Bei der nächsten Debatte um eine Reform der Erbschaftssteuer sollten wir daher genau hinsehen: Geht es hier wirklich um Omas Häuschen? Oder vielleicht doch eher darum, Ängste zu schüren, damit Privilegien für Superreiche erhalten bleiben?[70]

Wer worauf Steuern zahlt oder auch nicht, ist eine politische Frage

So kommt es also, dass die wirklich vermögenden Menschen, die heute in Deutschland leben, zumindest große Teile ihres Vermögens oft nicht selbst erarbeitet, sondern geerbt haben.[71] Ihre Lebensleistung besteht also, überspitzt formuliert, darin, in die richtige Familie hineingeboren worden zu sein. Wäre es angesichts der fast kompletten Steuerfreiheit für große Erbschaften, der so vererbten und wachsenden Ungleichheit und der daraus erwachsenden Probleme nicht fair, wenn die Vermögenden wenigstens zu Lebzeiten etwas mehr in den Topf werfen würden?

Dazu gibt es im Kern zwei Ansätze: Man könnte zum einen direkt die Summe des Vermögens besteuern. Das wäre eine Vermögenssteuer. Oder man könnte zumindest die Erträge besteuern, die das Vermögen abwirft.

Betrachten wir zunächst den zweiten Fall, denn eine Vermögenssteuer gibt es derzeit nicht.[72] Ja, ihr habt richtig gelesen – wer heute große Vermögen besitzt, muss dieses Vermögen an sich nicht versteuern. Der Staat erhebt Abgaben vor allem auf Arbeitseinkommen.

Große Steuervorteile für Immobilien und Wertpapiere

Theoretisch besteuert der Staat zwar bestimmte Erträge aus Vermögen. Aber auch hier gibt es steuerliche Sonderregelungen, die dazu führen, dass selbst sehr hohe Erträge mit vergleichsweise niedrigen Abgaben belegt werden. Das krasseste Beispiel sind Immobilien. Wer Häuser oder Wohnungen besitzt, kann sich gleich über dreierlei staatliche Wohltaten freuen.

Geschenk Nummer eins: Immobilienbesitzende können pro Jahr einen fiktiven Wertverlust des Gebäudes vom zu versteuernden Einkommen abziehen, die sogenannte Abschreibung. Konkret sind das je nach Alter des Baus im Normalfall bis zu drei Prozent der Anschaffungskosten.[73] Und das kann ziemlich viel Geld sein. Hat das Haus 700 000 Euro gekostet, kann die Besitzerin pro Jahr 21 000 Euro vom zu versteuernden Einkommen abziehen, weil das Gebäude angeblich an Wert verliert – und zwar auch vom Einkommen aus anderen Quellen, etwa vom Arbeitseinkommen. In vielen Fällen hat das Prinzip der Abschreibung durchaus seinen Sinn, etwa bei Wirtschaftsgütern, die nach ein paar Jahren nahezu wertlos sind, beispielsweise ein Computer. Für Häuser und Wohnungen gilt diese Logik jedoch in aller Regel nicht. Immobilien verlieren in den meisten Gegenden Deutschlands nicht an Wert, sondern werden, immer wertvoller, vor allem über lange Zeiträume. Die Abschreibung ist daher ein ökonomisch sinnloses Steuergeschenk, das dazu führt, dass jährlich Einnahmen von bis zu drei Prozent der Anschaffungskosten eines Gebäudes komplett steuerfrei bleiben – zulasten der Allgemeinheit.

Aber dann werden doch sicher zumindest Gewinne aus dem Verkauf von Immobilien besteuert? Ihr ahnt es: Dem ist nicht so. Denn Geschenk Nummer zwei ist die sogenannte Spekulationsfrist. Wenn Menschen ein Gebäude oder eine Wohnung kaufen und dann nach mindestens zehn Jahren mit Gewinn verkaufen, zahlen sie genau null Euro Steuern darauf.[74] Das Problem ist seit Jahrzehnten bekannt, die Regelung sollte schon oft geändert werden. Aber sie besteht bis heute.

Das führt zu Geschenk Nummer drei: Denn im Falle eines Verkaufs könnte der Staat ja wenigstens nachprüfen, ob die Abschreibungen überhaupt gerechtfertigt waren und Gebäude oder Grundstück tatsächlich an Wert verloren haben. Ist dem nicht so, könnte der Staat wenigstens das Geschenk Nummer eins, den Steuerrabatt, im Nachhinein zurückfordern. Ihr kennt die Antwort: Genau das passiert nicht, es bleibt bei dem nunmehr als rein fiktiv enttarnten Steuervorteil wegen vermeintlichen Wertverlusts.

Auch Menschen, die ihr Geld in Wertpapieren angelegt haben, dürfen sich über großzügige Sonderregelungen freuen. Obwohl es sich typischerweise um Leute handelt, deren persönlicher Steuersatz bei der Einkommenssteuer zumindest nahe an den Spitzensteuersatz von 42 bzw. 45 Prozent heranreicht, werden Einkünfte aus Wertpapieren – Zinsen, Dividenden und Gewinne aus Aktienspekulationen – lediglich mit der sogenannten Abgeltungssteuer von 25 Prozent belegt.[75] Anders gesagt: Wer genügend Geld verdient, um es in großem Stil in Wertpapiere zu investieren, zahlt zwar hohe Einkommenssteuer auf sein Arbeitseinkommen, aber im Vergleich dazu nur etwa die Hälfte an Steuern auf die mit Spekulation erzielten Gewinne.[76]

Warum wird für Einkünfte aus Aktiengeschäften nicht der normale Einkommenssteuersatz fällig? Warum wird Arbeitseinkommen, für das ihr meist hart arbeitet, steuerlich viel härter angefasst als Einkommen, das von eigenem Vermögen praktisch im Schlaf generiert wird? Gute Frage – einfache Antwort: weil der Deutsche Bundestag es so entschieden hat, insbesondere auf Betreiben von Union und FDP. Wer viel hat, darf viel behalten. Wer wenig hat, zahlt kräftig Sozialabgaben sowie Lohn- und Einkommenssteuer. Das hat in Deutschland Tradition.

Warum gibt es in Deutschland keine Vermögenssteuer?

Wenn schon die Erträge aus Vermögen nicht so besteuert werden, dass es für eine gleichmäßigere Vermögensverteilung und gerechtere Startchancen reicht, wie wäre es mit einer Abgabe auf das Vermögen selbst? Eine jährliche Vermögenssteuer wurde deutschlandweit zumindest von 1923 bis 1996 erhoben.[77] 1995 grätschte das Bundesverfassungsgericht dazwischen und erklärte die damals geltenden Regeln für verfassungswidrig. Das Problem war allerdings nicht die Besteuerung von Vermögen als solche, sondern eine unfaire Sonderregel bei deren Berechnung. Der Besitz von Immobilien wurde nämlich auch dabei deutlich günstiger behandelt als zum Beispiel Geld- und Aktienvermögen. Die Immobilien wurden für diese Steuer nicht mit ihrem Marktwert versteuert, sondern mit dem sogenannten Einheitswert – und der war in den westlichen Bundesländern zuletzt 1964 neu berechnet worden, in den östlichen sogar schon 1935. Diese eher realitätsfernen, jedenfalls extrem niedrigen Immobilienwerte führten zu einer nicht zu rechtfertigenden Besserstellung der Eigentümer:innen von Immobilien. Allein dagegen hatte das Bundesverfassungsgericht Einwände, nicht gegen die Vermögenssteuer als solche.[78] Wenn ihr also lest, dass eine Vermögenssteuer verfassungswidrig sei, wisst ihr es nun besser: Eine Vermögenssteuer ist verfassungsrechtlich völlig in Ordnung, der Staat muss sie nur gleichmäßig auf alle Vermögenswerte erheben.

Nach dem Urteil des Bundesverfassungsgerichts wäre eigentlich zu erwarten gewesen, dass die Vermögenssteuer reformiert wird. Immobilien hätten einfach mit ihrem jeweiligen Marktwert, dem sogenannten Verkehrswert, angesetzt werden müssen. Doch die damalige Koalition aus Union und FDP entschied sich stattdessen dafür, die Vermögenssteuer gleich ganz auszusetzen. Statt sie zu reformieren, wird sie daher seit nun fast 30 Jahren nicht mehr erhoben.[79]

Wer Immobilien besitzt, wurde übrigens nicht nur bei der Vermögenssteuer bevorzugt. Auch Erbschafts- und Schenkungssteuer wurden bis Ende 2022 auf Basis sehr geringer Gebäude- und Wohnungswerte berechnet. Immerhin hier hat der Bundestag inzwischen nachgebessert: Die Steuer auf geerbte oder verschenkte Immobilien fällt inzwischen wesentlich höher aus als in den Jahrzehnten davor, sobald die Freibeträge überschritten werden.[80] An den Steuerspartricks, von denen oben die Rede war, ändert das aber nichts.

Leider beantworten diese wenigen Änderungen im Detail nicht die zugrunde liegende Frage: Warum werden Vermögende in Deutschland so sehr mit Samthandschuhen angefasst? Warum werden diese Gesetze, die für extrem ungleiche Bedingungen innerhalb der Gesellschaft sorgen, politisch nicht wirkungsvoll bekämpft? Warum finden Forderungen, die extremen Privilegien für Wohlhabende und Erb:innen abzuschaffen, so wenig Gehör? Um das zu beantworten, müssen wir uns fragen, wer eigentlich die Menschen sind, die die entsprechenden Gesetze beschließen, von denen ein Prozent der Menschen in Deutschland profitieren, während die anderen 99 Prozent eine hohe Abgabenlast tragen müssen, während Brücken und Schulen zerbröseln? Ihr ahnt es: In den Parlamenten sitzen vor allem wohlhabende Menschen, aber kaum Politiker:innen, die die Interessen der nicht besonders reichen Menschen effektiv vertreten wollen oder können.[81]

Wer sind die Menschen, die solche Gesetze schreiben?

Ungefähr die Hälfte aller Politiker:innen in Spitzenpositionen stammt nach Untersuchungen des Soziologen Michael Hartmann aus einer politisch-wirtschaftlichen Elite, den »oberen vier Prozent«.[82] Als Elite definiert Hartmann Menschen mit gesellschaftlichem Einfluss, die auch »finanziell deutlich bessergestellt«[83] sind. Zwei Drittel aller Menschen mit politischem oder wirtschaftlichem Einfluss in Deutschland haben eine solch exklusive soziale Herkunft. Ihnen attestiert Hartmann »keine realistische Vorstellung vom Leben und Denken der Durchschnittsbevölkerung«.[84] Im Bundestag sitzen also kaum Abgeordnete, die schon mal mit einem prekären Job eine Familie ernährt und mit Flaschenpfand das Abendbrot eingekauft haben. Die Menschen, die über die Spielregeln unserer Marktwirtschaft entscheiden, wissen einfach nicht, wie es sich anfühlt, wenn man am 20. eines Monats kein Geld mehr abheben kann, weil der Dispo längst ausgereizt ist, oder wenn man die fünf, sechs Stationen zum Arzt zu Fuß geht, weil die U-Bahn unerschwinglich ist.

Ab einem bestimmten Punkt ist Wohlstand nämlich nur noch ein abstrakter statistischer Wert. Wenn man jederzeit bezahlen kann, was man kaufen möchte, spürt man die konkrete Höhe von Vermögen im Alltag irgendwann nicht mehr. Armut ist dagegen immer konkret, und wer betroffen ist oder sich davor fürchten muss, nimmt sie jeden Tag wahr. Eine Armutsgefährdungsquote von 16 Prozent bedeutet, dass 13 Millionen Menschen bei uns ständig unsicher sind, ob ihr Geld auch in den nächsten Monaten und Jahren noch reichen wird, um Essen, Heizkosten, Schuhe und die Klassenfahrt für die Kinder zu bezahlen. Armutsgefährdung bedeutet, dass der Kuchen zum Kindergeburtstag zur Folge hat, dass es die Woche danach nur noch für Nudeln mit Ketchup reicht. Dann stellt sich die Frage nicht mehr, ob man mit dem Auto oder mit dem Zug in den Urlaub fährt, weil es gar kein Auto mehr gibt und der Zug eh unbezahlbar ist.

Auch Wohlhabende haben Probleme, die sich existenziell anfühlen können und als Beweis für gesellschaftliche Ungerechtigkeit empfunden werden können. Aber auf diejenigen am unteren Ende der Skala wirkt sich die Ungleichverteilung von Wohlstand in Deutschland drastisch und konkret aus. »Armut verringert die Lebenserwartung«, schrieb das Robert Koch-Institut schon 2010 in einem Bericht mit dem Titel »Armut und Gesundheit« und bezog sich darin auf Daten aus dem Sozio-oekonomischen Panel.[85] Anhaltender Stress und eine schlechtere Ernährung sind oft Teil prekärer Verhältnisse. Sie führen zu Krankheiten, die bei Menschen mit genügend Geld statistisch seltener vorkommen. Besonders Herz-Kreislauf-, bestimmte

Atemwegserkrankungen und Stoffwechselstörungen stehen in einem nachweisbaren Zusammenhang mit Armut.[86] Und genau die hiervon betroffenen Bürger:innen sind in den deutschen Parlamenten kaum oder gar nicht vertreten – daher kann es auch nicht überraschen, dass ihre Anliegen dort so wenig Gehör finden.

Dieses Problem bei der Repräsentation der Anliegen ärmerer Menschen hat gravierende Folgen für deren Sicht auf die Demokratie als solche. Die genauen Ursachen für die traurige Beobachtung, dass die Demokratie derzeit in vielen Ländern eher zurückgebaut wird, ist zwar unter Wissenschaftler:innen umstritten. Doch in einem Punkt sind sich die Forschenden einig: Wer die Demokratie erhalten will, muss die wachsende Ungleichheit innerhalb einer Gesellschaft in den Griff bekommen. Dass alle Menschen exakt gleich viel besitzen und verdienen, ist illusorisch und vielleicht auch nicht erstrebenswert. Aber zu große und wachsende Ungleichheit führt dazu, dass Menschen das Vertrauen in den Staat verlieren.[87] Wer sich von der Politik über den Tisch gezogen fühlt, neigt eher dazu, Populist:innen zu wählen.

Nicht alle Menschen, die sich von der Demokratie abwenden und beispielsweise die AfD wählen, wollen wirklich in einer völkischen Diktatur nach NS-Vorbild leben. Aber die Frustration und die Neigung zu »Denkzetteln« für »die da oben« steigt, wenn gewählte Abgeordnete sich offenkundig nicht um die Anliegen der breiten Mehrheit kümmern, sondern die Interessen einer kleinen, sehr reichen Minderheit vertreten. Diese Menschen können und müssen wir schnellstens für die Demokratie zurückgewinnen. Aber das wird nur funktionieren, wenn sich die politische Richtung ändert: Wir müssen wieder mehr ökonomische Fairness wagen.

Doch allein auf das Problem mangelnder Repräsentation zu verweisen greift zu kurz. Gäbe es in der Bevölkerung einen breiten Konsens, dass sehr reiche Menschen einen größeren Beitrag zur Finanzierung unseres Landes leisten müssen, würde sich das auch deutlicher im politischen Diskurs niederschlagen. Stattdessen lösen Forderungen nach mehr Gerechtigkeit derzeit oft breiten Widerstand aus, schnell ist von »Neiddebatten« und »Sozialismus« die Rede – und dies, obwohl über 90 Prozent der Menschen durch mehr Gerechtigkeit gewinnen und nur wenige etwas von ihrem Vermögen verlieren würden. Und selbst diejenigen, die, wirtschaftlich betrachtet, Nachteile erleiden würden, könnten beispielsweise von besseren Straßen, Schulen und Bahnen profitieren. Warum also dieser fast fanatisch anmutende Widerstand breiter Kreise gegen mehr sozialen Ausgleich?

Eine ernsthafte Umverteilung wie der Lastenausgleich hat in der Ausnahmesituation nach dem Krieg auch deshalb funktioniert, weil diejenigen, die wirtschaftlich noch etwas zu verlieren hatten, befürchteten, dass auch im westlichen Teil Deutschlands sozialistische Ideen mehrheitsfähig werden könnten. Der politische Diskurs war generell stärker am sozialen Ausgleich orientiert, und beispielsweise hat sich die SPD erst 1959 in ihrem berühmten Godesberger Programm vom Ziel des Sozialismus verabschiedet. So trugen auch eher konservative Parteien wie die CDU/CSU, Deutsche Partei und FDP den Lastenausgleich mit.[88] Heute hingegen ist mit der Forderung nach Umverteilung keine Wahl mehr zu gewinnen, Forderungen etwa nach einer Vermögenssteuer erhebt selbst die SPD nur noch so leise, dass es kaum jemand mitbekommt. Wie gut die Idee letztlich bei einer Bundestagswahl ankommen würde, wissen wir aber nicht, weil es keine Partei wirklich engagiert und überzeugend versucht.

Im Kern fehlt es offenbar an der Überzeugung, dass unser moderner, demokratischer Staat langfristig nicht funktionieren kann, wenn nicht alle eine faire Chance auf ein angenehmes Leben in ökonomischer Sicherheit und relativem Wohlstand bekommen. Es braucht die Einsicht, dass die wenigen Zehntausend Menschen, die viel mehr haben, als sie jemals werden ausgeben können, davon deutlich mehr abgeben müssen. Denn nur dann wächst die Wahrscheinlichkeit, dass die Menschen in unserem Land weiter oder auch wieder darauf vertrauen, dass die Vertreter:innen des Volkes in den Parlamenten und Ministerien die Interessen der Allgemeinheit wirklich vertreten. Das lässt sich erreichen, indem die gewählten Politiker:innen genau das tun und sich nicht mehr so sehr den Partikularinteressen einer kleinen, aber sehr wohlhabenden und einflussreichen Wählerschaft widmen.

Natürlich haben die wenigen, aber einflussreichen Menschen, die eine gerechtere Verteilung des Reichtums in Deutschland ablehnen, argumentativ vorgesorgt. So erklärt sich die merkwürdige Art und Weise, wie wir über die schreiende Ungerechtigkeit unseres Steuersystems und die daraus folgende extreme Ungleichheit der Vermögensverhältnisse diskutieren. Immer wenn mal wieder jemand fordert, ungerechte Steuergesetze in Deutschland zu reformieren, ertönt zuverlässig der Vorwurf: Ihr seid doch nur neidisch.[89] Selbst wenn das stimmen sollte: Dieser Vorwurf kann die Forderung nach einem gerechteren Steuersystem nicht entkräften. Denn inhaltlich ist es egal, ob jemand mehr Steuergerechtigkeit fordert, weil er oder sie neidisch auf Reiche ist, oder ob jemand aus grundsätzlicher politischer Überzeugung an halbwegs gleichen Chancen für alle festhält.

Demokratie stärken – das Wohlstandsversprechen erneuern

Wir sollten also wieder mehr ökonomische Fairness wagen. Denn das Wohlstandsversprechen wird unglaubwürdig, wenn gesellschaftliche Ungleichheit wächst und sich verhärtet. Und diese Ungleichheit ist die größte innere Gefahr für eine Demokratie. Damit Demokratie stabil bleibt, muss sie liefern und halten, was sie verspricht: Sicherheit, Freiheit und ein gerechtes Stück vom Kuchen für alle. Soziale Ungerechtigkeit macht uns alle ärmer, weil sie die demokratische Grundlage für unseren Wohlstand bedroht.

Verschärfend kommt hinzu: Globale Ereignisse wie die Corona-Pandemie, der Krieg in der Ukraine und der Klimawandel verringern in vielen Teilen der Gesellschaft ganz realen Wohlstand und machen die Gesellschaft anfälliger für populistische Heilsversprechen. Vertrauen in den Staat und in die Demokratie lassen sich aber auf berechenbare Weise stärken, indem Ungleichheit verringert und Gerechtigkeit sowie Chancengleichheit gestärkt werden. Und damit sind wir, als ein Beispiel von vielen, wieder bei den Steuerprivilegien.

Lastenausgleich 2.0: Die Vermögensabgabe

Um die immensen Kosten der Corona-Pandemie in Deutschland zu bewältigen, hat die Linksfraktion im Jahr 2020 einen neuen Vorschlag zur Umverteilung ausgearbeitet, den wir als Lastenausgleich 2.0 bezeichnen können. Reiche Menschen und Unternehmen sollen eine geringe prozentuale Abgabe auf ihr Vermögen zahlen. Weil diese wenigen Betroffenen aber so reich sind, kommt unter dem Strich doch eine Menge Geld zusammen. Damit sollen die Schulden abgetragen werden, die der Bund in der Corona-Pandemie angehäuft hat.[90] Bemessungsgrundlage dieser Abgabe soll das individuelle Nettovermögen natürlicher Personen sein, also Immobilien, Aktien etc. minus der Schulden, die darauf lasten. Die ersten zwei Millionen Euro – bei Firmen sind es fünf Millionen Euro – sollen nicht besteuert werden. Erst Vermögen, das darüber liegt, würde besteuert, und zwar je nach Ausgestaltung mit zehn bis maximal 30 Prozent im Spitzenbereich.[91]

Wir haben dazu ein Beispiel durchgerechnet und uns das Ergebnis vom Deutschen Institut für Wirtschaftsforschung bestätigen lassen: Frau A. besitzt eine Villa im Wert von 2,5 Millionen Euro, außerdem sonstiges Vermögen von 500 000 Euro, zusammen also drei Millionen Euro. Davon wird der Freibetrag von zwei Millionen Euro abgezogen, sodass eine Million Euro mit zehn Prozent versteuert werden, also 100 000 Euro einmalige Abgabe. Der Clou ist jedoch, dass Frau A. diese Summe nicht sofort zahlen muss, sondern sie ähnlich wie beim historischen Lastenausgleich über 20 Jahre abzahlen kann. Das wären jedes Jahr also 5000 Euro. Unmöglich? Enteignung? Wohl kaum: Wenn Frau A. ihr Geld auch nur halbwegs sinnvoll anlegt, kann sie diese 5000 Euro jährlich problemlos aus dem Einkommen bezahlen, das sie mit ihrem Vermögen erzielt. Die Vermögensabgabe würde also nicht einmal das Vermögen selbst angreifen, sondern nur einen Teil seiner Erträge abschöpfen.

Der Effekt allerdings wäre enorm, denn auf diese Weise würden bis zu 310 Milliarden Euro in die Staatskasse gespült.[92] Betroffen von einer solchen Abgabe wären ausschließlich Menschen, die zum Stichtag 1. Januar 2020 ein privates Nettovermögen von mehr als zwei Millionen Euro besaßen, sowie Unternehmen, die über ein Betriebsvermögen von mehr als fünf Millionen Euro verfügten. Das sind in Deutschland ungefähr 580 000 Betroffene.[93]

Die Linksfraktion ließ diesen Umverteilungsvorschlag vom Deutschen Institut für Wirtschaftsforschung in einer Studie durchrechnen und prüfen.[94] Diese Studie bestätigte nicht nur, dass die Rechnung aufgehen kann – sondern auch, dass sie unter bestimmten Voraussetzungen verfassungskonform ist.[95] Formal wäre diese einmalige Abgabe keine Vermögenssteuer, wie sie etwa die SPD und die Grünen fordern,[96] aber ein Schritt in Richtung mehr Gerechtigkeit in Deutschland.

Reform der Erbschaftssteuer?

Zwischen 2002 und 2017 wurden in Deutschland jedes Jahr etwa 134 Milliarden Euro vererbt.[97] Demnächst dürfte es noch mal erheblich mehr werden, weil in den nächsten Jahren ziemlich viele Großväter und Erbtanten aus der ersten relativ wohlhabenden Nachkriegsgeneration der Bundesrepublik sterben werden. Das Deutsche Institut für Wirtschaftsforschung schätzt, dass sie ungefähr 400 Milliarden Euro pro Jahr an ihre Nachkommen vererben.[98] Wir erinnern uns: Je nach Höhe der Erbschaft weitgehend steuerfrei – während diejenigen, die ein solches Glück nicht haben, mit immer teureren Lebensmitteln, steigenden Mieten und Heizkosten oder den wirtschaftlichen Folgen der Corona-Pandemie zu kämpfen haben. Um das Wohlstandsversprechen wieder besser einzulösen und damit die Demokratie in Deutschland zu stärken, müssen wir die Schere zwischen Arm und Reich ein Stück schließen.[99] Die Besteuerung großer Erbschaften wäre da ein Schritt in die richtige Richtung.

Interessanterweise verbreitet sich diese Idee auch unter Menschen, die solche Vermögen besitzen und von einer Neuregelung betroffen wären. Mit »taxmenow« – also etwa »lasst mich endlich Steuern zahlen« – gründete u. a. die deutsch-österreichische BASF-Erbin Marlene Engelhorn 2021 eine Initiative, mit der Erb:innen aus Deutschland, Österreich und der Schweiz eine höhere Besteuerung von Erbschaften und Schenkungen fordern.[100] In dem Verein organisieren sich Vermögende, die nicht nur medienwirksam Almosen verteilen wollen. Stattdessen wollen sie eine politische Verpflichtung, ihren gerechten Anteil zu leisten. Dafür sammeln sie online Unterschriften und machen zusammen mit Initiativen wie dem Netzwerk Steuergerechtigkeit oder der Bürgerbewegung Finanzwende in öffentlichen Aktionen auf ihre eigenen unfairen Privilegien aufmerksam.[101] Und sie warnen andere Privilegierte vor den politischen Gefahren. »Vermögensungleichheit, wie sie heute existiert, untergräbt die Demokratie und schadet der Gesellschaft«,[102] hieß es auf der Website von taxmenow. Dem ist nichts hinzuzufügen.

DU WIRST, WAS DEINE ELTERN SIND

Warum unsere Schulen daran scheitern, allen Kindern einen guten Start ins Leben zu ermöglichen, und was wir dringend ändern sollten

Bildung ist in Deutschland heute Glückssache: Wer das Glück hat, in die richtige Familie geboren zu werden, hat gute Karten – sonst sieht es schlecht aus.

Wir beide hatten Glück bei dieser Lotterie der Lebenschancen. Wir stammen aus der sogenannten Mittelschicht, aus »bildungsbürgerlichen« Familien. Bei jedem von uns standen zu Hause ziemlich viele Bücher, abends sahen wir die *Tagesschau*, und wenn wir in der Schule Hausaufgaben aufbekommen hatten, hat meist jemand darauf geachtet, dass wir sie auch erledigten. Es hat jemand dafür gesorgt, dass wir auf Schulen gehen konnten, an denen die Lehrenden auch die Ressourcen hatten, uns zu unterstützen. Unsere Eltern hatten Zeit, uns bei den Hausaufgaben zu helfen, und sie waren aufgrund ihrer eigenen Bildung dazu auch in der Lage. Sie hatten selbst die Erfahrung gemacht, dass Lernen funktioniert. Sie konnten uns motivieren, durchzuhalten, auch wenn es vielleicht mal keinen Spaß machte, weil sie selbst erfahren hatten, dass es sich lohnt. Zusätzlich ist Deutsch ihre Muttersprache, und sie konnten darum selbstbewusst einschreiten, wenn sie der Meinung waren, dass bei uns in der Schule etwas nicht ganz rund lief.

Diese Unterstützung hat unseren schulischen Erfolg begünstigt und uns gegen Unzulänglichkeiten des Bildungssystems immunisiert. Unsere Startchancen waren gut, und wir profitieren bis heute davon. Zudem hatten wir es meist mit Lehrkräften zu tun, die zwar in der Regel viel Arbeit hatten, aber selten chronisch überfordert waren. Wenn mal ein paar Querschläger in einer Klasse saßen, gaben diese nie den Ton an. Wenn jemand doch mal Krawall schlug, hatten die Lehrkräfte genügend Ressourcen, mit ihnen so umzugehen, dass die Dynamik der Klasse insgesamt nicht kippte.

Uns beiden kam es darum völlig normal vor, dass wir auf gute Schulen gehen und alle Chancen auf eine gute Bildung haben. Heute wissen wir, dass das hierzulande leider überhaupt nicht selbstverständlich ist. Wir haben nicht einfach Glück gehabt, sondern als Mehrheitsdeutsche mit finanziell stabilem, bildungsbürgerlichem Hintergrund auch enorme Privilegien genossen. In keinem anderen Land in Europa hängt eine gute Bildung nämlich so sehr davon ab, wie gebildet und wohlhabend die Eltern sind. Das ist nicht nur irgendein Problem – es zementiert Ungleichheit, Ungerechtigkeit und befeuert den Fachkräftemangel, weil Ressourcen von Millionen Kindern nicht genutzt werden.

Wir lösen das Wohlstandsversprechen nicht mehr ein

Eine der wichtigsten Grundlagen für den sozialen Zusammenhalt in Deutschland ist das Wohlstandsversprechen. Details dazu findet ihr im Kapitel über die Vermögensverteilung, daher hier nur kurz der Kerngedanke: Unsere Gesellschaft besteht darauf, dass alle Menschen die Chance auf einen fairen Anteil am Wohlstand des Landes haben. Damit verbunden ist der Glaube an das Leistungsprinzip: Welchen Anteil am Wohlstand Menschen bekommen, hängt im Kern von ihrer persönlichen Leistung ab. Nicht die soziale Herkunft oder das Einkommen der Eltern soll dabei über den eigenen Beruf und damit über die eigenen Lebenschancen entscheiden, ausschlaggebend soll das eigene Talent sein – und was man mit Fleiß daraus macht.

Damit das funktionieren kann, muss der Staat das Bildungssystem so gestalten, dass allen jungen Menschen, unabhängig von Herkunft und Status der Eltern, tatsächlich die Chance auf eine gute Bildung bekommt, fordert die Bundeszentrale für politische Bildung.[1] Die Qualität einer Demokratie lasse sich nicht zuletzt daran messen, wie gut es dem Gemeinwesen gelinge, Ressourcenunterschiede der Kinder auszugleichen.[2] Von Bildung hängt nämlich so gut wie alles ab: »Gut gebildete Personen sind gesünder und haben eine durchschnittlich höhere Lebenserwartung als geringer gebildete«, schreiben die Bildungssoziologin Jutta Allmendinger und der Bildungsrechtler Michael Wrase.[3] Außerdem zeigten gut gebildete Menschen »eine höhere Resilienz« und brächten sich »deutlich häufiger und intensiver in soziale und politische Prozesse ein«. In Zeiten hoher Umfragewerte für verfassungsfeindliche Positionen gewinnt ein weiterer Aspekt an Bedeutung: Je besser das Bildungsniveau, desto weniger neigen Menschen zu rechtsextremen Einstellungen.[4]

Bildungserfolg wird von Fachleuten an bestimmten Faktoren festgemacht: Haben Kinder beziehungsweise Jugendliche wirklich Zugang zu vorhandenen Bildungsangeboten wie Kita, Schule und Hochschule? Erwerben sie dort Kompetenzen, die sich in Leistungstests überprüfen und mit denen von Gleichaltrigen vergleichen lassen? Wie wird ihre Leistung etwa in Noten gemessen?

Und erwerben diese Menschen Schul- oder sonstige Abschlüsse?[5] Maßgeblichen Einfluss auf den Bildungserfolg hat in Deutschland die soziale Herkunft. Die wird zum einen geprägt vom »ökonomischen Kapital«, also etwa von Beruf und Einkommen der Eltern. Dazu kommen das »kulturelle Kapital«, also ideelle Werte, Bildungsabschlüsse und Besitz von Kulturgütern, sowie das »soziale Kapital«, also Netzwerke sozialer Beziehungen, die Menschen als Ressource nutzen können.[6]

Ein gerechtes Bildungssystem prägt nicht nur die individuellen Lebenschancen. Es formt auch die Gesellschaft. Von einem erfolgreichen Bildungssystem hängt ab, ob wir für unsere Arbeitswelt genügend Fachkräfte mit den richtigen Qualifikationen und Kompetenzen haben. Bildung stellt sicher, dass alle Personen eine faire Chance auf Teilhabe an der Gesellschaft haben, weil sie lesen, schreiben und einen Computer bedienen können. Das Bildungssystem ermöglicht oder behindert, dass Eltern Familie und Beruf vereinbaren können – beispielsweise durch Ganztagsschulen –, und ist damit auch Motor oder aber Bremse für die Gleichberechtigung. Bildung beeinflusst auf diese Weise, ob es in unserer Gesellschaft gerecht zugeht und die Wirtschaft funktioniert. Im Umkehrschluss heißt das jedoch auch, dass schlechte Bildung gefährlich ist – nicht nur für die Betroffenen, sondern für unsere Gesellschaft insgesamt.

Der PISA-Schock

Spätestens seit 2001 wissen wir, dass es mit der Chancengleichheit in der Bildung in Deutschland nicht weit her ist – damals erlitt die Republik den sogenannten PISA-Schock.[7] Vor mehr als zwanzig Jahren veröffentlichte die Internationale Organisation für wirtschaftliche Zusammenarbeit und Entwicklung (OECD) die Ergebnisse einer breit angelegten Studie namens »Programme for International Student Assessment« (PISA), also

Programm zur internationalen Erhebung schulischer Leistungen. Darin wurde das Bildungsniveau von insgesamt etwa 180 000 15-Jährigen in 32 Ländern abgefragt: Wie gut können sie lesen? Was haben sie in Mathe gelernt? Wie weit begreifen sie wissenschaftliche Zusammenhänge? Neben der Fähigkeit, Texte zu lesen und zu verstehen, ging es vor allem um die Kompetenz, Erkenntnisse fächerübergreifend zu verknüpfen, eigene Lösungsansätze für Aufgaben zu finden und sich auf diese Art selbst Wissen anzueignen. Dieses selbstständige Lernen und Denken zählt zu den wichtigsten Fähigkeiten, die Schule vermitteln kann.

PISA brachte Deutschland drei ernüchternde Erkenntnisse:

Erstens lagen die 15-Jährigen in allen drei Bereichen Lesen, Mathematik und Naturwissenschaften unter dem OECD-Durchschnitt.[8] So konnte eines von fünf Kindern so schlecht lesen, dass auch die Fähigkeit, Mathematik und naturwissenschaftliche Zusammenhänge zu begreifen, davon beeinträchtigt wurde. Damit konnten fast 23 Prozent der Jugendlichen gerade mal auf elementarem Niveau lesen. Im Hinblick auf selbstständiges Lesen und Weiterlernen ist diese Gruppe als potenzielle Risikogruppe zu betrachten,[9] wie es in der Zusammenfassung der ersten Studie hieß. Eine ernüchternde Erkenntnis für das selbsternannte Land der Dichtenden und Denkenden, das sich auf seine Bildung traditionell eine Menge einbildet.

Doch das war noch nicht alles. Nicht nur waren die Leistungsunterschiede zwischen den stärksten und den schwächsten Schüler:innen im internationalen Vergleich überdurchschnittlich groß – die Leistungen der Schwächsten waren auch noch besonders schwach. Ein volles Viertel der Jugendlichen wurde in der Zusammenfassung der Studie als »Risikogruppe« bezeichnet – sie hatten so wenig Verständnis von Mathematik, dass es aus Sicht der Expert:innen nur bedingt für die erfolgreiche Bewältigung einer Berufsausbildung ausreichen würde.[10]

Drittens schließlich belegten die Bildungsforscher:innen »einen straffen Zusammenhang zwischen Sozialschichtzugehörigkeit und erworbenen Kompetenzen über alle untersuchten Domänen hinweg«.[11] Ob ein Kind in der Schule mitkam oder nicht, hing also von Beruf und sozialem Status der Eltern ab. »Die Entwicklung des Zusammenhangs von sozialer Herkunft und Leistung scheint ein kumulativer Prozess zu sein, der lange vor der Grundschule beginnt und an Nahtstellen des Bildungssystems verstärkt wird«, steht in der Studie.[12] Schon in der Grundschule können auch hochengagierte Lehrkräfte den Nachteil einer sogenannten bildungsfernen Herkunft kaum mehr ausgleichen.[13]

Es fehlt schon an fairen Startchancen

»Kinder aus bildungsfernen Familien und Kinder aus Familien mit Migrationsgeschichte sind überproportional häufig von sozialen Risikolagen betroffen, die ihren weiteren Lebensweg bestimmen«, schreibt die Vorsitzende der Gewerkschaft Erziehung und Wissenschaft (GEW), Maike Finnern, in einem Gutachten der Gewerkschaft zur gerechten Bildungsfinanzierung.[14] Viele von ihnen erhalten etwa keine Gymnasialempfehlung und erlangen später auch keinen Studienabschluss. Damit bleibt ihnen der Weg zu höher bezahlten und besser angesehenen Berufen verschlossen.

Hier dürfen wir keine falschen Schlüsse ziehen. Vernachlässigte Bildung ist nicht per se ein Problem von Zuwanderungsfamilien. Es ist grundsätzlich so, dass Kinder und Jugendliche Gefahr laufen, abgehängt zu werden, wenn sie keine unmittelbaren Bildungsvorbilder haben – unabhängig von der Herkunft.

Fehlende Sprachkenntnisse kommen als zusätzlicher Nachteil hinzu. Dieser kombinierte Effekt ist allerdings in Deutschland besonders stark ausgeprägt. Bei Jugendlichen aus sogenannten reinen Zuwandererfamilien – also solchen, bei denen kein Elternteil in Deutschland geboren wurde – fand die erste PISA-Studie »eine Bildungsbeteiligung, wie sie in Deutschland etwa 1970 anzutreffen war«.[15] Die Hälfte der Kinder ging auf die Hauptschule, gerade mal 15 Prozent aufs Gymnasium. Zum Vergleich: Unter Deutschen ohne migrantischen Hintergrund besuchten mehr als 30 Prozent das Gymnasium. Und das lag nicht daran, dass diese Kinder schlauer sind, es muss ein strukturelles Problem sein. Offensichtlich gelingt es in Deutschland nicht so wie in anderen Ländern, die schwachen Schülerinnen und Schüler zu fördern. Daran hat sich bis heute nichts grundlegend geändert. 20 Jahre nach Pisa.

Auch der Ampel-Koalition ist klar, dass es so nicht weitergehen kann. In ihrem Koalitionsvertrag kündigte sie 2021 ein Investitionsprogramm namens »Startchancen« an. Mindestens 4000 Schulen »mit einem hohen Anteil sozial benachteiligter Schülerinnen und Schüler« sollen vom Bund etwa ein sogenanntes Chancenbudget »zur freien Verfügung« bekommen.[16] Darüber hinaus soll es weitere Unterstützungsmaßnahmen geben. Das »Startchancen«-Programm wurde im Februar 2024 beschlossen und soll mit dem Start des neuen Schuljahres ab dem 1. August 2024 umgesetzt werden.[17]

Zuwanderung und Bildung

Einiges von dem, was sich unter Bildungsmisere zusammenfassen lässt, hängt auch mit Zuwanderung zusammen, allerdings nicht so, wie die AfD und andere populistische Kräfte es gerne darstellen. Soll der Staat etwa Zuwanderung einschränken, um die Leistungen der Schüler:innen wieder anzuheben? Das scheint eine Sackgasse. Zum einen ist fraglich, ob das funktionieren würde, weil schlechte Deutschkenntnisse nur ein Teil des Problems sind. Zum anderen ist Deutschland zwingend darauf angewiesen, dass mehr Menschen nach Deutschland kommen – vor allem junge Menschen. Die Unternehmen in Deutschland brauchen jedes Jahr mehrere Hunderttausend zusätzliche Arbeitskräfte, um unsere Wirtschaft am Laufen zu halten.[18] Das Renten- wie das Gesundheitssystem brauchen dringend neue, junge Beitragszahlende, um unter der Last einer alternden Gesellschaft nicht zu kollabieren. (Warum das so ist, steht im Kapitel zur Rente.) Die einzige Chance, diesen Bedarf zu decken und unseren Wohlstand zu erhalten, sehen Insider der Bundesagentur für Arbeit nicht in weniger, sondern in mehr Migration nach Deutschland.[19] Das Bildungssystem eines der reichsten Länder der Erde sollte in der Lage sein, Kindern frühzeitig Deutsch beizubringen – im Interesse der Kinder und der Gesellschaft insgesamt.

Wir schaffen es bisher einfach nicht, sehr unterschiedlichen Menschen mit sehr unterschiedlichen Voraussetzungen die gleichen Chancen auf Bildung und Wohlstand zu bieten. Die Integration von Kindern aus von Armut betroffenen Zuwanderungsfamilien in unser Bildungssystem ist natürlich eine große Herausforderung, und es hilft niemandem, so zu tun, als gebe es diese Aufgabe eigentlich gar nicht. Das Problem sind jedoch nicht die Menschen, ohne die wir ganz schön alt aussähen, sondern unser defizitäres Bildungssystem, das es nicht schafft, die Ressourcen dieser Kinder zu entwickeln.

38 von 100 Grundschulkindern hatten im Jahr 2021 einen sogenannten Zuwanderungshintergrund.[20] Das heißt, es werden jedes Jahr sehr viele Kinder eingeschult, die nicht oder nur schlecht Deutsch können. Und es werden tendenziell mehr.[21] Diese Kinder haben wie alle Kinder und Jugendlichen in Deutschland einen Anspruch auf angemessene Bildungsangebote. Das hat das Bundesverfassungsgericht erst im November 2021 bekräftigt: Schule hat den Auftrag, »allen Schülerinnen und Schülern gemäß ihren Fähigkeiten die dem heutigen ge-

sellschaftlichen Leben entsprechenden Bildungsmöglichkeiten zu eröffnen (Bildungsauftrag) und sie – gemeinsam mit den Eltern – bei der Entwicklung einer eigenverantwortlichen Persönlichkeit innerhalb der Gesellschaft zu unterstützen und zu fördern (Erziehungsauftrag)«.[22]

Doch diesem Auftrag kommen die Schulen bisher nur unzureichend nach, wie selbst Studien im Auftrag der Kultusminister:innen ergeben. Als Reaktion auf den PISA-Schock gründete die Kultusministerkonferenz 2004 das Institut für Qualitätsentwicklung im Bildungswesen (IQB). Es hat die Aufgabe, Mindeststandards für den Schulunterricht zu entwickeln. Seit 2011 kontrolliert das IQB im Auftrag der Kultusministerien, inwieweit diese Standards erfüllt werden. Dazu untersucht es die Leistungen in Deutsch und Mathematik in der 4. Klasse und veröffentlicht die Resultate im sogenannten IQB-Bildungstrend. Das jüngste Ergebnis von 2022: desaströs wie einst zu PISA-Zeiten – und schlechter als bei den vorangegangenen Untersuchungen von 2011 und 2016.[23] Der Anteil der Schüler:innen, die den Mindeststandard nicht erreichen und damit ein hohes Risiko für einen weniger erfolgreichen Bildungsweg aufweisen, habe in allen Bereichen teils deutlich zugenommen. Nur in Englisch wurden die Leistungen zuletzt etwas besser.[24] Die Ergebnisse versetzten interessierte Teile der Öffentlichkeit in einen zweiten PISA-Schock. Denn in den letzten 20 Jahren nach dem PISA-Schock ist das deutsche Bildungssystem nicht nur nicht besser, sondern teils sogar schlechter geworden. Das klingt nicht nur dramatisch, es ist eine tickende Zeitbombe in einem Land wie unserem, das arm an Rohstoffen ist und deswegen von sehr gut ausgebildeten Fachkräften lebt.

Was läuft also schief an deutschen Schulen?

In Deutschland besteht Schulpflicht ab dem sechsten Lebensjahr. Sie dauert in der Regel neun Jahre.[25] Alle Kinder werden in die Grundschule eingeschult und kommen dann, je nach Bundesland, nach vier oder sechs Jahren auf unterschiedliche weiterführende Schulen der sogenannten Sekundarstufe I. Diese sind theoretisch in die drei Niveaus Hauptschule, Realschule und Gymnasium unterteilt – das »dreigliedrige Schulsystem«. Zusammen ergeben Grundschule und Sekundarstufe I die schulische Grundbildung. Sie endet frühestens nach dem 9. Schuljahr. Wer danach weitermacht, kommt in die Sekundarstufe II. Sie führt entweder zu einem Berufsabschluss oder zum Abitur nach dem 12. oder 13. Schuljahr.

Immerhin 95,6 Prozent der Bevölkerung in Deutschland haben einen Schulabschluss oder erwerben ihn gerade.[26] Allerdings verlassen auch mehr als 6 Prozent der heutigen Jugendlichen in Deutschland die Schule ohne Abschluss.[27] Darunter sind junge Menschen mit ausländischer Staatsbürgerschaft fast dreimal so oft vertreten wie Gleichaltrige mit deutscher Staatsangehörigkeit, schreibt die Bertelsmann-Stiftung.[28] Kinder scheinen also beim Zugang zu Bildung ganz am Anfang noch recht gleiche Chancen zu haben. Danach verschlechtern sich jedoch die Aussichten vieler ressourcenärmerer Kinder dramatisch, am Ende einen guten Abschluss in der Hand zu haben – erst recht das Abitur.

Als Reaktion auf den PISA-Schock schraubten viele Bundesländer an ihren Schulformen und schufen zum Beispiel die Hauptschule ab. Denn wenn es keine Hauptschulen mehr gibt, können sich dort auch keine benachteiligten Jugendlichen mehr sammeln. Seither verdoppelte sich die Zahl der Menschen, die das Abitur ablegen,[29] während die Zahl der Realschulen seit 2007 um ein Drittel sank, die der Hauptschulen sogar um die

Hälfte.[30] Großer Gewinner sind die Gemeinschaftsschulen, die an vielen Orten neu gegründet wurden.[31]

Gemeinschaftsschulen sind in der Regel Ganztagsschulen. Kinder mit unterschiedlichen Leistungsniveaus werden hier in den gleichen Klassen gemeinsam unterrichtet, alle – so die Idee – entsprechend ihren Fähigkeiten. Im Kern verfolgt die Gemeinschaftsschule zwei Ziele: Möglichst viele Kinder sollen möglichst weitgehend nach ihren eigenen Bedürfnissen lernen können. Und Kinder mit unterschiedlichen Vorbedingungen sollen das möglichst lange gemeinsam in einer Klasse tun: mit und ohne deutsche Muttersprache, mit und ohne Behinderung, mit und ohne Ziel oder Fähigkeit, Abitur zu machen. Dass dieses Konzept funktioniert, hat die pädagogische Forschung nachgewiesen: »Wenn man die starken Schüler betrachtet, dann werden sie nicht gebremst, sondern gewinnen zum einen an Sozialkompetenz. Zum anderen muss ich als starker Schüler den Stoff, den ich einem anderen, schwächeren Schüler erklären will, zunächst einmal selbst verstanden haben. So verfestige ich mein eigenes Wissen«, erklärt Katrin Hille vom TransferZentrum für Neurowissenschaften und Lernen in Ulm.[32] »Die Leistungsschwächeren sind davon nicht etwa demotiviert, sondern sehen ganz im Gegenteil, was alles möglich ist.« Den Stärkeren schadet das gemeinsame Lernen also nicht, und alle profitieren davon.

Leider haben die lernschwächeren Kinder damit aber nicht automatisch bessere Bildungschancen. Denn längst nicht alle Gemeinschaftsschulen haben eine gymnasiale Oberstufe. Das heißt, diejenigen, die Abitur machen, werden trotzdem irgendwann ausgefiltert.

Diese Filtermechanismen des deutschen Schulsystems haben entscheidenden Einfluss auf die Chancengleichheit der Kinder. Wer darf weitermachen? Wer nicht?

Das Problem: Diese Filter filtern nicht fair. Beispiel: die Gymnasialempfehlung. Am Übergang von der Grundschule zur Sekundarstufe liegt eine »zentrale Gelenkstelle für das Entstehen von Bildungsbenachteiligung«, wie es die Erziehungswissenschaftlerin Renate Valtin ausdrückt.[33] Denn Kinder aus bildungsnahen Elternhäusern haben eine 3,5-mal höhere Chance auf eine Gymnasialempfehlung als Kinder aus bildungsfernen Familien. Die Empfehlungen für die weiterführenden Schulen geben Lehrkräfte aufgrund der Leistungen ab, die sie im Unterricht sehen. Nur gibt es leider sehr deutliche Hinweise darauf, dass gleiche Schulleistungen zweier Kinder unterschiedlich beurteilt werden – je nachdem, ob ein Kind aus einer privilegierten oder aus einer von Armut betroffenen Familie kommt. In einer Vergleichsstudie für den Deutschen Gewerkschaftsbund (DGB) untersuchte der Bildungsforscher Klaus Klemm 2021 den Zusammenhang von Gymnasialempfehlung und sozialer Stellung der Eltern.[34] Beides wird in den gängigen Lernleistungsstudien wie PISA oder IGLU erhoben. IGLU ist die Abkürzung für »Internationale Grundschul-Leseuntersuchung« und so etwas wie PISA für Grundschulkinder. Die berufliche Position der Eltern wird mit dem sogenannten Erikson-Goldthorpe-Portocarero-Klassenschema (EGP) eingeteilt. EGP-Klasse I der Eltern bedeutet »Oberste Dienstklasse« – das können Unternehmer:innen, Professor:innen, leitende Angestellte oder höhere Beamt:innen sein. EGP-Klasse VII steht für »an- und ungelernte Arbeitskräfte«.[35]

Bildungsforscher Klemm fand heraus: Bei gleicher Leistung haben Kinder aus ressourcenreichen Familien deutlich bessere Chancen auf eine Gymnasialempfehlung. Während beispielsweise im Lesen bei der IGLU-Studie 2006 Kinder aus wohlhabenden Familien der EGP-Klasse I schon bei einer Testleistung von 537 Punkten mit 50-prozentiger Wahrscheinlichkeit eine Empfehlung zum Übergang aufs Gymnasium erwarten konnten, galt das für Kinder aus ressourcenärmeren Familien der EGP-Klasse VII erst bei einer Testleistung im Lesen von 614 Punkten. 2006 mussten also Kinder aus »sozial schwachen« Familien für die gleiche gymnasiale Schullaufbahnempfehlung beim IGLU-Test 77 Testpunkte mehr erreichen[36] – immerhin rund 15 Prozent. Das heißt, wenn ein Kind aus einer privilegierten Familie einigermaßen okay lesen kann, bekommt es eine Empfehlung fürs »Gymmi«, während ein Kind aus einer sozial schlechter gestellten Familie annähernd perfekt lesen können muss, um die Lehrkräfte davon zu überzeugen, dass es das Abitur schaffen kann. Und die Differenz der für eine Gymnasialempfehlung erforderlichen Leistungen wächst an: Zwischen 2006 und 2016 ist sie auf 102 Punkte gestiegen.

Prinzipiell können Eltern zwar in fast allen Bundesländern entscheiden, an welcher weiterführenden Schule sie ihr Kind nach der Grundschule anmelden. Dafür müssen sie aber meist die Empfehlung der Grundschule vorlegen. Sogar mit Gymnasialempfehlung ist es in vielen Regionen schwierig, einen Platz mit der Aussicht auf das Abitur für sein Kind zu finden – ohne die begehrte Empfehlung dürfte es oft genug unmöglich sein. An dieser Stelle ihrer Bildungsbiografie werden benachteiligte Kinder also durch Faktoren ausgebremst, die eng mit ihrer familiären Herkunft verbunden sind: Ein Kind mit guten Noten, das nicht schon nach der Grundschule von Eltern und Lehrer:innen aufs Gleis Richtung Abi gesetzt wird, kann die Spur meist nur mit großem administrativem, zeitlichem und mentalem Aufwand wechseln – und oft nur, wenn jemand dabei hilft.

Ein Merkmal weniger gebildeter Eltern ist jedoch, dass sie häufig weder Zeit noch Wissen – und manchmal auch keine Ambition – haben, ihre Kinder trotz fehlender Gymnasialempfehlung auf eine höhere Schulform zu schicken. Diese frühe und ungerechte Filterung der Schüler:innen ist ein zentraler Mechanismus, durch den die Herkunft der Kinder deren Chancen auf Bildung verschlechtert. »Je früher differenziert wird«, so der Bildungsforscher Jürgen Baumert, »desto länger wirken die unterschiedlichen Milieus, die sich in den Schulformen herausbilden.«[37] So werden die unterschiedlichen Bildungschancen begünstigter und benachteiligter Schüler:innen in der Sekundarstufe I von den Schulen regelmäßig selbst vergrößert statt angeglichen.[38]

Wer abgehängt wird, verpasst den Anschluss also oft schon in der Grundschule, und zwar insbesondere dann, wenn zu Hause kein Deutsch gesprochen wird. Doch das lässt sich ändern, beispielsweise mit sogenannten Sprach-Kitas, die es in Deutschland seit 2011 gibt. Dort werden vor allem fremdsprachige Kinder mit zusätzlichen Fachkräften betreut und in Zusammenarbeit mit den Eltern beim Deutschlernen unterstützt. Ungefähr jede achte Kindertagesstätte in Deutschland ist heute eine Sprach-Kita.[39] Sprach-Kitas sind sehr wichtig, damit möglichst viele Kinder mit ausreichender Sprachkompetenz eingeschult werden – aber Sprach-Kitas sind teurer. Und damit sind wir bei der Frage: Wer bezahlt in Deutschland eigentlich die Bildung?

Wie Bildung in Deutschland finanziert wird

Schule und Bildung sind – neben der Polizei – eine zentrale Angelegenheit der Länder. Mehr als 90 Prozent aller Bildungskosten werden von Ländern und Kommunen getragen. Der Bund darf sich nur in sehr eng umrissenen Einzelfällen überhaupt in die Bildung einklinken – meist mit Sonderprogrammen. Wenn irgendetwas länderübergreifend geregelt werden soll, müssen es die Länder selbst aushandeln und meist auch selbst bezahlen.

Aufeinander abgestimmte Lösungen in Bildungsfragen sind besonders schwierig, weil die Ausgangslagen der Länder so unterschiedlich sind. Nicht jedes Bundesland hat gleich viele benachteiligte Schüler:innen. Auch der Anteil von Kindern aus Zuwanderungsfamilien schwankt erheblich: In einigen Bundesländern machen diese Kinder zwölf Prozent der Schüler:innen aus, in anderen 58 Prozent.[40] Es liegt darum auf der Hand, dass die Länder sehr unterschiedliche Interessen bei der Ausgestaltung und Finanzierung ihres Bildungswesens haben.

Noch schwieriger wird es, wenn Geld vom Bund ins Spiel kommt – wie zum Beispiel beim »Startchancen«-Programm. Im Januar 2023 verkündete die Bundesbildungsministerin Bettina Stark-Watzinger, wie viel Geld der Bund dafür bereitstellen möchte: etwa eine Milliarde Euro pro Jahr.[41] In den Koalitionsverhandlungen war zwar laut *Süddeutscher Zeitung* noch vom Doppelten die Rede gewesen,[42] Bundesfinanzminister Christian Lindner strich das Budget aber zusammen und gab dem Rest den knackigen Namen »Bildungsmilliarde«.[43] Die Bildungsministerin machte daraus die »Startchancenmilliarde«[44] und forderte von den Ländern, sich »in gleicher Weise finanziell [zu] beteiligen«.[45] Damit lag der Ball beim zentralen bildungspolitischen Gremium der Länder: der Kultusministerkonferenz.

KMK, mit freundlichen Grüßen

Die Kultusministerkonferenz (KMK) – offizieller Name: »Ständige Konferenz der Kultusminister der Länder in der Bundesrepublik Deutschland« – ist zwar nirgends verfassungsrechtlich verankert, hat aber dennoch entscheidenden Einfluss auf die Bildungspolitik der Länder und damit auf alles, was in Deutschland mit Schule zu tun hat. Denn hier sprechen sich die zuständigen Minister:innen der 16 Bundesländer ab und finden (Minimal-)Kompromisse. Sie treffen sich viermal im Jahr zum Plenum und in zahlreichen Untergruppen zu weiteren Beratungen. Meist sind das quälende Runden, weil die Vorstellungen je nach parteipolitischem Hintergrund sehr unterschiedlich sind. Die KMK regelt beispielsweise, wie Länder ihre Abschlüsse anerkennen und gemeinsame Standards einführen. Das Gremium wirkte in den 1990er-Jahren auch maßgeblich daran mit, dass die neue Rechtschreibung durchgesetzt wurde, und definiert ganz allgemein die Leitlinien des Bildungssystems in Deutschland. »Dabei nehmen die Länder ihre Verantwortung für das Staatsganze selbstkoordinierend wahr«, wie die KMK von sich selbst behauptet.[46]

Im Februar 2024 einigten sich Bund und Länder auf ein gemeinsames Startchancenpaket. Demnach soll das Programm zehn Jahre laufen; pro Jahr werfen Bundesländer und Berlin je eine Milliarde in den Topf. Alles in allem stehen also für die kommende Dekade 20 Milliarden Euro bereit, um die Startchancen benachteiligter Kinder in Grundschulen zu verbessern. Neben der Summe ist aber vor allem entscheidend, wie das Geld auf die 4000 Schulen verteilt wird. Dies soll nach drei Kriterien geschehen: Anteil der unter 18-Jährigen mit Migrationshintergrund (40 Prozent), Armutsgefährdungsquote der unter 18-Jährigen (40 Prozent), negatives Bruttoinlandsprodukt (20 Prozent). Von diesem Verteilmechanismus nach sozialen Kriterien profitieren bedürftige Kinder zwar deutlich weniger als versprochen, weil die Einwohnerzahl der Länder auf Umwegen immer noch eine große Rolle spielt,[47] dennoch ist diese Art der Geldverteilung eine kleine Revolution im deutschen Bildungswesen. Sie ersetzt nämlich den sogenannten Königsteiner Schlüssel. Dieser föderale Geldverteilmechanismus stützt und verstärkt seit Jahrzehnten die Ungerechtigkeit des deutschen Schulwesens.

Missverstanden und oft ungerecht: Der Königsteiner Schlüssel

Der Königsteiner Schlüssel verteilt Geld an die Bundesländer vor allem nach zwei Kriterien: Steueraufkommen und Bevölkerungszahl des jeweiligen Bundeslands. Das Steueraufkommen zählt dabei zu zwei Dritteln, die Bevölkerung zu einem Drittel. Das heißt, Länder mit einem hohen Steueraufkommen bekommen automatisch mehr Geld als Länder mit einem geringen Steueraufkommen – und zwar auch dann, wenn es eigentlich darum gehen soll, ärmere Länder zu unterstützen. Der Königsteiner Schlüssel führt zu dem absurden Ergebnis, dass der Bund 2020 im sogenannten Sofortausstattungsprogramm des »DigitalPakts Schule« pro bedürftigem Kind an einer Schule im reichen Bayern einen Zuschuss von rund 910 Euro zahlte, pro Kind im armen Bremen aber nur 228 Euro.[48]

Das wundert nicht, denn eigentlich ist der Königsteiner Schlüssel nicht zur Verteilung von Fördergeldern gedacht, sondern zur Verteilung von Lasten. Ursprünglich ging es bei der Entwicklung der Formel nämlich nicht darum, wer wie viel bekommt, sondern wer wie viel bezahlt. Wenn Länder Geld beisteuern sollen, ergibt es natürlich Sinn, wenn stärkere Schultern mehr tragen müssen als schwächere. Wer den Königsteiner Schlüssel hingegen zur Verteilung von Hilfsgeldern einsetzt, bekommt bizarre Ergebnisse, weil diejenigen Länder besonders viel bekommen, denen es eh schon am besten geht. Weil dieses Prinzip aber oft nicht verstanden wird, verteilt der Staat bis heute Geld nach dem Königsteiner Schlüssel auch in Bereichen wo er gerade nicht solidarischen Ausgleich, sondern die Vertiefung sozialer Unterschiede bewirkt.[49]

2022 legte die Gewerkschaft Erziehung und Wissenschaft (GEW) ein Gutachten zur Verteilung von Bundesmitteln im Rahmen von Bund-Länder-Vereinbarungen im Schulbereich vor.[50] Darin kam sie zu dem Schluss, dass der Königsteiner Schlüssel zumindest für die Verteilung von Geld aufgegeben werden müsse, da die mit ihm ursprünglich verbundene Intention – die Länder mit höherem Steueraufkommen sollen größere Lasten tragen – in ihr Gegenteil verkehrt werde, wenn diese Länder den größten Teil der Zuwendungen erhalten.[51] Als Alternative schlägt die GEW einen sogenannten Multiplen Benachteiligungsindex (MBI) vor. Darin werden alle Faktoren der möglichen Benachteiligung zu sogenannten Dimensionen zusammengefasst:[52] Wirtschafts- und Finanzkraft des Landes, soziale Bedürftigkeit, Bildungsstand der Bevölkerung und der Anteil Jugendlicher unter 18 Jahren mit Migrationshintergrund. Anhand dieser Größen möchte die GEW den realen Bedarf jedes Bundeslandes so exakt wie möglich ermitteln. In einem zweiten Schritt soll dieser MBI auch innerhalb der Länder angewendet werden – damit die Schulen passgenau unterstützt werden, die es am nötigsten haben.[53]

Benachteiligung in der Praxis: Das Beispiel Natalya Nepomnyashcha

Doch was heißt eigentlich »passgenau unterstützen«? In Schulen gibt es viele Stellschrauben, um Bildungschancen benachteiligter Kinder zu verbessern. »Was mir rückblickend gefehlt hat, waren Psycholog:innen und Sozialarbeiter:innen, die in der Muttersprache mit den Kindern sprechen«, sagt die Gründerin des »Netzwerks Chancen«, Natalya Nepomnyashcha.[54] Diese Plattform setzt sich dafür ein, dass die soziale Herkunft als Diversity-Faktor anerkannt wird.[55] Nepomnyashcha floh als Kind mit ihrer Familie aus Kiew nach Augsburg und durchlief in Deutschland das Vollprogramm schulischer Benachteiligung – inklusive Verweigerung einer Gymnasialempfehlung, weil sie nicht gut genug Deutsch sprach. Über die Realschule, eine Ausbildung zur Fremdsprachenkorrespondentin und Dolmetscherin sowie ein Masterstudium in England ist sie jetzt – ohne Abitur – Unternehmensberaterin und hilft daneben ehrenamtlich Menschen aus unterprivilegierten Schichten beim sozialen Aufstieg.[56]

Natalya Nepomnyashcha sagt, sie habe unterschätzt, wie wichtig trotz guter Abschlüsse Netzwerke und Kontakte sind, die man zum Beispiel durch die richtigen Praktika knüpfen kann: »Die Menschen, mit denen ich um die Stellen konkurrierte […], hatten […] früh Praktika im Auswärtigen Amt, im Bundestag oder bei großen Unternehmen gemacht.«[57] Da habe sie nicht mithalten können, denn solche Praktika seien meist schlecht oder gar nicht bezahlt. Darum fordert Nepomnyashcha, dass Vollzeitpraktika mindestens vierstellig vergütet werden, sonst »können sich das nur junge Menschen aus wohlhabenden Familien leisten«.[58]

Wir brauchen bessere Daten

Solch konkrete Auswirkungen von Benachteiligung in der Schule und danach werden bisher nur bekannt, wenn Medien mehr oder weniger zufällig über Einzelpersonen berichten, denn es gibt dazu kaum verlässliche Zahlen. Der Mangel an kontinuierlichen, belastbaren und vergleichbaren Daten über alle Bundesländer hinweg ist ein unterschätzter Aspekt der deutschen Bildungsmisere. Denn in Deutschland fehlen nicht nur Zahlen zu konkreten Bildungswirkungen, sondern insgesamt tragfähige Informationen, um die Benachteiligung von Kindern im Schulsystem von Anfang bis Ende durchgängig abzubilden – sowohl innerhalb der Länder als auch bundesweit. »Nur wenige Länder haben einen Sozialindex, der genutzt wird, um bedürftige Schulen zusätzlich zu fördern«, sagt der Erziehungswissenschaftler Detlef Fickermann, der das Konzept des MBI mitentwickelt hat.[59] Manche Bundesländer haben nicht mal einen sogenannten Kerndatensatz, der für jede Schule ausweist, wie viele benachteiligte Schüler:innen es dort gibt. Und es wird auch nicht in allen Bundesländern erfasst, ob die Schüler:innen zum Beispiel zu Hause Deutsch sprechen. Das macht es ziemlich schwierig, herauszufinden, ob ein Kind beispielsweise von einer Sprach-Kita profitieren würde.

In einem Gutachten gibt die Gewerkschaft Erziehung und Wissenschaft (GEW) einen detaillierten Einblick in die chaotische Datenlage:[60] Baden-Württemberg erhob zum Beispiel bis vor Kurzem, ob ein Kind einen sogenannten Migrationshintergrund hat – nicht aber, ob zu Hause Deutsch gesprochen wird. Berlin wertet aus, wie viele Kinder von der Zuzahlung zu Lernmitteln befreit sind, um damit einen realistischen Einblick in die Armutsquote zu bekommen.[61] Brandenburg erhebt sowohl die Befreiung vom Eigenanteil an den Schulbüchern als auch den Migrationshintergrund; Rheinland-Pfalz zusätzlich noch die Konfession. In Hessen wiederum wurden die Schüler:innen anhand ihrer Wohngemeinde einer sozialen Ebene zugeordnet, um die Situation und den potenziellen Förderbedarf einzelner Schulen aus dem Durchschnitt der Werte der Schüler:innen zu errechnen.

Es gibt in Deutschland zurzeit 16 verschiedene Schulstatistiken – von denen kaum zwei dieselben Merkmale erfassen. Niemand kann auf dieser Basis einen belastbaren Überblick über Situation und Verteilung sozial benachteiligter Schüler:innen in Deutschland bekommen. Eigentlich wäre für eine Vereinheitlichung die KMK zuständig, der Bund darf in diesen Bereich ja nicht hineinregieren. Aber bisher haben sich die Länder noch nicht einmal auf eine gemeinsame Schulstatistik einigen können. Statt an einer validen Übersicht zu arbeiten, setzen einige Länder auf Verschleierung: Die bescheidenen Daten, die die Länder erheben, werden mitunter auch noch unter Verschluss gehalten. Die Querschnittsdaten etwa, die für den IQB-Bildungstrend der KMK erhoben werden, stehen der Wissenschaft nur eingeschränkt zur Verfügung.[62] Stattdessen stellt die KMK lediglich Längsschnitt-Alternativen wie das Nationale Bildungspanel bereit, die aber für viele Fragestellungen nicht repräsentativ auswertbar sind.[63] Offenbar verhindern einige Länder gezielt Erkenntnisse, die ihre Bildungspolitik in schlechtem Licht erscheinen lassen könnten, oder sie halten Daten unter Verschluss, die das Versagen einzelner Verantwortlicher belegen könnten. Damit sabotieren diese Länder eine umfassende, länderübergreifende Analyse der Probleme und versperren den Weg zu wissenschaftlich fundierten Lösungen, die die Situation bundesweit verbessern könnten.

Ohne belastbare und vor allem vergleichbare Daten lässt sich die Chancengleichheit im Bildungssystem nicht verbessern. Wir brauchen eine solide Datenbasis, weil nur so Benachteiligung exakt lokalisiert, in ihren Ursachen erforscht und mit konkreten – und überprüfbaren – Maßnahmen abgebaut werden kann. Wissenschaftlich auswertbare Daten sind *das* Mittel, um unsere gesellschaftliche Realität ohne Verzerrung durch eigene Vorlieben und eigene Wunsch- und Angstvorstellungen abbilden und politisch darauf reagieren zu können.

Wenn wir das gesamte Ausmaß an Bildungsungerechtigkeit in Deutschland mit Zahlen darstellen könnten, argumentiert der Bildungsforscher Benjamin Edelstein, würde zudem deutlich, dass »soziale Bildungsungleichheit natürlich maßgeblich durch die Ungleichheit der materiellen Lebensverhältnisse bedingt ist«.[64] Armut, Vernachlässigung und kaputte Stadtviertel stehen in unmittelbarer Wechselwirkung mit der ungerechten Verteilung von Bildungschancen. Darum können Bildungschancen nur systematisch verbessert werden, »wenn andere Politikbereiche – allen voran etwa die Steuer-, Sozial- und Wohnungspolitik – ihrerseits in die Verantwortung genommen werden«.[65]

Konkret müssen wir demnach dafür sorgen, dass der Lebensmittelpunkt benachteiligter Menschen sich nicht auch noch in heruntergekommenen Gegenden konzentriert, wo ihre Kinder in maroden Schulgebäuden ohne Computer und mit ausgelaugten Lehrkräften weiter ins soziale Abseits geraten. Fachleute nennen dieses Problem »sozialräumliche Segregation«. Umgangssprachlich gibt er dafür ein härteres Wort: Getto-Bildung.

Wenn Bildung eine Frage der Postleitzahl ist

Schüler:innen werden nicht irgendwo in einem abstrakten System benachteiligt. Das geschieht jeden Tag an ganz konkreten Orten: in Klassenzimmern und Schulen. Steht eine Schule in einer Wohngegend mit überdurchschnittlich vielen armutsbetroffenen und/oder fremdsprachigen Familien, wird sie gerne als Schule an »herausfordernder«, »schwieriger« oder »sozial deprivierter Lage« bezeichnet, die in »benachteiligten Quartieren« oder in einem »sozialen Brennpunkt« liegt und eine »sozioökonomisch benachteiligte Schülerschaft« hat. Diese Floskeln haben die Bildungsforscherinnen Laura Braun und Hanna Pfänder in einer Vergleichsuntersuchung über Förderprogramme für benachteiligte Schulen gesammelt.[66] »Im Vergleich zu anderen Standorten empfangen dort überdurchschnittlich viele Menschen Sozialhilfe, sie haben ein hohes Armutsrisiko, eine niedrige Bildungsqualifikation und geringe soziale Mobilität.«[67] Im Klartext existieren in Deutschland Schulen für Arme und Schulen für Bessergestellte. Und sie sind bereits an der Adresse zu erkennen.

Nina Bremm, Professorin für Schulentwicklung an der Pädagogischen Hochschule in Zürich, vergleicht die konkreten Merkmale dieser Schulen. In »Mangellagen« hätten sie »häufiger Ausstattungs- und Personalmängel als der OECD-Durchschnitt«. Gegenüber Schulen in begünstigten Lagen zeigten Problemschulen »häufiger Personalmangel, größere Führungskräftefluktuation, mehr Geflüchtete und eine stärkere Konzentration leistungsschwacher Schüler«.[68] Zudem arbeiteten dort mehr Lehrkräfte, die über einen Seiteneinstieg – und damit über eine typischerweise verkürzte Ausbildung – in ihren Beruf gekommen sind. Der Fachbegriff für den Zusammenhang aus Wohnort und Bildungsqualität heißt »Verräumlichung sozialer Ungleichheit«.[69]

Mauern gegen den Bund

Diese räumliche Konzentration ungleicher Bildungschancen findet sich nicht nur in einzelnen Stadtvierteln und Gemeinden, sondern auch auf Bundesebene. Nach der ersten PISA-Untersuchung erhob 2002 eine Erweiterungsstudie namens PISA-E auch die Bildungsunterschiede zwischen den Bundesländern. In allen drei untersuchten Bereichen Lesekompetenz, mathematische und naturwissenschaftliche Grundbildung »erreichen nur zwei Länder (Baden-Württemberg, Bayern) durchgängig Werte oberhalb des OECD-Durchschnitts«, wie die KMK in ihrem Beschluss über notwendige »Handlungsfelder« festhielt. Alle anderen lagen auf PISA-Niveau – also unter dem OECD-Durchschnitt – oder gar noch darunter.[70] »Für alle Länder in der Bundesrepublik Deutschland sind somit Modernisierungsanstrengungen im Bildungswesen erforderlich«, bemerkte die KMK.[71] Von diesen Anstrengungen sind die Länder überfordert.

Das wissen deutsche Bildungsexpert:innen seit Jahrzehnten – und auch der Bund ist immer wieder bereit, sich mehr zu engagieren. Aber auf solche Avancen aus Berlin reagieren viele Länder allergisch. »Die Länder sind zwar zuständig, sagen aber, ihnen fehle das Geld«, klagt Natalya Nepomnyashcha:[72] »Der Bund verfügt über die Finanzen, kann sie aber nicht in Personal der Länder stecken.«[73] Auch der DigitalPakt Schule, ein milliardenschweres Bundesprogramm zur digitalen Aufrüstung der deutschen Schulen, wäre 2016 beinahe gescheitert, weil die Länder um ihre Autonomie und Bildungshoheit fürchteten: Als die damalige Bundesbildungsministerin Johanna Wanka 2016 ankündigte, der Bund werde den Ländern fünf Milliarden Euro für neue Computer, Schulung der Lehrkräfte und andere Digitalisierungsmaßnahmen anbieten, erntete sie weder Jubel noch Dankbarkeit, sondern Kritik. Nach monatelangem Tauziehen kann nun der Bund zwar Geld geben, darf es aber nicht mehr an inhaltliche Mitsprache knüpfen. Im Gegenzug müssen die Länder so viel Geld in den Topf werfen wie der Bund. Ob sich diese Bund-Länder-Einigung bewähren wird, ist noch nicht klar: Die Gelder aus dem DigitalPakt Schule werden offenbar oft nicht abgerufen, unter anderem, weil es den Ländern schwerfällt, ihren Eigenanteil von 50 Prozent beizusteuern. Folge: Das lang ersehnte WLAN kann leider doch nicht eingerichtet werden; das Geld des Bundes bleibt im Topf liegen.

Gutes Schulklima

Dabei sollte eine solide Ausstattung mit digitaler Infrastruktur wie etwa schnellem WLAN eigentlich selbstverständlich sein. Fehlt es an solchen grundlegenden Voraussetzungen, leidet eine wesentliche Voraussetzung für erfolgreiche Bildungskarrieren, nämlich ein gutes Lernklima.[74]

Doch selbst an gut ausgestatteten Schulen ist eine konstruktive Lernatmosphäre nicht so einfach zu schaffen. Denn die Kraft der Schule entfaltet sich zwischen Menschen. Zwischen Lehrenden und Lernenden. Damit das klappt, muss das Klima im Ökosystem Schule stimmen. Dazu gehört etwa, dass genügend Lehrer:innen eingestellt werden und niemand ausbrennt, weil ständig neben den eigenen Stunden auch noch jene der ausgefallenen Kolleg:innen zu stemmen sind. In einem gut ausgestatteten Ökosystem Schule können Lehrkräfte Dynamik und

Energie der Kinder aufnehmen und machen gemeinsam mit ihnen Schulstunden, an die sich alle ein ganzes Leben lang erinnern. Doch vor allem Schulen, die ins Abseits geraten sind, entwickeln oft eine Dynamik, bei der auch die engagiertesten und motiviertesten Lehrer:innen krank werden oder kündigen – und das Problem damit weiter verstärken.

Das Schulklima – und damit die Beziehung zu Lehrkräften und Mitschüler:innen – ist für die Entwicklung von Persönlichkeitsmerkmalen wie Ich-Stärke und Leistungsvertrauen extrem wichtig.[75] Dieses Leistungsvertrauen, also die Überzeugung, genug leisten zu können, um eigene Ziele zu erreichen, entscheidet nämlich, ob ein Kind, insbesondere wenn es zu Hause keine Bildungsvorbilder hat, trotzdem Motivation findet, sich für die Schule anzustrengen. Stimmt das Schulklima, können Kinder diese Stützen ihrer Persönlichkeit aufbauen und sich aus einer benachteiligten Position herausentwickeln. Aber wenn die Stimmung an der Schule desaströs ist?

Ausschlaggebend für ein gutes Klima ist eine Schulleitung, die für diese Aufgabe gewappnet ist. Doch Schulen werden in Deutschland überwiegend nebenbei geleitet – mit wenig Zeitbudget, bescheidenen Gehältern und meist ohne grundlegende Ausbildung für diese komplexe Führungsaufgabe. Resultat: An jeder vierten Schule in Deutschland fehlen Personen für die Schulleitung.[76]

Klimawende in der Kultusministerkonferenz?

Auch die Kultusministerkonferenz müsste diese Herausforderungen inzwischen auf dem Zettel haben, denn im September 2022 bekam sie einen Brief. Besser gesagt: einen dringenden Appell mit dem Titel »Zukunftsfähige Schule – Exzellente Schulleitung«, den der »Think Tank Schule leiten« verfasst hatte,[77] eine Gruppe aus acht renommierten Pädagog:innen.[78] Sie hatten den Aufruf in zweijähriger Arbeit entwickelt und immer wieder im Kreis von Kolleg:innen diskutieren lassen.[79] Unterschrieben haben ihn dann weitere 48 Fachleute, viele davon Leitungskräfte an Schulen.[80]

Die sieben Thesen sind moderat formuliert, doch in der Sache haben sie es in sich. Im Kern fordern die Expert:innen, die KMK möge endlich Konzepte für bessere Schulleitungen entwickeln. Die Leitung einer Schule sei eine Managementaufgabe, die unbedingt professionalisiert werden müsse. Dafür brauche es länderübergreifende Qualitätsstandards, kompatible Ausbildungswege und größere Zeit- und Geldbudgets für die Schulleitungen. Die einzelnen Schulen müssten viel mehr Mitspracherechte und Eigenverantwortung bekommen, und zwar sowohl bei Personalentscheidungen als auch bei der Gestaltung von Inhalt und Abläufen im Schulalltag: »Die Aufgaben einer Schulleitung unterscheiden sich grundlegend von den Aufgaben einer Lehrkraft. Schulleitung ist ein eigenes Berufsbild«, so der Thinktank.

Die KMK reagierte unterkühlt: Monate später legten die Kultusminister:innen ein Zwölf-Schritte-Programm gegen den Mangel an Lehrern und Lehrerinnen vor und präsentierten im März 2024 den Plan, in Zukunft Lehrende auszubilden, die nur ein Fach unterrichten können. Außerdem soll das Studium praxisnäher werden, etwa über ein duales Masterstudium. Auch sollen mehr Quereinsteiger:innen und Menschen mit Bachelor-Abschluss an Schulen unterrichten dürfen.[81] Natürlich auch wichtig – aber an der Managementkrise in den deutschen Schulen wird das Konzept wenig ändern.

Sag mir, wo die Lehrenden sind

Immerhin verweist das Papier der KMK auf die wohl größte Baustelle an deutschen Schulen. Die Unterfinanzierung des Bildungswesens »und der dramatische Fachkräftemangel in der ganzen Bildungskette überlagern alle anderen Probleme oder lösen diese aus«, so der Bildungsjournalist Ulf Rödde in der Mitgliederzeitschrift der Lehrendengewerkschaft GEW.[82] In Deutschland fehlen mindestens 25 000 Lehrkräfte,[83] nach anderen Berechnungen könnten es auch 40 000 sein.[84] In zehn Jahren dürften 70 000 Stellen unbesetzt sein.[85] Laut GEW fehlen bis 2035 sogar 500 000 Lehrer:innen. So richtig genau weiß es offenbar niemand. Ab 2026 wird der Lehrkräftemangel in jedem Fall viel deutlicher spürbar sein als jetzt schon: Dann haben alle Kinder an Grundschulen in Deutschland einen gesetzlichen Anspruch auf Ganztagesbetreuung[86] – was natürlich deutlich mehr Personal erfordert.

Der Mangel an Lehrkräften ist heute schon so dramatisch, dass Sachsen-Anhalt im Sommer 2022 einen einjährigen Modellversuch namens »4 + 1« startete: 4 Tage pro Woche normaler Unterricht, ein Tag Projektzeit oder Distanzlernen.[87] In einer Reportage im *Deutschlandfunk* zog Waldemar Frühauf, Schulleiter einer Sekundarschule in Weißenfels, nach dem ersten Halbjahr ein gemischtes Fazit: Die 4-Tage-Woche für Schüler:innen habe schon Wirkung – sie spare aber keine Lehrkräfte ein, weil auch Projektunterricht umfangreich vorbereitet werden müsse: »Wir werden nicht darum herumkommen, uns in den nächsten Monaten oder Jahren Bildung außerhalb der Schule einzukaufen«, zum Beispiel durch externe Sozialpädagog:innen.[88]

Warum gibt es eigentlich nicht genügend Lehrkräfte in Deutschland? Laut KMK leiden die Schulen schlicht unter einem »demografischen Problem«: zu viele Schüler:innen, zu wenige Menschen in den Generationen möglicher Lehrkräfte.[89] Doch das ist nur die halbe Wahrheit, denn die Antworten der Lehrer:innen, die aus ihrem Beruf aussteigen oder aufgrund erster Erfahrungen im Pädagogikstudium gar nicht erst voll einsteigen, deuten auf andere Ursachen: zu lange Arbeitszeiten, endloser Papierkram, Druck von allen Seiten, befristete Verträge mit schlechten Konditionen sowie der Zwang, aus Mangel an Lehrkräften Fächer zu unterrichten, für die sie nicht ausgebildet wurden – alle diese Zumutungen, berichten Aussteiger:innen, hätten sie schon bei Praktika während des Lehramtsstudiums dazu gebracht, ihren »Traum vom Lehrerberuf aufzugeben und [s]ich beruflich umzuorientieren«.[90]

Wie wollen die Länder das Problem lösen? Darauf gibt der oben erwähnte Zwölf-Punkte-Plan der KMK nur schwammige Antworten. »Die Länder setzen sich dafür ein, die Attraktivität und die Wertschätzung des Lehrberufs in der Gesellschaft zu erhöhen.«[91] Was das aber konkret heißt, bleibt offen. Außerdem schlägt die KMK vor, in allen Ländern genügend Ausbildungsplätze vorzuhalten und Studiengänge »bedarfsbezogen« weiterzuentwickeln. Darüber hinaus möchten die Kultusminister:innen noch deutlicher prognostizieren, wie viele Kräfte überhaupt fehlen. Zudem wollen sie Studierenden den Seiteneinstieg in Lehramtsstudiengänge vereinfachen. Alle, die auch nur annähernd bereit sind, Lehrer:in zu werden, sollen sofort qualifiziert werden, ein paar zusätzliche pädagogische Abschlüsse aus dem Ausland sollen anerkannt werden. Und vielleicht könnte man auch diejenigen, die schon früher irgendwann mal irgendwo unterrichtet haben, aus ihrem Ruhestand holen und wieder vor die Klassen locken?[92] Die ausbrennenden Lehrkräfte sollen schließlich durch »Achtsamkeitstrainings oder Coaching« gestärkt werden[93] – und wenn das nicht reicht, könnte man Krisenhotlines einrichten. Dazu kommen noch die oben erwähnten Pläne, die Hürden in den Beruf deutlich zu senken und die Ausbildung mehr mit der Praxis zu verzahnen.

Auf Kritiker wirken diese Maßnahmen jedoch lauwarm, hilflos, panisch, mindestens zehn Jahre zu spät – und stellenweise auch zynisch. Wenn es um die Lösung akuter Probleme in den Schulen geht, wurden Schüler:innen und Lehrende zu oft von der Kultusministerkonferenz enttäuscht – jener Institution, die wie keine andere das deutsche Bildungswesen lenkt.

Zahnlos und gefährlich

Was können, was sollten Bund und Länder also tun? Die Gewerkschaft GEW sieht einen Ausweg in einer Reform des Bildungsföderalismus. »Es ist sehr sinnvoll, Bildungspolitik über Staatsverträge zu steuern und das Kooperationsverbot für eine gemeinsame Finanzierung aller Ebenen aufzuheben«, sagt die GEW-Vorsitzende Maike Finnern.[94] Das würde bedeuten, die erst vor vier Jahren nach langen Kämpfen beschlossene Regelung im Grundgesetz zur gemeinsamen Finanzierung von Bund und Ländern im Bildungsbereich wieder umzustricken. Ob sich dafür Zweidrittelmehrheiten in Bundestag und Bundesrat finden lassen? Wir sind gespannt.

Doch angesichts der gigantischen Probleme bröckeln vielleicht irgendwann auch ideologische Blockaden. Denn die besten Konzepte zur Startchancengleichheit nützen nichts, solange nicht genügend Lehrkräfte da sind, die sie umsetzen. Hilflose Länderpolitik droht daher bundesweite Maßnahmen für Chancengleichheit (wie das »Startchancen«-Programm) zu untergraben. Damit verschärft sich das Problem immer weiter, denn der Lehrermangel lastet besonders schwer auf Schulen, die als schwierig gelten.[95] Die *Süddeutsche Zeitung* zitiert Achim Elvert, Leiter einer als »Talentschule« besonders geförderten Gesamtschule in Gelsenkirchen: »Wenn ein Berufsanfänger aus 25 Angeboten wählen kann, muss er schon sehr idealistisch sein, um zu uns zu kommen.« Und das, obwohl Bewerber:innen der rote Teppich ausgerollt wird und sie mit jeder Fächerkombination genommen würden.

Um das Grundrecht auf schulische Bildung durchzusetzen, bedarf es eines möglichst genauen und geteilten Verständnisses davon, was unter solch einem Rechtsanspruch eigentlich zu verstehen ist, schreibt die Friedrich-Ebert-Stiftung in einer Expertise, in der sie Empfehlungen zur Umsetzung der »Startchancen«-Initiative abgibt.[96] Das gelte erst recht, wenn man Bildung nicht auf »kognitive Leistungsfähigkeit« beschränken will. Denn natürlich sollen nicht nur besonders schlaue Kinder ein Recht auf bestmögliche Bildung haben, sondern alle Kinder – beispielsweise auch Kinder mit Lernbehinderung.

Daher genügt es nicht zu fragen, wer aufs Gymnasium kommt und später mutmaßlich reicher, glücklicher und gesünder leben wird. Denn grundsätzlich gilt: Alle Menschen haben dasselbe Recht auf Teilhabe. Um diese Teilhabe allen Schüler:innen zu ermöglichen, schlägt die Friedrich-Ebert-Stiftung Mindeststandards für eine schulische Ausbildung vor.[97] Aufgabe der Schule sei es, auch diejenigen, deren Fähigkeiten nicht für tiefschürfende Sartre-Exegesen reichen, wenigstens so fit zu machen, dass sie am gesellschaftlichen Leben teilhaben können. Das ist nicht beschränkt auf kognitive Fähigkeiten, sondern umfasst auch den Aufbau emotionaler und sozialer Ressourcen der Kinder. Übrigens auch eine demokratische Notwendigkeit, damit die Schüler:innen später als Erwachsene verantwortungsbewusste politische Entscheidungen treffen können.

Die große Pause muss endlich enden

Gute Bildungspolitik ist ein langfristiges, kleinteiliges und vielschichtiges Investment in eine funktionierende demokratische Gesellschaft und eine florierende Wirtschaft. Bildungspolitische Maßnahmen durchzusetzen ist oft zäh, die Ergebnisse sind zuweilen frustrierend. Große Erfolge lassen sich nur selten mit schmissigen Slogans in den Medien feiern. Der erste messbare Erfolg von chancengerechterer Bildung in Deutschland wäre nämlich keine plötzliche Sensation, von der dann alle reden, und leider auch keine Schwemme hoch qualifizierter Fachkräfte. Der Erfolg käme viel leiser daher: ein langsames Absinken struktureller Benachteiligung und messbarer Ungerechtigkeit, das zugleich deren Symptome reduzieren würde: beispielsweise Armutskriminalität, hohe Gesundheitskosten[98] und, ja, auch Rechtsextremismus.[99] »Bildungspolitik entfaltet ihre Wirkung nicht in einer Legislaturperiode, sondern langfristig«, wie es der Bildungsjournalist Jan-Martin Wiarda formulierte.[100] Deswegen ist dieses Thema für Politiker:innen, die ihre Projekte rasch in Stimmen ummünzen wollen, unattraktiv. Dennoch ließen sich Prozesse und Entscheidungen beschleunigen, wenn der Bund mehr Vorgaben machen könnte. Die Länder hatten lange genug Zeit, ihre Kompetenz zu beweisen, und sind dabei gescheitert. Jetzt brauchen wir einen neuen Modus, und der muss zentraler koordiniert werden.

Bildung hat eine zentrale Bedeutung für künftigen Wohlstand und sozialen Frieden. Unsere Bildungspolitik produziert eklatante Ungerechtigkeiten. Sie ist mitverantwortlich für den Fachkräftemangel in Deutschland. Und die Länder sind von der Aufgabe überfordert.

Es gibt leider keinen Königsweg hin zu einer besseren Bildung, nicht den einen Schalter, den wir nur umlegen müssen. Aber es gibt ganz konkrete Stellschrauben, an denen wir drehen können – die wichtigsten stehen in diesem Kapitel. Und über allem steht die Einsicht: Wir sind eine Einwanderungsgesellschaft – *face it*! Das ist eine große Chance, wenn wir sie denn nutzen. Im Sommer 2024 soll das »Startchancen«-Programm des Bundes loslegen. Hoffen wir, dass es funktioniert.

ARBEITEN BIS ZUM UMFALLEN

Die gesetzliche Rente ist nicht sicher, nicht fair und erstaunlich niedrig – was wir für ein gutes Leben im Alter tun sollten

Armut im Alter ist real: Der Fall Burks

Burkhard Schröder war ein Name in der journalistischen Zunft. Seine schwarze Jeans war eine Art Uniform, die langen Haare trug er zum Zopf gebunden. An der Berliner Journalistenschule war Schröder, Spitzname Burks, eine feste Größe: Was er erzählte, war fundiert – und klang irgendwie nach Zukunft. Er war einer der Dozenten, die sich schon in den Neunzigerjahren selbstverständlich und kenntnisreich im Internet bewegten, in ihm und mit ihm arbeiteten. Er thematisierte in seinem Unterricht neben »Recherche im Internet« auch technisch komplexe Details wie asymmetrische Verschlüsselung und E-Mail-Standards. Schröder war eine der interessantesten Figuren in Philips Journalistenausbildung – damals im Jahr 1996, als das Internet für die meisten noch Neuland war. Nach der Ausbildung interviewte Philip seinen ehemaligen Dozenten noch ab und an für Geschichten, aber irgendwann brach der Kontakt ab.

Schröder unterrichtete weiter und schrieb daneben für namhafte Redaktionen nicht nur über Datenjournalismus und die wachsende Hackerszene, sondern auch über Neonazis und andere Männerbünde. Außerdem gab er Seminare, arbeitete als Chefredakteur und veröffentlichte über ein Dutzend Bücher.[1] Burkhard Schröder schien sich um sein Auskommen nicht sorgen zu müssen. Er war Freelancer, also selbstständig, wie so viele Journalist:innen und Medienschaffende: Hatte er einen Auftrag, kam Geld rein. Sonst nicht. Das kann viel Freiheit mit sich bringen, birgt folglich aber auch Risiken.

Neulich sah Philip Burkhard Schröder wieder, diesmal in der *Zeit*. Aber jetzt stand der Name nicht in der Autorenzeile, sondern im Artikel selbst. Und in diesem Artikel ging es um Altersarmut: »Burkhard Schröder bekommt nur 400 Euro Rente.«[2] Philip musste zweimal hinschauen. Kann das *der* Burkhard Schröder sein? Das Foto ließ keinen Zweifel. Aber wie war es möglich, dass ein Kollege, bei dem es über Jahre sehr gut zu laufen schien, im Alter von Armut bedroht ist?

Schröder, zum Zeitpunkt des Artikels 69 Jahre alt: »[I]ch habe mich in all den Jahren nie darum gekümmert.«[3] Stimmt das? Anruf bei Schröder. Ja, sagt er, die Fakten im Artikel stimmen. Mit dem Geld, das Schröder verdiente, machte er Reisen und genoss das Leben: »Ich habe nichts gespart. Rücklagen hatte ich nie viele, und wenn ich welche hatte, habe ich sie verballert.« Mit 60 dann wollte er mal wissen, mit welcher Rente er so rechnen könne. Und das waren dann knapp 400 Euro, die nicht mal für seine Miete reichten. Die neue Frage in seinem Leben lautet nun: »Welche Arbeit eignet sich, um auch mit 90 Jahren noch dazuverdienen zu können?«[4]

»Die Rente ist sicher« – diesen Glaubenssatz haben Regierende in Bonn und Berlin über Jahrzehnte verbreitet, in der Hoffnung, die Behauptung möge sich so ins öffentliche Bewusstsein fräsen wie »Deutschland ist ein Rechtsstaat« oder »ein Fußballspiel dauert 90 Minuten«. Ein Slogan sollte zur gefühlten Tatsache gerinnen, was zwar etwas grundsätzlich anderes ist als eine Tatsache, aber politisch auf dasselbe hinauslaufen kann. Die Bundesregierung ließ den Renten-Spruch von Bundesarbeitsminister Norbert Blüm 1986 sogar plakatieren.[5] Aber die Behauptung einer sicheren Rente sorgte schon damals für Stirnrunzeln. Sicher? *Maybe.* Aber auch ausreichend?

Heute sind aus dem Stirnrunzeln längst Warnrufe geworden. Klar, irgendeine Summe wird die gesetzliche Rentenkasse schon überweisen, wenn ihr mindestens fünf Jahre lang eingezahlt habt.[6] Aber wenn man unter einer sicheren Rente versteht, dass Menschen, die ein Arbeitsleben lang Beiträge in die gesetzliche Rentenkasse bezahlen, davon im Ruhestand Miete, Essen und ein lebenswertes Leben bestreiten können, dann war die Rente schon in den 90er-Jahren nicht mehr sicher für alle, die nur in die staatliche Rentenversicherung einzahlen – und das waren 2021 fast 83 Prozent der arbeitenden und arbeitssuchenden Bevölkerung. Von den restlichen 17 Prozent sind ein gutes Drittel als Beamt:innen anderweitig abgesichert – der Rest sind Selbstständige und geringfügig Beschäftigte.[7] Sie sind nicht sozialversicherungspflichtig, müssen also nicht in die staatliche Rentenkasse einzahlen. Einige Selbstständige verdienen viel Geld, können private Versicherungen abschließen und ein Vermögen aufbauen, das sie im Ruhestand ernährt. Viele können sich das jedoch nicht leisten. Ja, sie können unter Umständen freiwillig in das System der gesetzlichen Rente einzahlen – müssen es aber nicht und machen es daher oft auch nicht. Ohne private Vorsorge drohen sie daher im Alter zu verarmen. Für sie war die Rente noch nie sicher. Und Deutschland, in dem eine sozialversicherungspflichtige Festanstellung für viele die einzig legitime Form der Erwerbsarbeit ist, macht wenig Anstalten, die Rente von Selbstständigen anderweitig abzusichern.

Wie unsere gesetzliche Rente bisher funktioniert

Das Rentensystem in Deutschland existiert seit 135 Jahren, wurde 1957 jedoch grundlegend umgebaut.[8] Seit der damaligen Rentenreform werden die Beiträge nicht mehr individuell angespart, angelegt und irgendwann ausgezahlt.[9] Denn damals wurde das bis heute angewendete Umlageverfahren eingerichtet. Die Rentenkasse funktioniert seitdem eher wie die Haushaltskasse einer Familie: Ein Teil der Bevölkerung zahlt monatlich Geld ein, das im selben Monat an einen anderen Teil wieder ausgezahlt wird. Das nennt sich Umlagefinanzierung.[10] Organisiert wird diese Rentenkasse von der »Deutschen Rentenversicherung Bund« (DRV Bund), einer Körperschaft des öffentlichen Rechts mit Hauptsitz in Berlin. Was einerseits klingt wie ein Amt, ist zugleich auch die Selbstverwaltung all derer, die Renten bekommen bzw. Beiträge zahlen. Führungspersonal der Kasse wird sogar mittels einer – in ihrer heutigen Ausgestaltung demokratisch fragwürdigen[11] – »Sozialwahl« gewählt.[12]

Aber woher kommt das Geld für diese Rentenkasse? Wer sozialversicherungspflichtig arbeitet, in aller Regel also fest angestellt ist, zahlt derzeit 18,6 Prozent seines Bruttolohns an die Rentenversicherung.[13] Die Hälfte davon wird direkt vom Lohn abgezogen, die andere Hälfte übernimmt der Arbeitgeber. So nahm die DRV im Jahr 2021 monatlich im Schnitt etwa 21 Milliarden Euro ein.[14] Dieses Geld überweist die Rentenversicherung jeden Monat all jenen, die früher eingezahlt haben und jetzt Rente beziehen.

Dieses Umlagesystem basiert auf der Hoffnung, dass es immer genau so weitergeht und daher irgendwann jede:r auf jeder Seite mal dran ist: Erst zahlt jede:r ein, später im Alter bekommt jede:r aus der Kasse die Rente überwiesen. Jüngere, arbeitende Menschen zahlen so die Renten der heutigen Rentner:innen, weil sie davon ausgehen, dass irgendwann ihre eigenen Renten auch mal von dann jüngeren, arbeitenden Menschen gezahlt werden. Dieses Konzept nennt sich »Generationenvertrag«.[15] Schöner Name, gute Idee.

Leider funktioniert der Generationenvertrag nur so lange reibungslos, wie die Rentenversicherung mindestens so viel Geld von der arbeitenden Bevölkerung einnimmt, wie sie als Renten auszahlen muss, wenigstens im Jahresdurchschnitt. Und das ist längst nicht mehr der Fall.[16] Die Bedingungen des Generationenvertrags haben sich fundamental verändert.

Der Generationenvertrag kommt ins Rutschen

Nach dem Zweiten Weltkrieg ging die Rechnung noch auf: Die Rente eines Rentners wurde im Schnitt von sechs arbeitenden Menschen erwirtschaftet.[17] Die Rentenbeiträge waren relativ gut zu stemmen, weil sich die Last der Rentenzahlungen auf viele Schultern verteilte. Im Jahr 2021 hingegen gab es in Deutschland nur noch rund 39 Millionen Versicherte, die einzahlten, aber etwa 18 Millionen Rentner:innen, die Geld bekamen.[18] Statistisch gesehen finanzieren heute also nur noch rund zwei Lohnempfänger:innen gemeinsam einem Menschen die Rente.[19] Der Generationenvertrag funktioniert also nicht mehr so einfach, weil sich das Verhältnis zwischen zahlenden und empfangenden Menschen verschoben hat. Dabei zieht eine Gruppe den Kürzeren: arbeitende Menschen unter 65.

Um die Rente allein mit dem oben beschriebenen Umlageverfahren nach altem Muster bezahlen zu können, müssten Angestellte schon heute weit mehr als 18,6 Prozent ihres Gehalts in die Rentenkasse einzahlen. Das würde Unternehmen und Arbeitende überfordern. Denn Menschen müssen ja von ihrem Lohn auch noch anderes bezahlen als die Renten der Alten. Miete zum Beispiel, oder Krankenversicherung, Essen und Steuern.

So funktioniert es also nicht. Doch so komplex das Rentensystem im Detail auch ist, so überschaubar ist die Zahl der Schrauben, an denen die Politik drehen kann, um auf das verschobene Verhältnis zwischen Einzahlenden und Rentner:innen zu reagieren: Rente absenken, Menschen länger arbeiten lassen, mehr Menschen in die Rentenkasse einzahlen lassen oder mehr Steuergeld in die Kasse werfen. Alle Maßnahmen haben etwas gemeinsam: Keine von ihnen bringt Stimmen bei der Bundestagswahl.

Das Märchen von den Haltelinien

Um die Wirklichkeit irgendwie der Wunschwelt ihrer Wählerschaft anzupassen, hat die Politik »Haltelinien« festgelegt. Demnach darf der Beitrag zur Rentenversicherung nicht höher steigen als 20 Prozent.[20] Okay, wenn die Einnahmen hier gedeckelt sind, dann müssten doch die Ausgaben sinken, sprich Rentner:innen auch weniger Geld bekommen, richtig? Im Prinzip: ja. Aber auf die Stimmen von über 20 Millionen Rentner:innen möchte bei Wahlen niemand verzichten.[21] Außerdem haben diese Menschen während ihres Berufslebens ja ihrerseits Rentenbeiträge in dem Vertrauen gezahlt, dass ihre Rente sicher sei. Deswegen hat die letzte Bundesregierung eine zweite Haltelinie festgelegt, die im Kern eine Mindesthöhe für Renten festschreibt: Das »Rentenniveau« darf nicht unter 48 Prozent sinken.[22] 48 Prozent wovon? Das ist eine – für viele unschöne – Überraschung (dazu später mehr). Nur so viel vorweg: Nicht etwa 48 Prozent von eurem letzten Gehalt!

Okay, aber wenn zum einen gedeckelt ist, was arbeitende Menschen einzahlen, zum anderen aber die Renten nicht unter ein bestimmtes Niveau sinken sollen, dann wird doch das Geld hinten und vorn nicht reichen. Dann müssten doch alle wenigstens länger arbeiten, damit alle mehr einzahlen und weniger rausholen, oder?

Im Prinzip: ja. Eine Verlängerung der Lebensarbeitszeit würde das Verhältnis zwischen Einzahlenden und Rentner:innen wieder in die richtige Richtung verschieben. Aber der Slogan »Arbeiten bis 70!« wäre politischer Selbstmord. Mit dieser Forderung mag daher bisher niemand in den Wahlkampf ziehen. Aktuell beginnt die gesetzliche Rente planmäßig mit fast 66 Jahren.[23] Unser Arbeitsleben verlängert sich in den nächsten Jahren in kleinen Schritten, bis dann (Stand April 2024) ab 2031 das gesetzliche Renteneintrittsalter lediglich bei 67 Jahren liegen soll.[24]

Schon die Rente mit 67 war ein Kampf, aber sie zeigt Wirkung. Seit ihrer Einführung 2012 arbeiten die Menschen hierzulande deutlich länger. 2011 gingen nur 44 Prozent der Menschen zwischen 60 und 65 einer Erwerbstätigkeit nach. 2021 waren es schon 61 Prozent. Auch von den über 65-Jährigen arbeiten immer mehr.[25] Mittlerweile gibt es unter den Industrienationen der OECD nur eine Handvoll Länder, in denen ein höherer Anteil der alten Menschen arbeitet.[26] Ein wichtiger Faktor für diese Entwicklung ist, dass Menschen schlicht weniger Rente bekommen, wenn sie vor dem gesetzlichen Renteneintrittsalter in Rente gehen.[27] Dieser wachsende Anteil arbeitender älterer Menschen, die dann in der Regel auch Rentenbeiträge zahlen, dürfte ganz erheblich dazu beitragen, dass das Rentensystem nicht noch schlechter dasteht.

Dennoch reichen die Einnahmen aus Beiträgen bei Weitem nicht, um die Ausgaben der Rentenkassen zu decken. Und trotzdem bekommen alle Anspruchsberechtigten ihre Renten. Wie kann das sein?

Grund dafür ist, dass die Rentenkasse am Tropf des Bundes hängt. Die Rentenkasse kann nur deshalb jeden Monat noch genug Geld auszahlen, weil der Bund Jahr für Jahr viele Milliarden aus dem Bundeshaushalt überweist: 2023 waren es über 100 Milliarden, Tendenz steigend.[28] Dieses Steuergeld überweist der Bund auch deshalb, weil die Rentenkasse nicht nur Renten für Leute auszahlt, die mal Beiträge bezahlt haben. Die Rentenversicherung bezahlt auch »versicherungsfremde« Leistungen, also solche, die nicht durch Beiträge gedeckt sind und die eigentlich die Allgemeinheit zahlen sollte, nicht nur die Menschen, die in die Rentenkasse einzahlen. So wurden zum Beispiel viele Kosten der Wiedervereinigung aus der Rentenkasse bezahlt. Auch gibt es für Zeiten, in denen Kinder großgezogen werden, Rentenpunkte, die später zu höheren Renten führen, obwohl in dieser Zeit keine Beiträge bezahlt werden. Welche Leistungen genau als versicherungsfremd gelten, ist umstritten. Daher lässt sich auch nicht genau sagen, welchen Anteil sie am 100-Miliarden-Steuerzuschuss haben und wie viel Geld wirklich bezahlt wird, um die eigentlichen Renten zu sichern.[29] Wobei das durch das Urteil des Bundesverfassungsgerichts zum Klimatransformationsfonds (KTF) nicht gerade einfacher geworden ist. Vermutlich wird es hier erst richtig vorangehen, wenn nach der Bundestagswahl auch die Union einer Lockerung der Schuldenbremse zugunsten von Zukunftsinvestitionen zustimmt.

Es scheint aber klar, dass dieser Anteil steigen wird: Der Staat zahlt jedes Jahr viele Steuermilliarden, damit heutige Rentner:innen ihre Rente bekommen.[30] Der gesamte Bundeszuschuss beläuft sich auf knapp ein Viertel des gesamten Bundeshaushalts und deckt ein knappes Drittel der gesamten Ausgaben der Rentenkasse.[31] Das ist dreimal so viel, wie wir für Verkehr und Digitalisierung ausgeben.[32] Tendenz steigend. Mit diesen Milliarden Euro könnte man Schulen bauen, Glasfaserkabel verlegen, Wärmepumpen fördern oder den Ausbau des Schienennetzes in Deutschland finanzieren.[33] Aber wir kippen sie aus purer Not ins Rentensystem, damit Menschen ihre Rente bekommen. In der IT nennt man eine solche Maßnahme »Hotfix«: eine schnelle Änderung, mit der ein neu entdeckter Fehler notdürftig behoben und das Schlimmste verhindert wird.[34] Aber ein Hotfix bekämpft das Symptom, nicht das Problem. Auf Dauer braucht es eine echte Lösung.

Ursache demografischer Wandel

Ursache für das Missverhältnis zwischen Menschen, die Geld in die Rentenkasse einzahlen, und Menschen, die Rente beziehen, ist der sogenannte demografische Wandel. Nach dem Zweiten Weltkrieg, im Wirtschaftsboom und vor der Antibabypille wurden in Deutschland so viele Kinder geboren, dass dieses Phänomen als Babyboom in die Geschichte einging. Die Menschen dieser Jahrgänge nennen wir Babyboomer, heute manchmal kurz auch Boomer. Diese Massen konnten die damaligen Rentner:innen gut finanzieren. Dank der Pille und anderer Faktoren wurden in den Jahrzehnten nach dem Babyboom aber immer weniger Kinder geboren. Darum gibt es heute schon viel zu wenig Erwerbstätige, um allein aus deren Beiträgen jeden Monat die Renten zu bezahlen. Noch wesentlich dramatischer wird das Problem, wenn in den kommenden Jahren auch noch die geburtenstarken Jahrgänge der Babyboomer in Rente gehen[35] – wodurch nicht nur noch weniger Erwerbstätige einzahlen, sondern zugleich noch viel mehr Menschen Rente beziehen. Ein doppelter Knall, der noch Jahrzehnte nachhallen wird.

Genau genommen stehen uns sogar drei Bomben ins Haus bevor: Weniger Menschen zahlen ein, mehr Menschen kassieren – und sie alle leben immer länger. Es macht für die Rentenkasse einen gigantischen Unterschied, ob jemand mit 66 in Rente geht und mit 70 stirbt oder – so die Tendenz – irgendwann in seinen 80ern oder 90ern, also statt vier Jahre 20 bis 30 Jahre lang Rente bekommt.[36] Damit verschiebt sich das ohnehin schon schiefe Verhältnis weiter in die falsche Richtung: Immer mehr alte Menschen beziehen immer länger Geld aus der Rentenkasse, und immer weniger jüngere Menschen zahlen dieses Geld ein. Es ist absehbar, dass dieses System durch politische »Haltelinien«, die letztlich nichts als Versprechen sind, schon bald nicht mehr zu stabilisieren sein wird. »Wenn wir es so laufen lassen, müsste der Bund in 25 Jahren mehr als die Hälfte des Haushalts dafür ausgeben«, sagte die Wirtschaftswissenschaftlerin Prof. Dr. Monika Schnitzer der *Süddeutschen Zeitung*. »Das kann nicht funktionieren.«[37]

So sieht es auch der unabhängige Wissenschaftliche Beirat des Bundesministeriums für Wirtschaft und Klimaschutz (BMWK). Dieses Beratungsgremium besteht aus 41 Wissenschaftler:innen, die Gutachten zu selbst gewählten Themen erarbeiten.[38] 2021 haben sie ein Gutachten mit Vorschlägen für eine Reform der gesetzlichen Rentenversicherung vorgelegt. Auch ihren Berechnungen zufolge würde ohne grundlegende Änderungen in 20 Jahren schon mehr als die Hälfte des gesamten Bundeshaushalts gebraucht, um die Renten auszuzahlen.[39] Mehr als die Hälfte nur für die Renten. Der Beirat bezweifelt daher, dass der Staat dieses Rentensystem in Zukunft überhaupt noch stemmen kann.[40] Denn der demografische Wandel bringt gleichzeitig auch die anderen Sozialsysteme des Staates aus der Balance: Wenn immer mehr Menschen immer älter werden, sind auch immer mehr Menschen krank und müssen immer länger gepflegt werden. Also müssen auch die Kranken- und Pflegeversicherungen immer mehr Geld ausgeben, das sie von immer weniger arbeitenden Menschen kassieren müssen. Auch hier hilft der Staat schon heute mit Steuergeld.[41] Gleichzeitig braucht Deutschland in den nächsten Jahren aber nun einmal Hunderte Milliarden Euro für andere wichtige Zukunftsaufgaben: Digitalisierung, bessere Bildung, zeitgemäße Ausrüstung der Bundeswehr, Kosten des Klimawandels, klimaneutraler Umbau der Gesellschaft, Investitionen in die öffentliche Infrastruktur – wie soll all das gestemmt werden, wenn das halbe Bundesbudget für Renten draufgeht? »Der Beirat rät daher davon ab, die Illusion von langfristig gesicherten Haltelinien weiter aufrechtzuerhalten«,[42] heißt es in dem Gutachten. Diese »Haltelinien«, nach denen der Rentenbetrag nicht höher sein darf als x und die Mindestrente mindestens y betragen muss, halten der Realität einfach nicht mehr stand.

Rente in der Krise: Viel zu teuer und auch noch ungerecht

Dazu kommt: Das System ist nicht nur finanziell überfordert, es ist auch immer ungerechter geworden – und zwar gegenüber jüngeren Menschen, die durch den demografischen Wandel ohnehin schon überdurchschnittliche Lasten schultern müssen. Außerdem zahlen besonders gut verdienende Menschen wie Ärzte, Rechtsanwältinnen, Beamte und Selbstständige in der Regel nichts in diese Rentenkasse ein.[43] Der Beirat fordert, das Rentensystem in Deutschland sofort zu reformieren. Die Bundesregierung hat Anfang März 2024 dann auch ihren Reformvorschlag vorgestellt (der jedoch bis zum Redaktionsschluss dieser Ausgabe nicht verabschiedet wurde). Um die Sinnhaftigkeit dieser Reform beurteilen zu können, müssen wir uns ein paar Fragen stellen: Was kann man umbauen, damit auch diejenigen, die jetzt 30 sind, im Alter noch etwas aus der Rentenkasse bekommen, ohne dass wir dafür den Bundeshaushalt plündern müssen? Was sollte jede:r von uns ab sofort selbst tun? Wer bezahlt uns in Zukunft noch die Ruhe im Ruhestand?

Die Rentenformel

Zunächst einmal müssen wir uns vor Augen führen, wie eigentlich berechnet wird, wie viel Rente ihr bekommt. Das ermittelt die Rentenversicherung mit der Rentenformel, die im Kern vier Zahlen miteinander multipliziert: die vier Rentenfaktoren.[44]

Die erste Zahl sind die sogenannten Entgeltpunkte oder auch Rentenpunkte, die ihr im Laufe eures Arbeitslebens erwerbt. Rentenpunkte sind so was wie Treuepunkte im Coffeeshop. Nur, dass ihr hier Punkte nicht für jedes gekaufte Heißgetränk bekommt, sondern für eine bestimmte Zeit, die ihr eine bestimmte Summe verdient und darauf Rentenbeiträge bezahlt habt: Genau einen Rentenpunkt bekommt ihr für jedes Jahr, in dem ihr genau das bundesweite Durchschnittseinkommen dieses Jahres verdient habt. Verdient ihr also in einem Jahr so viel wie der Durchschnitt aller Arbeitnehmer:innen in Deutschland, bekommt ihr für dieses Jahr exakt einen Rentenpunkt.[45] Verdient ihr doppelt so viel, bekommt ihr zwei Rentenpunkte. Verdient ihr in einem Jahr die Hälfte des Durchschnittseinkommens dieses Jahres, bekommt ihr – genau: einen halben Rentenpunkt.

Und was ist mit Leuten, die nicht arbeiten, weil sie Kinder betreuen oder Angehörige pflegen? Für diese Arbeit gibt es jährlich bis zu einen Punkt.[46] Das ist für die Rentenkasse ein Minusgeschäft, denn diese Menschen zahlen ja nichts ein. Vor allem für Frauen ist diese Rechnung aber ein Problem. Denn »Care-Arbeit« wie Kinder betreuen und Alte pflegen wird in aller Regel immer noch von Frauen übernommen. Für die Rente wird die Kindererziehung so gewertet, als würden diese Frauen ein Jahr lang etwa das Durchschnittseinkommen des Jahres verdienen.[47] Das ist besser als nichts, aber eben auch nur der Durchschnitt. Viele Frauen könnten jedoch viel mehr als den Durchschnitt verdienen und damit mehr Rente bekommen – wenn sie nicht Kinder großziehen, sondern Vollzeit in ihrem Job arbeiten würden.

Trotz dieser Schlagseite gilt: Wer 45 Jahre lang immer das jeweilige Durchschnittseinkommen verdient oder Betreuungspunkte bekommt, hat am Ende 45 Rentenpunkte auf seinem persönlichen Rentenkonto. Das ist der **erste Faktor** der Rentenformel.

Die Rentenpunkte werden mit dem **zweiten Faktor** multipliziert, dem »Zugangsfaktor«. Der bildet ab, ob ihr früher, später oder exakt zum gesetzlichen Renteneintrittsalter in Rente geht. Seid ihr 1964 oder später geboren und geht mit 67 in Rente, werden eure Rentenpunkte mit dem Zugangsfaktor 1 multipliziert. Ihr habt also immer noch 45 Rentenpunkte. Wenn ihr ein Jahr früher aufhört, werden eure Rentenpunkte nur mit 0,96 multipliziert – es bleiben also bloß noch 43,2 Rentenpunkte übrig. Die Rente sinkt auf diese Weise ein bisschen, weil ihr früher aufhört zu arbeiten und damit kürzer in die Rentenkasse einzahlt, aber länger Rente bezieht. Hört ihr drei Jahre früher auf, sind es sogar nur noch 40,05 Punkte.[48] Arbeitet ihr hingegen ein Jahr länger, erhöht das den Faktor auf 1,06 und ihr habt am Ende 47,7 Rentenpunkte auf dem Konto.[49]

Aber für Rentenpunkte könnt ihr euch nichts kaufen. Deswegen werden im nächsten Schritt eure Rentenpunkte in Euros umgerechnet. Hier kommt der **dritte Faktor** ins Spiel: der aktuelle Rentenwert. Dieser Wert sagt, wie viele Euros jeder eurer Rentenpunkte aktuell wert ist.[50] Dieser Rentenwert wird jedes Jahr am 1. Juli von der Bundesregierung neu festgelegt. Das Verfahren zur Berechnung ist recht komplex, das erklären wir weiter unten. 2023 war ein Rentenpunkt 37,60 Euro wert.[51] Ein:e

Rentner:in mit 45 Rentenpunkten bekommt also 1692 Euro Einstiegsrente pro Monat. Hier gab es jedoch über Jahrzehnte eine von vielen als ungerecht empfundene Schieflage: Der Rentenwert Ost war niedriger als der Rentenwert West. Rentnerinnen und Rentner im Osten bekamen für dieselben Rentenpunkte also weniger Rente. Erst 2024 bekommen erstmals – von wenigen Ausnahmen abgesehen – alle gleich viel.[52] Das lag unter anderem daran, dass der Durchschnittslohn in den ostdeutschen Bundesländern vor allem in den Jahren nach der Wende viel niedriger war als im Westen, sodass auch viel weniger Beiträge gezahlt wurden. Allerdings haben sich die Ostrenten den Renten im Westen schrittweise angenähert. Dieses Ziel der »Rentenangleichung«, das spätestens bis 2025 geplant war, wurde nun aufgrund der positiven Lohnentwicklung etwas früher erreicht.[53]

Wenn eure Rentenpunkte also mit dem Rentenwert multipliziert sind, habt ihr einen Eurobetrag, der schon sehr nach einer monatlichen Rentenzahlung aussieht. Ganz zum Schluss der Rentenberechnung wird dieser Eurobetrag aber noch mit einem **vierten Faktor** multipliziert, dem sogenannten Rentenartfaktor. Dieser Faktor verkleinert oder vergrößert die Rente, und zwar abhängig davon, *warum* ihr in Rente geht. Bei Rentner:innen, die das gesetzliche Rentenalter erreicht haben oder voll erwerbsgemindert sind, ist dieser Faktor 1: Es bleibt also bei dem bisher berechneten Eurobetrag. Wenn ihr aber nicht aus Altersgründen, sondern beispielsweise wegen teilweiser Erwerbsminderung in Rente geht, ist der Faktor 0,5. Der Eurobetrag wird also halbiert.[54] Die Berechnung eurer ersten Rentenzahlung ist also komplex, aber mit einem hat sie nichts zu tun: der Höhe eures letzten Gehalts.

Aber das Leben geht ja auch in der Rente noch ein bisschen weiter. Die Löhne derjenigen, die noch arbeiten und in die Rentenversicherung einzahlen, steigen, und auch die Inflation schlägt zu. Darum wird die Rente, wie erwähnt, jedes Jahr zum 1. Juli angepasst, indem der dritte Faktor der Rentengleichung, der Rentenwert, verändert wird. Wir erinnern uns: Der Rentenwert sagt, was jeder einzelne eurer Rentenpunkte wert ist. Auch für die jährliche Steigerung des Rentenwerts und damit der Rente gibt es eine Formel – die Rentenanpassungsformel.

Die Rentenanpassungsformel ist im Sozialgesetzbuch verankert. Sie bildet die Konjunktur ab und wird darum alle paar Jahre modifiziert. Was so simpel klingt, ist schlicht der Versuch, zu sagen: Okay, wenn wir einmal im Jahr berechnen, ob die Renten steigen, stagnieren oder sinken sollen, dann wollen wir das davon abhängig machen, wie sich die finanzielle Situation der Nichtrentner entwickelt hat – ob also deren Löhne gestiegen sind oder ob sie viel mehr privat fürs Alter vorsorgen mussten.[55] Und das Faszinierende auch hier ist, wie sehr komplexe gesellschaftliche Prozesse – Löhne, Ausmaß der privaten Altersvorsorge – auf eine simple Formel reduziert werden, mit der sich dann errechnen lässt, ob die Renten steigen, und wenn ja, um welchen Betrag.

Die Rentenanpassungsformel ist – genau: wieder eine Formel; genauer: ein Produkt aus vier Faktoren. Erster Wert ist der Rentenwert des Vorjahres, also was ein Rentenpunkt bisher wert war. So weit, so klar. Der wird dann mit drei weiteren Faktoren multipliziert.

Zuerst mit der sogenannten **Lohnkomponente**. Dieser Faktor berücksichtigt, was arbeitende Menschen verdienen. Sind also Bruttolöhne und -gehälter in den drei Vorjahren gestiegen, ist dieser Faktor größer als 1, die Rente steigt also; sind die Löhne gefallen, ist der Faktor kleiner 1, auch die Rente müsste also sinken.

Das Ergebnis wird dann multipliziert mit dem nächsten Faktor, dem sogenannten **Riesterfaktor**. Dieser Faktor kann ebenfalls 1, kleiner 1 oder größer 1 sein und bildet ab, wie viel die Menschen in den letzten drei Jahren für private Altersvorsorge und die Rentenversicherung bezahlen mussten. Die Idee dahinter ist einfach: Wenn alle Nichtrentner:innen mehr in die private Altersvorsorge investieren mussten, weil die gesetzliche Rente nicht mehr reichen dürfte, dann müssen auch aktuelle Rentner:innen ihren Teil beitragen: Dieser Faktor ist dann kleiner 1, und die Rente der aktuellen Rentner:innen steigt nicht so stark.

Im nächsten Schritt wird dieses Ergebnis noch mit dem **Nachhaltigkeitsfaktor** multipliziert. Das ist die bisherige Antwort der Politik auf den demografischen Wandel, also auf das Problem, dass immer weniger Menschen in die Rentenkasse einzahlen und immer mehr Menschen immer länger Rente beziehen. Den Nachhaltigkeitsfaktor hat die Regierung von Gerhard Schröder 2005 in die Rentenanpassungsformel eingeführt, um die Last der Renten besser zwischen den Generationen zu verteilen:[56] Wenn nämlich mehr Leute als im Vorjahr Rente beziehen, aber weniger Leute Beiträge einzahlen, ist der Nachhaltigkeitsfaktor kleiner als 1. Das bremst den Wertanstieg eines Rentenpunkts und verlangsamt damit den Anstieg der Renten. Damit soll verhindert werden, dass die wenigen Jungen immer höhere Beiträge zahlen müssen, damit die immer mehr Alten ihre jährliche Rentenerhöhung bekommen können.

Schön und gut, denkt ihr: Wenn also einer oder mehrere dieser Faktoren der Rentenanpassungsformel kleiner 1 sein können, dann können Renten ja auch sinken. Korrekt – wäre da nicht das Primat der Politik über die Mathematik. Denn sinkende Renten wollen alle Parteien um fast jeden Preis verhindern. Deswegen gibt es seit 2009 eine Schutzklausel, die gleichzeitig dafür sorgt, dass der Rentenwert in jedem Fall mindestens so hoch bleibt wie im Vorjahr. Im Kern geht das so: Müssten die Renten in einem Jahr eigentlich sinken, bleiben sie trotzdem erst mal, wie sie sind. Die Rentenkasse *merkt* sich aber diese eigentlich erforderliche Senkung und holt sie nach, wenn die Renten nach der Rentenanpassungsformel das nächste Mal *steigen* würden. Also: Müssten Renten in einem Jahr eigentlich um zwei Prozent sinken, bleiben sie gleich. Müssten sie im kommenden Jahr dann um vier Prozent steigen, wird die gemerkte Senkung abgezogen, und die Renten steigen im betreffenden Jahr nur um zwei Prozent.

Dieses ganze Rentensystem ist aktuell also eine idealisierte Welt: Rentenbeiträge dürfen nicht über x Prozent des Bruttolohns hinaus steigen, die Leute sollen aber nur bis 67 arbeiten müssen, und sinken dürfen die Renten auch nicht, selbst wenn die Löhne der arbeitenden Bevölkerung zurückgehen wie etwa während der Corona-Pandemie. Dieses Idealbild hält der Realität immer weniger stand.

Dabei war der Nachhaltigkeitsfaktor in der Rentenanpassungsformel ein Schritt in die richtige Richtung. Er erfüllt seinen Zweck und verteilt »die finanziellen Belastungen des demographischen Wandels gleichmäßig auf die ältere und die jüngere Generation«,[57] wie es im Gutachten des Beirats des BMWK heißt. Leider löst er aber nicht das große Problem dahinter. Wenn nämlich nicht mal genug Geld in die Kasse kommt, um wenigstens die heruntergerechneten Rentenerhöhungen zu bezahlen, nützt auch dieses Werkzeug nichts. Um Rentner:innen auch in Zukunft das zugesicherte Geld auszahlen zu können, wäre nach Erkenntnis des Beirats »eine erhebliche Ausweitung des Zuschusses aus dem Bundeshaushalt in die Rentenversicherung«[58] notwendig – bis der Zuschuss irgendwann eben den halben Bundeshaushalt ausmachen würde.

Immer neue Wohltaten belasten die Rentenkassen

Statt sich diesem Mammutproblem nachhaltig zu widmen und dem Wahlvolk harte Wahrheiten so zu verkaufen, dass es bittere Reformen mitmacht, haben Politiker:innen vor allem von SPD und Union jahrelang Wahlgeschenke verteilt, die die Probleme der Rentenkasse nicht nur nicht lösen, sondern sie weiter verschärfen. Schlechtestes Beispiel: die Rente mit 63,[59] die heute für viele eine Rente mit 65 ist.[60] Ja, das gesetzliche Renteneintrittsalter liegt aktuell bei rund 66, erst dann kann man also ohne Abzüge in Rente gehen – es sei denn, man war sehr lange berufstätig, zum Beispiel 45 Jahre lang. Dann können viele Jahrgänge schon mit 63 beziehungsweise 65 Jahren ohne Abzüge in Rente gehen.[61] Klar, diese Leute haben lange gearbeitet und freuen sich über ein wahrscheinlich langes Leben in der Rente. Aber für die Rentenkasse bedeuten solche Geschenke eine weitere Belastung weil noch mehr Menschen keine Beiträge zahlen und länger Renten bekommen.

Fassen wir zusammen: Obwohl die Rente weniger steigt, wenn weniger Menschen einzahlen (Nachhaltigkeitsfaktor), funktioniert das System der gesetzlichen Rente in Deutschland nur noch, weil Jahr für Jahr mehr Euros aus dem Staatshaushalt in die Rentenversicherung gepumpt werden. Und selbst dann bekommen Leute wie der Journalist Burkhard Schröder am Ende nur 400 Euro heraus. Das gesetzliche Rentensystem in Deutschland geht nicht nur an Krücken und ist ungerecht, es ist auch noch teuer und ineffektiv.

Die Rente braucht ein Update

Die gute Nachricht: Das Rentensystem lässt sich stabilisieren. Dazu müssen wir es aber komplett neu ausrichten. Dazu müssen wir vor allem drei Regler besser justieren. Erstens geht es darum, die Erwartungen an das, was eine gesetzliche Rente in Zukunft überhaupt noch zum Lebensunterhalt beitragen kann zu senken. Zweitens müssen mehr Menschen in die Rentenversicherung einzahlen. Drittens müssen Menschen länger arbeiten und später in Rente gehen.

Doch bevor wir uns die Reformideen für die gesetzliche Rente genauer anschauen, machen wir uns klar: Was auch immer beschlossen wird, die gesetzliche Rente wird für die meisten Menschen nicht zu einem halbwegs erfreulichen Leben im Alter reichen. Das ist die schmerzhafte Überraschung vom Anfang: Die 48 Prozent »Rentenniveau« beispielsweise bilden zwar derzeit noch eine politische »Haltelinie«. Das gilt aber nur für die Rentenformel, nicht für die Höhe der individuellen Rente. 48 Prozent des Bruttogehaltes heißt gerade nicht, dass ihr als Rentner:in 48 Prozent von dem bekommt, was ihr zuletzt verdient habt. Rentenniveau 48 Prozent bedeutet nur: Wenn eine Person 45 Arbeitsjahre lang genau das bundesweite Durchschnittseinkommen des jeweiligen Jahres verdient hat, also exakt 45 Rentenpunkte gesammelt hat, dann bekommt sie im ersten Jahr der Rente 48 Prozent des in diesem Jahr gerade aktuellen Durchschnittseinkommens. Eine solche fiktive Person bezeichnen Renten-Nerds als »Eckrentner«.[62]

Die meisten Menschen bekommen damit jedoch wesentlich weniger als 48 Prozent ihres letzten Einkommens. So lag die real ausgezahlte Durchschnittsrente 2022 bei 1276 Euro im Monat für Männer. Frauen bekommen im Schnitt sogar nur 1060 Euro.[63] Nur rund 4,7 Millionen der rund 21 Millionen Menschen, die Rente beziehen, bekommen überhaupt eine Rente in Höhe des »Eckrentners« oder darüber, so die Deutsche Rentenversicherung Bund auf eine Anfrage der *Lage der Nation*. Das ist mal gerade jede:r Fünfte! Rund 80 Prozent der Menschen in Rente bekommen also weniger als 1450 Euro netto im Monat.[64] Und selbst das ist wahrlich kein gemütliches Ruhekissen fürs Alter, sofern man nicht gerade mietfrei wohnt oder über andere Einkünfte neben der Rente verfügt.

Die Lektion ist hart, aber klar: Wer sich heute ausschließlich auf die Rente aus der gesetzlichen Rentenversicherung verlässt, sollte sich recht bald die Frage beantworten: Wie komme ich mit 67 oder 80 mit extrem wenig Geld aus? Oder: Welchen Job kann ich auch noch mit 80 machen?

Klingt nicht gut? Ist es auch nicht. Deswegen braucht ihr einen Plan B. Und damit sind wir bei der Frage: Was können wir privat tun, um unseren Lebensstandard im Alter zu sichern?

Private Vorsorge gegen die Rentenlücke

Vielleicht denkt ihr nun: Was kümmert mich das heute? Bis 67 habe ich fünf Bestseller geschrieben, im Lotto gewonnen, geerbt, selbst Karriere gemacht oder bin längst tot. Kann alles sein, aber verlassen solltet ihr euch darauf lieber nicht. Denn so schlimm Armut für jüngere Menschen ist – richtig bitter wird es, wenn man im Alter nicht genug Geld hat und auch nicht mehr fit genug ist, um etwas dazuzuverdienen. Deshalb ist es für alle, die nicht gerade viel geerbt haben oder erben werden oder für immer verbeamtet bleiben, eine sehr gute Idee, sich jetzt mit dem Thema zu beschäftigen. Erst recht, wenn ihr selbstständig seid und noch nie in die gesetzliche Rentenversicherung eingezahlt habt.

Fangen wir an mit einem Kassensturz: Wie viel Rente werde ich nach jetzigem Stand überhaupt bekommen? Zumindest der erste Schritt ist simpel: Einfach den Brief aufmachen, in dem die Rentenversicherung Bund einmal pro Jahr allen Versicherten die persönliche »Renteninformation« schickt.[65] Ihr könnt – kein Witz – den aktuellen Stand auch jederzeit online abfragen. Das geht sogar – tada! – mit der eID-Funktion des Personalausweises,[66] die seit 2017 bei allen neuen Personalausweisen standardmäßig aktiviert ist oder zumindest aktiviert werden kann (mehr dazu im Kapitel zur Digitalisierung). Dann öffnet ihr auf dem Smartphone die sogenannte »AusweisApp2«, die es in den üblichen Stores kostenlos gibt. Dort sucht ihr unter »Bürgerdienste« die Deutsche Rentenversicherung aus. Dort meldet ihr euch mit der App und eurem Personalausweis an. Liest sich vielleicht etwas kompliziert, ist es aber eigentlich nicht, sondern eines der Beispiele für eher gelungene digitale Dienste.

Jetzt könnt ihr euren Rentenverlauf sehen. Und ihr könnt überprüfen, ob er aktuell ist. Sind alle Lebensphasen, die für die Rente relevant sind, also Punkte bringen, dort aufgeführt? Das sind in erster Linie Arbeitsstellen, aber auch Ausbildungsjahre und Zeiten, in denen ihr Kinder erzogen oder Angehörige gepflegt habt. Wenn hier Teile der eigenen Biografie fehlen, solltet ihr diese Informationen und die entsprechenden Nachweise so bald wie möglich an die Rentenversicherung übermitteln.

Schon jetzt könnt ihr wichtige Fragen beantworten: Wie viel Rente habe ich mir bisher gesichert? Das heißt: Wie viel bekomme ich mit demnächst 67, wenn ich ab jetzt keine Beiträge mehr einzahle? Wichtiger ist aber die andere Zahl: Wie viel bekomme ich mit 67, wenn ich weiterhin so viel einzahle wie im Durchschnitt der letzten fünf Jahre? Diese Beträge können sich bis zum tatsächlichen Rentenbeginn noch ändern. Was sich aber nicht mehr ändert, sofern eure berufliche Situation weitgehend unverändert bleibt, ist die Größenordnung. Wenn da ein niedriger dreistelliger Betrag steht, wird es ziemlich sicher auch ein niedriger dreistelliger Betrag bleiben. Wenn da ein fetter vierstelliger Betrag steht, könnt ihr hoffen, dass das so bleibt.

In beiden Fällen kommt jetzt die nächste und wichtigste Frage: Wird mir dieses Geld reichen, um ab 66, 67, 68 so zu leben, wie ich es möchte? Dabei sollte man drei wichtige Punkte nicht vergessen: Die Kaufkraft sinkt pro Jahr mindestens um zwei Prozent – eine Zielmarke, die wir nach einer Periode extrem hoher Inflation Stand April 2024 wieder in Sichtweite haben. Auch wenn die Zahl heute für euch okay aussieht, werdet ihr dafür weniger kaufen können, wenn ihr 67 seid. Andererseits wird der Wert jedes Rentenpunkts auch Jahr für Jahr neu berechnet, das heißt, die Inflation wird durch die Rentenformel bereits mehr oder weniger ausgeglichen.

Gleichzeitig seid ihr auch als Renter:innen grundsätzlich steuerpflichtig. Bei niedrigen Renten müsst ihr zwar nicht zahlen, weil das Existenzminimum steuerfrei ist, bei etwas mehr Einkommen fällt aber noch Einkommenssteuer an. Und ihr müsst von der Rente Beiträge zur Kranken- und Pflegeversicherung leisten.[67]

Vorsorgen – aber wie?

Kann sein, dass ihr das alles längst geklärt habt und abgesichert seid. Wunderbar. Aber zu viele Menschen gehen das Thema nicht rechtzeitig an. Zu komplex, noch lange hin oder einfach zu nervig. Dabei ist ein wichtiger Teil der Lösung recht einfach: Wir alle müssen neben der gesetzlichen Rentenversicherung selbst für unser Alter vorsorgen. Vorausgesetzt, ihr könnt euch das leisten, ist das weniger kompliziert, als ihr denkt. Deswegen fangen wir damit an.

Wie sorgt man heute sinnvoll privat für sein Alter vor? Kurze Antwort: sparen. Entscheidend ist dabei aber, auf die richtige Art zu sparen und früh anzufangen. Geld fürs Alter aufs Tagesgeldkonto zu legen oder gar auf ein Sparbuch, ist keine gute Idee. Niedrige Zinsen und die Inflation fressen euer Geld dort nämlich auf. Die Summe bleibt mehr oder weniger gleich, aber ihr könnt für das Geld immer weniger kaufen.

Eine etwas bessere Idee kann eine private Rentenversicherung sein. Das ist so etwas wie ein Sparkonto, aber mit wesentlich besseren Bedingungen. Die Regierung von Gerhard Schröder führte 2002 mit der sogenannten »Riester-Rente« erstmals eine Form der staatlich geförderten privaten Altersvorsorge ein. Wer in bestimmte staatlich anerkannte private Rentenversicherungen einzahlt, kann einen Teil der Kosten von der Steuer absetzen, bekommt auf jeden Fall das eingezahlte Geld wieder raus, und für Kinder gibt es zusätzlich Geld vom Staat. Leider hat die Riester-Rente die Erwartungen nicht erfüllt. Die meisten Produkte sind so teuer, dass sie kaum Rendite abwerfen, und heute findet sich kaum noch jemand, der die Riester-Rente ernsthaft empfiehlt.[68]

Aber es gibt inzwischen andere private Rentenversicherungen, die durchaus ihre Vorteile haben und ein Baustein eurer Altersvorsorge sein können – vor allem, wenn eure Beiträge in Aktien investiert werden. Gerade für Selbstständige eignet sich die Rürup-Rente: Da zahlt ihr einen beliebigen monatlichen Betrag an eine Versicherung, die das Geld in Aktien anlegt und euch eine Mindestrente garantiert – wenn es gut läuft mit den Aktien, auch mehr. Das Besondere: Die Beiträge könnt ihr von der Steuer absetzen, und zwar im Jahr 2023 bis zu 26 528 Euro.[69] Dafür müsst ihr aber – je nach Höhe – wie alle anderen auch die Rente später versteuern. Aber da euer Steuersatz heute wahrscheinlich höher ist als im Rentenalter, kann sich das lohnen. Je jünger ihr so eine Rentenversicherung abschließt, desto mehr darf sie auf Aktien setzen. Bei solchen Rentenversicherungen gilt jedoch immer: An das Geld, das ihr monatlich überweist, kommt ihr in aller Regel vor der Rente nicht mehr ran. Auf diese Weise Erspartes als Eigenkapital für eine Wohnung nutzen geht damit nicht.[70]

Der wichtigste Baustein fürs Sparen im Alter heißt aber: Dinge kaufen, deren Wert mit den Jahren wahrscheinlich steigt. Zum Beispiel Immobilien oder Aktien. Wesentlich flexibler und oft auch mit mehr Rendite als in einer privaten Rentenversicherung könnt ihr euer Geld in einem ETF-Sparplan anlegen. ETF ist die Abkürzung für »Exchange Traded Fund«, auf Deutsch: börsengehandelter Fonds. So ein Fonds ist einfach ein Paket, in dem zahlreiche Aktien enthalten sind. Je mehr die einzelnen Aktien wert sind, desto höher ist der Wert eines Anteils an diesem Fonds.

Die meisten Aktienfonds haben den Nachteil, dass ein erheblicher Teil der Rendite dadurch aufgefressen wird, dass hoch bezahlte Manager:innen entscheiden, in welche Aktien der Fonds sein Kapital investiert. Bei ETFs werden diese Kosten dadurch eingespart, dass sie vollautomatisch einen Aktienindex abbilden, beispielsweise den Deutschen Aktienindex DAX oder den französischen Index CAC 40. So ein Aktienindex ist eine Liste bestimmter Aktien, der deren aktuelle Werte zu einer Zahl zusammenfasst, die wiederum signalisiert, wie es der Wirtschaft der Region gerade geht, auf die sich der Aktienindex bezieht.[71] Unternehmen in einem Index können dabei unterschiedliches Gewicht haben, je nach ihrem Umsatz oder nach dem Gesamtwert ihrer Aktien, der sogenannten Marktkapitalisierung. Der deutsche DAX enthält beispielsweise die 40 größten deutschen Industrieunternehmen; der MSCI World Index derzeit 1509 der weltgrößten Unternehmen.[72] In diesen Gruppen von Aktien ist aber nicht jedes Unternehmen gleich wichtig. Microsoft, die 2024 wertvollste Firma der Welt, hat im MSCI World Index größeres Gewicht als etwa Adidas.

Ein ETF enthält genau dieselben Aktien in genau der Gewichtung, wie sie sich auch im abgebildeten Index befinden. Wenn im Index einzelne Aktien dazukommen, nimmt der ETF diese ebenfalls auf, wenn Aktien aus dem Index fallen, stößt er diese ebenfalls ab. Diese Automatisierung senkt die Kosten der Fondsverwaltung massiv. Daher bringt ein ETF in der Regel viel mehr Rendite, als wenn Fondsmanager entscheiden, welche Aktien ein Fonds kauft oder verkauft – vor allem, wenn euer Geld zehn oder 15 Jahre in so einem Fonds liegt.

Es gibt einen praktischen Weg, in ETFs zu investieren, ohne groß darüber nachzudenken: mit einem ETF-Sparplan. Das bedeutet, dass ihr mit eurer Bank vereinbart, dass sie jeden Monat für einen bestimmten Betrag Anteile an einem oder mehreren ETF kaufen soll. Das Charmante an einem solchen ETF-Sparplan ist: Ihr kauft, wenn Anteile am ETF teuer sind. Ihr kauft aber auch, wenn sie billig sind und ihr für denselben Betrag also mehr Anteile erhaltet. Das spart nicht nur Zeit und Nerven, sich über den richtigen Zeitpunkt zum Kauf Gedanken zu machen. Damit macht ihr wahrscheinlich sogar mehr Rendite, als würdet ihr versuchen, immer dann zu kaufen, wenn ein ETF gerade billig ist, und zu verkaufen, wenn er gerade im Wert gestiegen ist. Denn das klingt zwar simpel, gelingt aber fast nie. Monatliche ETF-Sparpläne können ein wichtiger Baustein eurer Altersvorsorge sein, vorausgesetzt, ihr lasst sie mindestens 15 Jahre laufen – und schaut nicht jeden Tag ins Depot. Das macht nervös und kann zu teuren Panikverkäufen führen.

Für viele mag sich ein ETF-Sparplan in Zeiten von immer noch hoher Inflation und Wirtschaftskrise weit weg anhören: Wie soll ich denn etwas sparen? Es reicht doch so schon hinten und vorne nicht! Hier müssen wir die Politik in die Pflicht nehmen, und im Kapitel zur ungerechten Vermögensverteilung in Deutschland zeigen wir, wie das gelingen kann. Die Folgen geringer Einkommen durch Teilzeit, Niedriglohn-Jobs, Kindererziehung sowie fehlendes Vermögen für die Rente sind gravierend: Rund die Hälfte der Rentner:innen wird nach heutigem

Stand weniger als 900 Euro pro Monat bekommen. Einkommensarmut heute führt schnell zu Altersarmut morgen.

Und dennoch: Sparen lohnt sich – mit kleinsten Summen! Selbst 30 Euro im Monat summieren sich über ein langes Arbeitsleben zu einer sehr ordentlichen Zusatzversorgung im Alter. Und wenn das Geld erst mal automatisch vom Konto abgeht, merkt ihr davon wahrscheinlich kaum etwas. Und wenn es doch mal gar nicht geht, könnt ihr den Sparbetrag mit zwei Klicks reduzieren. Es tut nicht weh – und ihr habt am Ende auf jeden Fall mehr, als wenn ihr nichts tut. So viel für den Moment aus der Rubrik »Spartipps fürs Alter mit Philip und Ulf«. Nach bestem Wissen und Gewissen – juristisch natürlich ohne Gewähr.

Viele von euch werden den Absatz über die ETF-Sparpläne nur überflogen haben. Alles bekannt. Einige werden diese Begriffe jedoch zum ersten Mal gelesen haben. Finanzen sind nicht mein Ding, interessiert mich nicht wirklich – doch das ist eine riskante Haltung. In einer Zeit, in der wir nicht mehr allein auf die gesetzliche Rente setzen können, ist das regelrecht fahrlässig.

Allerdings kann der Staat nicht die gesamte Verantwortung für die Altersvorsorge auf Bürger:innen abwälzen. Denn viele Menschen verdienen so wenig, dass es ihnen extrem schwerfällt, monatlich etwas zur Seite zu legen. Die Bedürfnisse in der Gegenwart verdrängen nur allzu schnell die Gedanken an morgen: Klar, es wäre besser, etwas Geld für den ETF-Sparplan zu überweisen, aber die Kinder brauchen neue Schuhe.

Deswegen bleibt bei aller Berechtigung der Appelle an die Eigenverantwortung der Menschen auch der Staat in der Pflicht. Deutschland ist ein Sozialstaat. Und ein Rentensystem, das Menschen vor Armut im Alter schützt, ist einer der Pfeiler eines Sozialstaates. Damit das weiter funktioniert, müssen wir das gesetzliche Rentensystem umbauen. In erster Linie müssen wir das völlig aus der Balance geratene Umlagesystem auf eine neue

Grundlage stellen. Dabei geht es nicht nur um Geld – es geht auch um die Frage, wer in der Gesellschaft welche Last zu tragen hat und wer wofür verantwortlich ist. So ist das Rentensystem auch ein System für sozialen Ausgleich.

Die Versäumnisse der »Babyboomer«

Um das Rentensystem gerechter zu machen, müssen wir uns beeilen: Die Babyboomer, die bald in Rente gehen, haben über ihre Verhältnisse gelebt. Sie haben – nicht individuell, aber als Generation – zu wenig Kinder bekommen, die ihre Renten zahlen können. Sie haben selbst zu wenig zurückgelegt, um mit niedrigeren Renten auskommen zu können. Und sie haben zu wenig getan, um das Rentensystem stabil zu finanzieren.[73] Nun gehen diese Babyboomer zu Millionen in Rente und verlangen, dass alles weitergeht wie bisher: hohe Renten, die nicht sinken – ein Leben lang.

Zahlen sollen dafür nun all jene, die jünger sind und arbeiten – und zwar gleich doppelt: mit höheren Rentenbeiträgen und unfassbar viel Steuergeld, das ebenfalls überwiegend die arbeitende Bevölkerung aufbringt und das für andere wichtige staatliche Aufgaben fehlt. Und das alles mit der Perspektive, dass sie selbst viel weniger Rente bekommen werden und viel mehr privat vorsorgen müssen. »Es ist verwunderlich, dass die sich nicht wehren«,[74] staunt Prof. Dr. Monika Schnitzer in der *Süddeutschen Zeitung*. Sie ist Vorsitzende des Sachverständigenrats zur Begutachtung der gesamtwirtschaftlichen Entwicklung, kurz: der Wirtschaftsweisen. Sie verstehe nicht, so Schnitzer, dass die heute Jungen nicht sagen: »Wir wollen die jetzigen Babyboomer noch stärker zur Kasse bitten, wir wollen jetzt schon, dass mehr getan wird.«[75]

Aus dem Bundeshaushalt ist die Rente nicht zu retten

Mit noch höheren Zuschüssen aus dem Bundeshaushalt, also letztlich aus Steuermitteln, ist die Rente jedenfalls nicht zu retten, stellt, wie gesagt, der Wissenschaftliche Beirat des Wirtschaftsministeriums in seiner Studie aus dem Jahr 2021 fest: Irgendwann würde mehr als die Hälfte des Bundeshaushalts in die Rente fließen, wenn der Bundesgesetzgeber nicht grundlegend in die »Haltelinien« eingreift, also den maximalen Beitragssatz erhöht und/oder das Rentenniveau absenkt. Die Lücke wäre nicht einmal zu stopfen, indem wir Einkommens- oder Umsatzsteuer schmerzhaft erhöhten – beispielsweise müsste die Umsatzsteuer von derzeit 19 auf mehr als 32 Prozent angehoben werden.[76] Der Beirat verlangt endlich Klartext, denn er rät ausdrücklich »davon ab, in der politischen Diskussion die Illusion von langfristig gesicherten Haltelinien weiter aufrechtzuerhalten. Stattdessen muss sich die Politik umgehend mit möglichen Alternativen auseinandersetzen.«[77]

Zu einem ähnlichen Schluss kommt die Hans-Böckler-Stiftung des Deutschen Gewerkschaftsbundes. In einer Studie zur Zukunft der gesetzlichen Rentenversicherung schrieb sie schon 2017, dass sich die Kosten für das Rentensystem, sollte dieses bestehen bleiben, »lediglich in anderer Art und Weise über Zeit, Personen und gesetzliche oder private Finanzierungssysteme verteilen«[78] lassen. Simpler gesagt: Es nützt nichts, wenn Lasten und Finanzierungslöcher hin- und hergeschoben werden – das jetzige System der Rentenkasse muss spürbar umgebaut werden.

Um das Rentensystem in Deutschland fit für die Zukunft zu machen, müssen wir die grundlegenden Basics neu denken. Wie kürzen wir die Ausgaben? Wie kriegen wir mehr Geld ins System? Und wie verteilen wir dieses Geld gerecht?

Stellschraube 1:
Das Rentenniveau

Sehen wir uns den ersten Regler an: die Höhe der Rente. Das offizielle Rentenniveau in Deutschland liegt heute, wie gesagt, bei 48 Prozent des statistischen Durchschnittsbruttogehalts. Das ist die Rente des »Eckrentners«. Aber was bedeutet das praktisch? Die Standardrente, auch Eckrente genannt, lag für das Jahr 2023 bei 1692 Euro brutto im Monat – im Westen wie im Osten.[79] Dieser Eckrentner ist die Referenzperson der Rentenberechnung: ein Mensch, der in seinem Arbeitsleben immer genau das Durchschnittseinkommen des jeweiligen Jahres verdient hat. Jedes Jahr, 45 Jahre lang.

Bleiben wir beim Eckrentner, nennen wir ihn Elias. Er bekam, als er am 1. Juli 2023 in Rente ging, eine Einstiegsrente von 1692 Euro im Monat – brutto. Davon muss er noch Beiträge zur Sozialversicherung zahlen. Netto bleiben ihm dann rund 1447 Euro.[80] Das ist wahrlich nicht berauschend, auch wenn Elias als Rentner ein paar Kosten einspart, die er als Arbeitnehmer noch hatte. Zum Beispiel muss er natürlich keine Beiträge an die Rentenversicherung mehr bezahlen. Aber er muss fast seine komplette Rente versteuern. Den Statistiken der Deutschen Rentenversicherung Bund lässt sich nicht entnehmen, wie viele Menschen in Deutschland wie Eckrentner Elias genau 45 Jahre lang immer den jährlichen Durchschnittslohn im Westen bekommen und ebenso lange durchgängig in die Rentenversicherung eingezahlt haben, um dann mit heute 66, bald 67 Jahren glücklich in Rente zu gehen. Darum sagt das so ermittelte »Rentenniveau« nicht viel aus. Elias und seine ideale Arbeitsbiografie sind nur eine Messgröße, um überhaupt bewerten zu können, wie hoch die Renten allgemein im Schnitt gerade sind.

Selbst dieses eher bescheidene Rentenniveau von 48 Prozent des Durchschnittlohns ist ohne zusätzliche staatliche Maßnahmen nicht zu halten. Deswegen hat SPD-Arbeitsminister Hubertus Heil in seinem Entwurf für die Rentenreform Anfang 2024 vorgeschlagen: Wir halten die Durchschnittsrente bei 48 Prozent des Durchschnittslohns. Weil diese Renten aber von immer weniger sozialversicherungspflichtig Arbeitenden aufgebracht werden müssen, erhöhen wir die Beiträge deutlich. Damit wir die Beiträge nicht noch deutlicher erhöhen müssen, führen wir das »Generationenkapital« ein, eine Art Aktienrente (dazu später mehr). Das Problem: Die Zeche dieser Reform zahlen jüngere Menschen. Sie müssen deutlich höhere Beiträge zahlen als aktuelle Renter:innen – bekommen aber selbst nicht mehr Rente. Die Ökonomin Monika Schnitzer machte im Interview mit uns den konfliktträchtigen Vorschlag, Renten sollten im Laufe der Zeit weniger stark steigen. Bisher sind Renten unter anderem an die Löhne gekoppelt, die die noch Arbeitenden gerade bekommen. Das müsse sich ändern: »Die Renten sollten nicht mehr so stark steigen wie die Löhne.«[81] Das sei auch nicht unsozial, weil diese Maßnahmen vor allem Rentner träfen, die besonders lange Rente beziehen, und das seien vor allem Wohlhabende, weil Menschen, die viel verdienen, im Schnitt länger leben, sich besser ernähren und körperlich weniger anstrengende Jobs hatten.[82]

Monika Schnitzer geht sogar noch einen Schritt weiter: Um das Rentensystem zu reparieren und gerechter zu machen, schlägt sie vor, ein Dogma der Rentenversicherung infrage zu stellen: das sogenannte Äquivalenzprinzip. Dieses Prinzip besagt: Wer doppelt so viel einzahlt, bekommt doppelt so viel raus.[83] Das können wir uns nicht mehr leisten, argumentiert Schnitzer: »Wir sollten besonders hohe Renten künftig abschmelzen. Wer üppige Rentenansprüche erarbeitet hat, bekäme dann etwas weniger.«[84]

Stellschraube 2: Die Lebensarbeitszeit

Die **Rentenhöhe** ist die eine Stellschraube, das **Renteneintrittsalter** die zweite: Monika Schnitzer plädiert auch dafür, dass wir alle länger arbeiten. Ebenso sieht es der Sachverständigenrat der Wirtschaftsweisen. Die Ökonominnen und Ökonomen werben für die Logik: Je länger wir leben, desto länger müssen wir arbeiten.[85]

Das bedeutet, wir müssen das Renteneintrittsalter nach hinten verschieben, also später in Rente gehen. Hier schlägt man zwei Fliegen mit einer Klappe: Menschen zahlen nicht nur länger in die Rentenkasse ein, sie bekommen auch erst später und dadurch mutmaßlich insgesamt weniger Geld raus. Dadurch steigen die Einnahmen und sinken die Ausgaben.

Doch der Plan hat einen hohen Preis. Denn wer möchte bis 70 arbeiten müssen, damit er oder sie die Rentenkasse nicht zu sehr belastet? Für viele Menschen in diesem Alter gehören Schmerzen, Krankheit, Gebrechlichkeit und Erschöpfung zum Alltag. Kann man ihnen zumuten, mit 70 immer noch bei Aldi an der Kasse zu sitzen oder in einer Produktionshalle zu stehen, viele Stunden am Tag an einem Schreibtisch irgendwelche Unterlagen zu bearbeiten, als Pflegekräfte durch Flure zu rennen, in Restaurants Teller abzuräumen, jeden Morgen vor lärmenden Schulklassen zu stehen?

Aktuell steigt das Alter, mit dem ihr regulär in Rente gehen könnt, kontinuierlich an: 2024 liegt es bei 66, 2031 dann bei 67.[86] Nach heutigem Stand ist dann erst mal Schluss. Sicher, in kaum einem Industrieland der OECD arbeiten so viele der älteren Menschen wie in Deutschland; andere Länder haben da mehr nachzuholen. Aber auch in Deutschland gilt, dass das Arbeitsleben regulär eigentlich auch nach 67 noch weitergehen müsste. Auch wenn die Ampel im Rahmen ihrer Rechtsreform Anfang 2024 nicht plant, Menschen länger arbeiten und später ohne Abzüge in Rente gehen zu lassen, könnte dieses Szenario doch irgendwann auf euch zukommen. Die Kommission »Verlässlicher Generationenvertrag« empfiehlt Maßnahmen, die sich mit dem Slogan »Mehr Reha, weniger Frührente« zusammenfassen lassen: Die Systeme zur Prävention und Rehabilitation sollen ausgebaut werden, damit Beschäftigte länger gesund bleiben und arbeiten können.[87] Das bedeutet, dass Leute nicht mehr wie heute mit Mitte 50 in die Frührente können, wenn sie chronisch Rücken haben, sondern dass man sie in die Reparaturwerkstatt schickt und dann zurück ins Arbeitsleben, wo sie mit jüngeren Arbeitnehmer:innen mithalten müssen. Auch darum sollen Beschäftigte stärker als bisher bis zum Ende ihres Arbeitslebens ständig weiterqualifiziert werden.[88]

Stellschraube 3: Mehr Beiträge für die Rentenkasse

Auch an der dritten Stellschraube des Rentensystems wollen die Top-Ökonom:innen kräftig drehen: den **Einnahmen der Rentenkasse**. Damit diese steigen, gibt es wiederum zwei Regler: zum einen die Zahl der Menschen, die in die Kasse einzahlen, zum anderen die Höhe der Rentenbeiträge, die jeder Mensch einzahlen muss.

Fangen wir mit der Möglichkeit »mehr Leute« an. Im Moment hat die Rentenversicherung Bund ungefähr 39 Millionen zahlende Mitglieder.[89] Das ist ziemlich viel. Aber es ist nicht genug. Es gibt nämlich noch viel mehr Menschen in Deutschland, die jeden Monat Geld verdienen und später auch Rente vom Staat bekommen werden – aber nichts in die Rentenkasse einzahlen. Das sind zum Beispiel alle Beamt:innen. Sie zahlen überhaupt keine Sozialabgaben. Ihre Besoldung stammt aus der Staatskasse, und von dort kommt später auch das Geld für den Ruhestand. Bei Beamt:innen heißt es darum auch nicht »Rente«, sondern »Pension«.[90]

Menschen, die Einnahmen aus der Vermietung oder Verpachtung ihrer Immobilien oder aus dem Aktienhandel erzielen, zahlen ebenfalls auf diese Einnahmen keine Beiträge an die Rentenkasse, weil die nur auf Arbeitseinkommen aus abhängiger Beschäftigung fällig werden. Selbstständige in den sogenannten »Freien Berufen« – das können niedergelassene Ärzt:innen, Anwält:innen, Steuerberater:innen, Physiotherapeut:innen oder Tanzlehrer:innen sein – können freiwillig in die staatliche Rentenversicherung einzahlen, sie müssen es aber nicht. Manche verzichten auf diese Möglichkeit, weil sie so wenig verdienen, dass auch der geringste Beitrag zur Rentenversicherung noch zu viel erscheint; sie tragen das volle Risiko für ein Alter in Armut allein. Das gilt übrigens auch für viele geringfügig Beschäftigte. Andere Selbstständige gehen nicht freiwillig in die gesetzliche Rentenversicherung, weil sie so viel verdienen, dass sich für sie diese Variante nicht lohnt. Viele freie Berufe haben Kammern oder Verbände mit eigenen Versorgungswerken, in denen die Selbstständigen (pflicht-)versichert sind.[91] Auch diese Beitragszahlungen entgehen der gesetzlichen Rentenkasse. Als verpflichtend zahlende Mitglieder der staatlichen Rentenversicherung bleiben die regulären Arbeitnehmer:innen übrig – Menschen, die irgendwo fest angestellt sind und dort sozialversicherungspflichtigen Lohn oder Gehalt bekommen, von dem jeden Monat bis zu 20 Prozent für die Umlage abgezweigt werden können. Sie allein müssen das System im Moment stemmen. Das ist nicht nur ungerecht, es funktioniert auch nicht – siehe oben.

Spezialfall Künstlersozialkasse

Eine Sonderform ist dabei die **Künstlersozialkasse**. Sie existiert seit 1983 und bietet freischaffenden Kreativen wie Musikern, bildenden Künstlerinnen, Schauspielern und Autorinnen einen verpflichtenden Zugang zur staatlichen Sozialversicherung. Die KSK ist dabei keine eigene Versicherung, sondern eine Abteilung der staatlichen Unfallversicherung, die einkommensabhängige Monatsbeiträge einzieht und weiterleitet. Das Besondere: Die KSK übernimmt den Arbeitgeberanteil und führt ihn zusammen mit den Beiträgen der Versicherten an die Kranken-, Pflege- und Rentenversicherung ab.[92] Das ist einerseits ein Privileg gegenüber freiwillig versicherten Selbstständigen aus Berufsgruppen, die nicht als schöpferisch durchgehen, es ist aber auch eine bittere Notwendigkeit: Überdurchschnittlich viele Kreative bewegen sich nämlich am Rand des Prekariats und hätten ohne die KSK keine Möglichkeit, sich gesetzlich zu versichern. Finanziert wird die Künstlersozialkasse aus den Beiträgen der Versicherten, aus der sogenannten Künstlersozialabgabe, die Verlage, Museen, Radio- und Fernsehsender, Theater, Konzerthäuser, Presseagenturen und sonstige Unternehmen zahlen müssen, wenn sie künstlerisches Schaffen verwerten, und aus dem Steuertopf des Bundes.[93]

Modell Erwerbstätigenversicherung

Um die Sache mit der gesetzlichen Rente einfacher, transparenter und gerechter zu machen, drängen immer mehr Fachleute auf die Umwandlung der gesetzlichen Rentenversicherung in eine sogenannte **Erwerbstätigenversicherung**. Damit würden alle Menschen in Deutschland, die in irgendeiner Weise und durch irgendwelche Tätigkeiten Geld verdienen, verpflichtet, in eine gesetzliche Rentenversicherung einzuzahlen. Das hätte gleich mehrere Vorteile. Zuerst würden die zusätzlichen und vor allem jungen Beitragszahler:innen nämlich mehr Geld in die Kasse spülen. Weil diese Neuzugänge erst nach 2050 selbst Rentenansprüche haben, steigen erst dann die Ausgaben wieder. In der Zeit dazwischen ist mehr Geld vorhanden, mit dem die Rentenversicherung arbeiten kann. »Sowohl die Einbeziehung von Selbstständigen als auch von Beamtinnen und Beamten entlastet damit in der Zwischenzeit den Beitragssatz und steigert das Rentenniveau um jeweils rund 0,5 Prozentpunkte«, heißt es in der Studie der Hans-Böckler-Stiftung.[94]

Die SPD und die Grünen unterstützen diese Idee.[95] Union und vor allem FDP sind eher dagegen, weshalb sich in der Rentenreform von Hubertus Heil zur Einbeziehung von Beamten und Selbstständigen auch nichts findet.[96] Haupteinwand von Union und Liberalen: Wenn mehr Leute einzahlen, müssen irgendwann auch mehr Leute etwas rausbekommen. Diese Kritik übersieht aber den Zeitfaktor. Denn auch wenn die neuen Versicherten irgendwann gesetzliche Rente kassieren, vergehen bis dahin doch ziemlich viele Jahre, in denen sie nur einzahlen. Und dieses Geld könnte man investieren – in Aktien zum Beispiel.

Vorschlag Aktienrente

Dazu gibt es verschiedene Modelle. Zum einen die **Aktienrente**, die die FDP vor der Bundestagswahl 2021 nach schwedischem Vorbild gefordert hatte: Ein Teil der Beiträge zur Rentenversicherung solle nicht direkt zur Zahlung von Renten ausgegeben, sondern stattdessen in Aktien angelegt werden.[97] Wenn diese Spekulation aufgeht und die Aktien steigen, so die Hoffnung der Lindner-Partei, können die Kursgewinne zur Finanzierung von Renten beitragen. Schweden macht mit diesem Modell gute Erfahrungen.

Im oben schon erwähnten Rentenreformvorschlag der Ampel

vom März 2024 wird jedoch ein gänzlich anderes Verfahren skizziert: Nach der Wahl hat die Ampel in ihrem Koalitionsvertrag zwar auch eine Aktienrente beschlossen. Aber um Verwirrung vorzubeugen: Das ist ein völlig anderes Modell als das, was die FDP damit ursprünglich meinte. Deswegen spricht das Finanzministerium auch lieber von »**Generationenkapital**«.[98] Zwar soll auch bei diesem Modell eine zusätzliche Geldquelle erschlossen werden, aus der Euros ins Rentensystem fließen, um Steuerzuschüsse zu ersetzen, doch die Regierung will dazu keine Rentenbeiträge verwenden.[99] Sie will vielmehr eine unabhängige Stiftung schaffen, die jährliche Zahlungen aus dem Bundeshaushalt bekommt – 2024 schon zwölf Milliarden Euro, in den Folgejahren jeweils drei Prozent mehr. Dazu sollen noch einmal 15 Milliarden kommen aus Verkäufen von Bundesvermögen. Bis 2030 sollen so 200 Milliarden Euro zusammenkommen. Dieses Geld soll die Stiftung in Aktien und andere Wertpapiere anlegen.[100] Die Gewinne aus der Spekulation sollen ab 2036 als Zuschüsse in die Rentenkasse fließen. Dann steigen die Rentenbeiträge zwar immer noch, aber nicht ganz so stark. Die Idee geht in die richtige Richtung, weil sich gerade für langfristige Projekte wie die Rentenfinanzierung an den Börsen durchaus Renditen einfahren lassen. Allerdings hat die Umsetzung in dieser Form einige Haken, die die Wirkung des Projekts stark dämpfen.

Was bringt das Generationenkapital wirklich?

Erstes Manko: zwölf Milliarden. Klingt viel, ist für die Rentenkasse aber nicht mehr als ein Trinkgeld.[101] Geht der Ampel-Plan auf, würde das laut Aussagen von Christian Lindner einen Anstieg des Beitragssatzes um weitere 0,3 Prozentpunkte verhindern. *Finanztip* rechnet vor: »Bei einem Beschäftigten mit einem Monatsbrutto von 3000 Euro entspräche das einer Entlastung von 4,50 Euro pro Monat – je für den Arbeitnehmer und den

Arbeitgeber. Also eher ein Tropfen auf den heißen Stein.«[102] Hinzu kommt: Selbst diese minimale Entlastung der Rentenkasse ist eher unwahrscheinlich. Denn um sie bei einer Inflation von zwei Prozent Jahr für Jahr zu erreichen, so rechnet Finanztip vor, müssten die Anlagen eine jährliche Rendite von 7,5 Prozent erzielen.[103] Das ist nicht unmöglich, aber unwahrscheinlich, zumal auch noch Verwaltungskosten des Fonds bezahlt werden müssen. Es gelingt mit der Aktienrente nach Ampel-Art also nicht einmal, den Anstieg des Rentenbeitrags um einen Prozentpunkt zu verhindern, geschweige denn das Rentensystem zu sanieren.

Hätten die Babyboomer vor 50, 60 Jahren angefangen, in Aktien zu investieren, um ihre Renten zu sichern, stünden wir jetzt besser da. Die Aktienrendite kommt also zu spät und ist zu knapp kalkuliert. Aber das heißt nicht, dass sie überflüssig ist. Denn die Babyboomer, die jetzt in Rente gehen und riesige Löcher in die Kasse reißen, sterben irgendwann. In 20 bis 30 Jahren also wird sich die Kassenlage wieder entspannen. Und bis dahin kann die Aktienrente eine wichtige Säule sein.[104]

Fürs Erste aber werden die Rentenbeiträge weiter steigen. Das sieht ja auch das von Sozialminister Hubertus Heil im März 2024 vorgestellte Rentenpaket II vor. Es soll die Mindestrentenhöhe zwar dauerhaft festschreiben. Dafür soll aber die andere Haltelinie ab 2025 fallen: Dann dürfte der Beitragssatz über 20 Prozent steigen.[105] Die Wirtschaftsweise Monika Schnitzer forderte sogar, die Beiträge möglichst schnell anzuheben, um die Babyboomer an den Kosten dafür zumindest noch ein bisschen zu beteiligen.[106]

Wie wäre es, wenn wir einen Teil dieser höheren Beiträge in Aktien investieren? So macht Schweden das. Dort müssen alle Erwerbstätigen einen Anteil von 2,5 Prozent ihres Bruttoerwerbseinkommens in einen Fonds ihrer Wahl einzahlen. Es gibt mehrere zur Auswahl, aber in einen müssen sie einzahlen.[107] Das wäre eine Aktienrente, die wirklich helfen würde. Denn eine wie auch immer gestrickte Aktienrente entlastet den Haushalt umso stärker, je mehr Geld investiert wird.

Fairerweise muss man einräumen, dass die Schweden daneben noch einen weiteren Vorteil haben, nämlich eine wirklich flächendeckende Erwerbstätigenversicherung, in die alle einzahlen müssen, die irgendwas irgendwie verdienen,[108] nicht nur abhängig Beschäftigte wie bei uns. Hätten wir eine solche Alterssicherung auf breiter Grundlage, könnten wir nicht nur die Aktienrente völlig anders aufstellen.

Spielräume für ein breiteres Renten-Fundament

Und dann gibt es noch eine Reihe anderer kleinerer Ventile, die Druck aus dem Rentenkessel lassen würden:

Zum einen brauchen wir **mehr Einwanderung**, vor allem: *junge* Einwanderer:innen. Jung, weil sie dann noch die Chance haben, in die Rentenkasse einzuzahlen und Kinder zu bekommen.[109]

Gewerkschaften machen noch einen anderen Vorschlag: Die Menschen müssen einfach **besser verdienen**. Eine Voraussetzung dafür wäre, dass es in Deutschland weniger Menschen ohne ordentliche Berufsausbildung gibt. Wer besser qualifiziert ist, verdient normalerweise mehr und zahlt damit auch mehr Geld in die Rentenkasse. Schlecht oder gar nicht ausgebildete Arbeitnehmer:innen bleiben oft in Billigjobs und können später von ihren Renten nicht leben.

Die noch von der Großen Koalition eingesetzte Kommission »Verlässlicher Generationenvertrag« schlägt vor, mehr Frauen in die volle Erwerbstätigkeit zu holen. Ihr Argument: Wenn Mütter leichter als bisher Vollzeit arbeiten können, zahlen sie auch höhere Beiträge in die Rentenversicherung.[110]

Ein Nachteil dieser Ideen soll nicht verschwiegen werden: Sie alle dürften eher kurzfristig bis mittelfristig wirken, weil mehr Menschen, die in die Rentenkasse einzahlen, ja auch irgendwann Rente bekommen werden. Und Menschen, die höhere Beiträge zahlen, bekommen auch irgendwann eine höhere Rente.

Schließlich könnten wir die **betriebliche Altersvorsorge** stärken und damit die gesetzliche Rentenkasse entlasten, weil niedrigere gesetzliche Renten weniger schmerzen, wenn es noch eine zweite Rente gibt. Betriebsrente heißt, der Arbeitgeber zahlt zusätzlich zum Gehalt monatlich einen Betrag in einen individuellen Altersvorsorgevertrag. Das Geld vermehrt sich, und zum Ende der Beschäftigung hat sich in dieser sogenannten zweiten Säule ein Betrag angespart, der zusätzlich zur gesetzlichen Rente das Auskommen im Ruhestand sichert. Schon jetzt haben alle angestellten Arbeitnehmer:innen Anspruch auf eine Betriebsrente – allerdings nicht darauf, dass der Arbeitgeber die Beiträge dafür zusätzlich zum Gehalt lockermacht. Das ist immer noch eine freiwillige Leistung, die aber vor allem große Unternehmen nutzen, um attraktiv zu sein für gute Arbeitskräfte.[111]

Heikle Wohltaten via Rentensystem

Der demografische Wandel ist ein Hauptgrund, warum das Rentensystem in Deutschland massive Schlagseite bekommen hat. Einige weitere Probleme sind aber hausgemacht. Vor allem politische Entscheidungen in der Zeit der Großen Koalition haben diese Schlagseite auf Kosten der jüngeren Generationen verstärkt. Statt nach einem Weg zu suchen, wie Lasten gerechter verteilt werden können, baute die Regierung unter Angela Merkel die Ansprüche der Rentner:innen massiv aus.[112] Beispielsweise führte sie die sogenannte »Mütterrente« ein. Damit konnten Frauen, deren Kinder vor 1992 geboren wurden und die wegen der Kindererziehung zu Hause geblieben waren, ein Jahr

Beitragszahlung in die Rentenkasse geltend machen. 2019 wurde diese Zeitspanne auf 2,5 Anrechnungsjahre erhöht, und zwar entweder für die Mutter oder den Vater.[113]

Ähnlich teuer ist die Rente mit 63: Wer 45 Jahre gearbeitet hat, kann schon mit 63 in Rente gehen – ohne Abzüge.[114] Klar, 45 Jahre im Berufsleben sind eine sehr lange Zeit, insofern gibt es sozialpolitisch gewisse Gründe dafür. Aber aus der Perspektive einer nachhaltigen Finanzierung des Rentensystems ist die Regelung katastrophal: Früher in Rente gehen, also weniger einzahlen, aber länger Rente bekommen ist das genaue Gegenteil von dem, was wir für eine langfristige Finanzierung brauchen.

2020 verabschiedete der Bundestag zudem das sogenannte »Gesetz zur Einführung der Grundrente«, das am 1. Januar 2021 in Kraft trat. Wer mindestens 35 Jahre lang Beiträge in die Rentenkasse gezahlt hat, aber trotzdem nur sehr wenig Rente bekommt, hat seither Anrecht auf einen sogenannten »Grundrentenzuschlag«.[115] Dieser stockt den ausgezahlten Rentenbetrag etwas auf, durchschnittlich um 86 Euro pro Monat. Wer nur 33 Jahre eingezahlt hat, bekommt den Zuschlag anteilig.[116]

Sowohl Mütter- als auch Grundrente sind einerseits nachvollziehbar, weil Menschen, überwiegend Frauen, die über Jahrzehnte Beiträge gezahlt oder die Lasten der Kindererziehung oder Angehörigenpflege getragen haben, dafür vom Staat in Form einer Grundsicherung eine gewisse Anerkennung bekommen. Aber beide sind auf der anderen Seite auch ungerecht, weil diese Grundsicherung eben nicht vollständig aus dem Bundeshaushalt finanziert wird, also von der staatlichen Gemeinschaft insgesamt, sondern überwiegend von den Beitragszahler:innen, also denjenigen, die ohnehin schon extreme Lasten zu tragen haben. Allein 2020 soll die Mütterrente rund zwölf Milliarden Euro gekostet haben.[117] Die Grundrente setzte allein im Einführungsjahr 2021 zusätzliche 1,3 Milliarden auf den Zähler.[118] »So wurden mehrere teure Reformen vorrangig zugunsten der Rentner sowie der geburtenstarken rentennahen Jahrgänge verabschiedet«,[119] schreibt der Ökonom und langjährige Regierungsberater Bert Rürup.

Das ist leider noch nicht alles. Gleichzeitig setzte die Große Koalition 2018 nämlich den Nachholfaktor in der Rentenanpassungsformel für sieben Jahre aus. Dafür zog sie die Haltelinien ein. Zur Erinnerung: Der Nachhaltigkeitsfaktor verteilte die Mehrkosten des demografischen Wandels gerechter als bisher auf Junge und Alte, während durch die Haltelinien einfach nur Geld versprochen wird, das nicht vorhanden ist, indem die Regierung damit willkürlich einen Höchstsatz für den Rentenbeitrag und einen Mindestsatz für die Rentenhöhe festgelegt hat, ohne genau zu wissen, wie die daraus resultierenden Zahlungen finanziert werden können. Das heißt: In der Rentenkasse fehlt Geld, und das muss als Zuschuss aus dem Bundeshaushalt fließen.

Wie die Rente wieder sicher werden kann

Damit es in Deutschland auch in Zukunft noch so etwas wie eine funktionierende gesetzliche Rentenversicherung gibt, muss das System grundlegend modernisiert werden. Das Umlagesystem funktioniert heute schon nicht mehr und wird nur mit Milliarden aus dem Haushalt am Leben gehalten. Die Babyboomer haben zu wenig vorgesorgt, und die heute jungen Menschen müssen die Zeche zahlen. Regierende müssen aufhören, Rentengeschenke zu verteilen, die vielleicht kurzfristig Stimmen bringen, aber ein stabiles, nachhaltiges, gerechtes Rentensystem torpedieren. Wir brauchen mutige Politiker:innen, die es schaffen, die Realität anzuerkennen, auszusprechen und in Reformen umzusetzen: Rentner:innen (vor allem reiche) werden Abstriche machen müssen. Die Renten können nicht mehr mit den Löhnen wachsen, sondern nur noch mit der Inflation. Wir werden umso länger arbeiten müssen, je höher die Lebenserwartung steigt. Dafür braucht es Weiterbildung und neue Konzepte fürs Arbeiten im Alter. Das ist mit flexiblen Rentenlösungen machbar – und es kann auch den Arbeitsmarkt entlasten, zum Beispiel mit Fachkräften. Gleichzeitig könnte das System der Rentenpunkte und die Bewertung der einzelnen Entgeltpunkte neu aufgesetzt und gerechter werden. Wir werden auch höhere Beiträge für die Rentenkasse berappen müssen. Deshalb sollten wirklich alle einzahlen, die mit irgendetwas Geld verdienen – auch Vermieter:innen, Beamt:innen, Selbstständige und Freiberufler:innen. Ein großer Teil der höheren Beiträge sollte darüber hinaus nach schwedischem Modell gewinnbringend in ETF angelegt werden. Einen ähnlichen Vorschlag macht der Journalist Andreas Hoffmann, der über viele Jahre für den Stern über Rente und Sozialpolitik geschrieben hat. Er schreibt uns: »Am besten wäre es, wenn jeder ab 18 Jahren einen bestimmten Geldbetrag vom Staat bekommt, etwa 10 000 Euro. Das Geld sollte er fürs Alter zurücklegen, etwa in einen Sparvertrag, von dem breitgestreute Aktienfonds, sogenannte ETF-Fonds, gekauft werden. Überschlägig gerechnet (fünf Prozent Rendite pro Jahr, monatliche Sparrate 20 Euro, Laufzeit 50 Jahre) hätte der Einzelne im Ruhestand 165 000 Euro.« Ein solches »Grunderbe«, schreibt Hoffmann, wäre für den Staat durchaus finanzierbar, »etwa über eine höhere Erbschaftssteuer« – dazu mehr im Kapitel über die Vermögensungleichheit.

Doch es ist unwahrscheinlich, dass die Ampel sich dazu durchringen kann. Sie will ihr Rentenpaket II noch vor der Sommerpause 2024 verabschieden.

Allen Reformen zum Trotz: Eine Vollversorgung wird die gesetzliche Rente für sehr viele Menschen auch dann nicht bieten können. Allen Versicherten muss klar sein, dass die gesetzliche Rente in Zukunft nur noch ein Beitrag zu den Lebenskosten im Alter sein wird und allein nicht zu einem guten Leben reicht.

Das kann eine unerwartete Flexibilität verlangen. Burkhard

Schröder, Philips ehemaliger Dozent an der Journalistenschule, legte mit 62 Jahren bei der IHK eine Prüfung zum Sicherheitsfachmann ab und schlichtete jahrelang als Security-Mann Prügeleien in der Rettungsstelle eines Berliner Kiez-Krankenhauses.[120] Im Sommer 2023 war Schröder 70 Jahre, immer noch Sicherheitsmann, aber mittlerweile an der Rezeption eines international tätigen Marktforschungsunternehmens.

Aber Schröder hadert nicht mit seinem Schicksal: »Wenn jemand wenig in die Rentenkasse einzahlt und nichts spart, okay, dann muss man sich nicht wundern«, sagt er. »Aber wenn Leute 45 Jahre einzahlen und trotzdem nichts haben, ist das was anderes.« Arbeiten im Rentenalter ist für ihn alles andere als ein Albtraum – »wenn man gesund ist«.

Ist die Rente sicher? Na ja. Irgendetwas werden wir wohl immer bekommen. Aber reicht das, um den Lebensstandard zu erhalten? Wahrscheinlich nicht. Eine existenzsichernde Rente, wie wir sie von Oma und Opa kennen, gibt es schon heute nicht mehr. Wenn die nächsten Reformen gelingen, kriegen wir aus der gesetzlichen Rentenversicherung einen Zuschuss für die elementaren Bedürfnisse. Um den Rest müssen wir uns selbst kümmern – und zwar schon heute.

MEHR MACHT WAGEN

Der real existierende Föderalismus bremst jede Regierung – doch eine Reform wäre überraschend einfach

Damit es auf den Baustellen der Nation vorangeht, müssen meist viele Menschen zusammenspielen und oft komplexe Lösungen finden. Bei allen Unterschieden im Detail haben die Baustellen eines gemeinsam: Sie stehen beispielhaft für den Reformstau in Deutschland – für Lebensbereiche, in denen viel zu lange viel zu wenig geschehen ist, um Probleme zu lösen.

Und auch diese Probleme haben eines gemeinsam: Ein entscheidender Teil ihrer Lösung besteht meistens darin, die Rechtslage zu ändern. Ob es Abstandsregeln für Windkraftanlagen sind, die Digitalisierung der Verwaltung oder die Rentenformel – stets müssen Gesetze geändert oder geschrieben werden, damit sich der Stau auflöst.

Doch leider ist die Art und Weise der Gesetzgebung in Deutschland ihrerseits eine Großbaustelle. Notwendige gesetzliche Änderungen kommen bei uns bei Weitem nicht so schnell voran, wie es nötig wäre. Und das hat vor allem einen Grund:

den bundesrepublikanischen Föderalismus, der nicht mehr funktioniert wie gedacht.

Föderalismus auf Abwegen

Föderalismus bedeutet, dass ein Staat sich aus einzelnen Gliedstaaten zusammensetzt, die mehr oder weniger große politische Eigenständigkeit besitzen. In Deutschland sind das 16 Bundesländer, die jeweils über eine eigene Staatlichkeit verfügen und zugleich zusammen die Bundesrepublik Deutschland bilden.

Die Bundesländer haben jeweils eigene Regierungen, eigene Gesetzgebungen, eigene Finanzen, eigene Bildungssysteme. Sie können prinzipiell alles selbst entscheiden, was nicht im Grundgesetz als Angelegenheit des Bundes definiert ist.[1] Damit Deutschland als Bundesstaat trotz der hohen Eigenständigkeit der Länder funktioniert, gibt es in der Gesetzgebung eine Hierarchie: Bundesrecht steht im Zweifelsfall über Landesrecht – so regelt es Artikel 31 unseres Grundgesetzes. Das Gegenteil von Föderalismus wäre ein zentralistischer Staat wie beispielsweise Frankreich. Dort werden alle Gesetze auf der obersten Ebene ausgehandelt, während die untergeordneten regionalen Einheiten diese Gesetze nur ausführen.

Dass Deutschland sich in Bundesländern organisiert, gehört zu den unabänderlichen Grundprinzipien unserer Verfassung. Während die meisten Regeln des Grundgesetzes mit Zweidrittelmehrheit geändert werden können, gilt dies nicht für den Föderalismus als solchen: »Eine Änderung […], durch welche die Gliederung des Bundes in Länder [und] die grundsätzliche Mitwirkung der Länder bei der Gesetzgebung […] berührt werden, ist unzulässig«, heißt es in der sogenannten Ewigkeitsklausel.[2]

Die Bundesländer haben nicht nur ihre eigenen Regierungen und Parlamente, sie wirken auch maßgeblich auf Bundesebene mit. Dafür gibt es ein eigenes Verfassungsorgan: den Bundesrat. So sinnvoll die Mitwirkung der Länder bei der Gesetzgebung des Bundes im Grundsatz ist, so nachteilig wirkt sich inzwischen die konkrete Art und Weise aus, wie der Bundesrat seine rechtlichen Möglichkeiten nutzt: Unser föderales System ist heute so dysfunktional, dass sich die Frage stellt, ob es noch in der Lage ist, auf existenzielle Krisen wie die Klimakatastrophe, die Bildungsmisere oder den absehbaren Zusammenbruch der gesetzlichen Rentenversicherung schnell und effektiv zu reagieren. Wie konnte es dazu kommen?

Von der Reform zum Reförmchen: Wie die Hartz-IV-Reform zerredet wurde

Als 1948/49 das Grundgesetz formuliert wurde, sah man einen wesentlichen Nutzen eines starken Organs der Länder darin, dass der Bundesrat als objektive und sachorientierte Kammer[3] ein Gegengewicht zum politisierten Bundestag bilden könne, der von Anfang an stark von Parteiinteressen geprägt war.[4] Von dieser Sachorientierung ist nach 75 Jahren nicht viel übrig. Heute ist der Bundesrat ein Ort, wo politische Vorhaben der Bundestagsmehrheit durch die Länder immer wieder blockiert oder verwässert werden – und zwar gar nicht mal immer im Interesse der Länder, sondern oft genug nur im Interesse der Parteien, die zwar im Bund in der Opposition sind, aber in ausreichend vielen Ländern mit in der Regierung sitzen.

Was das in der Praxis bedeutet, sehen wir am Beispiel des Bürgergeldes. Anfang 2023 trat in Deutschland eine Reform in Kraft, in die vor allem die SPD ziemlich große Hoffnungen gesetzt hatte: das Ende von Hartz IV. 2005 hatte die rot-grüne Koalition unter dem damaligen SPD-Bundeskanzler Gerhard Schröder Arbeitslosengeld und Sozialhilfe neu aufgesetzt. Inoffiziell wurde die Reform nach dem Leiter der ausführenden

Arbeitsgruppe, Peter Hartz, benannt. Ihr Kernpunkt: Wer als arbeitsloser Mensch keine neue Stelle fand, rutschte nach dem Ende des Arbeitslosengeldes rascher als vorher in die Sozialhilfe. Die hieß nun offiziell »Arbeitslosengeld II«, gefürchtet als »Hartz IV«.

Zentraler Bestandteil von Hartz IV war ein Sanktionierungssystem. Wer ALG II beantragte, musste ständig neu beweisen, dass er oder sie sich auch genug um Arbeit bemüht, sonst drohten radikale Kürzungen. Die Reform war das Kernstück von Schröders »Agenda 2010«, mit der er die Konjunktur in Deutschland anfachen wollte. Kritiker:innen sahen darin allerdings einen Verrat an sozialdemokratischen Werten. Auch aus einer rein ökonomischen Perspektive war »Hartz IV« umstritten. Zwar verschwanden bald die hohen Arbeitslosenzahlen aus den Statistiken. Dafür jedoch arbeiteten nun Millionen von Menschen volle acht Stunden am Tag, verdienten aber so wenig, dass sie ihren Lebensunterhalt mit Geld vom Amt aufstocken mussten.

Die Ampel-Koalition plante daher im Jahr 2022 eine radikale Abkehr vom Hartz-IV-System:[5] Menschen, die ins geplante Bürgergeld rutschten, sollten zum Beispiel nicht mehr gezwungen werden, in kurzer Zeit eine kleinere Wohnung zu finden, wenn die bisherige als zu groß galt. Auch sollten sie in den ersten zwei Jahren einen guten Teil ihres Ersparten behalten dürfen. Zentraler Bestandteil sollte schließlich eine sogenannte Vertrauenszeit zu Beginn der Leistungen sein: Bundesagentur für Arbeit und Jobcenter sollten Menschen in den ersten sechs Monaten, in denen sie Bürgergeld beziehen, nur sehr eingeschränkt bestrafen können, wenn sie etwa nicht zu Terminen erschienen.

Sowohl im Bundestag als auch bei den Wähler:innen gab es eine breite Mehrheit für eine umfassende Reform der unbeliebten Hartz-IV-Gesetze.[6] Die Reformvorschläge, die die Bundesregierung im September 2022 in ihrem Gesetzentwurf vorlegte,[7] wären tatsächlich weitreichend gewesen. Doch trat im Januar 2023 lediglich ein Reförmchen in Kraft. Denn ausgerechnet die meist wirkungslosen, aber für die Betroffenen oft brutalen Sanktionen blieben weitgehend bestehen. Warum wurde trotz breiter Mehrheit im Bundestag für die ursprüngliche Fassung nur ein Bruchteil der Reformvorschläge letztlich Gesetz?

Die Opposition regiert mit

Direkt nachdem die Bundesregierung im September 2022 ihren »Entwurf eines Zwölften Gesetzes zur Änderung des Zweiten Buches Sozialgesetzbuch und anderer Gesetze – Einführung eines Bürgergeldes (Bürgergeld-Gesetz)« vorgelegt hatte,[8] drohten CDU und CSU mit einer Blockade des Entwurfs im Bundesrat. Am 10. November 2022 stimmte zwar der Bundestag dem Entwurf zu. Doch vier Tage später schmetterte der Bundesrat das vom Bundestag beschlossene Gesetz wie angekündigt ab. Die Bundesregierung musste den Vermittlungsausschuss anrufen.

Der Vermittlungsausschuss ist die gemeinsame »Schlichtungsstelle« von Bundestag und Bundesrat. Darin sitzen 32 Mitglieder – 16 von jedem der beiden Verfassungsorgane.[9] In den beiden Verhandlungsdelegationen sind die Parteien entsprechend der Größe ihrer Fraktion vertreten. Der Vermittlungsausschuss tagt geheim, um dem Druck zur parteipolitischen Profilierung entgegenzuwirken, denn das Gremium hat den expliziten Auftrag, Kompromisse zu erarbeiten.

Nach kontroverser Debatte legte der Vermittlungsausschuss einen weichgespülten Entwurf der Bürgergeld-Reform vor, dem Bundestag und Bundesrat auch zustimmten. Doch vom ursprünglichen Gesetz war nicht mehr viel übrig, denn die Streichungen, auf die sich der Vermittlungsausschuss geeinigt hatte, betrafen die Kernpunkte der geplanten Reform. Die Wohnungsmiete wird nur noch für ein Jahr statt, wie im ersten Entwurf, für zwei Jahre vom Staat übernommen. Zudem wurde das Schonvermögen, das man im ersten Bezugsjahr behalten darf, gekürzt. Und die Vertrauenszeit wurde ersatzlos gestrichen.[10]

Das Einknicken der Ampel in den zentralen Punkten der Reform war früh absehbar. Schon Anfang November 2022 hatte Bundesarbeitsminister Hubertus Heil in der *Frankfurter Allgemeinen Sonntagszeitung* signalisiert, dass er der Opposition weit entgegenkommen werde.[11] CDU und CSU haben damit ihr Ziel erreicht: Menschen so wenig wie möglich zu unterstützen und so hart wie möglich zu sanktionieren, wenn sie auf staatliche Unterstützung angewiesen sind. Wie kann das sein, obwohl bei der letzten Bundestagswahl 52 Prozent aller Wähler:innen für SPD, Grüne, FDP und Linke gestimmt hatten – und damit auch für ein Ende des bisherigen Hartz-IV-Systems?[12] Obwohl die CDU/CSU mit gerade mal 24 Prozent der Stimmen in die Opposition geschickt worden war?

Politische Straßensperre mit 14 Buchstaben: Bundesratsveto

Dieses demokratisch fragwürdige Ergebnis beruht darauf, dass es unser föderales System Oppositionsparteien ermöglicht, den Bundesrat als parteipolitisches Blockadeinstrument zu nutzen. Der Politikwissenschaftler Prof. Dr. Christian Stecker sieht es als eine der »kaum hinterfragten Grundkonstanten des politischen Systems der Bundesrepublik, dass die Opposition mit Hilfe des Bundesratsvetos mitregieren kann«.[13] Stecker leitet den Arbeitsbereich »Politisches System Deutschlands und Vergleich politischer Systeme« am Politikwissenschaftlichen Institut der Technischen Universität Darmstadt. Die derzeitige Arbeitsweise des Bundesrats ermöglicht es der Bundestagsopposition, Reformvorhaben der Regierung in der Länderkammer zu torpedieren.

Über den Bundesrat bestimmen die Länder heute Bundesgesetze auf eine Weise mit, die so nie vorgesehen war: Eher selten verhindern Bundesländer im Bundesrat, dass der Bund sie übervorteilt. Vielmehr verhindert die Opposition im Bundestag über ihren Einfluss auf den Bundesrat immer öfter, dass Gesetze so in Kraft treten, wie sie vom Bundestag beschlossen wurden. Sprich: Die Opposition mag die Mehrheit im Bundestag verloren haben, sie kann aber – wenn sie in ausreichend Landesregierungen sitzt – über den Bundesrat dennoch im Bund mitregieren. Das untergräbt letztlich die Bedeutung der Bundestagswahl und damit zugleich das Vertrauen in den demokratisch-parlamentarischen Prozess.

Wie Gesetze im Bund beschlossen werden

Alle Bundesgesetze werden in Deutschland zuerst vom Bundestag beschlossen. In den meisten Fällen formulieren die Ministerien der Bundesregierung Vorschläge, sogenannte Gesetzentwürfe. Das können entweder komplett neue Gesetze oder auch Änderungsvorschläge für bereits geltende Gesetze sein. Diese Entwürfe legt die Regierung dem Bundesrat zur Stellungnahme vor. Der hat dafür sechs Wochen Zeit. Seine Anmerkungen werden anschließend von der Bundesregierung kommentiert. Danach gehen der Vorschlag der Regierung und die Stellungnahme des Bundesrates in den Bundestag. Das heißt: Sie werden allen Abgeordneten als Diskussionsgrundlage zur Verfügung gestellt. Auf der Website des »Dokumentations- und Informationssystems für Parlamentsmaterialien (DIP)«,[14] einer Onlineplattform des Bundestages, kann man sich anschauen, welche sogenannten Drucksachen die Parlamentarier:innen gerade beraten.

Bundestagsabgeordnete können Gesetzentwürfe auch direkt ins Parlament einbringen. Dazu benötigen sie lediglich die Zustimmung einer Fraktion – also einer politischen Gruppe im

Parlament – oder von fünf Prozent der Abgeordnetenstimmen. In diesem Fall wird der Entwurf nicht zuerst dem Bundesrat zur Stellungnahme zugeleitet, was das Verfahren beschleunigt. Darum nutzt die Bundesregierung bei eiligen Entwürfen gerne diesen Weg: Sie lässt zwar ihre Ministerien einen Gesetzentwurf schreiben, bringt ihn aber nicht selbst in den Bundestag ein, sondern leitet ihn als »Formulierungshilfe« an ihre Abgeordneten im Bundestag, die den Text dann als »ihren« Gesetzentwurf einbringen.

Nach einer wochen- bis monatelangen Diskussion im Plenum und in den Ausschüssen des Bundestages wird schließlich über die Gesetzesvorlage abgestimmt. Wenn eine Mehrheit erreicht wird, also mehr Anwesende mit Ja als mit Nein gestimmt haben, gilt der Gesetzesentwurf als vom Bundestag verabschiedet. Doch damit kann das Gesetz noch nicht in Kraft treten – denn nun kommt es in den Bundesrat.

Ist Mehrheit wirklich Mehrheit?

Welche verfassungsrechtlichen Regeln für die Behandlung eines Gesetzes im Bundesrat gelten, hängt davon ab, welchen Inhalt das vom Bundestag beschlossene Gesetz hat. Denn im Zusammenspiel von Bundestag und Bundesrat sind zwei Arten von Gesetzen zu unterscheiden: Zustimmungsgesetze und Einspruchsgesetze.

Bei Einspruchsgesetzen kann der Bundesrat zwar mit der Mehrheit der Stimmen Einspruch erheben. Dann muss der Bundestag noch einmal darüber beraten, er kann den Einspruch der Länder aber auch überstimmen. Letztlich gibt hier also allein die Mehrheit im Bundestag den Ausschlag, ob ein Gesetzentwurf auch zum Gesetz wird.

Wesentlich mehr Einfluss hat die Länderkammer bei Zustimmungsgesetzen. Ganz egal, mit welcher Mehrheit der Bundestag einem Entwurf zustimmt, wenn nicht auch im Bundesrat eine Mehrheit zustimmt, kann das Gesetz nicht in Kraft treten. Eine enorme Macht: Knapp 40 Prozent aller Gesetzesentwürfe auf Bundesebene sind heute Zustimmungsgesetze.[15]

Zustimmungspflichtig sind nicht nur Gesetze, die das Grundgesetz ändern, sondern, grob gesprochen, auch alle Gesetze, die in die Rechte der Länder eingreifen, beispielsweise in deren Recht, ihre Verwaltungen und Behörden zu organisieren. Ebenfalls zustimmungsbedürftig sind Gesetze, die beeinflussen, wie viel Steuern ein Bundesland einnimmt oder wie viel Geld es für den Bund ausgeben muss.

Inhaltliche Änderungen kann der Bundesrat übrigens nicht mehr vornehmen – er kann ein Zustimmungsgesetz nur insgesamt ablehnen oder gegen ein Einspruchsgesetz Einspruch erheben. Falls der Bundesrat Änderungen für erforderlich hält, bleibt ihm nur ein Stopp des Gesetzes insgesamt.

Die Mathematik der Macht

Wie im Bundesrat Mehrheiten zustande kommen, regelt unser Grundgesetz (GG). Artikel 51 Absatz 2 legt fest, über wie viele Stimmen die Länder im Bundesrat jeweils verfügen. Jedes Land hat mindestens drei Stimmen. Länder mit mehr als zwei Millionen Einwohner:innen haben vier, Länder mit mehr als sechs Millionen fünf Stimmen, bei mehr als sieben Millionen sind es sechs Stimmen. Derzeit ergibt das insgesamt 69 Stimmen im Bundesrat. Die Länder bestimmen ihre Vertreter:innen im Bundesrat selbst. Zugelassen sind nur stimmberechtigte Mitglieder der jeweiligen Landesregierung. Nicht im Bundesrat vertreten ist also die Opposition in den Ländern.

Damit der Bundesrat einem Zustimmungsgesetz zustimmt, ist eine absolute Mehrheit erforderlich (Art. 52 Abs. 3 GG), derzeit also mindestens 35 Ja-Stimmen. Für ein verfassungsänderndes Gesetz ist sogar eine Zweidrittelmehrheit erforderlich, also derzeit mindestens 46 Ja-Stimmen.

Bei der Stimmabgabe im Bundesrat gelten nun zwei Besonderheiten: Erstens müssen die Stimmen eines Bundeslandes immer einheitlich abgegeben werden – also pro Land nur Ja- oder nur Nein-Stimmen.[16] Zweitens werden im Bundesrat nur die Ja-Stimmen gezählt.[17] Damit der Bundesrat einem Gesetz zustimmt, braucht es also ausreichend Ja-Stimmen. Jede Stimme, die nicht Ja lautet, ist daher de facto eine Stimme gegen das Gesetz. Wenn Länder sich im Bundesrat enthalten, stimmen sie also in Wirklichkeit nicht neutral, sondern gegen das Gesetz.

Nun beschließen Landesregierungen jedoch regelmäßig, sich im Bundesrat zu enthalten, wenn die Koalitionspartner keine gemeinsame Position finden.[18] Diese Enthaltung wirkt jedoch wie ein Nein – und das verleiht selbst kleinen Parteien, die zwar im Bundestag in der Opposition sitzen, jedoch an Landesregierungen beteiligt sind, eine enorme Macht, Gesetze im Bundesrat zu blockieren.

Wenn die Blockade zum kleinsten gemeinsamen Nenner wird

Wie sie im Bundesrat stimmen, handeln die Landesregierungen im Vorfeld abstrakt aus. Meist steht im Koalitionsvertrag der jeweiligen Koalition auf Landesebene, dass sich das Land im Bundesrat der Stimme enthalten muss, wenn sich die Koalitionspartner nicht zu einer gemeinsamen Haltung durchringen können. Sobald nur eine Partei, die an einer Landesregierung beteiligt ist, ein Gesetz des Bundes torpedieren möchte – aus welchem Grund auch immer –, muss das jeweilige Land sich enthalten, also de facto Nein sagen. Eine solche Enthaltung ist damit im Grunde eine Mogelpackung, weil sie signalisiert »Wir halten uns da raus«, de facto aber massive Wirkung hat.

Diese Enthaltungsstrategie bedeutet konkret, dass sich das gesamte Land im Bundesrat der Stimme enthalten muss, wenn auch nur ein Koalitionspartner auf Landesebene Nein sagt. Sobald also eine Partei, die im Bundestag in der Opposition ist, nur in genügend Ländern mitregiert, und sei es als kleinste Partei einer Koalition, kann sie auf diesem Weg so viele Ja-Stimmen im Bundesrat verhindern, dass die notwendige Mehrheit für eine Zustimmung nicht zustande kommt, sodass ein vom Bundestag beschlossenes Gesetz blockiert wird. In den letzten Jahrzehnten saß meist wenigstens eine der Oppositionsparteien im Bund an ausreichend Kabinettstischen der Länder und konnte verhindern, dass zustimmungspflichtige Bundesgesetze den Bundesrat passieren konnten.

Wie zuverlässig sich eine Zustimmung im Bundesrat verhindern lässt, ist relativ einfach zu berechnen. Man muss dazu nur die Bundesratsstimmen der Bundesländer zusammenzählen, an deren Regierung eine der Parteien beteiligt ist, die auf Bundesebene in der Opposition sind.[19] Wenn sie in genügend Landesregierungen großer Bundesländer vertreten ist und dadurch viele Ja-Stimmen im Bundesrat verhindern kann, ist das eine solch mächtige Drohkulisse, dass der Bundestag Gesetze von vornherein den Wünschen der Opposition anpasst – oder sich gleich ganz die Mühe spart, sie zu verabschieden.

Dieses strukturelle Problem des deutschen Föderalismus ist eine der wesentlichen Wurzeln des Reformstaus, der sich in unserem Land an allen Ecken und Enden zeigt. So kritisierte der Politikwissenschaftler Fritz Wilhelm Scharpf schon 2006: »Die Malaise der deutschen Politik, in der keine Seite in der Lage ist, ein Reformkonzept zu verwirklichen und dann auch zu verantworten, hat ihren wesentlichen Grund in der Möglichkeit parteipolitischer […] Blockaden im Bundesrat.«[20]

Unsere Kritik richtet sich ausdrücklich nicht gegen eine bestimmte Partei. Das Problem ist vielmehr, dass die Opposition im Bund überhaupt über Bande, nämlich über den Bundesrat, eine solche Blockademacht ausspielen kann. Die Farbe der Blockierenden tut bei diesem Phänomen nichts zur Sache, denn alle Parteien, die dazu Gelegenheit bekommen, missbrauchen den Einfluss der Länder im Bund von Zeit zu Zeit, von den Unionsparteien bis zu den Grünen.

Als die regierende Koalition aus Union und SPD im Juni 2021 ihren Entwurf eines Gesetzes zur »Modernisierung der Rechtsgrundlagen der Bundespolizei« durch den Bundestag bekam, kippten ihn die Grünen zwei Wochen später im Bundesrat. Der Konflikt drehte sich um erweiterte Befugnisse für Abschiebungen, die die Bundespolizei darin bekommen hätte. Mit Interessen der Länder hatte das nichts zu tun, umso mehr dafür mit migrationspolitischen Vorstellungen der Grünen. Es geht an dieser Stelle nicht darum, ob die Grünen oder die Große Koalition inhaltlich die besseren Argumente hatten. Es geht darum, dass nur die damalige »Groko« über ihre Mehrheit im Bundestag demokratisch legitimiert war, die Spielregeln für die Bundespolizei im Kontext von Abschiebungen festzulegen. Der Bundesrat hätte lediglich zum Schutz der Interessen der Länder seine Zustimmung verweigern dürfen, nicht aber, weil das Gesetz den politischen Vorstellungen einer an Landesregierungen beteiligten Partei widerspricht – so jedenfalls die Konzeption unseres Grundgesetzes. Nur steht das nicht so ausdrücklich im Text der Verfassung. Und so konnten die Grünen ihre Vorstellungen zum Thema Migration durchboxen, obwohl sie die für diese Frage maßgebliche Wahl – nämlich die Bundestagswahl 2017 – verloren hatten.

Diese unselige Tradition reicht lange zurück. Die Union verschärfte etwa schon vor rund 20 Jahren die ursprüngliche »Agenda 2010« der damaligen rot-grünen Koalition mittels ihrer Veto-Position im Bundesrat – etwa bei der Frage, ob für Menschen, die Hartz IV beziehen, künftig jede Arbeit als zumutbar gelten solle. Auf Druck einiger Abgeordneter von SPD und Grünen war das Gesetz zwar zunächst dahingehend geändert worden, dass diese Verschärfung nur in Verbindung mit einem »ortsüblichen Mindestlohn« eingeführt werden dürfe.[21] Doch diese »frisch errungenen Verbesserungen flogen, wie zuvor von der CDU angekündigt, wieder aus dem Gesetz«.[22]

Wie der Föderalismus ins Grundgesetz kam

Die Wurzeln des bundesdeutschen Föderalismus reichen historisch noch weiter zurück als das Grundgesetz. Nach dem Zweiten Weltkrieg war eine Aufteilung von Macht und Hoheitsrechten zwischen Bund und Ländern von den Alliierten politisch gewollt. 1948 erhielten die Ministerpräsidenten der Länder in den westlichen Zonen einen Auftrag der westlichen Siegermächte: Sie sollten eine verfassungsgebende Versammlung einberufen, die »eine Regierungsform des föderalistischen Typs schafft, […] die Rechte der beteiligten Länder schützt, eine angemessene Zentralinstanz schafft und die Garantien der individuellen Rechte und Freiheiten enthält«.[23]

Die Ministerpräsidenten fürchteten allerdings, dass die Gründung eines westdeutschen Teilstaats zur Zweiteilung Deutschlands führen könnte. Darum entschieden sie, dass der neue Staat nur ein Provisorium sein solle. Statt einer verfassungsgebenden Nationalversammlung beriefen sie einen sogenannten Parlamentarischen Rat aus 65 stimmberechtigten Mitgliedern ein – 61 Männer und 4 Frauen. Auftrag des Rats war, für den neuen provisorischen Staat auf dem Gebiet der drei westlichen Besatzungszonen ein Grundgesetz zu entwickeln – und ganz bewusst keine Verfassung.[24] Einer der zentralen Streitpunkte der Verhandlungen war schon damals die Machtverteilung zwischen Bund und Ländern.[25]

Was heißt Zustimmung?

Bald nach Inkrafttreten des Grundgesetzes 1949 nahm auch der Bundesrat seine Arbeit auf[26] – ihm wurden die ersten Bundesgesetze vorgelegt, denen er zustimmte oder auch nicht. Doch diese Zustimmung bezog sich damals auf etwas anderes als heute. Heute heißt Zustimmung im Bundesrat bei den sogenannten Zustimmungsgesetzen, dass die Mehrheit der Stimmen im Bundesrat zu einem vom Bundestag beschlossenen Bundesgesetz Ja sagt. Kommt diese Mehrheit nicht zustande, bedeutet das: Das Gesetz ist *insgesamt* gescheitert.

Doch genau so war es ursprünglich nicht gemeint. Gegenstand der Zustimmung war in den ersten Jahren der Bundesrepublik nicht der vollständige Inhalt der Gesetze, sondern lediglich die Art, wie Bundesgesetze von den Ländern verwaltungstechnisch umgesetzt werden sollten. So steht es auch im Grundgesetz: »Führen die Länder die Bundesgesetze als eigene Angelegenheit aus, so regeln sie die Einrichtung der Behörden und das Verwaltungsverfahren, soweit nicht Bundesgesetze mit Zustimmung des Bundesrates etwas anderes bestimmen.«[27] Die ursprüngliche Idee war also, dass die Länder lediglich mit Vorschriften über Behördenorganisation und Verwaltungsverfahren einverstanden sein müssen, das einem Gesetz vom Bund vorgegeben wird.[28] Den Rest des Gesetzes konnte der Bundestag allein entscheiden. »Die Mitwirkungsrechte des Bundesrates in der Gesetzgebung sind Ausdruck seiner von der Verfassung gewollten Korrektivfunktion«, schreibt der Politologe Roland Johne.[29] Weil die Ministerien der Länder im Gegensatz zum Bund ziemlich viel praktische Erfahrung mit dem Vollzug von

Gesetzen hätten, könnten sie »Sachverstand und Erfahrungswerte« in die Gesetzgebung des Bundes einbringen – soweit es eben um die Organisation von Behörden und das Verwaltungsverfahren ging.

Der Sündenfall des Bundesverfassungsgerichts und seine Spätfolgen

Diese beschränkte Mitwirkung der Bundesländer sollte sich allerdings bald ändern, nämlich schon 1958: Da traf das Bundesverfassungsgericht eine Entscheidung, die eine wesentliche verfassungsrechtliche Grundlage für den heutigen Reformstau in Deutschland legte. Bei all seinen zahlreichen Verdiensten an anderer Stelle griff es 1958 komplett daneben. Damals legte das oberste Gericht der Bundesrepublik nämlich seiner Entscheidung – zur Überraschung vieler – die sogenannte Einheitstheorie zugrunde: Wenn ein Gesetz auch nur einen Satz enthält, der der Zustimmung des Bundesrats bedarf – beispielsweise, weil er die Verwaltung der Länder betrifft –, dann macht dieser *eine* Satz das *ganze* Gesetz, also womöglich Hunderte von Paragrafen, im Bundesrat zustimmungspflichtig.[30] Durch diese Entscheidung bezog sich das Vetorecht des Bundesrates mit einem Schlag nicht mehr nur auf Fragen der Behörden oder des Verwaltungsverfahrens, sondern auf das Gesetz als Ganzes. Es liegt auf der Hand, dass diese Entscheidung des BVerfG die Vetomacht des Bundesrats vervielfachte.

Bis sich die Entscheidung von 1958 wirklich fatal auswirkte, sollte es jedoch noch ein wenig dauern – nämlich bis in die 1970er-Jahre: In der ersten Amtszeit von Bundeskanzler Helmut Schmidt stand erstmals in der Geschichte der Bundesrepublik eine Regierungskoalition im Bund, damals gebildet von SPD und FDP, einer oppositionellen Mehrheit von CDU und CSU im Bundesrat gegenüber. Dadurch bekam die Opposition im Bund zum ersten Mal die Macht, über den Bundesrat die Regierungspolitik zu sabotieren, jedenfalls soweit es um zustimmungspflichtige Gesetze ging. »Nun konnte das zum Schutz der Verwaltungshoheit nötige Zustimmungsrecht als parteipolitisch motiviertes Veto gegen ungeliebte Gesetzesinhalte genutzt werden.«[31]

Die Blockaden, die wir heute beklagen, sind im föderalistischen System der Bundesrepublik also von Anfang an angelegt, doch als 1948/49 das Grundgesetz formuliert wurde, konnte niemand vorhersehen, welches Ausmaß parteipolitisch begründete Blockaden in der Praxis haben würden. Denn wesentliche Faktoren, die heute Probleme machen, waren damals nicht abzusehen. So war bei der Formulierung des Grundgesetzes 1948/49 noch unklar, in welche Richtung sich die politische Landschaft entwickeln würde. Beispielsweise sah niemand voraus, dass Koalitionen auf Landesebene nach der Jahrtausendwende immer öfter aus drei Parteien bestehen würden, was die Blockademacht kleiner Oppositionsparteien erheblich vergrößerte. Es war auch nicht vorherzusehen, dass das Bundesverfassungsgericht schon 1958 die Reichweite des Zustimmungserfordernisses von einzelnen Sätzen auf ganze Gesetze ausdehnen würde.

Dementsprechend waren auch die Folgen der Blockademöglichkeiten für das Ansehen »der Politik« und des demokratischen Systems bei den Wähler:innen nicht abzusehen. Diese Folgen sind gravierend, denn viele Menschen in Deutschland haben inzwischen das Gefühl, auf die Geschicke des Landes nicht genug Einfluss nehmen zu können, wie die Leipziger Autoritarismus-Studie 2022 feststellte:[32] Seit Sommer 2022 sinkt die Zustimmung zur Demokratie wieder.[33] Gerade die Hälfte der Befragten ist noch mit der demokratischen Alltagspraxis einverstanden. Einerseits herrscht zwar eine hohe Zufriedenheit mit der demokratischen Staatsform an sich, doch geht diese mit dem Gefühl einher, keinen politischen Einfluss zu haben.[34]

Und leider liegen die Menschen damit nicht völlig falsch, wie die zahlreichen Beispiele weichgespülter Reformen belegen. Denn durch den real existierenden Föderalismus kann die gewählte Regierung die ihr übergebene Macht für die Menschen weniger spürbar nutzen, was viele Wählende enttäuscht und Zweifel an der Sinnhaftigkeit von Wahlen bestärkt – auch wenn sie den Systemfehler selbst vielleicht nicht genau benennen können. Entscheidend ist das Ergebnis dieses Fehlers: Die Regierung wird ausgebremst durch die Opposition. Ihr haben die Wählenden bei den Bundestagswahlen zwar keine Macht übertragen, die beschriebene Realität im Bundesrat beschert der Opposition jedoch so viel Einfluss, dass sie der Gestaltungskraft der Regierung messbare Grenzen setzen kann. Dieser Effekt widerspricht wiederum der Idee von Wahlen und torpediert, was Wählende sich von ihnen erwarten: eine Regierung, die ihr Programm umsetzt und für Erfolg beziehungsweise Scheitern eindeutig verantwortlich ist.

Diese ebenso schwerwiegenden wie vom Verfassungsgeber ungewollten Folgen des real existierenden bundesdeutschen Föderalismus stellen die Frage nach der demokratischen Legitimation der Vetomacht im Bundesrat.

Wann ist ein Veto legitim?

Unter Umständen reichen einer Landespartei relativ wenige Stimmen bei Landtagswahlen, um im Bundesrat eine unverhältnismäßig große, bundesweit wirksame Blockademacht zu erreichen. Tatsächlich reichen immer weniger Stimmen: In den 1990er-Jahren benötigten sowohl Union als auch SPD noch mindestens 30 Prozent der Stimmen bei Landtagswahlen, um im Bundesrat über genügend Länderstimmen mitzubestimmen und ein Veto erzwingen zu können. Heute reichen dazu schon rund 20 Prozent oder gar noch weniger, wie Christian Stecker 2021 vorrechnete: »Die Grünen kommen derzeit mit zwölf Prozent der bundesweiten Wählerunterstützung besonders günstig an föderale Vetomacht.«[35] Grund dafür ist die Tendenz zu immer breiteren Koalitionen in den Landesregierungen. Nach den heute üblichen Koalitionsverträgen in den Ländern kann ja jede einzelne mitregierende Partei erzwingen, dass sich das Land im Bundesrat enthält und damit ein Zustimmungsgesetz de facto ablehnt. Und je mehr Parteien mit am Koalitionstisch sitzen, umso größer das Risiko, dass eine der Parteien im Bund in der Opposition ist und daher im Bundesrat auf die Bremse tritt.

Für Oppositionsparteien im Bund kann sich Blockadepolitik im Bundesrat besonders bei Landtagswahlen lohnen: Wenn die Zeiten schwer sind und Bundesregierungen sich mit »unpopuläre[n] Maßnahmen« unbeliebt machen, können Landtagswahlen leicht »als Plebiszit über die Bundespolitik«[36] inszeniert werden – der Wahlkampf wird so geführt, dass die Wähler:innen mit ihrer Stimme vor allem »denen da oben« einen Denkzettel verpassen wollen. Wenn das Kalkül aufgeht und eine Oppositionspartei auf Bundesebene mit dieser Contra-Haltung Landtagswahlen gewinnt, stärkt das wiederum ihre Blockademacht im Bundesrat.

Die gegenwärtige Praxis des Bundesratsvetos hat also mindestens zwei Probleme: Zum einen konterkariert sie den Mehrheitswillen der Wähler:innen auf Bundesebene, denn sie führt dazu, dass der Wille der Mehrheit bei der Bundestagswahl nicht Gesetz werden kann, weil er am Bundesrat zerschellt. Zum anderen ist diese Vetomacht der Länder auch noch extrem schwach demokratisch legitimiert, denn es ist oft gerade keine Mehrheit der Wähler:innen in den Ländern, sondern eine kleine Minderheit, die für die Partei gestimmt hat, die nun blockiert.

Diese beiden Effekte führen zu einer Verzerrung der Mehrheitsverhältnisse, was der demokratischen Mehrheitsregel widerspricht, und zugleich zu einer Verschleierung politischer

Verantwortung, weil Kompromisse quer über das politische Spektrum nötig sind, um ein Zustimmungsgesetz überhaupt durch Bundestag und Bundesrat zu bringen. Und wenn fast alle Parteien mitwirken müssen, dann sind auch alle ein bisschen verantwortlich.

Beides zusammen sendet ein verhängnisvolles Signal: Es entsteht der Eindruck, als sei es egal, wen Bürger:innen bei der Bundestagswahl wählen, denn am Ende sind für alle wesentlichen Fragen so breite Mehrheiten erforderlich, dass es stets nur für einen Minimalkonsens reicht und grundlegende Reformen strukturell unmöglich sind. Dieser Befund aber beschreibt ein echtes Demokratieproblem. Denn für die Legitimität und Akzeptanz eines politischen Systems ist es zwingend, dass man mit seiner Stimme konkrete Änderungen des politischen Kurses erreichen kann – und nicht nur den Austausch der Person, die im Kanzleramt sitzt.

Lassen sich Bund und Länder entflechten?

Wenn wir also erreichen wollen, dass Wählende bei der Bundestagswahl wieder wirklich über den Kurs des Bundes entscheiden können, muss sich etwas ändern. Nur: Wie könnte eine sinnvolle Reform aussehen? Ein Ansatz besteht darin, Bund und Länder zu entflechten: Wenn die Länder weniger mitreden könnten, gäbe es auch weniger Blockaden. Im Herbst 2003 machten sich Bund und Länder in einer gemeinsamen »Kommission zur Reform der bundesstaatlichen Ordnung« an die Arbeit. Ihr Ziel war es, die Politik aus der »Verflechtungsfalle« zu befreien und den Anteil der Zustimmungsgesetze drastisch zu senken.[37] Dieses Vorhaben muss als gescheitert betrachtet werden, denn tatsächlich hat die Länderkammer nach der Reform immer noch bei 41 Prozent der Gesetzesvorlagen ein Vetorecht.[38]

Allerdings gab es in der Debatte um die erste Föderalismusreform einen sehr interessanten Ansatz: Einige Mitglieder wollten[39] das Zustimmungsrecht des Bundesrates wieder auf verwaltungstechnische und organisatorische Fragen beschränken – so, wie es vor der Entscheidung des BVerfG von 1958 gewesen war.[40] Leider waren die Ministerpräsident:innen, schrieb die *Süddeutsche Zeitung*, »nicht mehr bereit, die Möglichkeit parteipolitisch motivierter Blockaden gegen den Inhalt von Bundesgesetzen aufzugeben«.[41] Sie hatten sich an den parteipolitischen Missbrauch der Vetomacht offenbar schon zu sehr gewöhnt.

Für die zweite Föderalismusreform drei Jahre später zieht der Politologe Henrik Scheller ein ähnlich frustrierendes Fazit. Unter dem Titel *Der erschöpfte Föderalstaat* zeichnet er in einem Essay nach, dass die Verhandlungen lediglich ein paar weitere Kompromisse in Form von »Detailregelungen mit Verfassungsrang« mit begrenzter Reichweite ergeben hätten.[42]

Die Stärken des Föderalismus: Vertikale Gewaltenteilung und Konsensorientierung

Der real existierende Föderalismus in deutscher Ausprägung macht die Gesetzgebung also nicht nur langsamer, schwerfälliger und komplizierter, sondern auch weniger demokratisch. Regelmäßig scheitern große Vorhaben der Bundesregierung am Widerstand der Länder, wichtige Reformen werden ausgehöhlt und behindert. Das klingt nach Schwäche. Aber wie wir in Deutschland aus leidvoller Erfahrung wissen, kann es auch ein Vorteil sein, wenn niemand einfach durchregieren kann. Darum wollen wir uns auch die Stärken unseres Föderalismus genauer ansehen.

Gewaltenteilung bedeutet, dass es staatliche Akteure gibt, die Gesetze erlassen (gesetzgebende Gewalt oder Legislative), andere Akteure setzen diese Gesetze um (ausführende Gewalt oder Exekutive, also Ministerien und Behörden). Wieder andere Akteure entscheiden über rechtliche Streitigkeiten (rechtsprechende Gewalt oder Judikative, also die Gerichte). Diese drei Gewalten sind weitgehend voneinander unabhängig, aber kontrollieren sich gegenseitig. Die Trennung der drei Gewalten ist die wesentliche Grundlage aller demokratischen Rechtsstaaten.

In der Gesetzgebung haben wir de facto eine zusätzliche Aufteilung der Macht innerhalb der Legislative, quasi eine »vertikale« Gewaltenteilung. Denn an der Gesetzgebung wirkt nicht nur der demokratisch direkt legitimierte Bundestag mit, sondern auch die Landesregierungen haben, wie beschrieben, erheblichen, wenngleich deutlich schwächer legitimierten Einfluss. Abhängig von den Mehrheitsverhältnissen macht es diese Aufteilung schwerer, autoritäre Maßnahmen durchzusetzen. Wäre es etwa bei der Reform von Hartz IV nicht um das Durchsetzen sozialpolitischer Maßnahmen gegangen, sondern um totalitäre Eingriffe in Freiheitsrechte, hätten wir diese zusätzliche Gewaltenteilung vermutlich positiver eingeschätzt.

Deutschland kennt Systeme ohne Verflechtung und vertikale Trennung, in denen durchregiert werden konnte: das Dritte Reich und die DDR. Diese diktatorischen Regime rufen Ländervertreter:innen oft raunend in Erinnerung, wenn sie fürchten, Deutschland könnte zentraler regiert werden und regionale Eigenheiten würden weniger Niederschlag in Bundesgesetzen finden.[43]

Allerdings erscheint uns dieses Schwarz-Weiß-Denken als zu einfach: Die Machtballung bei den Nazis lag ja nicht primär am fehlenden Föderalismus. Sie war vor allem deswegen möglich, weil die Nazis die Gewaltenteilung insgesamt abgeschafft und sämtliche staatlichen Organe sowie die Zivilgesellschaft gleichgeschaltet hatten. Außerdem gab es spätestens nach der Reichstagswahl vom März 1933 keine demokratischen Wahlen mehr.

Also ja: Föderalismus verteilt die staatliche Macht auf zwei Ebenen, was durchaus Vorteile hat. Aber die Mitwirkung der

Länder an der Gesetzgebung des Bundes wird zum Problem, wenn die Menschen die Politik des Bundes durch die Bundestagswahlen nicht mehr grundlegend neu ausrichten können, sondern stets enttäuscht werden, weil tief greifende Reformen am Bundesrat zerschellen.

Zwang zum Kompromiss: Die Ganz Große Koalition

Einen weiteren Vorteil des Föderalismus kann man darin sehen, dass dort, wo viele verschiedene Meinungen und Interessen mit gleichberechtigter Autorität durchsetzbar sind, härter um Kompromisse gerungen und Positionen einander angenähert werden müssen. Dadurch steigt die Wahrscheinlichkeit, dass mehr Leute damit leben können: Kompromisse sind Lösungen, mit denen meist niemand richtig glücklich ist, mit denen aber eine maximale Anzahl von Leuten einigermaßen leben kann. Doch der Zwang zum Konsens macht eben tief greifende Reformen schwer bis unmöglich, selbst dann, wenn sie sich auf eine Mehrheit im Bundestag stützen könnten wie etwa bei den Hartz-IV-Reformen.

Der Politologe Roland Johne differenziert: Grundsätzlich seien »zähe Entscheidungsprozesse […] zwischen Bund und Ländern und den jeweils handelnden Parteien […] nicht von vornherein systemwidrige Störfaktoren«.[44] Problematisch werde es erst, wenn dadurch die Entscheidungsfähigkeit beeinträchtigt sei. Auch der Politikwissenschaftler Christian Stecker betont, die Vetomacht führe nicht dazu, »dass im Bundesrat reihenweise Gesetze der Bundesregierung zu Fall gebracht werden«[45] – sonst wäre es für die Wähler:innen einfach, den Fehler im System sofort zu erkennen. An der reinen Zahl der blockierten Gesetze lässt sich dieses Problem also nicht erkennen. Vielmehr begünstige allein schon die Möglichkeit des Vetos den »Kompromisszwang«, und zwar, weil zu viele Akteur:innen an diesem Prozess beteiligt sind und ihre politischen Interessen berücksichtigt sehen wollen.

Im Zusammenspiel aus Bundestag und Bundesrat, Koalition und Opposition zeigt sich dieses Zuviel an Verantwortlichen mustergültig: Zählt man alle zusammen, deren Ja für ein Zustimmungsgesetz erforderlich ist, so stehe eine »informelle Viererkoalition« am Ruder, wie Stecker es formuliert. Nennen wir sie mal die Ganz Große Koalition: ein informelles Bündnis quer durch das politische Spektrum der regierungsbeteiligten Parteien, von der Linken bis zur CSU.

Diese Macht lässt sich destruktiv nutzen: Die Länder können sich darauf konzentrieren, im Bundesrat verstärkt ihre Eigeninteressen oder die Policy-Interessen der Oppositionsparteien durchzusetzen – dann läuft es vermutlich auf eine »pragmatische Einigung« im Bundesrat hinaus, oder man erzielt im Vermittlungsausschuss einen mehr oder weniger schmutzigen Kompromiss. Die von der Opposition im Bund geführten Länder können aber auch aufs Ganze gehen, »indem sie Erfolge der Regierung verhindern«, wie Scharpf es formuliert. Das läuft auf eine Blockade hinaus, die nur einen Zweck hat: die jeweilige Regierung als »inkompetent und hilflos erscheinen zu lassen«.[46]

Wie der Zwang zum Kompromiss die Demokratie aushöhlt

Für die jeweiligen Oppositionsparteien mögen solche Blockaden im Bundesrat politisch befriedigend sein: Sie genießen den Rausch der Macht. Für die Demokratie ist das aber auf Dauer schädlich. Bei Kompromissen, die von einer informellen Koalition quer über das politische Spektrum ausgehandelt werden, können Wähler:innen nämlich oft nicht mehr erkennen, wer welche Aspekte durchgesetzt oder aber verhindert hat. Damit fehlt in letzter Konsequenz die Orientierung, wen sie für gute oder schlechte Entscheidungen jeweils verantwortlich machen können – und wem sie bei der nächsten Wahl ihre Stimmen geben sollen.

Das legt die Axt an eine wesentliche Wurzel des demokratischen Systems: den Wettbewerb um die besten Lösungen. Denn auf der geordneten Konkurrenz der Parteien beruht unsere Demokratie. Parteien, die sich in den Wahlen durchsetzen, erlangen dadurch das Mandat »zur Umsetzung des mit Wählervotum ausgestatteten Regierungsprogramms«.[47] Wir wählen Parteien für eine bestimmte Agenda und können erwarten, dass sie diese umsetzen. Wenn die Partei nicht liefert, wählen wir sie vier bzw. fünf Jahre später ab und lassen es andere versuchen. Nur: Wen soll man wählen oder auch abwählen, wenn immer alle irgendwie mit am Tisch sitzen? Der Zwang zur Ganz Großen Koalition unterminiert die Grundprinzipien des demokratischen Wettbewerbs zwischen den Parteien.

Das überstrapazierte Bundesratsveto nutzt auch nur vordergründig den Parteien, die im Bund in der Opposition sind. In Wirklichkeit vergrößert es die Politikverdrossenheit, weil immer mehr Menschen den Eindruck haben, dass es kaum einen Unterschied mache, welcher Partei sie ihre Stimme geben – und wenn man ehrlich ist, haben sie damit auch teilweise recht: Eine wirklich grundlegende Hartz-IV-Reform stand 2021 bei der Bundestagswahl nicht zur Wahl. Selbst eine absolute Mehrheit der Linkspartei – also der Partei, die Hartz IV wohl am deutlichsten kritisch gegenübersteht –, wäre an der Unionsfront im Bundesrat zerschellt.

Wie wir unseren Föderalismus reparieren können

So kann es also nicht weitergehen. Der Bund muss wieder handlungsfähig gemacht werden. Andererseits müssen die Länder weiterhin angemessen an der Gesetzgebung des Bundes mitwirken dürfen. Ein Vorbild könnte dabei die Rolle des Bundesrats sein, die die Mütter und Väter des Grundgesetzes ursprünglich konzipiert hatten: Die Länderkammer sollte dazu dienen, die besondere Kompetenz der Länder bei der Ausführung von Gesetzen fruchtbar zu machen und existenzielle Interessen der Länder zu schützen.

Kern des Problems der Bundesrats-Blockaden ist, wie beschrieben, die Praxis, dass sich Länder bei einem Dissens zwischen ihren Koalitionsparteien über ein vom Bundestag beschlossenes Gesetz im Bundesrat enthalten. Eine einzelne Koalitionspartei im Land kann so im Bundesrat de facto ein Nein erzwingen. Diese Mechanik gilt es zu ändern: Ein Land sollte ein Zustimmungsgesetz nur noch dann blockieren, wenn sich die Parteien im Land *einig* sind, dass das Gesetz den Bundesrat nicht passieren darf. Denn wenn sich die Parteien nicht einig sind, sind Landesinteressen offensichtlich nicht so eindeutig betroffen, dass sich eine Blockade rechtfertigen lässt. Wir brauchen das Ja eines Landes im Bundesrat als neue Default-Einstellung. Ein Nein – auch in Form einer Enthaltung – sollte die Ausnahme sein.

Doch wie lässt sich ein solches Ergebnis erreichen? Die verfassungsrechtlich sauberste und sicherste Lösung wäre eine Änderung von Art. 52 Abs. 3 Satz 1 des Grundgesetzes. Er lautet im Moment: *Der Bundesrat faßt seine Beschlüsse mit mindestens der Mehrheit seiner Stimmen.*

Mit anderen Worten: Der Bundesrat kann nur mit absoluter Mehrheit einen Beschluss fassen, etwa einem Zustimmungsgesetz zustimmen. Das ließe sich einfach ändern, indem man Art. 52 Abs. 3 Satz 1 des Grundgesetzes wie folgt fasst: *Der Bundesrat fasst einen Beschluss, wenn die Zahl der für eine Vorlage abgegebenen Ja-Stimmen die Zahl der abgegebenen Nein-Stimmen übersteigt.*

Auf diese Weise würde eine Enthaltung wirklich als Enthaltung zählen, ein Ja wäre ein Ja, ein Nein wäre ein Nein, und ein Zustimmungsgesetz würde nur noch dann blockiert, wenn wirklich eine Mehrheit der Stimmen aus den Ländern diese Vorlage für gefährlich hält.

Doch erfreulicherweise müsste man noch nicht einmal das Grundgesetz novellieren, um diesen Effekt zu erreichen. Es würde schon ausreichen, wenn die Parteien die Staatspraxis in den Ländern änderten. Sie müssten nur vereinbaren, dass sich das jeweilige Land in Zukunft im Falle einer Meinungsverschiedenheit zwischen den Koalitionsparteien nicht mehr enthält – was im Bundesrat bei Zustimmungsgesetzen eben einem Nein entspricht –, sondern standardmäßig Ja sagt. Parteien, die eine Koalitionsvereinbarung schließen, könnten sich schon in den jeweiligen Koalitionsverträgen darauf einigen, sich bei Abstimmungen nur noch in Ausnahmefällen zu enthalten, nämlich nur dann, wenn sich alle Koalitionspartner einig sind, dass ein Gesetz den Interessen ihres Landes schaden würde, weil es zum Beispiel den Haushalt überlasten würde.

Diese Maßnahme wäre wirkungsvoll und leicht umzusetzen. Die Koalitionen, die die Landesregierungen jeweils tragen, könnten schon bei nächster Gelegenheit – und nicht erst nach der nächsten Wahl – ihr Stimmverhalten ändern. Dazu würde eine schlichte Einigung in einer Koalitionsrunde reichen.

Noch besser wäre es, wenn sich alle Bundesländer darauf einigen können, die neue Regel zu Abstimmungen im Bundesrat (»im Zweifel Ja«!) ab einem bestimmten Stichtag in allen Ländern anzuwenden. Das Thema könnte beispielsweise auf die Tagesordnung der nächsten Konferenz der Ministerpräsident:innen gesetzt werden. Wenn die Runde der sechzehn Regierungschefinnen und -chefs diese Änderung demnächst beschließen würde, gäbe es kein Polit-Mikado bei der Frage, wer zuerst die Macht zur Blockade aufgibt. Ein solcher Beschluss der Länder wäre ein gemeinsames Bekenntnis zu einem Schritt nach vorn – und ein deutliches Signal für eine lebendigere Demokratie.

Natürlich wäre dieser Verzicht auf die parteipolitisch motivierte Blockade vor allem für die Oppositionsparteien im Bund schmerzlich. Aber die Vorteile würden überwiegen, denn so könnte man sich als Ministerpräsident:in im Bundesrat wieder auf inhaltliche Kompromisse konzentrieren und Lösungen erreichen, mit denen man die Wähler:innen beeindruckt. Und die Bundesregierung könnte Gesetze vorantreiben, die die Politik umsetzen, für die sie gewählt wurde, und wirkliche Änderungen mit sich bringen. Und die Opposition hätte die Aussicht, ihre alternativen Konzepte nach der nächsten Bundestagswahl ebenso effizient umsetzen zu können. So könnten die Menschen in Deutschland wieder nachvollziehen, wer eigentlich für ein Gesetz des Bundes verantwortlich ist und wer nicht, und Bundestagswahlen würden Änderungen des politischen Kurses (und nicht nur des Personals am Kabinettstisch) nach sich ziehen.

Letztlich gibt es keine Alternative dazu, das Problem der Ganz Großen Koalitionen zu überwinden. Bisher ist unser politisches System zu träge, das haben Bund und Länder in den letzten Jahrzehnten überzeugend unter Beweis gestellt. Wir schieben eine gigantische Bugwelle ungelöster Probleme vor uns her. Wenn es weitergeht wie bisher, ringt bis in alle Ewigkeit bei jedem wichtigen Gesetz eine Ganz Große Koalition von Grünen bis CSU um den kleinsten gemeinsamen Nenner, wobei Parteien mit einer bestenfalls wackeligen demokratischen Legitimation zur Mitentscheidung auf Bundesebene oft am längsten Hebel sitzen. Wenn es ganz dick kommt, sitzen irgendwann Rechtsextreme mit an den Kabinettstischen der Länder und bekommen damit Einfluss auf die Gesetzgebung des Bundes.

Wie Mehltau hat sich der real existierende Föderalismus über unser Land gelegt. So war das Zusammenspiel von Bundestag und Bundesrat nicht gedacht, als unser Grundgesetz geschrieben wurde. Es muss nicht so bleiben. Unsere Parteien von links bis rechts sollten diese Investition in unsere Demokratie schnell beschließen – als eine der hoffentlich letzten Entscheidungen einer Ganz Großen Koalition.

BYE, BYE, HAPPYLAND

Ein abschließender Appell an die Weiße Mehrheit

Die Baustellen, die wir in diesem Buch beschrieben haben, sind sehr unterschiedlich. Es geht um Bildungsfinanzierung, um Konzernstrukturen bei der Bahn oder den Umbau unserer Systeme zur Alterssicherung. Die Probleme auf all diesen Baustellen eint, dass sie mit politisch-juristischen Werkzeugen des Staates zu adressieren sind. Ein neues Gesetz hier, mehr politische Führung dort, manchmal hilft auch ein neuer finanzieller Anreiz oder eine bessere Zusammenarbeit zwischen Bund und Ländern.

Es gibt jedoch Baustellen in Deutschland, die sind anderer Natur und so gesehen mit dieser Metapher auch nur unzureichend beschrieben. Hier stoßen wir mit unserem politmechanischen Werkzeugkoffer schnell an Grenzen. Das sind Probleme, die sich nicht allein in Kennzahlen, Statistiken und Eurobeträgen manifestieren. Eine marode Infrastruktur, ein vernachlässigtes Bildungswesen und ein dysfunktionaler Föderalismus bremsen unser Land – aber wenn wir die richtigen Schrauben anziehen, Gesetze erlassen, streichen oder überarbeiten, können wir viel verbessern. Anders verhält es sich etwa mit der immer noch mangelhaften Gleichstellung von Frauen (oder genauer: allen Geschlechtern) mit Männern, dem keineswegs stets gleichberechtigten Miteinander von Ost- und Westdeutschen und – nicht zuletzt – der von vielen Menschen täglich erfahrenen Diskriminierung aufgrund rassistischer Vorurteile. Probleme wie Alltagsrassimus lassen sich mit Zahlen beschreiben und mit Gesetzen bearbeiten, sie wurzeln jedoch in unserer Kultur und zeigen sich in verinnerlichten, oft unreflektierten Vorurteilen, die unser Verhalten täglich beeinflussen. Stellen wir uns diesen mentalen Treibsätzen unseres Handelns nicht, entfalten sie eine Macht, die eine liberale Gesellschaft aushöhlen kann – nicht zuletzt, weil Feinde der Demokratie sie sich zunutze machen.

Ja, die klassischen Polit-Werkzeuge aus unserer Kiste können auch in solchen Fällen wichtige Beiträge leisten: von mehr Geld für Bildung und Aufklärung bis hin zu Gesetzen, die rassistischer Diskriminierung durch Polizist:innen entgegenwirken. Doch der Staat allein kann rassistische Denkmuster nicht auflösen. Parallel zu den im Buch genannten Baustellen müssen wir auch kulturell etwas erneuern – also an der Art und Weise, wie wir miteinander umgehen, wie wir uns gegenseitig wahrnehmen, wie wir übereinander und miteinander sprechen.

Der erste Schritt ist dabei die Bereitschaft, uns bewusst zu machen, wann und wie wir rassistisch denken und handeln. Und dass wir – als Weiße Deutsche – nicht einfach »normal« sind, sondern täglich davon profitieren, als »weiß« gelesen zu werden. Nicht nur erleben wir keine Diskriminierung, wie sie für Personen of Colour (PoC) alltäglich ist; wir haben auch größere Chancen, die Möglichkeiten höherer Bildung auszuschöpfen, eine schöne Wohnung zu mieten, unser Vermögen zu mehren oder zu erhalten und im Krankheitsfall richtig behandelt zu werden – um nur einige Beispiele zu nennen.

Wir möchten deshalb einige Gedanken zum Rassismus ans Ende dieses Buches stellen. Als Weiße Männer nehmen wir, die Autoren, diesbezüglich einen privilegierten Platz ein. Wir gehören zur Weißen Mehrheitsgesellschaft, und unsere Einstellungen sind damit Teil eines Problems, das sich dauerhaft nur entschärfen lässt, wenn wir uns mit unseren Privilegien beschäftigen. Nur so können wir unsere Vorurteile erkennen und unser Verhalten ändern.

Dieses Buch endet daher mit einem Appell: Wir wollen allen nicht rassistisch diskriminierten Menschen Mut machen, sich ihrer Verantwortung zu stellen, gerade auch in ganz alltäglichen Situationen.

Es ist Sommer. Philip steht im Leipziger Hauptbahnhof, um Geld abzuheben. Vor mir in der Schlange am Geldautomaten stehen drei Schwarze Männer. Meine ersten Gedanken: Wissen die nicht, wie der zu bedienen ist? Wahrscheinlich holen sie heute das Geld ab, das der Staat ihnen überwiesen hat. Mein zweiter Gedanke: Au weia – das ist Rassismus bei der Arbeit. Ich war erschrocken: So deutlich hatte ich noch nie gefühlt, welche Dimension Alltagsrassismus hat. Ich halte mich für vergleichsweise reflektiert, hatte die Rassismus-Debatte wahrgenommen und Bücher zum Thema gelesen. Und doch wirkten offensichtlich diese Vorurteile in mir – Vorurteile, die anderen Menschen das Leben zur Hölle machen können. Ich kam mir da in der Schlange am Geldautomaten grobschlächtig vor und unterkomplex.

Ich musste an einen Schulfreund mit westafrikanischem Vater denken. Was hat der sich für Sprüche anhören müssen – auch von mir. Sie waren witzig gemeint, er war ja mein Freund. Aber sie müssen wehgetan haben. Er ist in Deutschland geboren, aber er sei immer der andere, hat er mir mal gesagt. Nach dem Studium ist er nach Westafrika ausgewandert. 35 Jahre später also am Geldautomaten. Dieselben Muster.

Alltagsrassismus ist – im Verbund mit strukturellem Rassismus – ein großes Problem in Deutschland. Jeden Tag werden

Menschen in Deutschland benachteiligt, beleidigt, offen oder subtil herabgewürdigt und – mitunter wohlmeinend – ausgegrenzt, weil sie etwa aufgrund ihres Aussehens, ihres Namens oder ihrer Kleidung als »anders« gelesen werden als die Weiße Mehrheit im Land. Menschen sind hier geboren und aufgewachsen, werden aber täglich als Fremdkörper markiert, indem wir sie fragen, woher sie oder ihre Eltern denn kommen. Bewerbungen landen im Mülleimer, weil der Name des Absenders nicht deutsch klingt.

90 Prozent, fast die gesamte Bevölkerung, erkennt Rassismus als Realität in Deutschland an. Und nur ein gutes Drittel hatte noch nie – weder direkt noch indirekt – mit manifestem Rassismus zu tun.[1] Eine Demokratie lebt aber davon, dass alle gehört und respektiert werden, auch und vor allem Minderheiten. Schon in seinem institutionellen Aufbau hat Deutschland dies nur leidlich sichergestellt. Rassistische Ausgrenzung und Abwertung finden sich bei der Polizeiarbeit, im Bildungswesen oder im Gesundheitssystem. Wenn Millionen von Menschen in ihrem Alltag ausgeschlossen, übersehen, beleidigt und benachteiligt werden, bedroht dies das Fundament einer demokratischen Gesellschaft. Das ist struktureller Rassismus, der in unseren Annahmen, Vorurteilen und Impulsen zum Ausdruck kommt.

Wir haben uns gefragt, was wir zur Lösung dieses Problems beitragen können – zwei Weiße Mittelstandsmänner jenseits der vierzig. Als Angehörige der Mehrheitsgesellschaft waren wir schon aus Prinzip nie Objekt von Diskriminierung. Denn um andere Menschen zu behindern, auszugrenzen und zu ignorieren, braucht es Macht. Und diese Macht liegt immer bei der privilegierten Mehrheit. Dieses Nachwort richtet sich daher vor allem an ebenjene: an Menschen, die im Alltag nicht direkt von Rassismus betroffen sind und daher nicht gezwungen sind, sich mit ihm auseinanderzusetzen.

Wie gesagt, es gibt Stellschrauben, an denen man drehen kann, um rassistische Diskriminierung einzudämmen. Natürlich müssen antirassistische Vereine und Initiativen mehr Geld bekommen. Natürlich sollte der Begriff »Rasse« aus dem Grundgesetz gestrichen werden, weil wissenschaftlich belegt ist, dass es keine Menschenrassen gibt.

Aber das ist der Staat. Hier geht es darum, was jede:r von uns tun kann gegen rassistische Impulse und Denkmuster. Alltagsrassismus ist mit einer Gesetzesnovelle nicht zu fixen. Weil Rassismus in unseren Institutionen und den Grundlagen unseres Denkens so tief verwurzelt ist, ist er auch in den Köpfen verankert und beeinflusst die Wahrnehmung wie auch das Handeln von Menschen, die nie Probleme haben wegen ihres Geschlechts, ihrer Herkunft, ihrer Muttersprache oder der Pigmentierung ihrer Haut – und die deshalb privilegiert sind, selbst wenn sie das gar nicht so empfinden.

An sie wenden wir uns mit diesem Appell: Beschäftigt euch mit dem Thema, lest die Bücher von Alice Hasters, Kübra Gümüşay und Noah Sow,[2] überprüft euch selbst. Denn wir leben, wie die Autorin und Trainerin Tupoka Ogette es in ihrem Buch *Exit Racism* nennt, im »Happyland«.[3] Das ist der Teil Deutschlands, in dem Rassismus immer ein Charakterfehler der anderen ist: der Nazis, der rechten Schläger, der AfD. Rassismus ist im Happyland eine Menschheitsgeißel, die man natürlich verabscheut – oder aber bewusst praktiziert. Ansonsten spielt Rassismus in unserem Happyland keine große Rolle, denn wer wählt schon AfD …?

Die Wirklichkeit ist leider eine andere. Denn wenn wir ehrlich in uns hineinhorchen und uns mit wachem Blick selbst beobachten, dürften viele erkennen, dass Rassismus auch in uns wirkt. Es gibt den offenen, politisch organisierten, bewusst praktizierten Rassismus, der kulminiert in Planungen, wie Menschen – auch deutsche Staatsbürger:innen – aus dem Land vertrieben werden können, weil sie angeblich nicht hierher gehören. Bei dem entsprechenden Treffen rechter Kreise in Potsdam im November 2023 waren auch Mitglieder der AfD anwesend, eine Partei, die Rassismus bewusst ausnutzt und anheizt und in bundesweiten Umfragen Stand April 2024 bei rund 18 Prozent steht.

Für Bewohner:innen von Happyland sind das die Rassist:innen: die anderen – klar markierte Gruppen, zu denen wir selbst nicht gehören. Doch wie die Szene am Geldautomaten zeigt, ist es bittere Realität, dass auch in gebildeten Menschen rassistische Impulse, Reflexe und Vorurteile schlummern, die nicht passen zum reflektierten, aufgeklärten und wohlmeinenden Selbstbild. Vielleicht bemerken oder ignorieren wir diese Impulse deshalb oft, bei uns und bei anderen. Das ist ein Teil des Problems, denn das Ausblenden ändert nichts daran, dass diese Vorurteile unser Handeln bestimmen, das Leben anderer Menschen beeinträchtigen und rassistische Gesellschaftsstrukturen erhalten, erneuern und zementieren.

Rassistische Ideologien wirken in europäischen Gesellschaften seit Jahrhunderten. Die Kolonisierung ganzer Kontinente und die Versklavung und Verschleppung ihrer Bewohner:innen wurde ebenso mit deren angeblicher Minderwertigkeit begründet wie der Völkermord durch deutsche Truppen an den Herero und Nama. Der industrielle Massenmord an Millionen Jüdinnen und Juden und anderen Menschen, die die Nationalsozialisten als minderwertig markierten und daher vernichten wollten, wurde ebenfalls befeuert durch zutiefst rassistische Ideologien. Diese über Jahrhunderte implementierten Vorstellungen von einer angeblich natürlichen Hierarchie unter Menschen verschwinden leider nicht, nur weil sich die Staatsform demokratisiert. Rassistische Denkfiguren überleben bis heute in unserer Kultur und unserem Verhalten. Bis heute wachsen wir in Gesellschaften auf, die durchzogen sind von Bildern, Geschichten und Vorurteilen, die Menschen herabwürdigen, ausblenden und abwerten, weil sie vermeintlich anders sind als das Selbstbild, das die Mehrheitsgesellschaft von sich hat. Eine repräsentative Befragung unter der Leitung der Migrationsforscherin Naika Foroutan zeigte, dass rassistische Vorstellungen in vielen Köpfen überleben und wirken: »Biologistische Kategorisierungen, kulturelle Hierarchisierungen und [die] Legitimierung von sozialen Ungleichheiten« zeigten sich in den Angaben jeder zweiten bis dritten befragten Person.[4]

Das hat konkrete Folgen: Wenn Schwarze oder asiatisch aussehende Menschen sich auf einen Job bewerben, haben sie weitaus schlechtere Chancen als Weiße, zum Vorstellungsgespräch eingeladen zu werden – vor allem, wenn sie für muslimisch gehalten werden.[5] Wenn sich Menschen mit fremd klingenden Namen um eine Wohnung bewerben, werden sie selbst von aufgeklärten Intellektuellen schon mal aussortiert.[6] Der Afrozensus, eine Befragung von etwa 6000 Schwarzen und afrodiasporischen Menschen, listet über 40 Alltagssituationen auf, die von Betroffenen als rassistisch und diskriminierend empfunden werden: Bemerkungen zur Hautfarbe auf Dating-Plattformen; Fremde greifen in die Haare; Beleidigungen mit dem N-Wort; Lob fürs »gute Deutsch« – und so weiter. Über 60 Prozent der Befragten geben an, bestimmte Reiseziele in Deutschland zu meiden, weil der Rassismus dort so ausgeprägt ist, dass ein Ausflug dorthin gefährlich sein könnte.[7]

Wir sind es gewohnt, Menschen anhand äußerer Merkmale in Gruppen einzuordnen und diesen Gruppen außerdem noch unterschiedliche Wertigkeiten zuzuschreiben. Struktureller Rassismus ist dabei der leise Bruder des offenen Rassismus. Er ist schwer zu erkennen und versteckt sich in lange eingeübten, selten hinterfragten Routinen, die Schwarze Menschen und PoC benachteiligen oder ausgrenzen: Seien es Schulbücher, die von einer homogenen Weißen, christlichen deutschen Schüler:innenschaft ausgehen, oder Polizeikontrollen, von denen überproportional häufig Schwarze Menschen betroffen sind.[8] Rassismus hat viele Ziele: Schwarze Menschen, Muslim:innen, Sinti:zze und Rom:nja, Asylbewerber:innen, Menschen mit türkischen Vorfahren. Diese Kategorien sind mit der Vorstellung einer liberalen Gesellschaft, in der alle Menschen gleiche Rechte und gleiche Chancen genießen, nicht zu vereinbaren.

Ein Schritt, dem entgegenzuwirken, besteht für uns darin, anzuerkennen, dass Rassismus noch völlig normal und weiter verbreitet ist, als viele von uns annehmen. Dass auch Biofleisch, E-Autos oder ein *taz*-Abo keine wirksamen Impfstoffe sind. Um Rassismus wirksam bekämpfen zu können, müssen wir ihn also zunächst einmal **normalisieren**. Nicht in dem Sinne, dass wir ihn gutheißen, sondern indem wir schlicht anerkennen, dass er Alltag ist. Erst die Einsicht, dass rassistische Impulse in vielen Weißen Menschen unterschiedlich stark, aber doch täglich wirksam sind, ermöglicht es uns, dass wir uns diesen Impulsen stellen. Erst wenn wir uns eingestehen, dass Rassismus nicht nur ein Problem der anderen – der Nazis, der Rechtsextremen, der AfD – ist, machen wir den Weg frei zu einer gerechteren und faireren Gesellschaft.

Für diesen ersten Schritt bedarf es einer gewissen Impulskontrolle. Die Ansage, in vielen von uns stecke wenigstens ein bisschen Rassismus, dürfte in nicht wenigen eine – mitunter wütende – Abwehrreaktion auslösen: Rassist? Ich? Wir kommen aber nur weiter, wenn wir diesen Gedanken zulassen und der Selbstanalyse eine Chance geben. Denn wenn wir Rassismus zurückdrängen wollen, müssen wir bei uns anfangen. Wir, die wir das Privileg haben, Rassismus ausblenden zu können, weil uns unsere äußerlichen Attribute in die Mehrheitsgesellschaft einsortieren. Wir müssen uns dieses Themas annehmen, auf uns selbst schauen – und lernen.

Selbstbeobachtung ist mitunter schmerzhaft. Viele von uns haben täglich rassistische Impulse, oft genug, ohne dass es uns bewusst ist, und selbst dann, wenn wir in bester Absicht handeln. Entscheidend ist jedoch nicht das Motiv, sondern die Wirkung einer Handlung. Und wenn diese Handlung andere Menschen verletzt, herabwürdigt, ausgrenzt, ausblendet, wenn sie rassistische Strukturen festigt und fortschreibt, tragen wir dafür Verantwortung.

Was spüren und denken wir beim Anblick von Menschen, deren Aussehen oder Namen von dem abweichen, was uns geläufig ist? Welcher Gedanke durchfährt uns, wenn wir einen türkischen Namen auf einem Klingelschild unseres Wohnhauses sehen? Welche Impulse spüren wir, wenn asiatisch aussehende Frauen perfektes Deutsch sprechen? Was denken wir spontan, wenn wir eine Gruppe afrikanischer junger Männer sehen?

Der Rassismus hat seine Erscheinungsformen oft geändert. Die christlichen Kreuzzüge sind Geschichte; klassischer Kolonialismus wurde beendet – auch wenn koloniale Strukturen bis heute überlebt haben; die Sklaverei wurde so gut wie abgeschafft und staatlich sanktionierte Apartheid überwunden. Aber das grundsätzliche Konzept einer Hierarchie zwischen Ethnien, etwa eines »natürlichen« Machtgefälles von Weiß nach Schwarz oder von europäisch nach asiatisch, einer Überlegenheit des globalen Nordens gegenüber dem Rest der Welt, lebt weiter.

Die Selbstbezeichnung »Schwarz«, schreiben etwa Alice Hasters und Tupoka Ogette, meint weder die Zugehörigkeit zu einer ethnischen Gruppe noch eine Hautpigmentierung, sondern beschreibt eine Identität: Ich bin von Rassismus betroffen. Umgekehrt gilt: Wenn wir uns zur Weißen Mehrheitsgesellschaft zählen, heißt das vor allem: Wir sind nicht direkt von Rassismus betroffen. Wir haben das Privileg, dass unser Alltag nicht durch Rassismen bestimmt wird. Wir haben das Privileg, uns nicht mit Rassismus befassen zu müssen. Wir sollten es aber tun – und tun es auch. Manchmal. Und immer freiwillig. Nicht etwa, weil wir dauernd gefragt werden, ob wir auch wirklich nach Deutschland gehören.

Rassistische Einteilungen überlebten lange in vielen Zusammenhängen: in Filmen, Büchern, Sprache, Alltagsgesten. Auch in staatlichen Institutionen und seriösen Medien. Wie selbstverständlich gingen Journalist:innen und Ermittler:innen zum Beispiel jahrelang davon aus, dass die migrantischen Opfer der rechtsradikalen Terrororganisation »Nationalsozialistischer Untergrund« (NSU) eigentlich nur von anderen Eingewanderten ermordet worden sein konnten. Dieser Kurzschluss mündete im Unwort des Jahres 2011:[9] »Döner-Morde«.

Sich nicht mit Rassismus beschäftigen zu müssen ist allein schon ein Privileg. Wenn ich dauernd gefragt werde, wo ich herkomme, komisch angeschaut werde, wenn ich ein Restaurant betrete, ich fragen muss, ob ich die Wohnung nicht bekommen habe, weil mein Name nicht deutsch klingt – dann habe ich keine Wahl. Rassismus ist Alltag, keine Option. Viele wundern sich, warum Menschen genervt reagieren, sobald sie gefragt werden, wo sie denn aufgewachsen sind. Wo ihre Eltern herkommen. Wo sie so gut Deutsch gelernt haben.

Warum viele dieser freundlichen Fragen verletzend sein können? Warum sie rassistische Hierarchien verfestigen? Da hilft der nächste Schritt nach der Selbstbeobachtung: der **Perspektivwechsel**. Wie sähe ein Leben ohne all die Mehrheitsprivilegien aus, die wir als selbstverständlich erachten? Aus unserer Verantwortung erwächst das Gebot, uns zu informieren, damit wir mit der »Schwierigkeit, nicht rassistisch zu sein«,[10] umzugehen lernen. Um die Wirkung unseres Verhaltens besser zu verstehen, hilft es, die Perspektive zu verändern. Wie kommt es bei den Menschen an, die wir fragen, woher sie kommen, warum sie so fließend Deutsch sprechen? Je besser wir verstehen, was unser Verhalten bewirkt, desto eher sind wir in der Lage, es zu ändern.

Einen Crashkurs zum Perspektivwechsel bieten beispielsweise die erwähnten Bücher von Noah Sow, Tupoka Ogette und Alice Hasters. In diesen schildern Menschen, was vermeintliche Kleinigkeiten bei ihnen auslösen: Ein Schwarzer Mann erlebt täglich, dass Menschen vor ihm die Straßenseite wechseln; eine Frau mit Hijab erntet über Jahre verwunderte Blicke, wenn sie fehlerfrei Deutsch spricht. Hasters schildert, wie fremde Menschen ihr ganz selbstverständlich in die Haare greifen und ihre Hautfarbe mit allem auf der Welt vergleichen, was irgendwie braun ist. Sie beobachtet, wie Menschen in der U-Bahn ihre Handtasche umkrallen, wenn sie sich neben sie setzt, und beschreibt, was das bei ihr auslöst: »Diese kleinen Momente, sie wirken wie Mückenstiche. Kaum sichtbar, im Einzelnen auszuhalten, doch in schierer Summe wird der Schmerz unerträglich. Diese Mückenstiche haben einen Namen: Mikroaggressionen.«[11]

Wer von uns muss sich dauernd fragen lassen, woher er kommt? Was als Interesse deklariert wird, markiert die Befragten als fremd und anders. Auf Englisch heißt dieses Prinzip *othering* und führt zu einer Hierarchie aufgrund der Hauptfarbe und des Aussehens: Die einen gehören unhinterfragt dazu, die anderen müssen sich erst einmal erklären. Natürlich sei ihre Herkunft kein Geheimnis, über das niemand sprechen dürfe, schreibt Hasters, doch »der Zeitpunkt ist entscheidend. Die Herkunft meiner Eltern sollte nicht zu den ersten Informationen gehören, die ich über mich preisgeben muss.«[12]

Mit Sprache beschreiben wir unsere Welt. Mit Sprache gestalten wir sie auch. Mit Sprache bestimmen wir, welches Bild der Welt bei unserem Gegenüber entsteht.[13] Sprechen ist Handeln, deshalb müssen wir unsere **Worte sorgsam wählen** und überprüfen, welche Annahmen und Gedanken darin stecken. Das gilt in allen Lebenszusammenhängen, aber gerade dann, wenn man Diskriminierung vermeiden will. »Wir riefen

Arbeitskräfte, und es kamen Menschen«, sagte Max Frisch mit Blick auf jene Männer und Frauen aus der Türkei, die lange »Gastarbeiter« genannt wurden. Diese Begriffe verdeutlichen die Macht der Sprache. »Arbeitskräfte« sind Wesen, deren Kraft der Arbeit zu dienen hat; ihr Sein als Mensch ist zweitrangig. »Gastarbeiter« sind Gäste, die arbeiten und dann wieder gehen. »Menschen« indes sind wie wir. Drei Wörter, drei Welten. Es ist nicht egal, wie wir Menschen oder Dinge nennen. Wenn wir eine Welt wollen, in der Menschen nicht qua Geburt bestimmte Eigenschaften zugeschrieben werden und dies dann genutzt wird, um Hierarchien und Machtstrukturen herzustellen, dürfen wir die Welt auch nicht so beschreiben.

Ebenso wichtig ist **Widerspruch**. Der erfordert manchmal Mut, aber rassistische Äußerungen vom Onkel oder der Schwägerin unkommentiert stehen zu lassen reproduziert Rassismus. Das heißt nicht, dass wir sie als Rassisten brandmarken müssen, aber wir sollten sie auf das hinweisen, was sie mit ihren Äußerungen tatsächlich sagen und bewirken, und ihnen dadurch die Möglichkeit geben, sich selbst genauer zu überprüfen. Natürlich drohen in solchen Situationen hitzige und persönliche Debatten, doch ein ausbleibender Widerspruch enthält immer eine implizite Zustimmung – Rassismen bleiben dann im Raum stehen und werden bestärkt.

Eine Möglichkeit, zu verhindern, dass es gleich zum Zerwürfnis kommt und damit gar nicht erst zu einer produktiven Diskussion, könnte sein, zunächst Verständnis dafür zu wecken, dass ein bestimmter Sprachgebrauch ungute Gefühle auslöst. Wenn jemand diskriminierende Begriffe verwendet, können wir beispielsweise formulieren, dass uns diese Begriffe persönlich verletzen, auch wenn wir nicht direkt betroffen sind. Solche Ich-Botschaften funktionieren meist besser als direkte Vorwürfe oder politische Statements. Wenn man dann spürt, dass das Gegenüber bereit ist, sich zu öffnen und das eigene Verhalten zu reflektieren, kann es helfen, von eigenen Erlebnissen und Erkenntnisprozessen zu berichten.

Umgekehrt gilt Ähnliches: Wenn uns Menschen damit konfrontieren, wir hätten etwas gesagt oder getan, das rassistisch sei, hilft es dem gesellschaftlichen Klima, wenn wir das nicht als Angriff auf unsere Person werten, sondern die Kritik auf unsere Handlung oder Aussage beziehen. Offenheit für Feedback hilft uns zu verstehen, was an Worten oder Taten rassistisch gewesen sein könnte. Und selbst, wenn wir es danach immer noch nicht verstehen, sollten wir akzeptieren, dass unser Gegenüber sie als rassistisch und verletzend empfindet – und unser Verhalten ändern. Tun wir das nicht, nehmen wir die Verletzung bewusst in Kauf; wir handeln dann nicht mehr fahrlässig, sondern vorsätzlich. Ein bestimmtes Wort nicht zu verwenden, weil wir über seine Verwendungsgeschichte oder Wirkung aufgeklärt wurden: Das ist kaum Aufwand und auch keine Einschränkung der eigenen Freiheit.

Die Debatten um das, was als rassistisch und diskriminierend empfunden wird, sind nicht immer besonnen und ausgewogen. Viele BIPOC[14] beschreiben eine fortwährende, brodelnde Wut. Aus den Büchern von Alice Hasters und anderen lesen wir den Wunsch, diese Wut nicht kleinzureden und zu delegitimieren, nach dem Motto »Habt euch nicht so«. Die Wut ist nicht gegen einzelne Mitglieder der Weißen Mehrheitsgesellschaft gerichtet, sondern wurzelt in der Machtlosigkeit gegenüber diskriminierenden gesellschaftlichen Strukturen. Angesichts jahrhundertelanger Herabwürdigungen, immer noch alltäglicher rassistischer Diskriminierung und genauso alltäglicher Machtlosigkeit ist diese Wut verständlich. Wenn wir sie also ernst nehmen, kann sie ein Ausgangspunkt sein für fruchtbare Gespräche über Ursachen und Wirkungen des Alltagsrassismus.

Wie verhalten wir uns, um andere nicht zu verletzen? »Das wird man ja wohl noch sagen dürfen!« Klar, alles, was nicht strafrechtlich relevant ist, darf man sagen. Man muss aber auch wissen, was man bewirkt. Wenn wir Menschen nicht aus Ahnungslosigkeit und Fahrlässigkeit verletzen wollen, sollten wir uns sensibel verhalten und informieren. Tupoka Ogette etwa beantwortet in *Exit Racism* viele Fragen, die sich wohlmeinende, aber ahnungslose Vertreter:innen einer weißen Mehrheitsgesellschaft stellen.

So wie Sprache unsere Wahrnehmung der Welt verändert, so beeinflusst auch das, was wir sehen, unsere Vorstellung von Normalität. Deswegen kann es helfen, die **Vielfalt** unserer Gesellschaft möglichst überall abzubilden: in der Schule, in den Medien, in Unternehmen und in der Öffentlichkeit ganz allgemein – Repräsentation ist wirkungsvoll, sie kann Abwehr hervorbringen, aber auch abbauen. Was als normal und alltäglich empfunden wird, macht uns keine Angst. Unsere Gesellschaft ist vielfältig, das ist normal – und das sollte sich in den Bildern spiegeln, die wir uns von uns machen.

Manchmal fällt es uns schwer, ein Problem bei uns selbst einzugestehen, weil dies mit einer Aufforderung an uns verbunden ist: Ich muss etwas tun! Doch was kann ich tun, wenn ich bei mir rassistische Impulse und Vorurteile erkenne? Ein verständlicher, aber wenig hilfreicher Reflex ist es, erst mal alles zu leugnen, zu verdrängen und auszublenden. Das gelingt besonders gut, wenn der eigene Leidensdruck gegen null geht – und das ist die Lebenssituation der nicht von Rassismus betroffenen Menschen.

Beginnen wir also damit, dass wir unser Problem anerkennen. Reflektieren wir unsere Impulse und wagen wir den Perspektivwechsel. Das löst nicht alle Probleme, aber ohne uns geht es nicht.

Anmerkungen

Das Land der bröselnden Brücken

1 »150 Kilogramm Sprengstoff sollen marode Rahmede-Talbrücke zum Einsturz bringen«, *Der Spiegel*, 14. 4. 2023, https://www.spiegel.de/wissenschaft/technik/rahmede-talbruecke-so-soll-die-bruecke-gesprengt-werden-a-5b1cbe30-e072-492f-b19d-b7d921ebc5ef

2 *Öffentliche Infrastruktur in Deutschland: Probleme und Reformbedarf. Gutachten des wissenschaftlichen Beirats beim Bundesministerium für Wirtschaft und Energie*, Bundesministerium für Wirtschaft und Energie, Juni 2020, https://www.bmwk.de/Redaktion/DE/Publikationen/Ministerium/Veroeffentlichung-Wissenschaftlicher-Beirat/gutachten-oeffentliche-infrastruktur-in-deutschland.pdf?__blob=publicationFile&v=10, S. 2

3 https://twitter.com/MonikaSchnitzer/status/1663829293191839746

4 Sebastian Dullien, Katja Rietzler: »Verzehrt Deutschland seinen staatlichen Kapitalstock? – Replik und Erwiderung«, *Wirtschaftsdienst*, 4/2019, https://www.wirtschaftsdienst.eu/inhalt/jahr/2019/heft/4/beitrag/verzehrt-deutschland-seinen-staatlichen-kapitalstock-replik-und-erwiderung.html

5 Ebd.

6 »Eine moderne Infrastruktur braucht Investitionen«, Friedrich-Ebert-Stiftung, 7. 6. 2021, https://www.fes.de/investitionsoffensive

7 https://www.duden.de/rechtschreibung/Infrastruktur

8 »Infrastruktur«, Bundeszentrale für politische Bildung, https://www.bpb.de/kurz-knapp/lexika/lexikon-der-wirtschaft/19727/infrastruktur/

9 KfW (Hrsg.): *Kommunalbefragung 2009*, Frankfurt am Main, April 2010, S. 35, https://www.kfw.de/PDF/Download-Center/Konzernthemen/Research/PDF-Dokumente-KfW-Kommunalpanel/Kommunalpanel-2009-LF.pdf

10 »KfW-Kommunalpanel 2023: Investitionsrückstand steigt trotz Mehrfachbelastungen nur moderat«, Deutsches Institut für Urbanistik, Pressemitteilung 15. 5. 2023, https://difu.de/presse/pressemitteilungen/2023-05-15/kfw-kommunalpanel-2023-investitionsrueckstand-steigt-trotz-mehrfachbelastungen-nur-moderat

11 »Investitionen in Infrastruktur, Bildung, Wohnen«, Hans-Böckler-Stiftung, 2019, https://www.boeckler.de/de/boeckler-impuls-investitionen-in-infrastruktur-bildung-wohnen-18774.htm

12 Jonas Schaible: *Demokratie im Feuer*, München, DVA 2023

13 Dokumentation ›Bauwerksprüfung nach DIN 1076‹, 19.12.2013, 13 Bundesministerium für Verkehr, Bau und Stadtentwicklung, https://bmdv.bund.de/SharedDocs/DE/Anlage/StB/dokumentation-bauwerkspruefung-nach-din-1076.pdf?_blob=publicationFile

14 »Verkehrsinvestitionsbericht für das Berichtjahr 2020«, Bundesministerium für Verkehr, Bau und Stadtentwicklung, https://bmdv.bund.de/SharedDocs/DE/Publikationen/G/verkehrsinvestitionsbericht-2020.pdf?__blob=publicationFile, S. 202

15 Ebd.

16 https://itzeb.heller-ig.de/zeb.html

17 »Verkehrsinvestitionsbericht für das Berichtjahr 2020«, a. a. O., S. 201

18 »Öffentliche Infrastruktur in Deutschland: Probleme und Reformbedarf. Gutachten des Wissenschaftlichen Beirats beim Bundesministerium für Wirtschaft und Energie«, a. a. O., S. 13

19 Jan Schmitz: »Sperrung mit Nebenwirkungen: Umleitung ist 38 Kilometer lang«, come-on.de, 18. 3. 2023, https://www.come-on.de/luedenscheid/sperrung-mit-nebenwirkungen-umleitung-ist-38-kilometer-lang-92153216.html

20 Thomas Puls, Edgar Schmitz: »Wie stark beeinträchtigen Infrastrukturprobleme die Unternehmen in Deutschland? Ergebnisse von IW-Befragungen«, *IW-Trends*, 2022, 49, Nr. 4, S. 89–110, https://www.iwkoeln.de/presse/pressemitteilungen/thomas-puls-edgar-schmitz-marode-infrastruktur-bremst-unternehmen-aus.html

21 Ebd.

22 »Öffentliche Infrastruktur in Deutschland: Probleme und Reformbedarf« a. a. O.

23 Bundesrechnungshof: Bericht nach § 99 BHO zur Dauerkrise der Deutschen Bahn AG, 15. 3. 2023, https://www.bundesrechnungshof.de/SharedDocs/Downloads/DE/Berichte/2023/db-dauerkrise-volltext.pdf?__blob=publicationFile&v=5

24 Markus Grill: »Vorstand fordert ›radikalen Kurswechsel‹«, *tagesschau.de*, 16. 3. 2023, https://www.tagesschau.de/investigativ/ndr-wdr/deutsche-bahn-bericht-101.html

25 »Öffentliche Infrastruktur in Deutschland: Probleme und Reformbedarf«, a. a. O., S. 13

26 Ebd.

27 »Bedeutung der Binnenschifffahrt«, Verband der chemischen Industrie, https://www.vci.de/themen/logistik-verpackung/verkehr/vci-position-bedeutung-binnenschifffahrt-fuer-chemische-industrie.jsp

28 Ebd.

29 »Öffentliche Infrastruktur in Deutschland: Probleme und Reformbedarf«, a. a. O., S. 13

30 Puls/Schmitz: »Wie stark beeinträchtigen Infrastrukturprobleme die Unternehmen in Deutschland? Ergebnisse von IW-Befragungen«, a. a. O.

31 https://volksentscheid-berlin-autofrei.de/

32 »Elektromobilität: Öffentliche Ladeinfrastruktur«, Bundesnetzagentur, https://www.bundesnetzagentur.de/DE/Fachthemen/ElektrizitaetundGas/E-Mobilitaet/start.html

33 »Der Fahrzeugbestand am 1. Januar 2023«, Kraftfahrtbundesamt, https://www.kba.de/DE/Presse/Pressemitteilungen/Fahrzeugbestand/2023/pm08_fz_bestand_pm_komplett.html

34 https://www.destatis.de/DE/Presse/Pressemitteilungen/2022/09/PD22_N058_51.html

35 »Elektroautos laden – einfach, überall und jederzeit«, Bundesministerium für Digitales und Verkehr, 19. 10. 2022, https://bmdv.bund.de/DE/Themen/Mobilitaet/Elektromobilitaet/Masterplan-Ladeinfrastruktur-II/masterplan-ladeinfrastruktur.html

36 Ebd.

37 Martin Robinius, Jochen Linßen, Thomas Grube, Markus Reuß, Peter Stenzel, Konstantinos Syranidis, Patrick Kuckertz, Detlef Stolten: »Comparative Analysis of Infrastructures: Hydrogen Fueling and Electric Charging of Vehicles«, *Energie & Umwelt/Energy & Environment*, Bd./Vol. 408, https://juser.fz-juelich.de/record/842477/files/Energie_Umwelt_408_NEU.pdf

38 »Zukunftsfähige Netze«, Netzentwicklungsplan, https://www.netzentwicklungsplan.de/verstehen/zukunftsfaehige-netze

39 Netzentwicklungsplan Strom 2030, 15. 4. 2019, https://www.netzentwicklungsplan.de/sites/default/files/2022-11/NEP_2030_V2019_2_Entwurf_Zahlen-Daten-Fakten.pdf

40 »Mehr Fortschritt wagen. Bündnis für Freiheit, Gerechtigkeit und Nachhaltigkeit. Koalitionsvertrag zwischen SPD, Bündnis 90/Die

Grünen und FDP, https://www.bundesregierung.de/resource/blob/974430/1990812/04221173eef9a6720059cc353d759a2b/2021-12-10-koav2021-data.pdf?download=1

41 »Wasserstoff in der Gas-Infrastruktur«, Zukunft Gas, https://gas.info/energie-gas/gas-infrastruktur/wasserstoff-im-gas-netz

42 »Öffentliche Infrastruktur in Deutschland: Probleme und Reformbedarf«, a. a. O., https://www.bmwk.de/Redaktion/DE/Publikationen/Ministerium/Veroeffentlichung-Wissenschaftlicher-Beirat/gutachten-oeffentliche-infrastruktur-in-deutschland.pdf?__blob=publicationFile&v=12

43 The Global Competitiveness Report, 2020, https://www3.weforum.org/docs/WEF_TheGlobalCompetitivenessReport2020.pdf

44 »Öffentliche Infrastruktur in Deutschland: Probleme und Reformbedarf«, a. a. O.

45 Ebd.

46 »The largest improvements have been in Egypt, Bulgaria, Saudi Arabia and Tanzania while the United States, Norway, South Africa, Germany and Japan have seen the largest decline of digital skills relevance. The lack of adequate digital skills not only hampers the diffusion of ICT but also exacerbates the risk of job losses related to automation. […] In 16 of 27 OECD countries digital skills scores have declined over the past four years, making it more difficult for workers to transition to new roles.« (*Global Competitiveness Report*, Word Economic Forum 2020, https://www3.weforum.org/docs/WEF_TheGlobalCompetitivenessReport2020.pdf, S. 23)

47 »Öffentliche Infrastruktur in Deutschland: Probleme und Reformbedarf«, a. a. O., S. 23

48 Wolfgang Bayer, Stefan Berg, Holger Stark: »Bis es quietscht«, *Der Spiegel* 48/2001, https://www.spiegel.de/politik/bis-es-quietscht-a-5d3c106d-0002-0001-0000-000020849222

49 M. F. Hellwig: »Staatsversagen. Notwendige Investitionen werden nicht mehr getätigt«, *Böll.Thema* 2/2006, https://www.boell.de/de/publikationen/publikationen-2074.html

50 https://de.statista.com/statistik/daten/studie/1498/umfrage/altersstruktur-der-wahlberechtigten-bundestagswahl/

51 https://www.bbaw.de/die-akademie/bbaw-mitglieder/mitglied-martin-hellwig

52 »Neuer Republikanismus. Die Zukunft der sozialen Demokratie«,

Magazin der Heinrich-Böll-Stiftung, 2/2006, https://www.boell.de/sites/default/files/BoellThema_02_06_Republikanismus.pdf

53 Ebd.

54 Ebd.

55 Ebd., S. 24

56 »Öffentliche Infrastruktur in Deutschland: Probleme und Reformbedarf«, a. a. O., S. 25

57 Ebd.

58 Ebd., S. 30

59 Ebd., S. 29

60 Martin Gornig, Claus Michelsen: »Kommunale Investitionsschwäche: Engpässe bei Planungs- und Baukapazitäten bremsen Städte und Gemeinden aus«, *DIW-Wochenbericht* 11/2017, https://www.diw.de/documents/publikationen/73/diw_01.c.554462.de/17-11-5.pdf

61 »Öffentliche Infrastruktur in Deutschland: Probleme und Reformbedarf«, a. a. O.

62 »Kommunalfinanzen«, Bundesministerium für Finanzen, 2. 6. 2023, https://www.bundesfinanzministerium.de/Content/DE/Standardartikel/Themen/Oeffentliche_Finanzen/Foederale_Finanzbeziehungen/Kommunalfinanzen/kommunalfinanzen.html

63 »Schuldenbremse, Schwarze Null und Investitionen«, Deutscher Gewerkschaftsbund, 7. 7. 2023, https://www.dgb.de/schwerpunkt/schwarze-null-schuldenbremse-und-investitionen

64 https://www.gesetze-im-internet.de/gg/art_109.html

65 https://www.destatis.de/DE/Themen/Wirtschaft/Volkswirtschaftliche-Gesamtrechnungen-Inlandsprodukt/Methoden/bip.html

66 »Vorläufiger Abschluss des Bundeshaushalts 2022«, Bundesministerium für Finanzen, Januar 2023, https://www.bundesfinanzministerium.de/Monatsberichte/2023/01/Inhalte/Kapitel-3-Analysen/3-3-vorlaeufiger-abschluss-bundeshaushalt-2022-pdf.pdf?__blob=publicationFile&v=4

67 »Sollbericht 2023: Ausgaben und Einnahmen des Bundeshaushalts«, Bundesmininsterium für Finanzen, Februar 2023, https://www.bundesfinanzministerium.de/Monatsberichte/2023/02/Inhalte/Kapitel-3-Analysen/3-1-sollbericht-2023-pdf.pdf?__blob=publicationFile&v=5

68 »Schuldenbremse, Schwarze Null und Investitionen«, a. a. O.

69 Ebd.

70 https://lukashaffert.com/

71 Lukas Haffert: »Die ›Schwarze Null‹ ist Geschichte. Aber hat sie eine Zukunft?«, *Aus Politik und Zeitgeschichte,* 2020, https://www.bpb.de/shop/zeitschriften/apuz/schwarze-null-2020/319054/die-schwarze-null-ist-geschichte-aber-hat-sie-eine-zukunft/

72 Ebd.

73 Alle Zitate in diesem Absatz: Persönliches Gespräch mit Christian Lindner im November 2022, https://lagedernation.org/podcast/ldn311-lindner-zu-tempolimit-bereit-interview-hoffnung-bei-us-midterms-wirtschaftsweise-fordern-steuererhoehungen-rechtslage-klima-blockaden-300-mio-verpulvern-fuer-konnektoren-synopsen-auf-bu/?t=16%3A42

74 Vorläufiger Abschluss des Bundeshaushalts 2022, a. a. O.

75 »Die Schuldenbremse – wie zielführend ist sie in einem Niedrigzinsumfeld?«, ifo-Institut, 21. 10. 2019, https://www.ifo.de/fakten/2019-10-21/die-schuldenbremse-wie-zielfuehrend-ist-sie-einem-niedrigzinsumfeld

76 »Öffentliche Infrastruktur in Deutschland: Probleme und Reformbedarf«, a. a. O., S. 51

77 Ebd.

78 Clemens Fuest: »Die Schuldenbremse abzuschaffen lohnt sich nicht«, *ifo Standpunkt*, 223 (zuerst erschienen unter dem Titel »Warum die Kritiker der Schuldenbremse Unrecht haben«, *WirtschaftsWoche*, 12. 3. 2021, S. 42, https://www.ifo.de/publikationen/2021/ifo-standpunkt/die-schuldenbremse-abzuschaffen-lohnt-sich-nicht)

79 Clemens Fuest et al.: »Schuldenbremse – Investitionshemmnis oder Vorbild für Europa?«, *Wirtschaftsdienst*, 5/2019, https://www.wirtschaftsdienst.eu/inhalt/jahr/2019/heft/5/beitrag/schuldenbremse-investitionshemmnis-oder-vorbild-fuer-europa.html

80 »Investitionen in Infrastruktur, Bildung, Wohnen, 2019«, Hans-Böckler-Stiftung, 18/2019, https://www.boeckler.de/de/boeckler-impuls-investitionen-in-infrastruktur-bildung-wohnen-18774.htm

81 Ebd.

82 *Lage der Nation*, Ausgabe 342, https://lagedernation.org/

83 »Öffentliche Infrastruktur in Deutschland: Probleme und Reformbedarf«, a. a. O.

84 *Lage der Nation*, Ausgabe 342, https://lagedernation.org/

85 »Für leistungsfähige öffentliche Infrastruktur. Gutachten des wissenschaftlichen Beirats beim BMWi vorgestellt: Bestandsaufnahme und Impulse«, Bundesministerium für Wirtschaft und Energie, 23. 7. 2020,

https://www.bmwk.de/Redaktion/DE/Schlaglichter-der-Wirtschaftspolitik/2020/08/kapitel-1-9-fuer-leistungsfaehige-oeffentliche-infrastruktur.html

86 »Öffentliche Infrastruktur in Deutschland: Probleme und Reformbedarf«, a. a. O., S. 8

87 »Hessenkasse«, Hessisches Ministerium des Innern und für Sport, https://innen.hessen.de/Kommunales/Finanzen/Hessenkasse

88 »Hessenkasse«, Heinrich-Böll-Stiftung, https://kommunalwiki.boell.de/index.php/Hessenkasse

89 »Öffentliche Infrastruktur in Deutschland: Probleme und Reformbedarf«, a. a. O.

90 Ebd.

91 Ebd., S. 52

Wenn der Förster den Admin macht

1 »Anzahl der Gemeinden in Deutschland nach Gemeindegrößenklassen«, *Statista*, https://de.statista.com/statistik/daten/studie/1254/umfrage/anzahl-der-gemeinden-in-deutschland-nach-gemeindegroessenklassen/

2 »Digitale Verwaltung in Dänemark«, eGovernment-Podcast, https://egovernment-podcast.com/egov099-daenemark-digital/; R. Kattel, I. Mergel: »Estonia's digital transformation: Mission mystique and the hiding hand«, UCL Institute for Innovation and Public Purpose Working Paper Series, 2018, https://www.ucl.ac.uk/bartlett/public-purpose/wp2018-09

3 Miriam Teige (@MiriamTeige) auf Twitter, 10. 3. 2022, 5:47 Uhr, https://twitter.com/miriamteige/status/1501962936314732546?s=12

4 Roland Preuß: »Deutschland fällt im Wettbewerb um Fachkräfte zurück«, *Süddeutsche Zeitung*, 10. 3. 2023, https://www.sueddeutsche.de/wirtschaft/zuwanderung-fachkraefte-deutschland-1.5765745

5 Thomas Engelke: »Doppelchance Klimageld«, *Tagesspiegel Background*, 28. 10. 2022, https://background.tagesspiegel.de/energie-klima/doppelchance-klimageld; Gisela Färber/ Joachim Wieland: »Rechtliche und verwaltungsorganisatorische Möglichkeiten der Umsetzung einer Klimaprämie«, Deutsche Universität für Verwaltungswissenschaften Speyer, Februar 2022, https://www.wwf.de/fileadmin/fm-wwf/Publikationen-PDF/Klima/Studie-Rechtliche-und-

verwaltungsorganisatorische-Moeglichkeiten-einer-Klimapraemie.pdf

6 Johannes Kuhn: »Corona-Bekämpfung in Behörden: Die verschleppte Digitalisierung«, *Deutschlandfunk*, 18. 5. 2021, https://www.deutschlandfunk.de/corona-bekaempfung-in-behoerden-die-verschleppte-100.html

7 »Die Dresdner Forderungen«, e-Government-Podcast, https://egovernment-podcast.com/egov088-die-dresdner-forderungen/

8 Jo Bager, Tim Gerber, Christian Wölbert: »Halbdigital. Digitalisierung der Verwaltung: eine Bestandsaufnahme«, *c't*, 6/2022, https://www.heise.de/select/ct/2022/6/2201108592341243843

9 Matthias Punz: »OZG: Was ein Folgegesetz bringen soll«, *Tagesspiegel Background*, 8. 2. 2022, https://background.tagesspiegel.de/smart-city/ozg-was-ein-folgegesetz-bringen-soll

10 Gesetz zur Verbesserung des Onlinezugangs zu Verwaltungsleistungen (Onlinezugangsgesetz – OZG), https://www.gesetze-im-internet.de/ozg/BJNR313800017.html

11 »Die OZG-Leistung gilt daher als online, wenn mindestens eine zugehörige Verwaltungsleistung den Reifegrad 2 erreicht hat (und im Digitalisierungsprogramm Föderal in mindestens einer Kommune verfügbar ist).«, »Onlinezugangsgesetz – »Reifegradmodell«, Bundesmininsterium des Innern und für Heimat, https://www.onlinezugangsgesetz.de/Webs/OZG/DE/grundlagen/info-ozg/info-reifegradmodell/info-reifegradmodell-node.html

12 »Verwaltungsdigitalisierung: BMI beschönigt Fortschritt«, Bundesrechnungshof, 5. 4. 2022, https://www.bundesrechnungshof.de/SharedDocs/Downloads/DE/Berichte/2022/verwaltungsdigitalisierung-fortschritt-beschoenigt-volltext.pdf?__blob=publicationFile&v=1

13 Anke Domscheit-Berg: »Cookies, Messenger-Überwachung, Ebooks und das Scheitern des Onlinezugangsgesetzes«, 19. 5. 2021, https://mdb.anke.domscheit-berg.de/2021/05/ausschussreport-cookies-messenger-ueberwachung-ebooks-und-das-scheitern-des-onlinezugangsgesetzes/; Bager/Gerber/Wölbert: »Halbdigital. Digitalisierung der Verwaltung: eine Bestandsaufnahme«, a. a. O.

14 Bager/Gerber/Wölbert: »Halbdigital. Digitalisierung der Verwaltung: eine Bestandsaufnahme«, a. a. O.

15 Ebd.

16 »X-Road – Open Source Data Exchange Layer«, youtube.com, https://

www.youtube.com/watch?v=YWWknjpZCLs; »X-Road introduction (longer version)«, youtube.com, https://www.youtube.com/watch?-v=9PaHinkJlvA

17 »Registermodernisierung«, IT-Planungsrat, https://www.it-planungsrat.de/projekte/projekte-des-it-planungsrat/registermodernisierung

18 »Die Dresdner Forderungen«, a. a. O.

19 Ebd. (Zitat für bessere Lesbarkeit vereinfacht.)

20 Ebd.

21 https://www.elektronik-kompendium.de/sites/net/0903081.htm

22 »JPEG«, *Wikipedia*, https://de.wikipedia.org/wiki/JPEG

23 »Die Dresdner Forderungen«, a. a. O.

24 OZG-Dashboard, https://dashboard.ozg-umsetzung.de/

25 »Verwaltungsdigitalisierung: BMI beschönigt Fortschritt«, a. a. O.

26 »Digitale Services im Sinne des OZG«, https://leitfaden.ozg-umsetzung.de/display/OZG/2.2+Digitale+Services+im+Sinne+des+OZG

27 »Reifegradmodell«, Bundesministerium des Innern und für Heimat, https://www.onlinezugangsgesetz.de/Webs/OZG/DE/grundlagen/info-ozg/info-reifegradmodell/info-reifegradmodell-node.html

28 »Digitale Services im Sinne des OZG«, https://leitfaden.ozg-umsetzung.de/display/OZG/2.2+Digitale+Services+im+Sinne+des+OZG

29 »Verwaltungsdigitalisierung: BMI beschönigt Fortschritt«, a. a. O.

30 »Umsetzung des Onlinezugangsgesetzes«, Bundesrechnungshof, 2023, https://www.bundesrechnungshof.de/SharedDocs/Downloads/DE/Berichte/2023/onlinezugangsgesetz-volltext.pdf?__blob=publicationFile&v=2

31 Ebd.

32 Klaus-Heiner Röhl: »Verwaltungsdigitalisierung in Deutschland. Der Stand zum Zielzeitpunkt des Onlinezugangsgesetzes Anfang 2023«, *IW Report*, 20/2023, https://www.iwkoeln.de/fileadmin/user_upload/Studien/Report/PDF/2023/IW-Report_2023-_Verwaltungsdigitalisierung.pdf

33 »Der IT-Planungsrat: Zentrales Gremium für die Digitalisierung der Verwaltung«, IT-Planungsrat, https://www.it-planungsrat.de/der-it-planungsrat

34 »Koordinierungsstelle für IT-Standards«, Freie Hansestadt Bremen, https://www.xoev.de/

35 »Wer wir sind«, FITKO, https://www.fitko.de/ueber-uns/wer-wir-sind

36 Onlinezugangsgesetz – »Einer für Alle – Einfach erklärt«, https://

www.onlinezugangsgesetz.de/Webs/OZG/DE/grundlagen/nachnutzung/efa/efa-node.html

37 FIT-Store, https://www.fitko.de/fit-store

38 Ebd.

39 Stand 6. 4. 2024, https://www.fitko.de/fit-store/fit-store-detailansicht/detail/fuehrerscheinantrag

40 »Monitor Digitale Verwaltung #6«, Nationaler Normenkontrollrat, September 2021, https://www.normenkontrollrat.bund.de/Webs/NKR/SharedDocs/Downloads/DE/Positionspapiere/monitor-digitale-verwaltung-6.pdf?__blob=publicationFile&v=9

41 Ebd.

42 »Der NKR«, Nationaler Normenkontrollrat, https://www.normenkontrollrat.bund.de/Webs/NKR/DE/der-nkr/aufgabe/aufgabe_node.html

43 »Monitor Digitale Verwaltung #6«, a. a. O., S. 3

44 Jan Mahn: »Vergebene Chancen. Wie missverstandenes Vergaberecht staatliche IT-Projekte behindert«, *c't*, 4/2022, https://www.heise.de/select/ct/2022/4/2133617334116261571; https://www.service.bund.de/

45 Ebd.

46 »Die Dresdner Forderungen«, a. a. O.

47 Peter Kuhn, Moreen Heine: »OZG 2.0: Zeit für die Infrastruktur«, *Tagesspiegel Background*, aktualisiert am 09. 2. 2023, https://background.tagesspiegel.de/digitalisierung/ozg-2-0-zeit-fuer-die-infrastruktur?utm_source=bgdi+vorschau&utm_medium=email; »Die Dresdner Forderungen«, a. a. O.

48 Kuhn/Heine: »OZG 2.0: Zeit für die Infrastruktur«, a. a. O.

49 »Online-Ausweisfunktion«, Bundesmininsterium des Innern und für Heimat, https://www.bmi.bund.de/DE/themen/moderne-verwaltung/ausweise-und-paesse/online-ausweisfunktion/online-ausweisfunktion-node.html

50 »ID und Wallets«, eGoverment-Podcast, https://egovernment-podcast.com/egov096-id-wallet/

51 Anna Sinell, Marie Beckmann: »Digitale Identitäten: der Online-Ausweisfunktion zum Durchbruch verhelfen«, *Digital Service*, 24. 11. 2022, https://digitalservice.bund.de/blog/projekt-digitale-identitaeten

52 »MitID – a unique public-private partnership«, Agency for Digital Government: https://en.digst.dk/systems/mitid/mitid-a-unique-public-private-partnership/

53 Christian Wölbert: »Bundesregierung plant virtuelle Variante des elektronischen Personalausweises«, *c't*, 18. 5. 2020, https://www.heise.de/news/Bundesregierung-plant-virtuelle-Variante-des-elektronischen-Personalausweises-4713866.html

54 Benedikt Becker: »Warum der elektronische Personalausweis gefloppt ist«, *Wirtschaftswoche*, 13. 11. 2020, https://www.wiwo.de/politik/deutschland/digitalisierung-warum-der-elektronische-personalausweis-gefloppt-ist/26621934.html

55 »ID und Wallets«, a. a. O.

56 Becker: »Warum der elektronische Personalausweis gefloppt ist«, a. a. O.

57 »Digitale Verwaltung in Dänemark«, a. a. O.

58 Ebd.

59 Gov.uk Pay, https://www.payments.service.gov.uk/

60 https://www.epaybl.de/; »ePayBL«, https://egovernment-podcast.com/egov111-epaybl/

61 »ePayment einführen und ePayBL nutzen«, https://www.epaybl.de/?ID=80&art_param=28

62 Abgesehen von Firmen wie Microsoft, die sich seit Jahrzehnten mehr schlecht als recht an Standards halten und immer wieder versuchen, eigene Ergänzungen und Abweichungen in den Markt zu drücken – sogenannte proprietäre Formate.

63 »Koordinierungsstelle für IT-Standards«, a. a. O.

64 »xdomea – der XÖV-Standard für die Übermittlung von Akten, Vorgängen und Dokumenten«, https://www.xoev.de/xdomea-19097

65 »Monitor Digitale Verwaltung #6«, a. a. O.

66 »Registermodernisierung«, IT-Planungsrat, https://www.it-planungsrat.de/projekte/projekte-des-it-planungsrat/registermodernisierung

67 Gesetz zur Einführung und Verwendung einer Identifikationsnummer in der öffentlichen Verwaltung und zur Änderung weiterer Gesetze (Registermodernisierungsgesetz – RegMoG), https://www.bva.bund.de/SharedDocs/Downloads/DE/Behoerden/Verwaltungsdienstleistungen/Registermodernisierung/registermodernisierungsgesetz.html

68 Ebd.

69 »Bundesregierung beschließt Registermodernisierungsgesetz«, Bundesministerium des Innern und für Heimat, 23. 9. 2020, https://www.onlinezugangsgesetz.de/SharedDocs/kurzmeldungen/Webs/OZG/DE/2020/registermodernisierungsgesetz.html

70 Gesetz zur Einführung und Verwendung einer Identifikationsnummer in der öffentlichen Verwaltung und zur Änderung weiterer Gesetze (Registermodernisierungsgesetz – RegMoG), a. a. O.

71 »Bundesverwaltungsamt wird Registermodernisierungsbehörde«, Bundesverwaltungsamt, Pressemitteilung 8. 3. 2021, https://www.bva.bund.de/SharedDocs/Downloads/DE/Presse/Pressemitteilungen/2021/registermodernisierung.pdf;jsessionid=5FF780ACC077A0ECA3B5BAC27B377F6B.intranet262

72 »Once-Only-Prinzip«, OZG-Leitfaden, https://leitfaden.ozg-umsetzung.de/display/OZG/term/8421503

73 Markus Reuter: »Registermodernisierung: Eine Nummer, sie alle zu finden«, *netzpolitik.org*, 9. 7. 2020, https://netzpolitik.org/2020/registermodernisierung-eine-nummer-sie-alle-zu-finden/

74 Ebd.

75 https://www.bundesverfassungsgericht.de/SharedDocs/Entscheidungen/DE/1983/12/ rs19831215_1bvr020983.html

76 BVerfG, ebd., Randnummer 146

77 Nathan Heller: »Estonia, the Digital Republic«, *The New Yorker*, 11. 12. 2017, https://www.newyorker.com/magazine/2017/12/18/estonia-the-digital-republic

78 https://www.onlinezugangsgesetz.de/SharedDocs/kurzmeldungen/Webs/OZG/DE/2021/11_Datenschutzcockpit.html

79 »Fachkräftemangel im öffentlichen Sektor. PwC-Studie 2022: Zehn Handlungsempfehlungen für Entscheider:innen«, https://www.pwc.de/de/branchen-und-markte/oeffentlicher-sektor/fachkraeftemangel-im-oeffentlichen-sektor.html

80 Christian Wölbert, Holger Bleich: »›Krawall-Influencerin‹ Lilith Wittmann: ›Baut intern Kompetenz auf‹«, *c't*, 29. 1. 2022, https://www.heise.de/news/Krawall-Influencerin-Lilith-Wittmann-Baut-intern-Kompetenz-auf-6335264.html

81 https://lagedernation.org/podcast/ldn301-keine-weiteren-fragen-digitalisierung-der-deutschen-verwaltung-teil-1/; https://lagedernation.org/podcast/ldn302-baustellen-loesungen-digitalisierung-der-deutschen-verwaltung-teil-2/

Entgleist

1 Hermann Schmidtendorf: »DB-Pünktlichkeit: Datenexperte findet verblüffendes zur ›Pofalla-Wende‹«, *bahn manager*, 6. 1. 2020, https://www.eurailpress.de/bahn-manager/detail/news/db-puenktlichkeit-datenexperte-findet-verblueffendes-zur-pofalla-wende.html

2 »Bericht nach § 99 BHO zur Dauerkrise der Deutschen Bahn AG – Hinweise für eine strukturelle Weiterentwicklung«, Bundesrechnungshof, https://www.bundesrechnungshof.de/SharedDocs/Downloads/DE/Berichte/ 2023/db-dauerkrise-volltext.pdf

3 Ebd.

4 »Jeder dritte Fernzug zu spät«, *Süddeutsche Zeitung*, 9. 1. 2023, https://www.sueddeutsche.de/wirtschaft/deutsche-bahn-jeder-dritte-fernzug-zu-spaet-1.5729188

5 Schmidtendorf: »DB-Pünktlichkeit: Datenexperte findet verblüffendes zur ›Pofalla-Wende‹«, a. a. O.

6 https://www.wiwo.de/unternehmen/dienstleister/neue-puenktlichkeitsmessung-das-neue-selbstbewusstsein-der-bahn/24089864.html; https://www.zugreiseblog.de/deutsche-bahn-reisenden-puenktlichkeit/; https://www.deutschebahn.com/de/konzern/konzernprofil/zahlen_fakten/puenktlichkeitswerte-6878476

7 »Kunden benoten Deutsche Bahn nur mit ›Befriedigend‹«, *Süddeutsche Zeitung*, 26. 11. 2019, https://www.sueddeutsche.de/wirtschaft/bahn-kunden-benoten-deutsche-bahn-nur-mit-befriedigend-dpa.urn-newsml-dpa-com-20090101-191126-99-884710

8 Christopher Kopper: »Die Reform der Deutschen Bundesbahn in den 1990er-Jahren«, *Zeitschrift für öffentliche und gemeinwirtschaftliche Unternehmen*, Vol. 34, Nr. 2, 2011, S. 231–250, https://www.jstor.org/stable/41318651

9 »Bahnreform (Deutschland)«, *Wikipedia*, https://de.wikipedia.org/wiki/Bahnreform_(Deutschland)

10 Christian Böttger: »›Problemkind‹ Deutsche Bahn? Strukturen und Reformbedarf des deutschen Schienenverkehrs«, Bundeszentrale für politische Bildung, https://www.bpb.de/shop/zeitschriften/apuz/die-bahn-2022/505281/problemkind- deutsche-bahn- strukturen-und-reformbedarf-des-deutschen-schienenverkehrs/

11 Ralph Bollman, Dyrk Scherff: »Wer ist schuld am Bahn-Chaos?«, *Frankfurter Allgemeine Zeitung*, 21. 10. 2022, https://www.faz.net/ak-

tuell/wirtschaft/stimmt-es-dass-hartmut-mehdorn-die-bahn-kaputt-gespart-hat-18404603.html

12 Dieter Nürnberger: »Erfolgreiche Weichenstellung? Die Privatisierung der Bahn 1994«, *deutschlandfunk.de*, 1. 1. 2019, https://www.deutschlandfunk.de/erfolgreiche-weichenstellung-die-privatisierung-der-bahn-100.html

13 Stefanie Gäbler, Manuela Krause, Felix Rösel: »15 000 Kilometer Bahnstrecken weniger als vor 70 Jahren in Deutschland – Ost und West gleichermaßen betroffen«, *ifo Dresden berichtet*, 2021, 28, Nr. 4, S. 3–6, https://www.ifo.de/DocDL/ifoDD_21-04_03-06_Gaebler.pdf

14 Holger Gertz: »Die Zerstörer«, *Süddeutsche Zeitung*, 21. 4. 2023, https://www.sueddeutsche.de/projekte/artikel/kultur/deutsche-bahn-bundesregierung-verkehrsminister-e140983/

15 Markus Balser: »Deutsche Bahn hat 16 Prozent ihrer Schienen stillgelegt«, *Süddeutsche Zeitung*, 29. 12. 2018, https://www.sueddeutsche.de/wirtschaft/deutsche-bahn-deutsche-bahn-hat-16-prozent-ihrer-schienen-stillgelegt-1.4268351

16 »NEE: Dieses Jahr lediglich 4,2 Kilometer Neubau«, *Lok Report*, 8. 11. 2021, https://www.lok-report.de/news/deutschland/verkehr/item/28937-nee-dieses-jahr-lediglich-4-2-kilometer-neubau.html

17 Nürnberger: »Erfolgreiche Weichenstellung? Die Privatisierung der Bahn 1994«, a. a. O.

18 »Glossar – Regionalisierungsmittel«, Allianz Pro Schiene, https://www.allianz-pro-schiene.de/glossar/regionalisierungsmittel/

19 »Börsengang der Bahn – Eine unendliche Geschichte«, *Rheinische Post*, 11. 2. 2010, https://rp-online.de/wirtschaft/unternehmen/boersengang-der-bahn-eine-unendliche-geschichte_iid-23673053#5

20 »Gutachter halten jedes Modell für denkbar«, *Der Spiegel*, 17. 1. 2006, https://www.spiegel.de/wirtschaft/privatisierung-der-bahn-gutachter-halten-jedes-modell-fuer-denkbar-a-395777.html

21 »Teilweise privat«, *Zeit Online*, 9. 11. 2006, https://www.zeit.de/online/2006/45/Bahn-Teilprivatisierung

22 »Bundestag billigt Bahn-Privatisierung«, *Frankfurter Allgemeine Zeitung*, 30. 5. 2008, https://www.faz.net/aktuell/politik/inland/teilboersengang-bundestag-billigt-bahn-privatisierung-1232823.html

23 »Bahn plant Börsengang für Ende Oktober«, *Deutsche Welle*, 26. 9. 2008, https://www.dw.com/de/bahn-plant-b%C3%B6rsengang-f%C3%BCr-ende-oktober/a-3673086

24 »Steinbrück stoppt Bahn-Börsengang«, *Stern*, 9. 10. 2008, https://www.stern.de/wirtschaft/news/finanzkrise-steinbrueck-stoppt-bahn-boersengang-3740394.html

25 »Deutsche Bahn erzielt erstmals Gewinn«, *faz.net*, aktualisiert am 21. 05. 2005, https://www.faz.net/aktuell/wirtschaft/schienenverkehr-deutsche-bahn-erzielt-erstmals-gewinn-1227558.html

26 Arno Luik: »Desolate Lage der Deutschen Bahn. Es rumpelt überall«, *taz.de*, 3. 7. 2022, https://taz.de/Desolate-Lage-der-Deutschen-Bahn/!5863182/

27 »Deutschland investiert zu wenig in die Schieneninfrastruktur«, Allianz Pro Schiene, https://www.allianz-pro-schiene.de/themen/infrastruktur/investitionen/

28 Holger Gertz: »Die Zerstörer«, a. a. O.

29 Ebd.

30 »SPD und FDP schleifen Sektorziele und begraben Klimaschutz im Verkehr«, Verkehrsclub Deutschland, Pressemitteilung 29. 3. 2023, https://www.vcd.org/service/presse/pressemitteilungen/spd-und-fdp-schleifen-sektorziele-und-begraben-klimaschutz-im-verkehr;
»Berlin will Vorgaben für Klimaziele entschärfen«, https://www.sueddeutsche.de/politik/klimaschutz-gesetz-bundesregierung-klage-umweltverbaende-1.6424338

31 Art 87e GG, https://www.gesetze-im-internet.de/gg/BJNR000010949.html

32 Deutsche Bahn: Integrierter Zwischenbericht, Januar–Juni 2022, https://www.deutschebahn.com/resource/blob/8520294/fac70a7965ea747ba546d0fe30856a85/Zwischenbericht2022-data.pdf

33 Ebd.

34 »Deutsche Bahn: Konzern hat 521 Töchter und Beteiligungen«, *Eurailpress*, 1. 11. 2021, https://www.eurailpress.de/nachrichten/unternehmen-maerkte/detail/news/deutsche-bahn-konzern-hat-521-toechter-und-beteiligungen.html

35 Nürnberger: »Erfolgreiche Weichenstellung? Die Privatisierung der Bahn 1994«, a. a. O.

36 »Bahnreform (Deutschland)«, a. a. O.

37 »Bahn auf Shoppingtour: 2020 waren 521 Töchter und Beteiligungen im Portfolio«, *Redaktionsnetzwerk Deutschland*, 30. 10. 2021, https://www.rnd.de/wirtschaft/deutsche-bahn-auf-shoppingtour-

521-toechter-und-beteiligungen-im-portfolio-von-2020-K4J3HM4KNZBPFCVIULSP4Q7KCE.html

38 »Dauerkrise«, a. a. O., S. 7

39 Apropos Welt: Die Bahn leidet auch darunter, dass sie sich mit einer Orgie von Firmenkäufen in aller Welt heillos verzettelt hat. Diesen Aspekt haben wir für dieses Kapitel ausgeklammert, weil die viel zu zahlreichen Beteiligungen, die nichts mit der Bahn in Deutschland zu tun haben, noch mal ein ganz eigenes Thema wären.

40 »Dauerkrise«, a. a. O., S. 30

41 Ebd., S. 24

42 Henrik Petro: »25 Jahre Vertrag von Lugano: Deutschlands Flop«, *TIR transNews*, 12. 9. 2021, https://www.tir-transnews.ch/allgemein/25-jahre-vertrag-von-lugano-deutschlands-flop/; »20 Jahre Staatsvertrag von Lugano: Blamage für Deutschland«, *BUND*, 6. 9. 2016, https://www.bund-bawue.de/service/pressemitteilungen/detail/news/20-jahre-staatsvertrag-von-lugano-blamage-fuer-deutschland/

43 »20 Jahre Staatsvertrag von Lugano: Blamage für Deutschland«, a. a. O.

44 Petro: »25 Jahre Vertrag von Lugano: Deutschlands Flop«, a. a. O.

45 Petro: »25 Jahre Vertrag von Lugano: Deutschlands Flop«, a. a. O.; »20 Jahre Staatsvertrag von Lugano: Blamage für Deutschland«, a. a. O.

46 Helmut Stalder: »Wegen Verzögerungen in Deutschland forciert die Schweiz den Neat-Anschluss via Frankreich«, *Neue Zürcher Zeitung*, 28. 2. 2020, https://www.nzz.ch/schweiz/wegen-verzoegerungen-in-deutschland-forciert-die-schweiz-den-neat-anschluss-via-frankreich-ld.1542408?reduced=true

47 https://www.gesetze-im-internet.de/mitbestg/__7.html

48 E-Mail des Vorsitzenden von Pro Bahn, Detlef Neuß, an die Redaktion der *Lage der Nation* vom 24. 4. 2023

49 https://www.spiegel.de/wirtschaft/unternehmen/deutsche-bahn-rechnungshof-deckt-schwerwiegendes-missmanagement-auf-a-30adac45-6bb0-4353-bed4-95f88047cb43

50 Luik: »Desolate Lage der Deutschen Bahn. Es rumpelt überall«, a. a. O.

51 »VDE-8, das wichtigste Projekt der Bahn wird Realität«, *Die Welt*, 16. 6. 2017, https://www.welt.de/wirtschaft/article165624475/VDE-8-das-wichtigste-Projekt-der-Bahn-wird-Realitaet.html; »Mit Tempo 300 durch die Berge: ICE-Trasse komplett«, *Die Welt*,

5. 12. 2017, https://www.welt.de/newsticker/dpa_nt/infoline_nt/wirtschaft_nt/article171271604/Mit-Tempo-300-durch-die-Berge-ICE-Trasse-komplett.html; »Was 300 Stundenkilometer kosten«, *Frankfurter Allgemeine Zeitung*, 25. 7. 2012, https://www.faz.net/aktuell/wirtschaft/10-jahre-ice-strecke-koeln-frankfurt-was-300-stundenkilometer-kosten-11831291.html; »Fernbahntunnel in Frankfurt: Kritik an Dauer und Kosten«, *Frankfurter Rundschau*, 29. 6. 2021, https://www.fr.de/frankfurt/fernbahntunnel-in-frankfurt-kritik-an-dauer-und-kosten-90831454.html

52 Andreas Dey: »Das ›Diebsteich-Desaster‹. Massive Kritik an neuem Bahnhof«, *Abendblatt*, Datum 27. 6. 2022, https://www.abendblatt.de/hamburg/article235739709/deutsche-bahn-hamburg-bahnhof-altona-diebsteich-prellbock-altona-diebsteich-desaster-buergerinitiative-uebt-massive-kritik.html

53 »Mehr Zugverbindungen und ein reibungsloser Eisenbahnbetrieb«, Bahnprojekt Hamburg-Altona, https://bahnprojekt-hamburg-altona.de/das-projekt/gute-gruende-fuer-bahnhofsverlegung

54 https://bahnprojekt-hamburg-altona.de/fileadmin/user_upload/20200812_Projektkatalog_Hamburg_Altona.pdf

55 Dey: »Das ›Diebsteich-Desaster‹. Massive Kritik an neuem Bahnhof«, a. a. O.

56 Thiemo Heeg: »Und schon wieder eine Milliarde mehr«, *Frankfurter Allgemeine Zeitung*, 4. 2. 2022, https://www.faz.net/aktuell/wirtschaft/stuttgart-21-bahnprojekt-kostet-schon-wieder-eine-milliarde-mehr-17780439.html

57 »Stuttgart 21: Chronologie der Kostenexplosion«, *SWR aktuell*, 13. 1. 2023, https://www.swr.de/swraktuell/baden-wuerttemberg/stuttgart-21-kosten-chronologie-100.html; »Kostensteigerung bei S21: Betrag von rund 11 Milliarden bestätigt«, https://www.swr.de/swraktuell/baden-wuerttemberg/stuttgart/stuttgart-21-soll-ueber-11-milliarden-kosten-100.html

58 »Zwei Züge auf einem Gleis im Hauptbahnhof geplant«, *Stuttgarter Zeitung*, 8. 10. 2020, https://www.stuttgarter-zeitung.de/inhalt.stuttgart-21-im-jahr-2030-bis-zu-180-doppelbelegungen-im-hauptbahnhof.5c0052c8-c3f0-4134-b81f-ee41647a6ba5.html; »Mangelnder Brandschutz bei Stuttgart 21?«, *Report Mainz*, ARD, 30. 03. 2021, https://www.ardmediathek.de/video/report-mainz/mangelnder-brandschutz-bei-stuttgart-21/das-erste/Y3JpZDovL3N3ci5kZS9h-

ZXgvbzEoMzY3NTQ; »Stuttgart 21: Jetzt geht's um Bahnsteige mit sechs Metern Höhenunterschied«, *Süddeutsche Zeitung*, 25. 5. 2016, https://www.sueddeutsche.de/reise/sicherheitsmaengel-stuttgart-21-jetzt-geht-s-um-bahnsteige-mit-sechs-metern-hoehenunterschied-1.3006607; »S21: Bahnsteige für neuen Stuttgarter Hauptbahnhof fertig betoniert«, *SWR aktuell*, 28. 1. 2022, https://www.swr.de/swraktuell/baden-wuerttemberg/stuttgart/s21-bahnsteige-neuer-durchgangbahnhof-fertig-100.html

59 »Erhalt der Panoramabahn«, https://vm.baden-wuerttemberg.de/de/mobilitaet-verkehr/schiene/ausbau-der-schiene-in-baden-wuerttemberg/ausbauprojekte/eisenbahnknoten-stuttgart-2040/panoramabahn; Arno Luik: *Schaden in der Oberleitung. Das geplante Desaster der Deutschen Bahn*, Frankfurt am Main, Westend 2019

60 Luik: »Desolate Lage der Deutschen Bahn. Es rumpelt überall«, a. a. O.

61 Anna Gauto, Alexander Demling: »Warum sich der Brückenverfall für die Deutsche Bahn lohnt«, *Handelsblatt*, 19. 1. 2019, https://www.handelsblatt.com/unternehmen/handel-konsumgueter/report-warum-sich-der-brueckenverfall-fuer-die-deutsche-bahn-lohnt/23874940.html

62 »Ramsauer: Mehr Geld für die Bahn-Planer«, *merkur.de*, https://www.merkur.de/politik/ramsauer-mehr-geld-bahn-planer-2339917.html, 31. 5. 2012

63 »Bedarfsplanumsetzungsvereinbarung«, Eisenbahn-Bundesamt, https://www.eba.bund.de/DE/Themen/Finanzierung/BUV/buv_node.html

64 Christian Wüst: »Rennbahn mit Knick«, *Der Spiegel*, 8. 12. 2017, https://www.spiegel.de/wissenschaft/rennbahn-mit-knick-a-c980d201-0002-0001-0000-000154712693

65 »Mehr Fortschritt wagen. Bündnis für Freiheit, Gerechtigkeit und Nachhaltigkeit. Koalitionsvertrag zwischen SPD, Bündnis 90/Die Grünen und FDP, https://www.bundesregierung.de/resource/blob/974430/1990812/04221173eef9a6720059cc353d759a2b/2021-12-10-koav2021-data.pdf?download=1

66 Ebd.

67 Ebd.

68 Katja Torwarth: »Grüne und FDP wollen Deutsche Bahn zerschlagen«, *Frankfurter Rundschau*, 5. 11. 2021, https://www.fr.de/politik/

gruene-fdp-deutsche-bahn-zerschlagen-ampel-koalitionsgespraeche-widerstand-gewerkschaft-news-91097251.html

69 Nico Schwieger: »Trennung von Netz und Betrieb. Union will die Deutsche Bahn aufspalten – was soll das bringen?«, *Redaktionsnetzwerk Deutschland*, 17. 4. 2023, https://www.rnd.de/politik/deutsche-bahn-union-will-strikte-trennung-von-netz-und-betrieb-was-soll-das-bringen-YIAHH33IPFDVHJ6BE3OEYVAO7M.html

70 Gerald Traufetter: »SPD stemmt sich gegen Pläne für Bahn-Zerschlagung«, *Der Spiegel*, 6. 8. 2021, https://www.spiegel.de/wirtschaft/deutsche-bahn-spd-gegen-zerschlagung-a-11ec207e-0002-0001-0000-000178686068; »Endlich am Zug: Zweite Bahnreform. Gemeinsame Positionen im Eisenbahnsektor«, Juli 2021, https://www.bauindustrie.de/fileadmin/bauindustrie.de/Media/Positionen/210802_Finale_Version_gemPos_Sektor_Schiene_FINAL.pdf

71 »Endlich am Zug: Zweite Bahnreform. Gemeinsame Positionen im Eisenbahnsektor«, Juli 2021 https://www.bauindustrie.de/fileadmin/bauindustrie.de/Media/Positionen/210802_Finale_Version_gemPos_Sektor_Schiene_FINAL.pdf

72 Ebd.

73 Ebd.

74 Traufetter: »SPD stemmt sich gegen Pläne für Bahn-Zerschlagung«, a. a. O.

75 Berechnet mithilfe von Myclimate Calculator, https://co2.myclimate.org/en/offset_further_emissions; »CO_2 durch Verkehrsmittel im Vergleich«, https://www.mein-klimaschutz.de/unterwegs/a/einkauf/%20welches-verkehrsmittel-verursacht-im-vergleich-mehr-co2/

76 https://www.greenmobility.de/co2/hamburg

77 Philip Pramer: »Warum ist Zugfahren so teuer und Fliegen so billig?«, *Der Standard*, 17. 10. 2019, https://www.derstandard.de/story/2000109909641/warum-ist-zugfahren-so-teuer-und-fliegen-so-billig

78 »Kerosinsteuer: Notwendig und machbar«, Verkehrsclub Deutschland, https://www.vcd.org/themen/flugverkehr/kerosinsteuer

79 »Ab 1. Juni neue Steuer für Flugreisende«, 31. 5. 2016, https://www.reise-preise.de/news/airlines/norwegen-ab-1-juni-neue-steuer-fuer-flugreisende.html

80 »Niederlande verdreifachen Steuer auf Flugtickets«, *Business Traveller*, 12. 9. 2022, https://www.businesstraveller.de/mobil/niederlande-verdreifachen-steuer-auf-flugtickets/

81 Dieter Nürnberger: »Bahnfahren ist nun günstiger«, *Deutschlandfunk*, 2. 1. 2020, https://www.deutschlandfunk.de/steuersenkung-bahnfahren-ist-nun-guenstiger-100.html
82 »Abbau fiskalischer Privilegien im Luftverkehr. Ein Regelungsvorschlag«, Stiftung Klimaneutralität, 21. 5. 2021, https://www.stiftung-klima.de/app/uploads/2021/05/2021-05-21_Luftverkehr_Abbau-fiskalischer-Privilegien.pdf
83 »Luftverkehr: Privilegien runter, Klimaschutz rauf«, Öko-Institut, 24. 5. 2021, https://www.oeko.de/presse/archiv-pressemeldungen/presse-detailseite/2021/luftverkehr-privilegien-runter-klimaschutz-rauf
84 »Abbau fiskalischer Privilegien im Luftverkehr. Ein Regelungsvorschlag«, a. a. O.
85 https://www.transportenvironment.org/discover/leaked-european-commission-study-aviation-taxes/, https://www.transportenvironment.org/wp-content/uploads/2021/07/2019_05_Tax_report_briefing_web_0.pdf
86 »Abbau fiskalischer Privilegien im Luftverkehr. Ein Regelungsvorschlag«, a. a. O.
87 Pramer: »Warum ist Zugfahren so teuer und Fliegen so billig?«, a. a. O.
88 ÖBB Nightjet – Reiseziele. https://www.nightjet.com/de/reiseziele
89 »Der neue Boom der Nachtzüge«, *manager magazin*, 5. 1. 2019, https://www.manager-magazin.de/unternehmen/artikel/nightjet-nachtzuege-der-oebb-erfolgreich-a-1246563.html
90 »Deutschlandtakt – das neue Eisenbahn-Zeitalter«, Allianz Pro Schiene, abgerufen am 17. 4. 2023, https://www.allianz-pro-schiene.de/themen/infrastruktur/deutschlandtakt/
91 »Deutschlandtakt«, Verkehrsclub Deutschland, 12. 4. 2022, https://www.vcd.org/artikel/deutschland-takt
92 »Integraler Taktfahrplan in der Schweiz«, Forschungsinformationssystem, 29. 7. 2021, https://www.forschungsinformationssystem.de/servlet/is/538785/
93 3 »Infrastruktur und Streckenlänge«, Schweizerische Eidgenossenschaft: Bundesamt für Statistik, https://www.bfs.admin.ch/bfs/de/home/statistiken/mobilitaet-verkehr/verkehrsinfrastruktur-fahrzeuge/streckenlaenge.html
94 Marco Völklein: »Wie marode ist die Bahn?«, *Süddeutsche Zeitung*,

11. 6. 2022, https://www.sueddeutsche.de/politik/bahn-schienennetz-verkehrswende-1.5601163?reduced=true

95 »Mehr Fortschritt wagen, a. a. O.

96 Ebd., S. 39

97 »Antwort der Bundesregierung auf die Kleine Anfrage der Abgeordneten Uwe Beckmeyer, Sören Bartol, Martin Burkert, weiterer Abgeordneter und der Fraktion der SPD – Drucksache 17/7080 –«, https://dserver.bundestag.de/btd/17/072/1707296.pdf

98 »Infrastruktur für einen Deutschland-Takt im Schienenverkehr«, Bundesmininsterium für Digitales und Verkehr, 5. 12. 2017, https://bmdv.bund.de/SharedDocs/DE/Artikel/G/BVWP/bundesverkehrswegeplan-2030-deutschlandtakt.html?nn=216420

99 Maik Gizinski: »Deutschlandtakt der Bahn auf 2070 verschoben«, *zdf.de*, 2. 3. 2023, https://www.zdf.de/nachrichten/panorama/bahn-verkehrswende-deutschlandtakt-verzoegerung-100.html

100 Mirjam Bittner: »›Irreführend und erschreckend ambitionslos‹: Bahn-Projekt hat 40 Jahre Verspätung«, *stern.de*, 3. 3. 2023, https://www.stern.de/politik/deutschland/deutschlandtakt--bahn-projekt-mit-40-jahren-verspaetung---experte---irrefuehrend-und-unredlich--33248276.html

101 Caspar Schwietering: »Alle 30 Minuten in die nächste Großstadt: Wie realistisch das Versprechen des ›Deutschland-Takts‹ der Bahn ist«, *Tagesspiegel*, 29. 5. 2022, https://www.tagesspiegel.de/wirtschaft/alle-30-minuten-in-die-nachste-grossstadt-wie-realistisch-das-versprechen-des-deutschland-takts-ist-491775.html

Wege aus der Flaute

1 Bundes-Klimaschutzgesetz (KSG), https://www.gesetze-im-internet.de/ksg/BJNR251310019.html

2 »Bundestag stimmt längerer AKW-Laufzeit zu«, *zdf.de*, 11. 11. 2022, https://www.zdf.de/nachrichten/politik/bundestag-laufzeiten-atomkraftwerke-energiekrise-102.html

3 »Erstmals über die Hälfte des Stroms in Deutschland erneuerbar«, Umweltbundesamt, https://www.umweltbundesamt.de/themen/erstmals-ueber-die-haelfte-des-stroms-in

4 »EWI-Analyse: Täglich 5,8 Windenergieanlagen bis 2030 notwendig«, Energiewirtschaftliches Institut an der Universität zu Köln –

Aktuelles, 12. 1. 2023, https://www.ewi.uni-koeln.de/de/aktuelles/ewi-analyse-taeglich-58-windenergieanlagen-bis-2030-notwendig/

5 Klaus Stratmann, Kathrin Witsch: »Deutschland muss bis Ende 2029 täglich sechs Windräder bauen«, *Handelsblatt*, 4. 1. 2023, https://www.handelsblatt.com/unternehmen/energie/erneuerbare-energien-deutschland-muss-bis-ende-2029-taeglich-sechs-windraeder-bauen/28881822.html; »Die Energiewende in Deutschland. Stand der Dinge 2022«, Agora Energiewende, https://static.agora-energiewende.de/fileadmin/Projekte/2022/2022-10_DE_JAW2022/A-EW_283_JAW2022_WEB.pdf S. 42, 51; »Klimaneutrales Deutschland 2045. Wie Deutschland seine Klimaziele schon vor 2050 erreichen kann. Zusammenfassung im Auftrag von Stiftung Klimaneutralität«, Prognos, Öko-Institut, Wuppertal-Institut, 2021, Agora Energiewende und Agora Verkehrswende, https://static.agora-energiewende.de/fileadmin/Projekte/2021/2021_04_KNDE45/A-EW_209_KNDE2045_Zusammenfassung_DE_WEB.pdf, S. 22

6 2022 waren es 46,5 Prozent (Anteil am Bruttostromverbrauch), Agora Energiewende: »Die Energiewende in Deutschland. Stand der Dinge 2022«, https://static.agora-energiewende.de/fileadmin/Projekte/2022/2022-10_DE_JAW2022/A-EW_283_JAW2022_WEB.pdf, S. 41.

7 Stratmann/Witsch: a. a. O.

8 »Energiemonitor«, *Die Zeit*, https://www.zeit.de/wirtschaft/energiemonitor-deutschland-gaspreis-spritpreis-energieversorgung

9 »Mehr Fortschritt wagen. Bündnis für Freiheit, Gerechtigkeit und Nachhaltigkeit. Koalitionsvertrag zwischen SPD, Bündnis 90/Die Grünen und FDP«, https://www.bundesregierung.de/resource/blob/974430/1990812/04221173eef9a6720059cc353d759a2b/2021-12-10-koav2021-data.pdf?download=1, S. 56

10 Dagmar Lange: »Baden-Württemberg zündet die letzte Stufe der Photovoltaik-Pflicht«, *Immobilien Zeitung*, 10. 1. 2023, https://www.iz.de/politik/news/-baden-wuerttemberg-zuendet-die-letzte-stufe-der-photovoltaik-pflicht-2000013124; »Photovoltaik ist Pflicht in Hamburg«, https://www.hamburg.de/energielotsen/beratung/15147914/faqs-photovoltaikanlagen-pflicht/; Petra Hannen: »Hessen beschließt Photovoltaik-Pflicht für neue Parkplätze«, *pv magazine*, 17. 11. 2022, https://www.pv-magazine.de/2022/11/17/hessen-beschliesst-photovoltaik-pflicht-fuer-neue-parkplaetze/

11 »Wie Habecks ›Osterpaket‹ den Ökostrom voranbringen soll«, *Deutschlandfunk*, 9. 4. 2022, https://www.deutschlandfunk.de/osterpaket-bundesregierung-stromversorgung-100.html

12 »Windenergie an Land«, Umweltbundesamt, 16. 2. 2023, https://www.umweltbundesamt.de/themen/klima-energie/erneuerbare-energien/windenergie-an-land#flaeche; Nennleistung der aktiven Kernkraftwerke in Deutschland im Jahr 2022, https://de.statista.com/statistik/daten/studie/181592/umfrage/kernkraftwerke-in-deutschland-top-10-nach-leistung/; »Sicherheit in der Kerntechnik. Ein Informationsportal von Bund und Ländern: Kernkraftwerk Emsland«, https://www.nukleare-sicherheit.de/kerntechnische-anlagen/deutschlandkarte/-kkw-in-deutschland/emsland/

13 Felix Reutter, Charlotte Geiger, Paul Lehmann, Jan-Niklas Meier, Philip Tafarte: »Flächenziele für die Windenergie. Wie zielführend ist das neue Wind-an-Land-Gesetz?«, *Wirtschaftsdienst*, Heft 9, 2022, https://www.wirtschaftsdienst.eu/inhalt/jahr/2022/heft/9/beitrag/flaechenziele-fuer-die-windenergie-wie-zielfuehrend-ist-das-neue-wind-an-land-gesetz.html; »Windenergie in Deutschland – Zahlen und Fakten«, Bundesverband WindEnergie, https://www.wind-energie.de/themen/zahlen-und-fakten/deutschland/

14 »Windenergie in Deutschland – Zahlen und Fakten«, a. a. O.

15 Michael Bauchmüller: „Kanzler Scholz fordert vier bis fünf neue Windräder pro Tag“, *Süddeutsche Zeitung*, 6.2.2023, https://www.sueddeutsche.de/wirtschaft/windenergie-windraeder-scholz-windkraft-energie-oekostrom-1.5746080

16 Tobias Sprenger, Felix Schäfer: »EWI-ANALYSE. Implikationen des geplanten Zubaus erneuerbarer Energien gemäß Osterpaket und EEG 2023«, 28. 12. 2022, https://www.ewi.uni-koeln.de/cms/wp-content/uploads/2022/12/221228_EWI-Analyse-Implikationen_Osterpaket_und_EEG_2023.pdf

17 »Windkraftausbau hängt deutlich hinter Zielen der Ampel zurück«, Der Spiegel 4/2024, https://www.spiegel.de/politik/deutschland/energiewende-windkraftausbau-haengt-deutlich-hinter-zielen-der-ampel-zurueck-a-a5a072a4-3a83-4aa7-a793-4ebf45c9f7b2

18 »Ausschreibungsverfahren für Windenergieanlagen an Land«, Bundesnetzagentur, https://www.bundesnetzagentur.de/DE/Fachthemen/ElektrizitaetundGas/Ausschreibungen/Wind_Onshore/Ausschreibungsverfahren/start.html

19 »Die Energiewende in Deutschland: Stand der Dinge 2022«, a. a. O.; »1. Windenergie-Auktion 2022 kaum überzeichnet«, Fachagentur Windenergie, 26. 4. 2022, https://www.fachagentur-windenergie.de/aktuelles/detail/1-windenergie-auktion-2022-kaum-ueberzeichnet/

20 Stefan Krempl: »Potenzieller Windkraft-Turbo: Aufbau von Windrädern soll lukrativer werden«, *heise online*, 28. 12. 2022, https://www.heise.de/news/Potenzieller-Windkraft-Turbo-Aufbau-von-Windraedern-soll-lukrativer-werden-7443863.html

21 Till Bücker: »Was sich bei der Windenergie ändern muss«, *tagesschau.de*, 28. 9. 2022, https://www.tagesschau.de/wirtschaft/technologie/windkraft-erneuerbare-energien-stromerzeugung-101.html; »Typische Verfahrenslaufzeiten von Windenergieprojekten – Empirische Datenanalyse für den Zeitraum 2011 bis 2022«, Fachagentur Windenergie an Land https://www.fachagentur-windenergie.de/aktuelles/detail/typische-verfahrenslaufzeiten-von-windenergieprojekten/

22 »regionalstrom Windpark Rugendorf. Aus der Region für die Region«, Naturstrom, https://naturstrom-vor-ort.de/regionalstrom/rugendorf/

23 Transparenzhinweis: Die Firma Naturstrom war zeitweise Sponsor unseres Podcasts. Zum Zeitpunkt unseres Besuchs in Gössersdorf war der Vertrag aber bereits ausgelaufen. Wir haben für die Berichterstattung keine Gegenleistung angenommen und selbstverständlich auch keinerlei inhaltliche Vorgaben für unsere Berichterstattung bekommen oder akzeptiert.

24 »Wind-an-Land-Gesetz. Mehr Windenergie für Deutschland«, Bundesregierung, 1. 2. 2023, https://www.bundesregierung.de/breg-de/themen/klimaschutz/wind-an-land-gesetz-2052764

25 Philipp Kollenbroich: »Warum neue Flächen für Windräder früher kommen – selbst in Bayern und Sachsen«, *Der Spiegel*, 24. 3. 2023, https://www.spiegel.de/panorama/gesellschaft/windkraft-bundeslaender-wollen-deutlich-frueher-mehr-flaechen-schaffen-a-5369fb00-2476-4644-9515-d6c3c0bae6a9?context=issue&sara_ref=re-so-app-sh

26 Nicole Weinhold: »Bundesamt für Naturschutz: 3,6 Prozent der Bundesfläche für Windkraft nutzbar«, *Erneuerbare Energien*, 4. 7. 2021, https://www.erneuerbareenergien.de/energiemaerkte-weltweit/bundesamt-fuer-naturschutz-36-prozent-der-bundesflaeche-fuer-windkraft

27 »Potenzial der Windenergie an Land. Studie zur Ermittlung des bundesweiten Flächen- und Leistungspotenzials der Windenergienutzung an Land«, Umweltbundesamt, 2013, https://www.umweltbundesamt.de/sites/default/files/medien/378/publikationen/potenzial_der_windenergie.pdf

28 Ziffer 1.6 der Anlage 1 zur 4. Bundesimmissionsschutzverordnung, https://www.gesetze-im-internet.de/bimschv_4_2013/anhang_1.html

29 Gesetz zum Schutz vor schädlichen Umwelteinwirkungen durch Luftverunreinigungen, Geräusche, Erschütterungen und ähnliche Vorgänge, Bundes-Immissionsschutzgesetz – BImSchG, https://www.gesetze-im-internet.de/bimschg/BJNR007210974.html

30 Baugesetzbuch, https://www.gesetze-im-internet.de/bbaug/

31 Baugesetzbuch, § 35, https://www.gesetze-im-internet.de/bbaug/__35.html

32 § 2 des Gesetzes für den Ausbau erneuerbarer Energien, Erneuerbare-Energien-Gesetz – EEG 2023, https://www.gesetze-im-internet.de/eeg_2014/BJNR106610014.html

33 »Regionalpläne«, Bayerisches Staatsministerium für Wirtschaft, Landesentwicklung und Energie, https://www.stmwi.bayern.de/landesentwicklung/instrumente/regionalplaene/

34 »Gemeinsame Landesplanung Berlin-Brandenburg«, https://gl.berlin-brandenburg.de/regionalplanung/regionalplaene/windenergienutzung/artikel.913893.php

35 § 3 Absatz 1 Windenergieflächenbedarfsgesetz

36 Dombert Rechtsanwälte: »›Windkraft-Moratorium‹ in Brandenburg in Kraft getreten«, 13. 5. 2019 https://www.dombert.de/windkraft-moratorium-in-brandenburg-in-kraft-getreten/

37 Dana Kupke, Julia Nebel: »Brandenburg: ›Moratorien für Windenergieanlagen beendet‹«, https://www.prometheus-recht.de/brandenburg-moratorien-fuer-windenergieanlagen-beendet/

38 Letzter Check im Mai 2023

39 »NRW schafft Mindestabstand von Windrädern zu Wohngebieten ab«, *zeit.de*, 25. 8. 2023, https://www.zeit.de/wirtschaft/2023-08/nrw-windkraft-mindestabstand

40 In Bayern gilt weiterhin 10H mit einigen Lockerungen, https://www.bayern.de/am-16-november-treten-die-genderten-10h-regelun-

gen-in-kraft-die-nachfrage-nach-neuen-windenergieprojekten-ist-bereits-gestiegen/

41 Lorenz Storch: »#Faktenfuchs: Windkraft-Flaute – Der Einfluss der 10H-Regel«, *br.de*, 26. 12. 2021, https://www.br.de/nachrichten/bayern/faktenfuchs-windkraft-flaute-der-einfluss-der-10h-regel,SsLWe33

42 Reutter/Geiger/Lehmann/Meier/Tafarte: »Flächenziele für die Windenergie. Wie zielführend ist das neue Wind-an-Land-Gesetz?«, a. a. O.

43 »FAQ Liste – Entwurf eines Gesetzes zur Erhöhung und Beschleunigung des Ausbaus von Windenergieanlagen an Land (sogenanntes Wind-an-Land-Gesetz)«, Bundesministerium für Wirtschaft und Klimaschutz, 15. 06. 2022, https://www.bmwk.de/Redaktion/DE/Downloads/Energie/20220615-FAQ-liste-wind-an-land-gesetz.pdf?__blob=publicationFile&v=8

44 »Landtag beschließt Teillockerung der umstrittenen 10-H-Regel für Windräder«, *Süddeutsche Zeitung*, 27. 10. 2022, https://www.sueddeutsche.de/bayern/bayern-10-h-regel-windkraft-lockerung-1.5682812; Heidi Geyer: »Bayern lockert 10H-Regel: Kommt jetzt der Windkraft-Boom?«, *Abendzeitung*, 27. 10. 2022 https://www.abendzeitung-muenchen.de/bayern/bayern-lockert-10h-regel-kommt-jetzt-der-windkraft-boom-art-854082

45 Reutter/Geiger/Lehmann/Meier/Tafarte: »Flächenziele für die Windenergie: Wie zielführend ist das neue Wind-an-Land-Gesetz?«, a. a. O.

46 »Ausbau für Windkraft: Deutsche Umwelthilfe fordert Abschaffung von Abstandsregeln und keine unnötig langen Übergangsfristen«, Deutsche Umwelthilfe, Pressemitteilung, 8. 6. 2022, https://www.duh.de/presse/pressemitteilungen/pressemitteilung/ausbau-fuer-windkraft-deutsche-umwelthilfe-fordert-abschaffung-von-abstandsregeln-und-keine-unnoetig/

47 Philipp Kollenbroich: »Warum neue Flächen für Windräder früher kommen – selbst in Bayern und Sachsen«, *Der Spiegel*, 24. 3. 2023, https://www.spiegel.de/panorama/gesellschaft/windkraft-bundeslaender-wollen-deutlich-frueher-mehr-flaechen-schaffen-a-5369fb00-2476-4644-9515-d6c3c0bae6a9?context=issue&sara_ref=re-so-app-sh

48 Malte Kreutzfeldt: »Habeck macht Windkraftgegnern Beine: Schluss

mit den Blockaden!«, *taz*, 15. 1. 2022, https://taz.de/Habeck-macht-Windkraftgegnern-Beine/!5825753/
49 »regionalstrom Windpark Rugendorf. Aus der Region für die Region«, a. a. O.
50 https://www.gesetze-im-internet.de/bnatschg_2009/__44.html
51 Gero Rueter: »Protest gegen Windkraft: Was ist dran an der Kritik?«, *Deutsche Welle*, 19. 12. 2021, https://p.dw.com/p/43tDB
52 »Thesenpapier zum naturverträglichen Ausbau der Windenergie«, BUND, Stand 30. 1. 2020, https://www.bund.net/fileadmin/user_upload_bund/publikationen/energiewende/Thesenpapier_Windenergie_Umweltverbaende.pdf
53 »Weniger als 1 Prozent in Deutschland für die Windenergie ausgewiesen«, *Erneuerbare Energien*, 2. 11. 2022, https://www.erneuerbareenergien.de/technologie/onshore-wind/weniger-als-1-prozent-deutschland-fuer-die-windenergie-ausgewiesen
54 Pitt von Bebenburg: »So sieht Hessens Schwarzstorch-Deal aus«, *Frankfurter Rundschau*, 21. 5. 2021, https://www.fr.de/rhein-main/landespolitik/hessens-schwarzstorch-deal-90656217.html
55 Michelle Goddemeier: »Genehmigung von Windrädern dauert nirgends länger als in Hessen«, *hessenschau*, 22. 1. 2023, https://www.hessenschau.de/wirtschaft/schleppende-energiewende-genehmigung-von-windraedern-dauert-nirgends-laenger-als-in-hessen-v1,-energiewende-windkraft-hessen-100.html;, »Windrad-Genehmigung dauert 24 Monate«, *hessenschau*, 25. 8. 22, https://www.hessenschau.de/politik/windrad-genehmigung-in-hessen-dauert-24-monate,-kurz-windraeder-104.html
56 https://www.fachagentur-windenergie.de/fileadmin/files/Veroeffentlichungen/Genehmigung/FA_Wind_Dauer_Genehmigungsverfahren_Wind_an_Land.pdf
57 »Es wird vielleicht auch Zorn geben«, Interview mit Robert Habeck, *Die Zeit*, 29. 12. 2021, https://www.zeit.de/2022/01/robert-habeck-gruene-klimaschutz-windraeder-klimaneutralitaet/komplettansicht
58 Gespräch mit Thomas Banning
59 »Volle Leistung aus der Energiekrise. Mit Zukunftsinvestitionen die fossile Inflation bekämpfen«, Agora Energiewende, 2022, https://static.agora-energiewende.de/fileadmin/Projekte/2022/2022-10_DE_Gasmangellage/A-EW_276_Volle-Leistung-aus-der-Energiekrise_WEB.pdf

60 https://www.gesetze-im-internet.de/vwvfg/__42a.html

61 Gespräch mit Naturstrom; Klage war erfolglos, Frankenpost, 21.11.2023, https://www.frankenpost.de/inhalt.windpark-rugendorf-klage-war-erfolglos.375710ff-9177-4b56-9cc5-e150f44b1fe0.html

62 Jutta Rippegather: »Hessen: Klagen blockieren Ausbau der Windkraftanlagen«, *Frankfurter Rundschau*, 26. 7. 2022, https://www.fr.de/rhein-main/landespolitik/hessen-klagen-blockieren-ausbau-der-windkraftanlagen-91689536.html; Gespräch mit Anna Forke, LEA LandesEnergieAgentur Hessen GmbH

63 »Verein für Landschaftspflege, Artenschutz & Biodiversität«, *Wikipedia*, https://de.wikipedia.org/wiki/Verein_f%C3%BCr_Landschaftspflege,_Artenschutz_%26_Biodiversit%C3%A4t

64 Nicolas Killian, Klaus Ott, Michael Schlegel, Christian Sebald, Rebecca Stegmann: »Stürmischer Kampf gegen die Windkraft«, *Süddeutsche Zeitung*, 4. 12. 2022, https://www.sueddeutsche.de/bayern/windkraft-klagen-naturschutzverband-bayern-1.5709062?reduced=true; Helene Köck: »VLAB: Kleiner Verein mit großer Wirkung gegen Windkraft«, *br.de*, 12. 8. 2022, https://www.br.de/nachrichten/wirtschaft/vlab-kleiner-verein-mit-grosser-wirkung-gegen-windkraft,TECn9N3

65 Köck: »VLAB: Kleiner Verein mit großer Wirkung gegen Windkraft«, a. a. O.

66 Verein für Landschaftspflege, Artenschutz & Biodiversität e. V. (VLAB): »Vorstand, Ehrenpräsidium, Beirat & Mitarbeiter«, https://www.landschaft-artenschutz.de/ueber-den-vlab/vorstand-und-satzung/, https://www.br.de/br-fernsehen/sendungen/dokthema/windkraft-gegner-100.html

67 Killian/Ott/Schlegel/Sebald/Stegmann: »Stürmischer Kampf gegen die Windkraft«, a. a. O.

68 Telefongespräch mit dem Vereinsvorsitzenden

69 Manfred Redelfs: »Die Gegner der Energiewende«, Greenpeace-Recherche, Stand 2/2021, https://www.greenpeace.de/publikationen/gegner_der_windkraft.pdf

70 »Es wird vielleicht auch Zorn geben«, Interview mit Robert Habeck, a. a. O.; Nikolai Ziegler war mindestens bis April 2022 noch Vorsitzender von Vernunftkraft, https://www.lobbyregister.bundestag.de/suche/R004091/6412?backUrl=%2Fsuche%3Fpage%3D2%26pageSize%3D50%26filter%255Bfieldsofinterest%255D%255BFOI_

ENVIRONMENT%255D%3Dtrue%26filter%255Bfieldsofinterest%255D%255BFOI_SOCIAL_POLICY%257CFOI_SP_FAMILY%255D%3Dtrue

71 Malte Kreutzfeldt: »Keine Auskunft zum Windgegner«, *taz*, 27. 11. 2019, https://taz.de/Vernunftkraft-Chef-im-Ministerium/!5644860/

72 Redelfs: »Die Gegner der Energiewende«, a. a. O.

73 Redelfs: »Die Gegner der Energiewende«, a. a. O.

74 »Verbände gegen Windkraft: Bund will Klagerecht einschränken«, *ndr.de*, 1. 8. 2022, https://www.ndr.de/nachrichten/niedersachsen/lueneburg_heide_unterelbe/Verbaende-gegen-Windkraft-Bund-will-Klagerecht-einschraenken,klagerecht100.html

75 Gespräch mit Anna Forke, Projektmanagerin Bürgerforum Energiewende Hessen

76 Ebd.

77 Ebd.

78 Thomas Hummel: »Wie Windräder den Hunsrück verändern«, *Süddeutsche Zeitung*, 4. 2. 2022, https://www.sueddeutsche.de/politik/energiewende-hunsrueck-windraeder-protest-1.5521957?reduced=true; Anke Petermann, Susanne Arlt: »Das Windradwunder vom Hunsrück«, *Deutschlandfunk Kultur, Länderreport*, 2. 11. 2022, https://www.deutschlandfunkkultur.de/erneuerbare-energien-rhein-hunsrueck-kreis-ist-vorbild-im-ausland-laenderreport-dlf-kultur-214d2ca4-100.html; Axel John: »Die Energie-Pioniere vom Mittelrhein«, tagesschau.de, 6. 8. 2022, https://www.tagesschau.de/wirtschaft/energie-russland-abhaengigkeit-rhein-hunsrueck-kreis-101.html

79 Gespräch mit Anna Forke

80 Nils-Viktor Sorge: »So hat die Windkraft ein 113-Seelen-Dorf reich gemacht«, *manager magazin*, 22. 2. 2016, https://www.manager-magazin.de/unternehmen/energie/energiewende-ellhoeft-das-windkraft-dorado-a-1078737.html; Thomas Hummel: »Wie Windräder den Hunsrück verändern«, *Süddeutsche Zeitung*, 4. 2. 2022, https://www.sueddeutsche.de/politik/energiewende-hunsrueck-windraeder-protest-1.5521957?reduced=true

81 Gespräch mit Anna Forke

Ein Land hat Schlagseite

1 »Mehrheit der Deutschen für ein Tempolimit auf Autobahnen«, *Zeit online*, 17. 4. 2022, https://www.zeit.de/politik/2022-04/umfrage-tempolimit-autobahn-lindner-130

2 Wikiquote – Winston Churchill, https://de.wikiquote.org/wiki/Winston_Churchill

3 https://www.demokratie-geschichte.de/koepfe/2344

4 »Sind Sie mit der Art und Weise, wie die Demokratie in Deutschland funktioniert, alles in allem gesehen zufrieden?«, *Statista*, https://de.statista.com/statistik/daten/studie/153854/umfrage/zufriedenheit-mit-der-demokratie-in-deutschland/

5 Dirk Kurbjuweit: »Der Fluch des Elefanten«, *Der Spiegel*, 17/2022, https://www.spiegel.de/politik/wladimir-putin-und-marine-le-pen-stecken-die-demokratien-in-einer-systemkrise-a-f8414f52-d6f3-436b-af37-216903d668c5?context=issue

6 Geldvermögen der privaten Haushalte in Deutschland von 1999 bis 2021, *Statista*, https://de.statista.com/statistik/daten/studie/77707/umfrage/geldvermoegen-deutscher-haushalte-seit-2004/

7 Die originalen Dollar-Angaben wurden in Euro umgerechnet. »Reich, reicher, Corona-Krise«, *manager magazin*, 10. 6. 2021, https://www.manager-magazin.de/politik/weltwirtschaft/boston-consulting-group-privatvermoegen-steigt-in-corona-krise-auf-rekordhoch-a-e54fa9ae-dd3c-4304-a0f9-4ea001172d2d

8 Deutscher Bundestag: »Haushalt 2021 mit Ausgaben von 498,62 Milliarden Euro verabschiedet«, https://www.bundestag.de/dokumente/textarchiv/2020/kw50-de-haushaltsgesetz-2021-schlussrunde-810070

9 Moritz Schularick, Thilo Albers, Charlotte Bartels: »Der Reichtum der Deutschen«, *Frankfurter Allgemeine Zeitung*, aktualisiert am 31. 7. 2022, https://www.faz.net/aktuell/wirtschaft/reichtum-in-deutschland-die-geschichte-der-vermoegensverteilung-18207830.html

10 Verteilung des Nettovermögens in Deutschland nach Dezilen (Zehntel) im Jahr 2017, *Statista*, https://de.statista.com/statistik/daten/studie/1184187/umfrage/verteilung-des-nettovermoegens-in-deutschland/#professional

11 »Armut in Deutschland wächst«, Bundeszentrale für politische Bildung, 19. 12. 2022, https://www.bpb.de/kurz-knapp/hintergrund-aktuell/516505/armut-in-deutschland-waechst/

12 https://www.destatis.de/DE/Themen/Gesellschaft-Umwelt/Einkommen-Konsum-Lebensbedingungen/ Glossar/gini-koeffizient.html

13 »Deutschland: Entwicklung der Einkommensungleichheit auf Basis des Gini-Index im Zeitraum 2009 bis 2021«, *Statista*, https://de.statista.com/statistik/daten/studie/1184266/umfrage/einkommensungleichheit-in-deutschland-nach-dem-gini-index/

14 »Die Studie – Leben in Deutschland«, infas Institut für angewandte Sozialwissenschaft, https://www.leben-in-deutschland.de/informationen-zur-studie/; »Forschungsbasierte Infrastruktureinrichtung ›Sozio-oekonomisches Panel (SOEP)‹«, DIW Berlin, https://www.diw.de/de/soep

15 Verteilung des Nettovermögens in Deutschland nach Dezilen (Zehntel) im Jahr 2017, a. a. O.

16 »Vermögensungleichheit in Deutschland bleibt trotz deutlich steigender Nettovermögen anhaltend hoch«, *DIW Wochenbericht*, 40/2019, S. 735–745, https://www.diw.de/de/diw_01.c.679909.de/publikationen/wochenberichte/2019_40_1/vermoegensungleichheit_in_deutschland_bleibt_trotz_deutlich_steigender_nettovermoegen_anhaltend_hoch.html#table1

17 »Vermögensungleichheit in Deutschland bleibt trotz deutlich steigender Nettovermögen anhaltend hoch«, a. a. O.

18 »Vermögenskonzentration in Deutschland höher als bisher bekannt«, DIW Berlin, Pressemitteilung vom 15. Juli 2020, https://www.diw.de/de/diw_01.c.793891.de/vermoegenskonzentration_in_deutschland_hoeher_als_bisher_bekannt.html

19 Schularick/Albers/Bartels: »Der Reichtum der Deutschen«, a. a. O.; »Vermögenskonzentration in Deutschland höher als bisher bekannt«, a. a. O.

20 Schularick/Albers/Bartels: »Der Reichtum der Deutschen«, a. a. O.

21 Ebd.

22 »Armutsgefährdungsquote«, Destatis – Statistisches Bundesamt, https://www.destatis.de/DE/Themen/Gesellschaft-Umwelt/Einkommen-Konsum-Lebensbedingungen/Glossar/armutsgefaehrdungsquote.html

23 »Armutsgefährdungsquote in Deutschland von 2005 bis 2021«, *Statista*, https://de.statista.com/statistik/daten/studie/72188/umfrage/entwicklung-der-armutsgefaehrdungsquote-in-deutschland/

24 Schularick/Albers/Bartels: »Der Reichtum der Deutschen«, a. a. O.

25 »Der ›Lastenausgleich‹ nach 1945 war vor allem psychologisch wichtig«, *Welt*, 1. 4. 2020, https://www.welt.de/geschichte/article206942969/Wiederaufbau-Was-die-Idee-vom-Lastenausgleich-taugte.html

26 Caterina Lobenstein: »Ausgequetscht«, *Zeit online*, 6. 11. 2022, https://www.zeit.de/2022/45/finanzpolitik-krise-steuern-vermoegen/komplettansicht

27 »Der ›Lastenausgleich‹ nach 1945 war vor allem psychologisch wichtig«, a. a. O.

28 Ebd.

29 Schularick/Albers/Bartels: »Der Reichtum der Deutschen«, a. a. O.

30 Ebd.

31 »Die Wahrheit übers Erben. Warum Reiche immer reicher werden«, *zdf.de*, 11. 11. 2021, https://www.zdf.de/dokumentation/zdfzeit/zdfzeit-die-wahrheit-uebers-erben-100.html

32 Marcel Fratzscher: »Wir brauchen eine andere Erbschaftssteuer«, *DIW-Blog*, 19. 12. 2022, https://www.diw.de/de/diw_01.c.862135.de/nachrichten/wir_brauchen_eine_andere_erbschaftssteuer.html; https://twitter.com/mfratzscher/status/1605890490330554370?s=46&t=1JFrXaogyHlvfD7ZeRD69A

33 Der Spitzensteuersatz beträgt 42 Prozent, ab einem extrem hohen Einkommen von mehr als 277 000 Euro kommen weitere drei Prozentpunkte als sogenannte Reichensteuer hinzu, vgl. »Steuerprogression – einfach erklärt«, *test.de*, https://www.test.de/steuerprogression-einfach-erklaert-5813257-0/

34 https://www.vlh.de/wissen-service/steuer-abc/wie-funktioniert-unser-einkommensteuersystem.html

35 Stefan Gosepath, Martyna Berenika Linartas: »Deutschland auf dem Weg zur Erbengesellschaft«, Studie für die Friedrich-Ebert-Stiftung, 2022, https://library.fes.de/pdf-files/a-p-b/19894.pdf, S. 6

36 »Hälfte aller Erbschaften und Schenkungen geht an die reichsten zehn Prozent aller Begünstigten«, *DIW Wochenbericht*, 5/2021, S. 63–71, https://www.diw.de/de/diw_01.c.809832.de/publikationen/wochenberichte/2021_05_1/haelfte_aller_erbschaften_und_schenkungen_geht_an_die_reichsten_zehn_prozent_aller_beguenstigten.html

37 Gespräch mit Julia Jirmann, Netzwerk Steuergerechtigkeit, per Telefon.

38 Julia Jirmann, David Kern-Fehrenbach, Christoph Trautvetter (Netzwerk Steuergerechtigkeit): *Jahrbuch Steuergerechtigkeit 2023*, Dezem-

ber 2022, https://www.netzwerk-steuergerechtigkeit.de/wp-content/uploads/2023/01/230117_Jahrbuch2023_Online.pdf, S. 16; »Hälfte aller Erbschaften und Schenkungen geht an die reichsten zehn Prozent aller Begünstigten«, a. a. O.; »Bundeshaushalt interaktiv«, Bundesministerium der Finanzen, https://www.bundeshaushalt.de/DE/Home/home.html

39 »Hälfte aller Erbschaften und Schenkungen geht an die reichsten zehn Prozent aller Begünstigten«, a. a. O.

40 »Erbschaften machen vor allem Vermögende noch reicher«, DIW Berlin, Pressemitteilung, 3. 2. 2021, https://www.diw.de/de/diw_01.c.809938.de/erbschaften_machen_vor_allem_vermoegende_noch_reicher.html; »Hälfte aller Erbschaften und Schenkungen geht an die reichsten zehn Prozent aller Begünstigten«, a. a. O.

41 Ebd.

42 Julia Jirmann: »Steuerprivilegien bei Erbschaften und Schenkungen – Anweisungen auf die Verteilungsgerechtigkeit in Deutschland (2022)«, Studie für die Friedrich-Ebert-Stiftung, 11/2022, https://www.netzwerk-steuergerechtigkeit.de/wp-content/uploads/2022/11/FES-FGZ__NetzwerkSteuergerechtigkeit__RZ-Web__22-11-29.pdf, S. 3

43 »Hälfte aller Erbschaften und Schenkungen geht an die reichsten zehn Prozent aller Begünstigten«, a. a. O.

44 Gosepath/Linartas: »Deutschland auf dem Weg zur Erbengesellschaft«, a. a. O.

45 Stefan Bach: »Erbschaftsteuer: Privilegien abschaffen«, Studie für die Friedrich-Ebert-Stiftung, 17. 11. 2022, https://www.fes.de/index.php?eID=dumpFile&t=f&f=80210&token=0ffe8a620d49361f21e14d6e46941e53b99173ce

46 Norbert Walter-Borjans: »Erben verpflichtet!«, Friedrich-Ebert Stiftung, abgerufen 30. 3. 2023, https://www.fes.de/index.php?eID=dumpFile&t=f&f=80306&token=4bb918b1b8273a824401088 0e8d7b8fe299ed87a

47 Lobenstein: »Ausgequetscht«, *a. a. O.*; Bach: »Erbschaftsteuer: Privilegien abschaffen«, a. a. O.

48 Bach: »Erbschaftsteuer: Privilegien abschaffen«, a. a. O.

49 Lobenstein: »Ausgequetscht«, a. a. O.

50 Stefan Bach: »Erbschaftsteuer: Freibeträge erhöhen, Steuerprivilegien streichen. Kommentar«, *DIW Wochenbericht* 50/2022, S. 680, https://www.diw.de/de/diw_01.c.861699.de/publikationen/wochenbe-

richte/2022_50_3/erbschaftsteuer__freibetraege_erhoehen__steuerprivilegien_streichen__kommentar.html; »Freibeträge richtig nutzen – so sparst Du Schenkungssteuer«, *finanzip.de*, https://www.finanztip.de/schenkungssteuer/

51 Gespräch mit Julia Jirmann, Netzwerk Steuergerechtigkeit, https://www.netzwerk-steuergerechtigkeit.de/netzwerk/charta/

52 Gespräch mit Julia Jirmann; Jirmann/Kern-Fehrenbach/Christoph Trautvetter (Netzwerk Steuergerechtigkeit): *Jahrbuch Steuergerechtigkeit 2023*, a. a. O.

53 Jirmann: »Steuerprivilegien bei Erbschaften und Schenkungen – Auswirkungen auf die Verteilungsgerechtigkeit in Deutschland (2022)«, a. a. O., 11/2022, S. 5

54 Ebd., S. 3

55 Ebd., S. 5

56 »Privilegierung des Betriebsvermögens bei der Erbschaftsteuer ist in ihrer derzeitigen Ausgestaltung nicht in jeder Hinsicht mit der Verfassung vereinbar«, Bundesverfassungsgericht, Pressemitteilung Nr. 116/2014, 17. 12. 2014, https://www.bundesverfassungsgericht.de/SharedDocs/Pressemitteilungen/DE/2014/bvg14-116.html

57 Jirmann: »Steuerprivilegien bei Erbschaften und Schenkungen«, a. a. O.

58 E-Mail Julia Jirmann, 23. 2. 2023

59 Gespräch mit Julia Jirmann, 13. 2. 2023

60 Ebd.

61 Jirmann: »Steuerprivilegien bei Erbschaften und Schenkungen – Auswirkungen auf die Verteilungsgerechtigkeit in Deutschland (2022)«, a. a. O., S. 8

62 Bach: »Erbschaftsteuer: Privilegien abschaffen«, a. a. O.

63 Jirmann: »Steuerprivilegien bei Erbschaften und Schenkungen – Auswirkungen auf die Verteilungsgerechtigkeit in Deutschland«, a. a. O.

64 Ebd.

65 Jirmann/Kern-Fehrenbach/Trautvetter (Netzwerk Steuergerechtigkeit): *Jahrbuch Steuergerechtigkeit 2023*, a. a. O.

66 Lobenstein: »Ausgequetscht«, a. a. O.

67 Bach: »Erbschaftsteuer: Privilegien abschaffen«, a. a. O.

68 Fratzscher: »Wir brauchen eine andere Erbschaftssteuer«, a. a. O.

69 Gespräch mit Julia Jirmann

70 Heribert Prantl: »Es ist Zeit für einen großen Gerechtigkeits-Check«,

Süddeutsche Zeitung, 10. 12. 2022, https://www.sueddeutsche.de/meinung/kommentar-erbschaftsteuer-bundesverfassungsgericht-steuer-politik-vermoegen-1.5712662?reduced=true

71 Gosepath/Linartas: »Deutschland auf dem Weg zur Erbengesellschaft«, a. a. O., S. 6

72 David Böcking: »Gewerkschaften trommeln für Comeback der Vermögensteuer«, *Der Spiegel*, 7. 3. 2023, https://www.spiegel.de/wirtschaft/soziales/vermoegensteuer-gewerkschaften-trommeln-fuer-come-back-a-e39b848e-d9d1-47de-baa0-61d0a4561384?sara_ecid=nl_upd_1jtzCCtmxpVo9GAZr2b4X8GquyeAc9&nlid=die-lage-am-abend

73 § 7 Abs. 4 Einkommenssteuergesetz (EStG); in Sonderfällen kann die Abschreibung noch deutlich höher liegen, vgl. § 7 Abs. 5 EStG

74 Jirmann/Kern-Fehrenbach/Trautvetter (Netzwerk Steuergerechtigkeit): *Jahrbuch Steuergerechtigkeit 2023*, S. 28

75 Ebd., S. 27

76 »1000 Euro sind ab 2023 bei Kapitalerträgen steuerfrei«, *finanztip.de*, https://www.finanztip.de/sparerpauschbetrag/

77 »Vermögenssteuer«, DIW Berlin, https://www.diw.de/de/diw_01.c.412762.de/vermoegensteuer.html

78 Ebd.

79 Böcking: »Gewerkschaften trommeln für Comeback der Vermögensteuer«, a. a. O.

80 »Mehr Steuern auf Erbschaft und Schenkung«, *tagesschau.de*, 25. 11. 2022, https://www.tagesschau.de/wirtschaft/verbraucher/grundstuecke-immobilien-erbrecht-101.html

81 »Gut die Hälfte der Politiker stammt aus der Elite: Das gefährdet die Demokratie«, Interview mit Michael Hartmann, *Berliner Zeitung*, 3. 12. 2022, https://www.berliner-zeitung.de/politik-gesellschaft/interview-soziologe-michael-hartmann-gut-die-haelfte-der-politiker-stammt-aus-der-elite-das-gefaehrdet-die-demokratie-li.293299

82 Ebd.

83 Ebd.

84 Ebd.

85 »Armut und Gesundheit«, *GBE kompakt*, Robert Koch-Institut, 5/2010, https://www.rki.de/DE/Content/Gesundheitsmonitoring/Gesundheitsberichterstattung/GBEDownloadsK/2010_5_Armut.pdf?__blob=publicationFile

86 Ebd.

87 Kurbjuweit: »Der Fluch des Elefanten«, a. a. O.

88 Sven-Felix Kellerhoff: »Der ›Lastenausgleich‹ nach 1945 war vor allem psychologisch wichtig«, *welt.de*, 1. 4. 2020 https://www.welt.de/geschichte/article206942969/Wiederaufbau-Was-die-Idee-vom-Lastenausgleich-taugte.html

89 Lobenstein: »Ausgequetscht«, a. a. O.

90 Fabio De Masi: »DIW-Studie: Vermögensabgabe für das oberste Prozent«, 4. 11. 2020, https://www.fabio-de-masi.de/de/article/3207.diw-studie-verm%C3%B6gensabgabe-f%C3%BCr-das-oberste-prozent.html

91 »Linkspartei fordert Vermögensabgabe«, *Tagesschau*, ARD, 3. 11. 2020, https://www.youtube.com/watch?v=JoYMDnASWNU&t=110s

92 Donata Riedel: »Die Linke will Corona-Schulden von den reichsten Deutschen begleichen lassen«, *Handelsblatt*, 4. 11. 2020, https://www.handelsblatt.com/politik/deutschland/vermoegensabgabe-die-linke-will-corona-schulden-von-den-reichsten-deutschen-begleichen-lassen/26589444.html

93 Ebd.

94 Stefan Bach: »Vermögensabgabe DIE LINKE. Aufkommen und Verteilungswirkungen. Forschungsprojekt im Auftrag der Fraktion DIE LINKE im Bundestag und der Rosa-Luxemburg-Stiftung«, DIW Berlin, https://www.diw.de/de/diw_01.c.801981.de/publikationen/politikberatung_kompakt/2020_0157/vermoegensabgabe_die_linke._aufkommen_und_verteilungswirkung___tion_die_linke._im_bundestag_und_der_rosa-luxemburg-stiftung.html

95 De Masi: »DIW-Studie: Vermögensabgabe für das oberste Prozent«, a. a. O.

96 »Vermögenssteuer wieder einführen«, SPD, https://www.spd.de/aktuelles/vermoegensteuer, Steuern – Bündnis 90/Die Grünen, https://www.gruene.de/themen/steuern, abgerufen 30. 3. 2023.

97 »Hälfte aller Erbschaften und Schenkungen geht an die reichsten zehn Prozent aller Begünstigten«, DIW Wochenbericht 5/2021, S. 63–71, https://www.diw.de/de/diw_01.c.809832.de/publikationen/wochenberichte/2021_05_1/haelfte_aller_erbschaften_und_schenkungen_geht_an_die_reichsten_zehn_prozent_aller_beguenstigten.html

98 Ebd.

99 Kurbjuweit: »Der Fluch des Elefanten«, a. a. O.

100 www.taxmenow.eu

101 tax me now: »Was wir tun«, https://www.taxmenow.eu/was-wir-tun, »Kooperationen«, https://www.taxmenow.eu/kooperation, abgerufen am 29. 3. 2023

102 tax me now: »Was wir tun«, https://web.archive.org/web/20230129195423/https://www.taxmenow.eu/was-wir-tun, archiviert am 29. 1. 2023

Du wirst, was deine Eltern sind

1 »Bildung und Demokratie. Eine Einführung«, Bundeszentrale für politische Bildung, 14. 12. 2018, https://www.bpb.de/themen/bildung/dossier-bildung/282584/bildung-und-demokratie-eine-einfuehrung/

2 Ebd.

3 Jutta Allmendinger, Michael Wrase, »Das Recht auf Bildung verwirklichen«, Bundeszentrale für politische Bildung, 11. 12. 2020, https://www.bpb.de/shop/zeitschriften/apuz/schule-2020/322695/das-recht-auf-bildung-verwirklichen/

4 Vgl. die Leipziger Autoritarismus-Studie: https://www.boell.de/de/2022/11/09/autoritaere-dynamiken-unsicheren-zeiten-neue-herausforderungen-alte-reaktionen

5 Vgl. Kai Maaz: »Was sind soziale Bildungsungleichheiten?«, Bundeszentrale für politische Bildung, 3. 12. 2020, https://www.bpb.de/themen/bildung/dossier-bildung/322204/was-sind-soziale-bildungsungleichheiten/

6 Vgl. Maaz: »Was sind soziale Bildungsungleichheiten?«, a. a. O.

7 PISA ist die größte internationale Schulleistungsstudie, sie wird alle drei Jahre von der OECD durchgeführt (zuletzt 2018). PISA 2021 und 2024 wurden pandemiebedingt um je ein Jahr verschoben, aktuell wird die 2021er- bzw. 2022er PISA-Studie durchgeführt. 2018 wurden rund 600 000 Schüler:innen aus 79 Ländern befragt, getestet wurden die Lese-, Mathematik- und Naturwissenschaftskompetenzen 15-Jähriger. Es werden kein Fachwissen oder bestimmte Lehrplaninhalte abgefragt, sondern die Fähigkeit, »beim Untersuchen, Interpretieren und Lösen von Aufgaben Kenntnisse und Kompetenzen anzuwenden, analytisch vorzugehen, logisch zu denken und […] Überlegungen klar auszudrücken«. https://www.oecd.org/berlin/themen/pisa-studie/haeufig-gestellte-fragen.htm

8 *Pisa 2000. Zusammenfassung zentraler Befunde,* Max-Planck-Institut

für Bildungsforschung, Berlin 2001, https://www.mpib-berlin.mpg.de/Pisa/ergebnisse.pdf

9 Ebd., S. 16

10 Ebd., S. 23

11 Ebd., S. 37

12 Ebd.

13 Der Begriff »bildungsfern« ist einerseits auch in der aktuellen wissenschaftlichen Diskussion gängig, wird aber als diskriminierend kritisiert, vgl. Johan Schloeman: »›Bildungsfern‹ ist grausamer als ›ungebildet‹«, *Süddeutsche Zeitung*, 6. 8. 2015, https://www.sueddeutsche.de/bildung/bildungspolitik-ganz-weit-weg-1.2596342. Wir verwenden den Ausdruck daher nur in Zitaten.

14 »Alternativen zum Königsteiner Schlüssel«, Gewerkschaft Erziehung und Wissenschaft, August 2022, https://www.gew.de/index.php?eID=dumpFile&t=f&f=126856&token=370fafd2051602d118110d1d5984202149c8b0db&sdownload=&n=2022-Gutachten-Koenigsteiner-Schluessel.pdf

15 *Pisa 2000*, a. a. O., S. 38

16 »Mehr Fortschritt wagen. Bündnis für Freiheit, Gerechtigkeit und Nachhaltigkeit. Koalitionsvertrag zwischen SPD, Bündnis 90/Die Grünen und FDP«, https://www.bundesregierung.de/resource/blob/974430/1990812/04221173eef9a6720059cc353d759a2b/2021-12-10-koav2021-data.pdf?download=1, S. 95 f.

17 »Bund und Länder einigen sich auf Startchancen-Programm«, KMK, https://www.kmk.org/aktuelles/artikelansicht/bund-und-laender-einigen-sich-auf-startchancen-programm.html, 20. 4. 2023, https://deutsches-schulportal.de/bildungswesen/experten-kritisieren-laenderplaene-zur-verteilung-der-bundesmittel/

18 »Nur mit einer jährlichen Nettozuwanderung von 400 000 Personen bleibt das Arbeitskräfteangebot langfristig konstant«, Institut für Arbeitsmarkt und Berufsforschung, 23. 11. 2021, https://iab.de/presseinfo/nur-mit-einer-jaehrlichen-nettozuwanderung-von-400-000-personen-bleibt-das-arbeitskraefteangebot-langfristig-konstant/

19 Ebd.

20 »KMK stellt sich neuesten Befunden des IQB-Bildungstrends. Gezielte Maßnahmen zur Sicherung der Mindeststandards sind notwendig«, Kultusministerkonferenz, 17. 10. 2022, https://www.kmk.org/aktuelles/artikelansicht/kmk-stellt-sich-neuesten-befunden-des-

iqb-bildungstrends-gezielte-massnahmen-zur-sicherung-der-minde.html

21 Ebd.

22 Beschluss des Ersten Senats vom 19. 11. 2021 – 1 BvR 971/21, 1 BvR 1069/21, Bundesverfassungsgericht, https://www.bundesverfassungsgericht.de/SharedDocs/Entscheidungen/DE/2021/11/rs20211119_1bvr097121.html. Mehr zum Urteil: https://verfassungsblog.de/ein-beschluss-mit-weitreichenden-folgen/

23 »KMK stellt sich neusten Befunden des IQB-Bildungstrends«, a. a. O.

24 »IQB-Bildungstrend 2022: Kompetenzrückgänge in Deutsch, aber weitere Fortschritte in Englisch«, https://www.kmk.org/aktuelles/artikelansicht/iqb-bildungstrend-2022-kompetenzrueckgaenge-in-deutsch-aber-weitere-fortschritte-in-englisch.html

25 Die Details regeln die Länder, hier beispielhaft das Land Hessen: https://verwaltungsportal.hessen.de/leistung?leistung_id=L100001-%3A%3A8968814

26 »Bildungsstand der Bevölkerung«, Bundeszentrale für politische Bildung, 5. 6. 2022, https://www.bpb.de/kurz-knapp/zahlen-und-fakten/soziale-situation-in-deutschland/61656/bildungsstand-der-bevoelkerung/

27 »Anteil der Jugendlichen ohne Schulabschluss seit zehn Jahren auf hohem Niveau«, Bertelsmann Stiftung, 6. 3. 2023, https://www.bertelsmann-stiftung.de/de/themen/aktuelle-meldungen/2023/maerz/anteil-der-jugendlichen-ohne-schulabschluss-seit-zehn-jahren-auf-hohem-niveau

28 Ebd.

29 Christian Füller: »Muss das Kind wirklich aufs Gymnasium?«, *Der Spiegel*, 2. 10. 2018, https://www.spiegel.de/lebenundlernen/schule/gemeinschaftsschulen-und-abitur-warum-der-boom-gut-ist-a-1230241.html

30 Ebd.

31 Ebd.

32 »Schüler profitieren vom gemeinsamen Lernen«, Interview mit Katrin Hille, Staatsministerium Baden-Württemberg, 23. 4. 2014, https://www.baden-wuerttemberg.de/de/service/alle-meldungen/meldung/pid/schueler-profitieren-vom-gemeinsamen-lernen/

33 Christoph Jantzen: »Die Pisa-Misere folgt auf die Iglu-Misere«, Deutsche Gesellschaft für Lesen und Schreiben, 5. 12. 2020, https://dgls.de/iglu/die-pisa-misere-folgt-auf-die-iglu-misere/

34 Klaus Klemm: »Alle Jahre wieder. Zur Konstanz sozialer Ungleichheit in und durch Deutschlands Schulen«, Deutscher Gewerkschaftsbund, 1. 9. 2021, https://www.dgb.de/uber-uns/dgb-heute/bildung-und-bildungsarbeit/++co++3d891f16-0b01-11ec-bb4d-001a4a160123

35 Ebd.

36 Ebd.

37 Jürgen Baumert: »Das Skandalon bleibt«, *taz*, 30. 6. 2010, https://taz.de/Das-Skandalon-bleibt/!413204/

38 Ebd.

39 »Bundesprogramm ›Sprach-Kitas: Weil Sprache der Schlüssel zur Welt ist‹«, https://www.fruehe-chancen.de/?id=436aktuelles/start-des-interessenbekundungsverfahrens-fuer-die-2-foerderwelle-von-2017-2020/

40 »KMK stellt sich neuesten Befunden des IQB-Bildungstrends«, a. a. O., S. 1

41 »Bund will eine Milliarde Euro im Jahr in Brennpunktschulen stecken«, *Der Spiegel*, 19. 1. 2023, https://www.spiegel.de/panorama/bildung/startchancen-programm-bund-will-eine-milliarde-euro-im-jahr-in-brennpunktschulen-stecken-a-9e060d98-711a-47c4-b9ac-47d790d1e943

42 Paul Munzinger: »Wie viel ist eine Bildungsmilliarde?«, *Süddeutsche Zeitung*, 22. 01. 2013, https://www.sueddeutsche.de/politik/stark-watzinger-bildungsmilliarde-startchancenprogramm-1.5736899

43 »Bund will eine Milliarde Euro im Jahr in Brennpunktschulen stecken«, a. a. O.

44 Munzinger: »Wie viel ist eine Bildungsmilliarde?«, a. a. O., S. 9

45 »Bund will eine Milliarde Euro im Jahr in Brennpunktschulen stecken«, a. a. O., S. 3

46 »Aufgaben der Kultusministerkonferenz«, Kultusministerkonferenz, https://www.kmk.org/de/kmk/aufgaben.html

47 Holger Schleper: »Bedingt bedarfsorientiert: Wohin und wie die Startchancen-Milliarden vom Bund fließen«, Tabel Media, 4. April 2024, http://www.tagesspiegel.de/politik/plotzliche-einigung-startchancen-programm-fur-brennpunktschulen-kommt- 9517322.html

48 »Alternativen zum Königsteiner Schlüssel«, Gewerkschaft Erziehung und Wissenschaft, August 2022, https://www.gew.de/index.php?eID=dumpFile&t=f&f=126856&token=370fafd2051602d118110d1d5984202149c8b0db&sdownload=&n=2022-Gutachten-Koenigsteiner-Schluessel.pdf

49 »Verteilungsschlüssel bei Bund-Länder-Finanzierungen«, Deutscher Bundestag, Wissenschaftliche Dienste, 16. 11. 2020, https://www.bundestag.de/resource/blob/816952/e881ad249f008f04d4a6cbff9c6b7f30/WD-4-118-20-pdf-data.pdf

50 »Alternativen zum Königsteiner Schlüssel«, a. a. O.

51 Ebd.

52 »Wer wenig hat, dem soll mehr gegeben werden«, Gewerkschaft Erziehung und Wissenschaft, 6. 9. 2022, https://www.gew.de/aktuelles/detailseite/wer-wenig-hat-dem-soll-mehr-gegeben-werden

53 Ebd.

54 »Soziale Herkunft sieht man nicht«, Interview mit Natalya Nepomnyashcha, *taz*, 6. 4. 2023, https://taz.de/Ex-Hartz-IV-Empfaengerin-ueber-Karriere/!5923281/

55 Netzwerk Chancen: Natalya Nepomnyashcha, https://www.netzwerk-chancen.de/natalya-nepomnyashcha

56 Ebd.

57 »Soziale Herkunft sieht man nicht«, a. a. O.

58 Ebd.

59 »Wer wenig hat, dem soll mehr gegeben werden«, a. a. O.

60 »Alternativen zum Königsteiner Schlüssel«, a. a. O.

61 Ebd.

62 Ingo Isphording: »Die Datenlage ist ein Flickenteppich«, Bildung.Table, 29. 10. 2022, https://table.media/bildung/standpunkt/die-datenlage-ist-ein-flickenteppich/

63 Ebd.

64 Benjamin Edelstein, Kolloquium »Wunsch und Wirklichkeit deutscher Bildungspolitik. Steuerung auf dem Prüfstand« des WZB, als Podcast aufgezeichnet; Folge »Voraussetzungen und Möglichkeiten von Schulentwicklung zum Abbau von Bildungsungleichheit«, *Bildungspolitik*, 25. 1. 2022, https://bildungspolitik.blog.wzb.eu/2022/01/25/voraussetzungen-und-moeglichkeiten-von-schulentwicklung-zum-abbau-von-bildungsungleichheit/

65 Ebd.

66 Laura Braun, Hanna Pfänder: »Unterstützung von Schulen in herausfordernden Lagen. Eine vergleichende Darstellung aktueller Programme«, *impakt magazin. Impulse und Beiträge aus der Wübben Stiftung zur Bildung*, Ausgabe *Programme und Strukturen für Schulen im Brennpunkt*, September 2022, https://www.wuebben-stiftung.de/

wp-content/uploads/2022/09/WS_UnterstuetzungvonSchuleninherausforderndenLagen_Expertise.pdf

67 Ebd.

68 Nina Bremm: »Wie kann Schulentwicklung zum Abbau von Bildungsungleichheit beitragen?«, Vortrag beim Kolloquium »Wunsch und Wirklichkeit deutscher Bildungspolitik. Steuerung auf dem Prüfstand« des WZB, Podcast-Aufzeichnung, Folge »Voraussetzungen und Möglichkeiten von Schulentwicklung zum Abbau von Bildungsungleichheit«, a. a. O.; Folien: https://bildungspolitik.blog.wzb.eu/wp-content/uploads/27/2022/01/NBremm_2022_WZB_korr-1.pdf

69 Nina Bremm, Kathrin Racherbäumer: »Dimensionen der (Re-)Produktion von Bildungsbenachteiligung in sozialräumlich deprivierten Schulen im Kontext der Corona-Pandemie«, in: Detlef Fickermann, Benjamin Edelstein (Hrsg.): »›Langsam vermisse ich die Schule …‹ Schule während und nach der Corona-Pandemie«, Münster, New York: Waxmann 2020, S. 202–215. (*Die Deutsche Schule*, Zeitschrift für Erziehungswissenschaft, Bildungspolitik und pädagogische Praxis, Beiheft 16, https://www.pedocs.de/volltexte/2020/20239/pdf/DDS_Beiheft_16_2020_Bremm_Racherbaeumer_Dimensionen_der_Re_Produktion.pdf)

70 Beschluss der 299. Kultusministerkonferenz vom 17./18. 10. 2002, https//www.kmk.org/fileadmin/Dateien/veroeffentlichungen_beschluesse/2002/2002_10_07-Pisa-2000-Zentrale-Handlungsfelder.pdf

71 Ebd.

72 Ebd.

73 »Soziale Herkunft sieht man nicht«, a. a. O.

74 Bremm, »Wie kann Schulentwicklung zum Abbau von Bildungsungleichheit beitragen?«, a. a. O.

75 Jantzen: »Die Pisa-Misere folgt auf die Iglu-Misere«, a. a. O.

76 Annette Kuhn: »Mehr Qualitätsstandards für Schulleitungen«, Deutsches Schulportal der Robert Bosch Stiftung, 2. 9. 2022, https://deutsches-schulportal.de/bildungswesen/positionspapier-bundeseinheitliche-qualitaetsstandards-fuer-schulleitungen/

77 Ebd.

78 Ebd.

79 Ebd.

80 Ebd.

81 »KMK verabredet weitere Maßnahmen als Reaktion: Länder setzen auf den Lehr- kräftebedarfinnovative Wege zur Bewältigung des Lehrkräftemangels«, Kultusministerkonferenz, 4. 3. 2024, https://www.kmk.org/aktuelles/artikelansicht/kmk-verabredet-weitere-massnah- men-als-reaktionlaender-setzen-auf-den-lehrkraeftebedarfinnovative-wege-zur-bewaeltigung-des-lehrkraeftemangels.html

82 Ulf Rödde: »Bestenfalls ein Bildungshügel«, *Erziehung & Wissenschaft*, 04/2023, S. 27, https://www.gew.de/index.php?eID=dumpFile&t=f&f=132837&token=51fd94689f9ddfc6e2455fbd6c4203108d96af9a&sdownload=&n=EW-04-2023-web.pdf

83 Kristina Hofmann: »Fachkräftegewinnung ist unser neues Hobby«, *ZDF heute*, ZDF, 27. 1. 2023, https://www.zdf.de/nachrichten/politik/lehrermangel-kmk-busse-schule-100.html

84 Ebd.

85 Ebd.

86 »Rechtsanspruch auf Ganztagsbetreuung für ab 2026 beschlossen«, Bundesministerium für Familie, Senioren, Frauen und Jugend, 10. 09. 2021, https://www.bmfsfj.de/bmfsfj/aktuelles/alle-meldungen/rechtsanspruch-auf-ganztagsbetreuung-fuer-ab-2026-beschlossen-178826

87 »Stellungnahme zum Unterrichtsorganisations-Modellprojekt 4+1, 08. 07. 2022«, Ministerium für Bildung des Landes Sachsen-Anhalt, https://presse.sachsen-anhalt.de/bildungsministerium/2022/07/08/stellungnahme-zum-unterrichtsorganisations-modellprojekt-41/

88 Niklas Ottersbach: »Wie gut läuft die Vier-Tage-Woche an Schulen?«, *Deutschlandfunk*, 3. 2. 2023, https://www.deutschlandfunkkultur.de/schule-lehrkraefte-mangel-krisenmodus-vier-tage-woche-sachsen-anhalt-dlf-kultur-100.html

89 Hofmann: »Fachkräftegewinnung ist unser neues Hobby«, a. a. O.

90 Arlén Buchholz: »Kein Wunder, dass niemand Lehrer werden will«, *t-online*, 16. 3. 2023, https://www.t-online.de/nachrichten/deutschland/gesellschaft/id_100143994/bildungsgipfel-ex-lehramtsstudentin-klagt-an-der-druck-macht-krank-.html

91 »KMK verabredet weitere Maßnahmen als Reaktion auf den Lehrkräftebedarf«, a. a. O.

92 Hofmann: »Fachkräftegewinnung ist unser neues Hobby«, a. a. O.

93 »Empfehlungen zum Umgang mit dem akuten Lehrkräftemangel, 2023«, Ständige wissenschaftliche Kommission, https://www.kmk.

org/fileadmin/Dateien/pdf/KMK/SWK/2023/SWK-2023-Stellungnahme_Lehrkraeftemangel.pdf
94 Rödde, »Bildungsgipfel ist bestenfalls ein ›Bildungshügel‹«, a. a. O.
95 Paul Munziger: »Warum es so schwer ist, benachteiligten Schulen zu helfen«, *Süddeutsche Zeitung*, 1. 12. 2021, https://www.sueddeutsche.de/politik/ampel-koalition-schulen-bildungspolitik-1.5477934
96 »Ein guter Start für Teilhabe. Empfehlungen zur Ausgestaltung des Startchancen-Programms«, 2022, https://library.fes.de/pdf-files/a-p-b/19695-20221109.pdf
97 Ebd.
98 Isabel Fannrich-Lautenschläger: »Wie Armut und Gesundheit zusammenhängen«, *Deutschlandfunk*, 21. 3. 2019, https://www.deutschlandfunk.de/lebenserwartung-wie-armut-und-gesundheit-zusammenhaengen-100.html
99 Sven Eichstädt: »Rechtsextreme Wähler sind männlich, arm, arbeitslos«, *Welt*, 6. 12. 2011, https://www.welt.de/politik/deutschland/article13754021/Rechtsextreme-Waehler-sind-maennlich-arm-arbeitslos.html
100 Hintergrundgespräch Jan-Martin Wiarda, 22. 12. 2022

Arbeiten bis zum Umfallen

1 Burkhard Schröder (Autor), *Wikipedia*, https://de.wikipedia.org/wiki/Burkhard_Schr%C3%B6der_(Autor)
2 Burkhard Schröder, Christine Haas: »Rentner: ›Als alter Mann hatte ich plötzlich 20 Jobangebote‹«, *Die Zeit*, 9. 2. 2022, https://www.zeit.de/arbeit/2022-02/rentner-ruhestand-nebenjob-arbeit
3 Ebd.
4 Ebd.
5 »Die Rente ist sicher – oder doch nicht?«, WWU Münster, 6. 4. 2022, https://www.uni-muenster.de/news/view.php?cmdid=12483
6 »Mindestversicherungszeit«, *Deutsche Rentenversicherung*, https://www.deutsche-rentenversicherung.de/DRV/DE/Muttertexte/04_leistungen/01_rente/mindestversicherungszeit.html
7 »Gesetzlich Rentenversicherte«, Destatis – Statistisches Bundesamt, https://www.destatis.de/DE/Themen/Arbeit/Arbeitsmarkt/Qualitaet-Arbeit/Dimension-4/gesetzlich-rentenversichertel.html
8 »Die Geschichte der Deutschen Rentenversicherung«, Deutsche Ren-

tenversicherung, https://www.deutsche-rentenversicherung.de/DRV/DE/Ueber-uns-und-Presse/Historie/historie_detailseite.html

9 »Die Rentenreform von 1957«, Bundesarchiv, https://www.bundesarchiv.de/DE/Content/Virtuelle-Ausstellungen/Die-Rentenreform-Von-1957/die-rentenreform-von-1957.html.

10 Thomas Öchsner: »Die zehn häufigsten Rentenirrtümer«, *Süddeutsche Zeitung*, 29. 12. 2022, https://www.sueddeutsche.de/projekte/artikel/wirtschaft/rente-rentenversicherung-altersvorsorge-e409538/?reduced=true

11 Näheres dazu in Ausgabe 336 unseres Podcasts, https://lagedernation.org/

12 »Selbstverwaltung«, Deutsche Rentenversicherung, https://www.deutsche-rentenversicherung.de/Bund/DE/Ueber-uns/Selbstverwaltung/selbstverwaltung_node.html

13 Ebd.

14 »Rentenversicherung in Zahlen 2022«, Deutsche Rentenversicherung, https://www.deutsche-rentenversicherung.de/DRV/DE/Experten/Zahlen-und-Fakten/Statistiken-und-Berichte/statistiken-und-berichte_node.html

15 »Finanzierung, Rücklagen, Dynamik & Co.« – »Warum wird das Umlageverfahren auch Generationenvertrag genannt?«, Deutsche Rentenversicherung, https://www.deutsche-rentenversicherung.de/SharedDocs/FAQ/65_Jahre_Rentenreform/faq_liste_65_jahre_rentenreform_umlageverfahren.html#3e70c674-b8dc-4cd6-bb5f-5618e3f82ac0

16 »Die Rente ist sicher – oder doch nicht?«, a. a. O.

17 »Altersrentner und Beitragszahler in der gesetzlichen Rentenversicherung«, Demografieportal, https://www.demografie-portal.de/DE/Fakten/altersrentner-beitragszahler.html

18 »Statistik der Deutschen Rentenversicherung, Ergebnisse auf einen Blick 2023«, Deutsche Rentenversicherung, https://www.deutsche-rentenversicherung.de/DRV/DE/Experten/Zahlen-und-Fakten/Statistiken-und-Berichte/statistiken-und-berichte_node.html

19 »Altersrentner und Beitragszahler in der gesetzlichen Rentenversicherung«, a. a. O.

20 »Vorschläge für eine Reform der gesetzlichen Rentenversicherung. Gutachten des Wissenschaftlichen Beirats beim Bundesministerium für Wirtschaft und Energie«, Bundesministerium für Wirtschaft und Energie, 7. 6. 2021, https://www.bmwk.de/Redaktion/DE/Publikatio-

nen/Ministerium/Veroeffentlichung-Wissenschaftlicher-Beirat/wissenschaftlicher-beirat-vorschlaege-reform-gutachten.pdf?__blob=publicationFile&v=14, S. 3

21 »Meine Generation hat über ihre Verhältnisse gelebt«, Interview mit Monika Schnitzer, *Süddeutsche Zeitung*, 9. 1. 2023, http://sz.de/1.5728402

22 »Vorschläge für eine Reform der gesetzlichen Rentenversicherung. Gutachten des Wissenschaftlichen Beirats beim Bundesministerium für Wirtschaft und Energie«, a. a. O., S. 3

23 »Die Altersgrenze steigt stufenweise auf 67 Jahre«, Deutsche Rentenversicherung, https://www.deutsche-rentenversicherung.de/DRV/DE/Rente/Kurz-vor-der-Rente/Wann-kann-ich-in-Rente-gehen/Wann-kann-ich-in-Rente-gehen_detailseite.html

24 »Vorschläge für eine Reform der gesetzlichen Rentenversicherung. Gutachten des Wissenschaftlichen Beirats beim Bundesministerium für Wirtschaft und Energie«, a. a. O., S. 3

25 »Erwerbstätigkeit älterer Menschen«, https://www.destatis.de/DE/Themen/Querschnitt/Demografischer-Wandel/Aeltere-Menschen/erwerbstaetigkeit.html

26 https://data.oecd.org/emp/employment-rate-by-age-group.htm

27 »Erwerbstätigkeit älterer Menschen«, a. a. O., S. 1

28 »Gesetzliche Rentenversicherung, 15. August 2022«, 5. 7. 2023, Bundesministerium für Arbeit und Soziales, https://www.bmas.de/DE/Soziales/Rente-und-Altersvorsorge/Fakten-zur-Rente/Gesetzliche-Rentenversicherung/gesetzliche-rentenversicherung.html; »Das Generationenkapital: für Gerechtigkeit und solide Staatsfinanzen. BMF-Monatsbericht Januar 2023«, Bundesministerium für Finanzen, https://www.bundesfinanzministerium.de/Monatsberichte/2023/01/Inhalte/Kapitel-2b-Schlaglicht/2b-generationenkapital-pdf.pdf?__blob=publicationFile&v=5; https://www.bundestag.de/resource/blob/437624/634baef7575ec- 97bc241976afb1168e4/wd-6-085-16-pdf-data.pdf

29 https://www.bundestag.de/resource/blob/437624/634baef7575ec-97bc241976afb1168e4/wd-6-085-16-pdf-data.pdf

30 Jahresgutachten 2023, Sachverständigenrat zur Begutachtung der gesamtwirtschaftlichen Entwicklung https://www.sachverstaendigenrat-wirtschaft.de/fileadmin/dateiablage/gutachten/jg202324/JG202324_Gesamtausgabe.pdf, Seite 358 ff.

31 Bundeshaushalt interaktiv, https://www.bundeshaushalt.de/DE/Bundeshaushalt-digital/bundeshaushalt-digital.html; »Gesetzliche Rentenversicherung«, Bundesministerium für Arbeit und Soziales, https://www.bmas.de/DE/Soziales/Rente-und-Altersvorsorge/Fakten-zur-Rente/Gesetzliche-Rentenversicherung/gesetzliche-rentenversicherung.html#docaf7937a7-ce9e-4571-ae2f-7a9b45a7fd67bodyText4

32 Bundeshaushalt interaktiv, a. a. O.

33 »Meine Generation hat über ihre Verhältnisse gelebt«, Interview mit Monika Schnitzer, a. a. O.

34 »Hotfix«, *Wikipedia*, https://de.wikipedia.org/wiki/Hotfix

35 »Vorschläge für eine Reform der gesetzlichen Rentenversicherung. Gutachten des Wissenschaftlichen Beirats beim Bundesministerium für Wirtschaft und Energie«, a. a. O., S. 3

36 »Meine Generation hat über ihre Verhältnisse gelebt«, Interview mit Monika Schnitzer, a. a. O.

37 Ebd.

38 »Wissenschaftlicher Beirat«, Bundesministerium für Wirtschaft und Klimaschutz, https://www.bmwk.de/Redaktion/DE/Artikel/Ministerium/wissenschaftlicher-beirat.html

39 »Vorschläge für eine Reform der gesetzlichen Rentenversicherung. Gutachten des Wissenschaftlichen Beirats beim Bundesministerium für Wirtschaft und Energie«, a. a. O., S. 53

40 Ebd.

41 »Finanzierungsgrundlagen der gesetzlichen Krankenversicherung«, Bundesministerium für Gesundheit, https://www.bundesgesundheitsministerium.de/finanzierung-gkv.html

42 »Vorschläge für eine Reform der gesetzlichen Rentenversicherung. Gutachten des Wissenschaftlichen Beirats beim Bundesministerium für Wirtschaft und Energie«, a. a. O., S. 53

43 »Wie funktioniert die berufsständische Versorgung?«, *ntv*, 19. 1. 2023, https://www.n-tv.de/ratgeber/Wie-funktioniert-die-berufsstaendische-Versorgung-article23849524.html

44 »Wie wird meine Rente berechnet?«, Deutsche Rentenversicherung, https://www.deutsche-rentenversicherung.de/DRV/DE/Rente/Allgemeine-Informationen/Wie-wird-meine-Rente-berechnet/wie-wird-meine-rente-berechnet_node.html

45 Ebd.

46 »Kindererziehung: Ihr Plus für die Rente«, Deutsche Rentenversiche-

rung, https://www.deutsche-rentenversicherung.de/DRV/DE/Rente/Familie-und-Kinder/Kindererziehung/kindererziehung_node.html

47 Ebd.

48 »Wie wird meine Rente berechnet?«, a. a. O.

49 Sozialgesetzbuch (SGB VI): Gesetzliche Rentenversicherung, § 77 SGB VI Zugangsfaktor, https://www.sozialgesetzbuch-sgb.de/sgbvi/77.html

50 »Wie wird meine Rente berechnet?«, a. a. O.

51 »Rentenanpassung 2023. Die Renten steigen«, Bundesregierung, https://www.bundesregierung.de/breg-de/suche/rentenerhoehung-ost-west-angleichung-2172482

52 »Welche Auswirkungen hat gesetzliche Regelung zur Angleichung der Renten in Ost und West auf die diesjährige Rentenanpassung?«, Deutsche Rentenversicherung, https://www.deutsche-rentenversicherung.de/DRV/DE/Rente/Allgemeine-Informationen/Wissenswertes-zur-Rente/FAQs/Rentenanpassung/Rentenanpassung_Ost_West.html

53 »Rentenanpassung 2023. Die Renten steigen«, a. a. O.; »Rentenangleichung Ost-West«, Deutsche Rentenversicherung, https://www.deutsche-rentenversicherung.de/SharedDocs/FAQ/Rentenangleichung_Ost_West/Rentenangleichung_Ost_West_Liste.html

54 »Wie wird meine Rente berechnet?«, a. a. O.

55 »Rentenanpassung 2022«, Deutsche Rentenversicherung, https://www.deutsche-rentenversicherung.de/DRV/DE/Rente/Allgemeine-Informationen/Wissenswertes-zur-Rente/FAQs/Rentenanpassung/FAQ-Rentenanpassung-2022/Rentenanpassung-2022.html#f2fa5bbo-ob8e-40dc-8483-cc9cef90bofb

56 »Vorschläge für eine Reform der gesetzlichen Rentenversicherung. Gutachten des Wissenschaftlichen Beirats beim Bundesministerium für Wirtschaft und Energie«, a. a. O., S. 3

57 Ebd., S. 4

58 Ebd., S. 3

59 Ebd., S. 52

60 »Altersrenten für langjährig und besonders langjährig Versicherte«, Deutsche Rentenversicherung, https://www.deutsche-rentenversicherung.de/DRV/DE/Rente/Allgemeine-Informationen/Rentenarten-und-Leistungen/Altersrente-fuer-langjaehrig-Versicherte/altersrente-fuer-langjaehrig-versicherte_node.html

61 Roland Preuß: »Diese Lastenteilung ist nicht fair«, *Süddeutsche Zei-*

tung, 20. 2. 2023, https://www.sueddeutsche.de/meinung/rente-mit-63-unfair-fachkraefte-rentensystem-1.5755109?reduced=true

62 »Eckrente«, Bundeszentrale für politische Bildung, https://www.bpb.de/themen/soziale-lage/rentenpolitik/500525/eckrente/; »Rentenniveau«, Deutsche Rentenversicherung, https://www.deutsche-rentenversicherung.de/DRV/DE/Rente/Allgemeine-Informationen/Wissenswertes-zur-Rente/FAQs/Rente/Rentenniveau/Rentenniveau_Liste.html; »Kurz erklärt: Die häufigsten Rentenirrtümer«, IG Metall, https://www.igmetall.de/politik-und-gesellschaft/sozialpolitik/rente/kurz-erklaert-die-haeufigsten-rentenirrtuemer2

63 »Rente: 2022 offenbar höchstes Netto-Plus seit vielen Jahren«, *Bayerischer Rundfunk*, 31. 1. 2023, https://www.br.de/nachrichten/deutschland-welt/rente-2022-offenbar-hoechstes-netto-plus-seit-vielen-jahren,TUV2VPs

64 »Aktuelle Daten 2023«, Deutsche Rentenversicherung, https://www.deutsche-rentenversicherung.de/DRV/DE/Experten/Zahlen-und-Fakten/Statistiken-und-Berichte/statistiken-und-berichte_node.html

65 »Meine Post von der Rente«, Deutsche Rentenversicherung, https://www.deutsche-rentenversicherung.de/DRV/DE/Rente/Allgemeine-Informationen/Meine-Post-von-der-Rente/meine-post-von-der-rente_node.html

66 »Anmelden mit Personalausweis oder Aufenthaltstitel«, Deutsche Rentenversicherung, https://www.deutsche-rentenversicherung.de/DRV/DE/Online-Dienste/Juli_2021/anmelden_personalausw_aufenthaltstitel.html

67 »Kranken- und Pflegeversicherung der Rentner«, Deutsche Rentenversicherung, https://www.deutsche-rentenversicherung.de/DRV/DE/Rente/In-der-Rente/Kranken-und-Pflegeversicherung-der-Rentner/kranken-und-pflegeversicherung-der-rentner.html

68 Martin Klotz: »Diese Riester-Rente passt zu Dir«, *finanztip.de*, 8. 6. 2022, https://www.finanztip.de/riester/

69 Martin Klotz: »Rürup-Rente (Basisrente). Fast nur für Selbstständige eine Option«, *finanztip.de*, 3. 3. 2023, https://www.finanztip.de/ruerup-rente-basisrente/

70 Ebd.

71 Hendrik Buhrs: »Einfach und günstig in Aktien anlegen mit ETFs«, *finanztip.de*, 2. 5. 2023, https://www.finanztip.de/indexfonds-etf/

72 MSCI World Index Fact Sheet, https://www.msci.com/www/fact-sheet/msci-world-index/05830501

73 »Meine Generation hat über ihre Verhältnisse gelebt«, Interview mit Monika Schnitzer, a. a. O., S. 2

74 Ebd.

75 Ebd.

76 »Vorschläge für eine Reform der gesetzlichen Rentenversicherung. Gutachten des Wissenschaftlichen Beirats beim Bundesministerium für Wirtschaft und Energie«, a. a. O., S. 20–22

77 Ebd., S. 23

78 »Zukunft der gesetzlichen Rentenversicherung«, Hans-Böckler-Stiftung, https://www.boeckler.de/pdf/p_study_hbs_345.pdf, S. 11

79 »Wann ist die gesetzliche Rente zu versteuern?«, Finzanztip.de, https://www.finanztip.de/rentenbesteuerung/rente-versteuern/#:~:text=Die%20Standardrente%2C%20auch%20Eckrente%20genannt%2C%20lag%20f%C3%BCr%20das%20Jahr%202023%20nach%20der%20Erh%C3%B6hung%20am%201.%20Juli%20bei%201.692%20Euro%20brutto%20im%20Monat

80 Rentenrechner, https://www.finanzrechner.org/sonstige-rechner/rentenbesteuerungsrechner/#rentenbesteuerungsrechner

81 »Meine Generation hat über ihre Verhältnisse gelebt«, Interview mit Monika Schnitzer, a. a. O.

82 Ebd.

83 »Grundprinzipien: Versicherungsprinzip, Äquivalenzprinzip, Solidarprinzip«, Bundeszentrale für politische Bildung, https://www.bpb.de/themen/soziale-lage/rentenpolitik/289548/grundprinzipien-versicherungsprinzip-aequivalenzprinzip-solidarprinzip/

84 »Meine Generation hat über ihre Verhältnisse gelebt«, Interview mit Monika Schnitzer, a. a. O.

85 Ebd.

86 »Vorschläge für eine Reform der gesetzlichen Rentenversicherung. Gutachten des Wissenschaftlichen Beirats beim Bundesministerium für Wirtschaft und Energie«, a. a. O., S. 3

87 »Bericht der Kommission ›Verlässlicher Generationenvertrag‹ – Kurzfassung«, Bundesministerium für Arbeit und Soziales, 27. 3. 2020, https://www.bmas.de/SharedDocs/Downloads/DE/Rente/Kommission-Verlaesslicher-Generationenvertrag/bericht-der-kommission-kurzfassung.pdf?__blob=publicationFile&v=2, S. 11

88 Ebd., S. 11

89 »Statistik der Deutschen Rentenversicherung, Ergebnisse auf einen Blick 2023«, a. a. O.

90 »Beamtenversorgung«, Bundesministerium des Innern und für Heimat, https://www.bmi.bund.de/DE/themen/oeffentlicher-dienst/beamtinnen-und-beamte/versorgung/versorgung-artikel.html, Wikipedia: Ruhegehalt, https://de.wikipedia.org/wiki/Ruhegehalt

91 »Alterssicherung für alle Erwerbstätigen«, Hans-Böckler-Stiftung, 18/2008, https://www.boeckler.de/de/boeckler-impuls-alterssicherung-fuer-alle-erwerbstaetigen-10176.htm; »Wie funktioniert die berufsständische Versorgung?«, a. a. O.

92 »Künstlersozialkasse«, *Wikipedia*, https://de.wikipedia.org/wiki/K%C3%BCnstlersozialkasse

93 »Künstlersozialkasse – Über uns«, https://www.kuenstlersozialkasse.de/die-ksk/die-kuenstlersozialkasse

94 Oliver Ehrentraut, Stefan Moog: »Zukunft der gesetzlichen Rentenversicherung«, Studie Hans-Böckler-Stiftung, 1/2017, https://www.boeckler.de/pdf/p_study_hbs_345.pdf, S. 11

95 »Rente: Bürgerversicherung, Aktien, Eintrittsalter – Das wollen Union, Grüne, SPD und Co.«, *merkur.de*, 6. 10. 2021, https://www.merkur.de/politik/bundestagswahl-rente-cdu-csu-gruene-spd-fdp-linke-afd-wahlprogramm-plaene-zr-90999865.html

96 »Linke und Grüne scheitern mit Vorschlägen zur Rentenversicherung«, https://www.bundestag.de/dokumente/textarchiv/2021/kw20-de-rentenversicherung-840266

97 Jan Schapenberg: »So soll die Rentenversicherung entlastet werden«, *finanztip.de*, 19. 1. 2023, https://www.finanztip.de/aktienrente/

98 Bert Rürup: »Lindners Plan der Aktienrente kommt gegen die teuren Reformen für Babyboomer kaum an«, *Handelsblatt*, 27. 1. 2023, https://www.handelsblatt.com/meinung/kommentare/kommentar-der-chefoekonom-lindners-plan-der- aktienrente-kommt-gegen-die-teuren-reformen-fuer-babyboomer-kaum-an/28946058.html

99 »Aktienrente: Was bisher zum Generationenkapital geplant ist«, https://www.dgb.de/rente/++co++91327056-9348-11ed-b85f-001a4a160123; »Heil und Lindner planen Generationenkapital für die Rentenfinanzierung«, https://www.zeit.de/politik/deutschland/2024-03/rente-paket-konzept-heil-hubertus-lindner-christian-bundesregierung-sozialstaat

100 Roland Preuß, Henrike Roßbach: »Aktien für die Rente«, *Süddeutsche Zeitung*, 13. 1. 2023, https://www.sueddeutsche.de/wirtschaft/lindner-rente-generationenkapital-ruecklage-aktien-1.5731998?reduced=true

101 »So soll die Rentenversicherung entlastet werden«, a. a. O.

102 Ebd.

103 https://www.finanztip.de/aktienrente

104 »Lindners Plan der Aktienrente kommt gegen die teuren Reformen für Babyboomer kaum an«, a. a. O.

105 Ebd.

106 »Meine Generation hat über ihre Verhältnisse gelebt«, Interview mit Monika Schnitzer, a. a. O.

107 »Lindners Plan der Aktienrente kommt gegen die teuren Reformen für Babyboomer kaum an«, a. a. O.; »Das Rentensystem in Schweden«, https://www.pensionsmyndigheten.se/other-languages/deutsch-tyska/deutsch-tyska/das-rentensystem-in-schweden

108 »Altersvorsorge in Schweden: Einige Vorteile, aber auch Risiken für Einzahlende, Rentnerinnen und Rentner«, Hans-Böckler-Stiftung, 8. 4. 2022, https://www.boeckler.de/de/pressemitteilungen-2675-40357.htm

109 »Meine Generation hat über ihre Verhältnisse gelebt«, Interview mit Monika Schnitzer, a. a. O.

110 »Bericht der Kommission Verlässlicher Generationenvertrag«, Bd. 1: »Empfehlungen«, 30. 3. 2020, https://www.bmas.de/SharedDocs/Downloads/DE/Rente/Kommission-Verlaesslicher-Generationenvertrag/bericht-der-kommission-band-1.pdf?__blob=publicationFile&v=2, S. 105

111 Martin Klotz: »Mit Hilfe des Chefs für die Rente sparen, *finanztip.de*, 17. 1. 2023, https://www.finanztip.de/betriebliche-altersvorsorge/

112 »Lindners Plan der Aktienrente kommt gegen die teuren Reformen für Babyboomer kaum an«, a. a. O., S. l

113 https://www.bmas.de/DE/Soziales/Rente-und-Altersvorsorge/Gesetzliche-Rentenversicherung/Fragen-und-Antworten-Muetterrente/faq-muetterrente.html

114 Roland Preuß: »Diese Lastenteilung ist nicht fair«, *Süddeutsche Zeitung*, 20. 2. 2023, https://www.sueddeutsche.de/meinung/rente-mit-63-unfair-fachkraefte-rentensystem-1.5755109?reduced=true

115 »Grundrentenzuschlag«, Deutsche Rentenversicherung, https://www.

deutsche-rentenversicherung.de/DRV/DE/Rente/Grundrente/grundrente_node.html

116 »Wer von der neuen Grundrente profitiert«, *test.de*, 10. 7. 2023, https://www.test.de/Grundrente-Wer-von-der-neuen-Grundrente-profitiert-5584706-0/

117 »Zukünftige Tragfähigkeit der öffentlichen Sozialkassen«, Antwort der Bundesregierung, Drucksache 19/27949, 24. 3. 2021, https://dip21.bundestag.de/dip21/btd/19/279/1927949.pdf, https://www.ihre-vorsorge.de/nachrichten/lesen/reformen-kosten-rentenkassen-15-milliarden-euro-jaehrlich.html

118 »Grundrente. Wer sie bekommt, wie sie berechnet wird und was sie kostet«, *Handelsblatt*, 18. 2. 2022, https://www.handelsblatt.com/politik/grundrente-wer-sie-bekommt-wie-sie-berechnet-wird-und-was-sie-kostet-/25560462.html

119 »Lindners Plan der Aktienrente kommt gegen die teuren Reformen für Babyboomer kaum an«, a. a. O., S. l

120 »Rentner: ›Als alter Mann hatte ich plötzlich 20 Jobangebote‹«, a. a. O.

Mehr Macht wagen

1 Artikel 30 Grundgesetz

2 https://www.gesetze-im-internet.de/gg/art_79.html

3 Christian Stecker: »Blockierte Mehrheit. Warum die Vetomacht des Bundesrates ein Demokratieproblem ist«, 26. 10. 2021, https://verfassungsblog.de/blockierte-mehrheit/

4 Ebd.

5 »Bürgergeld statt Hartz IV: Was sich ändert«, *ZDF heute*, 14. 9. 2022, https://www.zdf.de/nachrichten/politik/buergergeld-kabinett-sozialreform-100.html

6 David Ruch: »Mehrheit der Deutschen für Radikalreform von Hartz IV«, *t-online*, 27. 11. 2018, https://www.t-online.de/nachrichten/deutschland/id_84854534/umfrage-mehrheit-der-deutschen-fuer-radikalreform-von-hartz-iv.html

7 »Entwurf eines Zwölften Gesetzes zur Änderung des Zweiten Buches Sozialgesetzbuch und anderer Gesetze – Einführung eines Bürgergeldes«, Bundesregierung, 14. 9. 2022, https://www.bmas.de/SharedDocs/Downloads/DE/Gesetze/Regierungsentwuerfe/reg-buergergeld.pdf?__blob=publicationFile&v=4

8 Ebd.

9 https://www.bundestag.de/vermittlungsausschuss

10 Vermittlungsausschuss erzielt Kompromiss zum Bürgergeld, Deutscher Bundestag, https://www.bundestag.de/dokumente/textarchiv/2022/kw47-pa-vermittlungsausschuss-buergergeld-921210

11 »Ampel kommt Union mit Kompromiss zu Bürgergeld entgegen«, *Süddeutsche Zeitung*, 4. 11. 2022, https://www.sueddeutsche.de/politik/bundesregierung-ampel-kommt-union-mit-kompromiss-zu-buergergeld-entgegen-dpa.urn-newsml-dpa-com-20090101-221104-99-390478

12 »Bundestagswahl 2021: Endgültiges Ergebnis«, 15. 10. 2021, https://www.bundeswahlleiter.de/info/presse/mitteilungen/bundestagswahl-2021/52_21_endgueltiges-ergebnis.html

13 Stecker: »Blockierte Mehrheit. Warum die Vetomacht des Bundesrates ein Demokratieproblem ist«, a. a. O.

14 Dokumentations- und Informationssystem für Parlamentsmaterialien, Deutscher Bundestag, https://dip.bundestag.de/

15 https://www.bundesrat.de/DE/dokumente/statistik/statistik-node.html

16 https://www.bundesrat.de/DE/bundesrat/br-plenum/stimmabgabe/stimmabgabe-node.html

17 »Wegen der vielen Abstimmungen, die in jeder Sitzung durchzuführen sind, stellt der Bundesratspräsident im Allgemeinen nur die Ja-Stimmen und damit die Mehrheit oder Minderheit fest. Gegenstimmen und Stimmenthaltungen, die für die absolute Mehrheit ohne Bedeutung sind, werden nicht ausgezählt.« (https://www.bundesrat.de/DE/plenum/abstimmung/abstimmung-node.html)

18 »Die Landeskabinette einigen sich über ihre Position zu den anstehenden Gesetzesentscheidungen. Für den Fall, dass dies nicht gelingen sollte, sehen die Koalitionsvereinbarungen der Länderregierungen in der Regel vor, dass sich das betreffende Land bei strittigen Gesetzesvorhaben der Stimme enthält.« Roland Sturm: »Zusammenarbeit im deutschen Föderalismus«, *Informationen zur politischen Bildung*, 318 (2013), Bundeszentrale für Politische Bildung, https://www.bpb.de/shop/zeitschriften/izpb/159339/zusammenarbeit-im-deutschen-foederalismus/. Roland Sturm ist emeritierter Professor am Institut für Politische Wissenschaft der Friedrich-Alexander-Universität Erlangen-Nürnberg.

19 Stecker: »Blockierte Mehrheit. Warum die Vetomacht des Bundesrates ein Demokratieproblem ist«, a. a. O.

20 Fritz W. Scharpf: »Föderalismusreform: Weshalb wurde so wenig erreicht?«, *Aus Politik und Zeitgeschichte*, 50/2006, Bundeszentrale für politische Bildung, https://www.bpb.de/shop/zeitschriften/apuz/29337/foederalismusreform-weshalb-wurde-so-wenig-erreicht/

21 Ulrike Winkelmann: »Aufgeweichte Erinnerung«, *taz*, 13. 3. 2013, https://taz.de/Gruene-und-Agenda-2010/!5071450/

22 Ebd.

23 Roland Sturm: »Demokratie als ›Leitgedanke‹ des deutschen Föderalismus«, *Informationen zur politischen Bildung*, Bundeszentrale für politische Bildung, 3. 5. 2013, https://www.bpb.de/shop/zeitschriften/izpb/foederalismus-in-deutschland-318/159332/demokratie-als-leitgedanke-des-deutschen-foederalismus/

24 Andreas Grau, Antoinette Lepper-Binneweg, Markus Würz: »Entstehung der Bundesrepublik: Parlamentarischer Rat und Grundgesetz«, *Lebendiges Museum Online*, Stiftung Haus der Geschichte der Bundesrepublik Deutschland, https://www.hdg.de/lemo/kapitel/nachkriegsjahre/doppelte-staatsgruendung/entstehung-der-bundesrepublik-parlamentarischer-rat-und-grundgesetz.html

25 Ebd.

26 https://www.bundesrat.de/DE/bundesrat/zeitstrahl-historie/zeitstrahl-node.html

27 https://www.gesetze-im-internet.de/gg/art_85.html

28 Scharpf: »Föderalismusreform: Weshalb wurde so wenig erreicht?«, a. a. O.

29 Roland Johne: »Bundesrat und parlamentarische Demokratie. Die Länderkammer zwischen Entscheidungshemmnis und notwendigem Korrektiv in der Gesetzgebung«, *Aus Politik und Zeitgeschichte*, Bundeszentrale für politische Bildung, 30. 11. 2004, https://www.bpb.de/shop/zeitschriften/apuz/27906/bundesrat-und-parlamentarische-demokratie/

30 BVerfGE 8, 274; https://www.servat.unibe.ch/dfr/bv008274.html

31 Scharpf: »Föderalismusreform: Weshalb wurde so wenig erreicht?«, a. a. O.

32 Pia Siemer: »Neue Leipziger Autoritarismus-Studie erschienen«, 9. 11. 2022, https://www.uni-leipzig.de/newsdetail/artikel/neue-leipziger-autoritarismus-studie-erschienen-2022-11-09

33 https://de.statista.com/statistik/daten/studie/153854/umfrage/zufriedenheit-mit-der-demokratie-in-deutschland/

34 Siemer: »Neue Leipziger Autoritarismus-Studie erschienen«, a. a. O.

35 Stecker: »Blockierte Mehrheit. Warum die Vetomacht des Bundesrates ein Demokratieproblem ist«, a. a. O.

36 Scharpf: »Föderalismusreform: Weshalb wurde so wenig erreicht?«, a. a. O.

37 Ebd.

38 Ebd.

39 https://www.bundesrat.de/DE/plenum/themen/foekoI/bundesstaatskommission/unterlagen/AU-024.pdf?__blob=publicationFile&v=1

40 Scharpf: »Föderalismusreform: Weshalb wurde so wenig erreicht?«, a. a. O.

41 Ebd.

42 Henrik Scheller: »Der ›erschöpfte Föderalstaat‹. Reformdebatte und Verfassungsrealität in Deutschland«, *Aus Politik und Zeitgeschichte*, Bundeszentrale für politische Bildung, 2. 7. 2015, https://www.bpb.de/shop/zeitschriften/apuz/209066/der-erschoepfte-foederalstaat/

43 Vgl. z. B. Susanne Eisenmann et al.: »Kooperation von Bund und Ländern in der Bildungspolitik: Bildungsföderalismus in der Kritik«, *ifo Schnelldienst*, 3/2019: *Bildungsföderalismus in der Kritik*, ifo Institut München, 2019, https://www.ifo.de/publikationen/2019/aufsatz-zeitschrift/kooperation-von-bund-und-laendern-der-bildungspolitik. Das ifo-Leibniz-Institut für Wirtschaftsforschung an der Universität München e. V. analysiert Wirtschaftspolitik und ist u. a. durch den regelmäßig veröffentlichten ifo-Geschäftsklimaindex bekannt.

44 Roland Johne: »Bundesrat und parlamentarische Demokratie. Die Länderkammer zwischen Entscheidungshemmnis und notwendigem Korrektiv in der Gesetzgebung«, *Aus Politik und Zeitgeschichte*, 30. 11. 2004, https://www.bpb.de/shop/zeitschriften/apuz/27906/bundesrat-und-parlamentarische-demokratie/

45 Stecker: »Blockierte Mehrheit. Warum die Vetomacht des Bundesrates ein Demokratieproblem ist«, a. a. O.

46 Ebd.

47 Johne: »Bundesrat und parlamentarische Demokratie. Die Länderkammer zwischen Entscheidungshemmnis und notwendigem Korrektiv in der Gesetzgebung«, a. a. O.

1 https://www.rassismusmonitor.de/fileadmin/user_upload/NaDiRa/CATI_Studie_Rassistische_Realitäten/DeZIM-Rassismusmonitor-Studie_Rassistische-Realitäten_Wie-setzt-sich-Deutschland-mit-Rassismus-auseinander.pdf

2 Noah Sow: *Deutschland Schwarz Weiß. Der alltägliche Rassismus, aktualisierte Neuausgabe*, BoD, 2018; Alice Hasters: *Was weiße Menschen nicht über Rassismus hören wollen, aber wissen sollten*, Berlin, hanserblau 2021

3 Tupoka Ogette: *Exit Racism. Rassismuskritisch denken lernen*, Münster, Unrast 2019

4 https://www.rassismusmonitor.de/studie-rassistische-realitaeten/

5 Ruud Koopmans, Susanne Veit, Ruta Yemane: »Ethnische Hierarchien in der Bewerberauswahl. Ein Feldexperiment zu den Ursachen von Arbeitsmarktdiskriminierung«, Wissenschaftszentrum Berlin für Sozialforschung 2018

6 Friedemann Karig: »Der Rassist in mir«, *Süddeutsche Zeitung*, 1. 8. 2020, https://www.sueddeutsche.de/leben/rassismus-deutschland-privilegien-1.4985973

7 https://afrozensus.de/reports/2020/#start, S. 45

8 Donata Hasselmann: »Was ist struktureller Rassismus?«, *Mediendienst Integration*, 27. 7. 2020, https://mediendienst-integration.de/artikel/was-ist-struktureller-rassismus.html

9 »Unwort des Jahres«, https://www.unwortdesjahres.net/unwort/das-unwort-seit-1991/2010-2019/

10 Annita Kalpaka, Nora Räthzel, Klaus Weber: »Rassismus. Die Schwierigkeit, nicht rassistisch zu sein«, https://www.reuffel.de/detail/ISBN-9783867548137/Herausgegeben-von-Kalpaka-Annita/Rassismus

11 Hasters, *Was weiße Menschen nicht über Rassismus hören wollen*

12 Ebd.

13 Vgl. Kübra Gümüşay: *Sprache und Sein*, Hanser, Berlin 2020.

14 Black, Indigenous, and people of colour; vgl. Constance Grady: »Why the term ›BIPOC‹ is so complicated, explained by linguists«, https://www.vox.com/2020/6/30/21300294/bipoc-what-does-it-mean-critical-race-linguistics-jonathan-rosa-deandra-miles-hercules